Femmes de progrès

Collection « Archives du féminisme »

Dirigée par Christine Bard

La collection « Archives du féminisme », en lien avec l'association du même nom, propose des ouvrages collectifs ou individuels sur les mouvements d'émancipation et de libération des femmes et s'interroge sur leurs effets politiques, sociaux et culturels. Elle souhaite encourager les recherches en sciences humaines dans ce domaine et incite au renouvellement de l'historiographie grâce à une meilleure connaissance des sources archivistiques, imprimées, orales ou audiovisuelles.

Colette Cosnier,
Les Dames de Femina. *Un féminisme mystifié*, 2009, 310 p.

François Chaignaud,
L'affaire Berger-Levrault : le féminisme à l'épreuve (1897-1905), 2009, 268 p.

Françoise Flamant,
À tire d'elles. Itinéraires de féministes radicales des années 1970, 2007, 176 p.

Christine Bard et Janine Mossuz-Lavau (dir.),
Le Planning familial. Histoire et mémoire (1956-2006), 2007, 216 p.

Christine Bard, Annie Metz et Valérie Neveu (dir.),
Guide des sources de l'histoire du féminisme, 2006, 448 p.

Alice PRIMI

Femmes de progrès

Françaises et Allemandes engagées dans leur siècle 1848-1870

Préface de Michèle RIOT-SARCEY

archives du Féminisme

PRESSES UNIVERSITAIRES DE RENNES

Remerciements

Je remercie Michèle Riot-Sarcey de m'avoir fait lire et écrire (et réécrire !), d'avoir guidé mon travail avec exigence, intérêt et bienveillance.

Je remercie tous ceux et celles qui, ponctuellement ou régulièrement, ont donné de leur temps, ont partagé leurs connaissances, ont prodigué leurs conseils et leurs encouragements. Ma reconnaissance va tout particulièrement à Hannah et Rosemarie Beattie, Laurent Colantonio, Alain Dalotel, Sophie Delvallez, Guillaume Garel, Caroline Granier, Martine Illaire, Amine Adel, François Jarrige, Sophie Kerignard, Christine Planté, Sandrine Roll, Marie-Ève Therenty, aux « dames » de la bibliothèque Marguerite Durand et à celles des Archives Louise Otto-Peters de Leipzig, à Frank, Kai, Omar, Stefanie, à Jürgen et Margrit, à Claude et Brigitte, à Marie, et à Kristian !

Avertissement

Ce livre est issu de la thèse *« Être fille de son siècle ». L'engagement politique des femmes dans l'espace public en France et en Allemagne de 1848 à 1870*, dirigée par Michèle Riot-Sarcey et soutenue à l'université Paris 8 en octobre 2006.

Les annexes de cette thèse peuvent être consultées à la bibliothèque Marguerite Durand (Paris) ou bien en ligne sur le site de la bibliothèque de l'université Paris 8.

UHB Rennes 2 – Campus de La Harpe
2, rue du doyen Denis-Leroy
35044 Rennes Cedex
www.pur-editions.fr

Mise en page : Solen Cueff pour le compte des PUR

Imprimé en France
Dépôt légal : 1er semestre 2010
ISBN 978-2-7535-1044-9

À Lisa et Ariane, filles du XXIe siècle !

Préface

Michèle Riot-Sarcey

Enfants du progrès et « filles de leur siècle », des femmes empruntent les chemins de la liberté dans des lieux publics habituellement réservés aux hommes. Sous une forme dissidente ou intrusive, au regard des normes en vigueur dans une période quelque peu étrangère à la question de l'émancipation, leurs interventions, en France comme en Allemagne, sont restées bien souvent sans échos. Aussi, sans dommage apparent pour le sens de l'histoire, les récits historiques ont pu négliger la signification politique de propos de femmes sans importance pour le devenir de la civilisation du progrès, dont le référent masculin fut rarement interrogé.

Dans cet ouvrage, Alice Primi nous entraîne sur les traces de la raison universelle en pénétrant dans les lieux d'apprentissage de la démocratie, en ces temps de liberté surveillée. Jusqu'alors, l'histoire des origines de l'idée républicaine – ou de la nation allemande – n'avait été analysée qu'en fonction des oppositions politiques face au despotisme pondéré des pouvoirs étatiques. À contresens de cette vision lisse du politique, à l'écart des chemins balisés de l'histoire culturelle, religieuse, ou sociale, nous assistons à l'émergence de paroles de femmes, s'immisçant dans l'espace public, en corrélation avec les pensées du temps mais en opposition aux opinions communément admises. Sous cet angle, nous entrevoyons autrement ces moments d'entrée dans la modernité où se construit la pensée de l'universel singulier, constitutif d'un modèle politique aujourd'hui en crise.

L'historiographie a beaucoup évolué ces dernières années. Davantage attentive à la formation des modes de pensées, à la culture des peuples et des civilisations, elle a permis à nombre d'historiens d'interroger la construction des catégories à travers les analyses discursives et les expériences sociales. Le concept de genre, malgré les difficultés de son acception en France, sans être familier, n'est plus totalement exotique aux yeux des historiens. Néanmoins, malgré le changement d'axe de la recherche du côté des sans voix, des dominés ou des exclus, la perception linéaire du mouvement de l'histoire demeure la plus courante. L'origine d'une idée ou d'un mode de penser n'est saisissable généralement qu'en fonction de son effectivité. En ce sens, travailler l'historicité d'un processus politique dans sa dimension conflictuelle et exclusive est jugé d'autant moins pertinent que le point de vue des collectifs ou des individus minorés n'a eu aucune influence sur l'organisation de la société. Or, si nous acceptons de repenser le passé au regard des impasses dans lesquelles sont plongés les contemporains, l'analyse de la contradiction et du conflit devient nécessaire et la prise en compte des opinions minoritaires éclairante. La méthode rend alors intelligible ce qui jusqu'alors constituait l'évidence des mentalités du temps, en relation avec l'idée que l'on se faisait de l'état de la civilisation.

Alice Primi a choisi de prendre les « femmes de progrès » au pied de leurs propres lettres afin de saisir différemment les apprentissages politiques par une étude de la deuxième moitié du XIXe siècle connue avant tout pour ses constructions idéologiques, ses formations sociales et ses progrès scientifiques, dans des espaces territoriaux stabilisés par un ordre politique national ou républicain. Il ne s'agit ici ni d'une histoire du féminisme, ni d'une histoire des femmes, mais d'un déplacement du regard vers une compréhension du politique élargi au sens de la liberté universelle de laquelle nombre de catégories ont été exclues.

À suivre le parcours de Louise Otto, d'André Léo et de leurs compagnes, le lecteur entre dans le temps de l'histoire par une porte dérobée et découvre des compréhensions inédites de l'expression publique, un sens de la morale proche de l'éthique et des significations oubliées dans un champ politique étendu à d'autres réseaux que l'espace étroit du domaine de l'État. Un champ inséparable de l'espace privé.

La marche de la civilisation du progrès ne peut s'entendre en l'absence de la participation de la moitié de l'humanité. C'est pourquoi il importe aux femmes, soucieuses de ne pas manquer les avancées du siècle, d'inscrire leur intervention dans les lieux d'où procède l'organisation de la société et où se pense le gouvernement des hommes. En dépit du droit, malgré les restrictions de la souveraineté, les portes du politique doivent s'entrouvrir largement, comme l'énonce si bien Maria Deraismes, « ... quand on traite de politique on parle forcément des questions sociales et quand on parle des questions sociales, on est bien obligé de s'occuper des membres qui composent la société ». En d'autres termes, s'occuper de politique c'est entrer dans un rapport à l'autre en se détournant des représentations qui enferment les individus dans des catégories subalternes. La lutte contre les préjugés participe du même combat, comme l'entend également Louise Otto qui, en 1865, aspire à mobiliser les femmes au niveau de toute l'Allemagne pour « libérer le travail féminin des entraves du préjugé [1] ».

Aucun espace public n'est négligé, y compris le domaine religieux, celui de la réforme et de la dissidence dans l'Allemagne des années 1848-1870, par exemple. La religion a en effet déserté les sphères de la théologie pour accéder au niveau de la morale publique, où la révélation surnaturelle a fait place à l'intelligence humaine et au travail social, quand le « ciel de la société a été ramené graduellement sur la terre, au propre comme au figuré [2] ». Il importe donc à celles qui vivent avec leur temps, de n'écarter aucun domaine susceptible d'évolution. Ainsi les femmes s'emparent de la morale en cherchant à lui donner une signification « de justice sociale, fondée sur le droit individuel » à condition que l'individu puisse se conjuguer au féminin. En intégrant la revendication des droits civils de

1. Allgemeiner Deutscher Frauenverein Leipzig, du 16 au 18 octobre 1865.
2. Émile LITTRÉ, *Conservation, révolution et positivisme*, Paris, 1852, p. 273.

la femme, la morale ainsi comprise irait dans le sens du progrès des intelligences, comme le suggère André Léo.

Si la politique est le terrain d'expression des égaux confrontés aux rapports de pouvoir qui déterminent l'organisation sociale, les femmes, conscientes des réalités contingentes, n'ont pas d'autres choix que d'investir le lieu collectif dont dépend leur émancipation individuelle. Soumise aux nécessités de la vie, *la femme* ne peut sortir de l'inégalité familiale – condition de la liberté du citoyen –, qu'en fonction de l'engagement des femmes vers la liberté. Se placer du côté du politique, c'est percevoir l'horizon des possibles dans l'accomplissement de l'égalité. Un possible pourtant quasiment inaccessible en cette deuxième moitié du XIXe siècle qui, après le *printemps des peuples*, voit se transformer la confrontation d'idées en art de gouverner les hommes, comme l'ont découvert, à leurs dépens, les « femmes de 1848 ». La stratégie politique consiste alors à réserver la place de représentants aux privilégiés de la liberté. Le paradoxe de la modernité est précisément dans cet espace étroit entre principe égalitaire et réalité inégale.

Cependant, si la marche progressive de l'humanité suppose l'élargissement du savoir, s'inscrire dans le courant de l'histoire devient, pour tout individu, une exigence fondamentale. Être femme de son temps, c'est aussi s'engouffrer dans le vent du progrès. Dans ce mouvement ascendant et irrépressible, quelles que soient les catastrophes engendrées, la civilisation du progrès ne peut se déployer dans un esprit révolutionnaire qui aspire à l'égalité réelle. Si révolution et égalité se conjuguent, l'évolution sociale, selon les lois du progrès, implique le respect des rythmes du savoir avec l'assentiment des capacités et la soumission des individus aux inégalités « naturelles ». C'est pourquoi, les grands penseurs du progrès, depuis Saint-Simon, cherchent à concilier l'organisation politique des sociétés avec la « reconnaissance » des hiérarchies sociales dont dépend la quiétude des découvertes et le bon fonctionnement de l'ordre. Assujetties à leur nature, dépendantes socialement de leur insertion dans la famille, mises sous tutelle, malgré la loi, et à l'encontre des interdits sociaux, des femmes entrent, malgré tout, dans leur siècle dont elles espèrent partager les libéralités. Un siècle « qui trouve dans l'ensemble des études scientifiques sa plus incontestable manifestation » selon Auguste Comte[3], et rares sont les contemporains qui mettent en doute les bienfaits de cette forme appliquée de l'intelligence humaine. George Sand, en 1835, en découvrait la philosophie et s'étonnait du peu d'enthousiasme que quelques-uns de ses amis manifestaient à l'égard de ce progrès auquel s'étaient ralliés les plus grands novateurs du temps. Mais après l'échec de la révolution de juin 1848, au moment où l'ordre peut enfin se concilier avec le progrès, le siècle appartient aux lois positives de l'histoire dont Émile Littré vante les mérites. Les thèses d'Auguste Comte triomphent. Le dogme du progrès, fragilisé par les incertitudes scientifiques, résistait encore aux évidences de l'époque du père fondateur du positivisme, mais à partir des années 1850, il devient une vérité. Le doute n'appartient plus qu'au poète. On comprend alors le sens

3. *Discours sur l'esprit positif*, 1844, Paris, Vrin, 1974, p. 92.

de la démarche des femmes de ce temps qui ont une conception universelle des progrès de la civilisation et cherchent à placer la femme « au même rang moral, social et politique que l'homme[4] ».

Le courage des femmes de progrès, leur ténacité est d'autant plus méritoire que la seconde moitié du siècle a fermé la porte aux utopies égalitaires. L'apprentissage de la démocratie ne peut s'entendre alors que dans la division et la distinction du public et du privé. Et si la politique n'admet le débat qu'entre égaux, la famille est le siège de la plus rigoureuse inégalité, selon la loi en vigueur. En France, des républicains de l'opposition vont jusqu'à imaginer deux types de régimes, l'aristocratie dans la famille, la démocratie dans l'État, tel que le formule Étienne Vacherot. La république d'opposition a, dès lors, intégré l'idée de deux mondes radicalement séparé comme garantie de l'association du progrès et de l'ordre. Émile Littré, de l'Institut, l'explicite en termes extrêmement clairs dans son ouvrage consacré au positivisme « Les divagations égalitaires sont allées au point de rêver je ne sais quelle émancipation pour les femmes », écrit-il, « c'est d'après cet exemple fondamental qu'il faut considérer et traiter toutes les inégalités réelles et partant immuables », selon l'homme de science. Dans cette catégorie est la richesse. L'égalité de fortune est impossible parce que « les hommes sont naturellement inégaux ; et au fond, une pareille conception n'est pas moins métaphysique et n'est pas plus réelle que l'émancipation des femmes[5] ».

Paradoxalement, en se démocratisant, *le politique* ne parvient pas à dépasser les frontières de *la politique*. Raison pour laquelle l'expérience au féminin ne peut transgresser le sens commun de l'universalité au masculin. Des femmes se sont hissées jusqu'au statut d'actrices de l'histoire sans pour autant parvenir à celui de sujet de leur propre histoire. Et pourtant, aujourd'hui, l'intelligibilité de leur propos se révèle, par-delà les péripéties de l'histoire politique, sans aucune continuité historique, dans l'actualité du féminisme au seuil d'une démocratie à repenser.

4. André Léo, 28 août 1868, *L'Opinion Nationale*.
5. Émile Littré, *op. cit.*, p. 310.

Introduction

Le 4 novembre 1869, une nouvelle saison de conférences débute dans la salle du boulevard des Capucines à Paris. La plupart des auditeurs appartiennent à divers courants d'une bourgeoisie intellectuelle réunie dans la critique du régime impérial [1]. On y trouve plusieurs franc-maçons, des journalistes et des lecteurs de journaux d'opposition. Les femmes sont sans doute particulièrement nombreuses car c'est Maria Deraismes qui est sur l'estrade, la plus renommée des rares conférencières parisiennes. Depuis bientôt trois ans, elle met son éloquence au service de l'idéal démocratique et de la cause des femmes, expliquant sans relâche combien ces deux engagements sont indissociables. Ce soir-là, elle développe le thème de la « parole libre » et en vient à exposer sa conception de la politique :

> « J'ai lu récemment dans un journal un grand article, il était adressé aux démocrates sincères, aux hommes, du reste, justes et droits, qui comprennent que l'égalité à reconnaître entre les deux sexes est une réforme nécessaire ; mais cet article était une critique, on leur disait, – Qu'est-ce que vous faites ? Quand il est question des intérêts du pays, des intérêts de la France, vous allez diviser vos forces et parler de la femme ! Qu'est-ce que cela nous fait ? Qu'est-ce que c'est que ça ? Ça n'existe pas ! Occupons-nous donc de politique ! – Il est question de politique en effet, et je dis à une certaine personne à ce sujet, [...] Est-ce que vous croyez par hasard que la politique est une spécialité ? En est-il donc de cela comme des différents rayons dans un magasins de nouveautés ? [...] La politique est tout autre chose ; elle appartient à l'ordre général des idées, c'est la synthèse de tous les intérêts. La solidarité à l'état d'organisation, voilà la politique ; quand on traite de politique, on parle forcément des questions sociales, et quand on parle des questions sociales, on est bien obligé de s'occuper des membres qui composent la société ; on observe leur tempérament, leurs constitutions, leurs lois, leur éducation, leurs principes, leurs mœurs et les milieux dans lesquels ils sont placés. Vous voyez bien que la politique est vaste comme le monde ! [...] Tout ramène à la politique, et comment voulez-vous en faire, mon Dieu ! quand on vous voit disposé à ne pas vous occuper de la condition, de la situation d'une moitié du genre humain, non plus que de la nature de l'influence qu'elle exerce ? Mais c'est considérable ! Cette façon d'envisager la politique ne doit pas durer, aussi bien

1. Comme en témoignent les compte-rendus des conférences de Maria Deraismes parus dans les journaux.

a-t-elle fourni jusqu'ici de nombreux prétextes aux faiseurs, aux escamoteurs et aux jongleurs [...] [2]. »

Ainsi, « tout est politique », selon Maria Deraismes, pour qui la politique consiste à repenser l'organisation sociale, et non pas à conquérir et conserver le pouvoir. Personne ne doit donc être exclu de ce champ qu'aujourd'hui nous nommerions plutôt *le* politique. La mise en œuvre des principes démocratiques, dans tous les aspects de la vie sociale, exige l'égalité des sexes – impliquant l'intégration politique des femmes en tant qu'individues [3] et non en tant que catégorie.

Ce positionnement idéologique mis en scène par Maria Deraismes souligne un enjeu capital des années d'apprentissage de la démocratie. Or l'historiographie a généralement éludé cette tension et reproduit la conception de la majorité des contemporains sur la politique. Pour aller au-delà de l'histoire-récit de la représentation politique, pour retrouver les idées émises à l'encontre des courants dominants et réfléchir ainsi aux rapports de pouvoir d'une société et d'une époque, il faut prendre en compte les paroles marginales, incongrues, dérisoires, comme celles des femmes qui prétendent à une existence politique au cours du XIXe siècle. C'est en leur prêtant attention que Michèle Riot-Sarcey a renouvelé la compréhension de la Monarchie de Juillet et de la Deuxième République, en confrontant aux discours dominants les démarches critiques des « utopistes » et de quelques femmes démocrates [4]. J'ai souhaité prolonger certains de ces questionnements sur la période suivante, tout en entreprenant une comparaison entre la France et l'Allemagne [5], en partant du constat suivant, l'engagement public des femmes semble largement motivé par leur détermination à s'affirmer comme « filles de leur siècle [6] » et à contribuer activement au Progrès [7], tel que celui-ci est entendu et attendu par la majorité de leurs contemporains. Elles cherchent ainsi une nouvelle manière d'exister socialement et contredisent la représentation selon laquelle le Progrès est l'apanage des hommes et de la masculinité. Leur statut de femme leur procure un point de vue particulier sur la question, dont elles profitent pour proposer des alternatives ou formuler des critiques. Examiné dans cette perspective, l'engagement des femmes éclaire bien des enjeux de la

2. DERAISMES Maria, « La parole libre », manuscrit inédit conservé à la bibliothèque Marguerite Durand.
3. La féminisation du mot « individu » souligne l'importance capitale que revêt pour les femmes ce statut d'individu qu'on leur refuse.
4. RIOT-SARCEY Michèle, *La Démocratie à l'épreuve des femmes. Trois figures critiques du pouvoir, 1830-1848*, Paris, Albin Michel, 1994, et *Le Réel de l'utopie. Essai sur le politique au XIXe siècle*, Paris, Albin Michel, 1998.
5. Je désigne par « Allemagne » non la Confédération germanique, incluant l'Autriche, mais les seuls États qui sont ensuite réunis dans l'Empire.
6. « Fille de mon siècle, [...] je n'irai pas chercher les sources du Droit et du Devoir dans le monde du surnaturalisme » proclame Jenny P. d'Héricourt dans *La Femme affranchie*, Bruxelles, A. Lacroix, 1860, tome II, p. 7. Louise Otto, comme d'autres auteures allemandes et françaises appelle les femmes à « œuvrer au progrès de l'humanité et participer au travail du siècle » (OTTO Louise, *Das Recht der Frauen auf Erwerb*, 1866, édition de 1997, p. 96-97).
7. La majuscule au mot « Progrès » indiquera qu'il est question soit de la philosophie du Progrès, soit de l'idéologie commune du Progrès.

période, notamment ce qui concerne la mise en œuvre des idées libérales et démocratiques censées incarner la modernité politique.

On connaît bien à présent le processus par lequel Françaises et Allemandes sont écartées de la construction démocratique en 1848, malgré leur participation active aux événements. De même, l'histoire des femmes et du féminisme a bien montré ce qui se produit à partir de 1871, la Troisième République française et l'Empire allemand se mettent en place avec des institutions certes différentes, mais en se fondant sur une même conception patriarcale de la famille comme base de la société. Ce qui se passe entre ces deux moments a, en revanche, été très peu exploré jusqu'ici. Un certain nombre de questions demeurent, qui impliquent de remettre en cause des éléments ordinairement présentés comme des données de l'histoire du XIXe siècle. Les conditions de la longue exclusion politique des femmes sont-elles déjà définitivement établies en 1848 ? Pour quelles raisons, bien que n'étant pas citoyennes, des Allemandes et des Françaises ont-elles eu le désir d'intervenir politiquement dans l'espace public durant les deux décennies suivantes ? Dans quelle mesure ont-elles pu être actrices des divers événements et projets politiques qui ont marqué cette période ? Le processus et la signification de l'assujettissement des femmes sont-ils identiques partout ?

Des questions encore ouvertes

En Allemagne comme en France, la période comprise entre 1850 et 1870 est l'une de celles qui ont le moins suscité l'intérêt des historiens. Elle est souvent abordée dans une perspective téléologique, réduite à un temps de parenthèse, de transition, de préparation des régimes suivants. Du côté français, le Second Empire a surtout inspiré des travaux d'histoire politique et sociale très classiques. Même si de nouveaux objets d'étude apparaissent depuis quelques années[8], l'historiographie majoritaire se fonde sur la pensée et sur les pratiques politiques qui triomphent lors du XIXe siècle, adoptant un point de vue strictement androcentré. En ce qui concerne les femmes, les propos du journaliste cité par Maria Deraismes conservent donc toute leur actualité, « Qu'est-ce que c'est que ça ? Ça n'existe pas ! Occupons-nous donc de politique ! ». Pour l'anecdote, mais elle est éloquente, signalons que le *Dictionnaire du Second Empire* ne consacre pas d'article aux femmes, l'entrée existe bien (au singulier), mais renvoie à d'autres articles, dont « Cocottes », « Crinolines », « Demi-Mondaines », « Mode », « Prostitution », reproduisant ainsi fidèlement quelques-uns des stéréotypes et des lieux communs des (hommes) contemporains[9]. Même les historiens anglophones qui ont renouvelé l'approche du Second Empire reprennent à leur compte les présupposés des acteurs qu'ils étudient. Ainsi Sudhir Hazareesingh et Roger Price ne retiennent que le sens dominant attribué au terme « démo-

8. ANCEAU Éric, « Nouvelles voies de l'historiograhie politique du Second Empire », *Parlement[s]. Revue d'histoire politique*, Hors Série 4, 2008/3, p. 10-26.
9. Voir l'article « Femme » dans TULARD Jean (dir.), *Dictionnaire du Second Empire*, Paris, Fayard, 1995. Les autres articles auxquels l'entrée renvoie sont « Nouveautés (Magasin de) », « Angélique Brulon » (première femme décorée de la Légion d'honneur) et « Julie Daubié » (première bachelière).

cratie », ils rappellent certes que la moitié féminine de la population est exclue du suffrage, mais n'intègrent pas ce constat à leur analyse, comme s'il s'agissait d'une donnée normale [10].

Du côté allemand, les enjeux de la période 1850-1870 sont particulièrement éclairés par deux axes de recherches, qui concernent l'ensemble du siècle, l'histoire sociale de la bourgeoisie, et l'histoire culturelle de la construction nationale. Les travaux portant sur la bourgeoisie ont peu à peu accordé de l'intérêt aux rapports entre les sexes, en étudiant aussi bien les discours normatifs que les pratiques [11] ; quelques analyses, dues notamment à Ute Frevert [12], ont réellement mis à profit la réflexion sur l'utilisation du genre en histoire. Les travaux portant sur la construction nationale ont pris en compte les figures féminines servant symboliquement à la représentation nationale [13]. En revanche, les recherches menées sur les femmes réelles du XIXe siècle n'ont encore guère bénéficié des problématiques croisant genre et nation. Si certaines études concernant les Allemandes en 1848 ont examiné la spécificité de leur rapport à la nation, ce questionnement n'a pas été étendu aux deux décennies suivantes.

Enfin, les ouvrages d'« histoire des femmes » ont généralement négligé la période 1850-1870, la considérant comme une sorte de pause entre les revendications de 1848 et les débuts des organisations féministes. L'historiographie du féminisme français au XIXe siècle [14] a certes fait émerger quelques « pionnières » actives dans les années 1850 et 1860, telles que Jenny d'Héricourt, Juliette Lamber, Julie Daubié, Maria Deraismes. Mais elles ont été souvent présentées comme des apparitions isolées, qui, un peu en avance sur leur temps, annonceraient les grandes luttes des décennies suivantes. Il m'importe au contraire de les saisir, elles et leurs contemporaines moins connues, comme des femmes « de leur temps », porteuses d'héritages plus ou moins anciens et interprètes des enjeux qui font l'actualité de la période. Quant à l'histoire officielle du féminisme allemand, elle commence à partir de 1865, lorsque Louise Otto fonde l'Association Générale Allemande des Femmes. L'engagement public des Allemandes est considéré comme inexistant auparavant. Si l'on veut tenter d'introduire les femmes dans l'histoire politique, on ne peut pourtant pas s'en tenir à l'étude du féminisme – surtout pour une période où ce mot n'existe pas encore. Comme le souhaitait Jacques Rancière, il importe d'écrire « une histoire de la vie politique qui ne soit pas celle de l'État mais des formes et chances d'apparition de sujets

10. HAZAREESINGH Sudhir, *From Subject to Citizen, the Second Empire and the Emergence of Modern French Democracy*, Princeton University Press, 1998 ; PRICE Roger, *People and Politics in France. 1848-1870*, Cambridge University Press, 2004.

11. Voir HABERMAS Rebekka, *Frauen und Männer des Bürgertums 1750-1850*, Göttingen, Vandenhoeck & Ruprecht, 2000.

12. FREVERT Ute, « Classe et genre dans la bourgeoisie allemande au XIXe siècle », *Genèses*, n° 6, 1991, p. 5-28.

13. GALL Lothar, *Germania. Eine deutsche Marianne ?*, Bonn, Bouvier, 1993.

14. L'étude la plus récente et la plus complète sur la période est la thèse de Laurence Klejman et Florence Rochefort (*L'Égalité en marche. Histoire du mouvement féministe en France 1868-1914*, sous la direction de Michelle PERROT, Paris 7, 1987), dont la première partie est consacrée aux années 1868-1870. Celles-ci sont plus rapidement parcourues dans leur livre : KLEJMAN Laurence et ROCHEFORT Florence, *L'Égalité en marche. Le féminisme sous la Troisième République*, Paris, Éditions Des Femmes, 1989.

sur une scène de communauté ; une histoire du visible commun et du combat pour la visibilité, une histoire des regards, et non des représentations [15] ». Il s'agit alors d'interroger de façon critique les conditions d'un système politique, les fondements d'une société, en fonction de la place que les femmes y occupent et de celle qu'on leur refuse, sans se contenter d'enregistrer leur absence des lieux du pouvoir et donc de décréter leur absence de l'histoire [16]. Il est pour cela nécessaire de se servir du concept de genre, qui permet d'historiciser l'objet « femme » et de replacer les relations entre les sexes dans l'histoire des rapports de pouvoir.

Le genre comme outil d'analyse

Il paraît presque superflu désormais de citer le fameux article de l'historienne américaine Joan W. Scott sur le genre comme catégorie d'analyse historique, qui a joué un rôle essentiel pour l'introduction du concept en histoire, notamment en France et en Allemagne [17]. Toutefois, l'emploi du mot « genre » donne encore lieu à tant de résistances – en particulier en France [18] – qu'il convient d'en clarifier l'usage. Je reprendrai donc ici la définition de Joan W. Scott, « le genre est un élément constitutif des relations sociales fondées sur les différences perçues entre les sexes, et le genre est un mode fondamental de signifier les rapports de pouvoir [19] ». En appréhendant le « masculin » et le « féminin » comme des « catégories de genre [20] », on insiste sur leur signification politique, en mettant en particulier l'accent sur leur variabilité. Le genre permet ainsi de « déplacer le regard des rôles de sexe vers la construction même de ces "sexes [21]" », de rejeter le caractère permanent et nécessaire de l'opposition binaire entre « masculin » et « féminin », d'historiciser les termes de la différence sexuelle en les replaçant dans l'histoire des rapports de pouvoir [22].

On connaît bien à présent la façon dont les catégories de genre ont été redéfinies à partir du dernier quart du XVIIIe siècle, selon de nouvelles normes qui sont à peu près identiques en France et en Allemagne, et qui triomphent au début du XIXe siècle. L'article de Karin Hausen, intitulé « La polarisation des

15. Rancière Jacques, « Sur l'histoire des femmes au XIXe siècle », Duby Georges, Perrot Michelle (dir.), *Femmes et histoire*, Paris, Plon, 1993, p. 61.
16. Voir Riot-Sarcey Michèle, « Les femmes dans l'histoire ou la représentativité en question », *Avenirs et avant-gardes en France, XIXe-XXe siècles. Hommage à Madeleine Rebérioux*, Paris, La Découverte, 1999, p. 53-63.
17. Scott Joan W., « Gender, a Useful Category of Historical Analysis », *American Historical Review*, volume 91, n° 5, 1986, p. 1053-1075. Traduction française, « Genre, une catégorie utile d'analyse historique », *Les Cahiers du GRIF*, n° 37-38, 1988, p. 125-153.
18. Voir Riot-Sarcey Michèle, « L'historiographie française et le genre », *Revue d'Histoire Moderne et Contemporaine*, n° 47-4, 2000, p. 805-814, et Thébaud Françoise, *Ecrire l'histoire des femmes*, Fontenay/Saint-Cloud, ENS Éditions, rééd. 2007.
19. Scott Joan W., « Genre, une catégorie ... », art. cit., p. 141.
20. Dans les pages qui suivent, j'emploierai des guillemets lorsque les adjectifs « masculin » et « féminin » renverront à des représentations genrées et non à une simple forme adjectivée de « homme » et « femme ».
21. Delphy Christine, *L'Ennemi principal*, tome 1, Paris, Syllepse, 2001, p. 29.
22. Scott Joan W., « Genre, une catégorie ... », art. cit., p. 139.

caractères de sexe », a inauguré la réflexion sur ce sujet en Allemagne [23]. Étudiant les conséquences de la dissociation de la vie familiale et professionnelle, qui se traduit par une répartition hiérarchisées des fonctions entre époux, l'historienne allemande montre comment, à la fin du XVIIIe siècle, s'instaure un système de pensée qui fait des hommes et des femmes deux catégories non seulement distinctes mais opposées par la « nature » de leur « sexe ». Progressivement, seule la Femme est définie à travers la famille, déclarée son domaine propre, au contraire de l'Homme que sa « nature » destine à la vie extérieure. Une nouvelle sémantique s'établit pour désigner les caractères « masculins » et « féminins » par paires de contraires, hiérarchisés au profit du masculin. À la même époque émerge une nouvelle perception de l'anatomie et de la physiologie, à la fois cause et conséquence de la redéfinition des « sexes », ce dernier terme recouvrant une réalité bien plus culturelle que naturelle [24]. Plusieurs études ont mis l'accent sur les mutations économiques de la première moitié du XIXe siècle, en expliquant comment elles avaient contribué à la mise en place d'une nouvelle idéologie genrée qui a définitivement écarté tous les autres modèles de société envisagés [25]. D'autres recherches ont exploré les fondements philosophiques des catégories de genre qui s'imposent à l'orée du XIXe siècle [26] et établissent « l'indistinction des êtres féminins entre eux, fixés dans une semblable destination [27] ». Écartée du politique, la Femme est en revanche investie d'une importante responsabilité religieuse, au sens premier du terme, caractérisé par l'aptitude au sentiment et à la spiritualité, le « féminin » devient un élément fondamental du lien social, à un moment où la conscience de l'inefficacité divine et les profonds bouleversements du siècle plongent les contemporains dans un grand désarroi. Non seulement les Églises développent des formes de piété spécifiquement destinées aux femmes [28], mais durant toute la première moitié du XIXe siècle, les représentations chrétiennes de la féminité – notamment la disposition à aimer, intercéder, convertir et sauver – sont placées au centre de nouvelles théories sociales et politiques plus ou moins ouvertement empreintes de religiosité, la Femme est chargée d'œuvrer à la régénération, voire à la rédemption de la société.

Ces innombrables discours normatifs, élaborés dans tous les domaines de la pensée et de l'activité humaine, prennent effet grâce à leur intériorisation par les individus, et les catégories ainsi renouvelées du « masculin » et du « féminin »

23. HAUSEN Karin, « Die Polarisierung der Geschlechtscharaktere », CONZE Werner (Hg.), *Sozialgeschichte der Familie in der Neuzeit Europas*, Stuttgart, Ernst Klett, 1976, p. 363-393.

24. Voir entre autres LAQUEUR Thomas, *La Fabrique du sexe. Essai sur le corps et le genre en Occident*, Paris, Gallimard, 1992.

25. Voir BLUNDEN Karen, *Le Travail et la Vertu. Femmes au foyer, une mystification de la révolution industrielle*, Paris, Payot, 1982, ainsi que THOMPSON Victoria E., *The Virtuous Marketplace. Women and Men, Money and Politics in Paris, 1830-1870*, Baltimore and London, John Hopkins University Press, 2000.

26. Voir FREVERT Ute, « *Mann und Weib und Weib und Mann* ». *Geschlechter-Differenz in der Moderne*, München, C. H. Beck, 1995, ainsi que les travaux de Geneviève Fraisse cités dans la bibliographie.

27. FRAISSE Geneviève, « La double raison et l'unique nature ; fondements de la différence des sexes », BIET Christian, THÉRY Irène (dir.), *La Famille, la Loi, l'État, de la Révolution au Code civil*, Paris, Imprimerie nationale, 1989, p. 50.

28. Les Réveils protestants – qui accordent un rôle fondamental aux femmes – et le diaconat féminin, les congrégations catholiques et le culte marial sont au cœur du renouveau religieux du XIXe siècle.

font rapidement – et durablement – partie de « l'impensé du politique[29] ». Une analyse fondée sur le genre permet de mettre au jour cet impensé et de tenter d'en dégager les significations. C'est dans cette perspective que j'ai abordé l'intervention des femmes dans l'espace public, en essayant d'être attentive à la façon dont elles renégocient en permanence leur identité de genre. Par « identité de genre », je désigne l'ensemble des traits composant une figure du « féminin » ou du « masculin », qui n'est pas uniquement imposée par autrui et acceptée comme telle, mais est aussi appropriée, redessinée et revendiquée par les individu-e-s pour signifier leur appartenance à la catégorie de genre – perçue comme une catégorie « naturelle » – à laquelle leur sexe est censé les assigner. Par ailleurs, certaines des femmes dont il sera question ici témoignent dans leurs propos d'une véritable conscience de genre, qui implique une mise à distance, voire un rejet explicite de l'identité de genre. J'emprunte l'expression « conscience de genre » à Eleni Varikas, qui s'en sert pour analyser la nouvelle subjectivité acquise par les femmes grecques qu'elle a étudiées[30]. Elle la décrit comme « la conscience d'appartenir à une catégorie aussi bien biologique que sociale ; la conscience de partager avec le reste des femmes des destins et intérêts communs ; le sentiment de faire l'objet de discriminations et/ou le mécontentement face à la condition féminine ; l'aspiration à l'amélioration de cette condition. La conscience de genre se situerait ainsi entre la perception traditionnelle de la condition féminine, considérée comme faisant partie d'un ordre naturel, et la prise de conscience que la position féminine constitue une construction sociale, donc transformable[31] ». Une telle définition ne s'applique toutefois qu'imparfaitement aux femmes françaises et allemandes que j'étudie, si certaines d'entre elles manifestent en effet une prise de conscience dans ces termes, d'autres vont plus loin dans l'analyse et formulent réellement une conscience *du* genre, dénuée de toute dimension biologique. J'emploierai donc l'expression « conscience de genre » en la définissant plutôt comme la conscience de partager avec toutes les femmes des contraintes identiques, qui leur sont imposées « en tant que femmes », contraintes qui sont en même temps celles qui les définissent comme « femmes » (sous la forme de normes identitaires et comportementales) et qui déterminent de façon arbitraire la catégorie « femme » (sous la forme d'injonctions et de restrictions définissant un statut et une fonction sociale). Dès lors que ces contraintes sont perçues comme des constructions, soutenant un rapport de pouvoir au bénéfice des hommes, il devient possible de se rebeller contre ce qui est reconnu comme de l'oppression, voire – pour les plus radicales – de rejeter toute référence à une identité genrée. C'est ainsi que quelques femmes en arrivent à définir clairement l'enjeu de leur lutte personnelle et collective comme étant l'accès à l'individualité – jusque là une prérogative masculine, sur laquelle se fonde la position dominante

29. Sur les notions d'« impensé » et de « refoulé » du politique, voir Loraux Nicole, *La Cité divisée. L'oubli dans la mémoire d'Athènes*, Paris, Payot et Rivages, rééd. 2005.

30. Varikas Eleni, *La Révolte des Dames, genèse d'une conscience féministe dans la Grèce du XIXe siècle (1833-1908)*, thèse d'histoire sous la direction de Michelle Perrot, université Paris VII, 1986.

31. *Ibid.*, chapitre IV.

des hommes[32]. Les notions d'identité de genre et de conscience de genre s'avèrent donc très importantes pour mieux cerner les stratégies que les diverses femmes étudiées ici mettent en œuvre pour s'avancer dans l'espace public, ainsi que pour mieux appréhender leur conception du politique.

De l'engagement politique des femmes dans l'espace public

Toute recherche fondée sur le concept de genre implique de remettre en cause les habituelles catégories d'analyse historique, qui reflètent les modèles de pensée dominants, les dichotomies usuelles entre « culture » et « nature » et entre « public » et « privé » doivent ainsi être reconsidérées comme des constructions sociales issues d'une pensée genrée et influençant en retour la définition des catégories de genre. Comme le rappelle Christine Delphy, qui aborde le sujet en termes juridiques, « le "privé" n'est pas une catégorie naturelle de rapports que la société se contenterait d'entériner. C'est une catégorie de rapports créée par la société, et qui peut se caractériser du point de vue juridique, tant sur le plan civil que sur le plan pénal, par l'exception au droit commun. [...] Le droit naturel apparaît ici comme une idéologie ayant pour fonction de masquer le caractère de construction sociale et juridique de l'opposition "public"-"privé[33]" ». Le statut juridique des épouses tout au long du XIXe siècle – et même au-delà – illustre bien cette « exception au droit commun » mise en œuvre en Allemagne comme en France par les divers Codes Civils, exception implicitement légitimée par la « loi naturelle » qui place les femmes sous le contrôle du chef de famille. Si la fameuse « idéologie des deux sphères » – assimilant le « féminin » au privé et le « masculin » au public – a des effets indéniables, ne serait-ce que par sa traduction dans la loi et dans les normes sociales, il importe néanmoins de bien distinguer entre prescriptions et comportements réels, de nombreuses études ont montré que la limite entre privé et public était floue, poreuse ou changeante, et que les femmes avaient de multiples occasions de contourner ou transgresser les interdits afin de jouer un rôle public. Toutefois, cette démonstration a principalement été faite pour des moments de crises, de guerre ou de révolution, et concernant toutes sortes de manifestations publiques. Il me paraît important d'examiner ce qu'il en est pour une période longue et globalement stable, et en me concentrant sur des activités publiques d'ordre politique.

De nombreuses critiques ont été formulées à l'encontre des thèses de Jürgen Habermas sur ce qu'il nomme « sphère publique bourgeoise[34] ». Plusieurs chercheuses féministes ont notamment relevé que, tout en notant l'exclusion des femmes de la sphère publique lorsque celle-ci prend un caractère politique,

32. Voir la note précédente concernant la féminisation du mot « individu ». Il me semble également important de féminiser les termes « auteur » et « écrivain », afin de contrer l'occultation des femmes par le langage – et de favoriser par la même occasion la clarté de mon propos.

33. DELPHY Christine, *L'Ennemi principal*, *op. cit.*, tome 2, p. 219-220.

34. HABERMAS Jürgen, *Strukturwandel der Öffentlichkeit. Untersuchung zu einer Kategorie der bürgerlichen Gesellschaft*, 1962, traduction française, *L'Espace public. Archéologie de la publicité comme dimension constitutive de la société bourgeoise*, Paris, Payot, 1978.

Habermas n'interroge aucunement la logique et les conséquences de ce phénomène, il reprend à son compte le discours contemporain dominant, uniquement préoccupé de l'élargissement du corps citoyen à l'ensemble de la bourgeoisie, voire à l'ensemble des hommes[35]. Par ailleurs, si l'on s'en tient au modèle abstrait de sphère publique qu'il propose, il est impossible de réaliser que les femmes pouvaient elles-mêmes s'impliquer en dehors de la sphère familiale dans une perspective d'intérêt général, par exemple par le biais des identités nationales ou religieuses. La catégorie de « sphère publique » au sens d'Habermas serait donc peu appropriée dans le cadre du présent travail, mais il me semble intéressant de conserver certains des critères définis par le philosophe allemand, afin de mieux délimiter l'espace public que je veux explorer ici. Puisque les femmes sont évincées des diverses formes du pouvoir politique, le lieu où peut se manifester publiquement leur engagement est ainsi cet espace informel, constitué de tous les moyens d'action et de communication qui, en dehors des institutions politiques, permettent de toucher l'opinion. C'est là que l'on peut retrouver la trace de femmes qui, comme les bourgeois étudiés par Habermas, tentent d'exercer un certain pouvoir par l'usage de leur raison critique, en essayant de participer à la formation de l'opinion, au nom de l'intérêt public.

Habermas fait de la presse l'institution majeure de la sphère publique, mais il ne l'envisage que dans la perspective des bourgeois citoyens ou futurs citoyens. Pour pouvoir pleinement évaluer le rôle de la presse, il faut examiner dans quelle mesure celle-ci peut être une voie d'accès à la Cité pour tous ceux – y compris celles – qui n'ont pas d'autres possibilités de jouer le rôle de citoyen auquel ils/elles aspirent. C'est cette hypothèse que j'ai cherché à vérifier concernant les femmes, en étudiant l'usage qu'elles font de la presse d'opinion pour manifester publiquement leurs convictions politiques. Cette investigation s'impose d'autant plus que les années 1850-1870 sont une période d'essor considérable de la presse, tant au niveau politique et économique que symbolique, le journal devient un élément représentatif de la modernité. Or la présence des femmes dans la presse en général, et dans la presse d'opinion en particulier, reste encore assez mal connue pour l'ensemble du XIXe siècle, en France comme en Allemagne[36]. En général l'historiographie ne mentionne au mieux que les journaux « féministes » de 1848 ou, pour l'Allemagne, des années 1860, et encore sont-ils souvent étudiés uniquement pour les revendications qu'ils contiennent[37]. Les recherches portant sur l'expression publique des femmes au XIXe siècle sont, pour la plupart,

35. Voir Hausen Karin, « Überlegungen zum geschlechtsspezifischen Strukturwandel der Öffentlichkeit », Gerhard Ute *et alii*, *Differenz und Gleichheit*, Frankfurt am Main, Ulrike Helmer Verlag, 1990, p. 268-282. Pour une synthèse des critiques anglophones, Rendall Jane, « Women and the Public Sphere », *Gender & History*, volume 11, n° 3, novembre 1999, p. 475-488.

36. Seul Jeremy Popkin prend en compte l'irruption de quelques femmes dans la presse « révolutionnaire », Popkin Jeremy D., *Press, Revolution and Social Identities in France, 1830-1835*, Pennsylvania State University Press, 2002.

37. Voir pour l'Allemagne : Geiger Ruth, Weigel Sigrid (Hg.), *Sind das noch Damen? Vom gelehrten Frauenzimmer-Journal zum feministischen Journalismus*, München, Frauenbuchverlag, 1985 ; pour la France, Adler Laure, *À l'aube du féminisme, les premières journalistes*, Paris, Payot, 1979.

consacrées à l'écriture romanesque[38], à l'exception notable des récents travaux de Marie-Ève Thérenty, qui questionne la participation des femmes aux revues et journaux de la Monarchie de Juillet et analyse l'écriture journalistique de plusieurs auteures du XIXe siècle, notamment George Sand[39]. Ses conclusions soulignent bien que, si la presse est une constituante essentielle de l'espace public, les journaux reproduisent dans leurs colonnes mêmes une distinction entre privé et public, entre féminin et masculin, et les rédacteurs sont loin d'être indifférents au sexe de leurs collaborateurs. On ne peut donc se borner à constater la présence de femmes dans la presse, et en déduire qu'elles ont ainsi triomphé des contraintes les assignant à la sphère privée, il est impératif d'examiner leur production journalistique sous l'angle du genre, afin de comprendre les conditions de leur accès à l'opinion publique, élément déterminant pour saisir la portée de leur parole politique.

Certaines des Françaises et Allemandes qui s'expriment dans les journaux ou ailleurs se nomment elles-mêmes « citoyennes », et il est important de relever et d'interroger cette autoreprésentation, par laquelle elles proclament leur appartenance à la communauté politique et nationale. On peut interpréter cette dénomination comme traduisant une régression des ambitions par rapport à celles qui pouvaient être exprimées dans les années 1830, en dérobant le titre de « citoyenne », les femmes semblent renoncer à la revendication purement légaliste et universaliste formulée par Louise Dauriat dans une pétition de 1837, qui affirmait alors qu'on ne peut prétendre au statut de citoyen-ne « que quand on exerce des droits civils, politiques et religieux[40] ». Cependant, on peut également y voir un défi lancé à l'inachèvement des droits universels, et comprendre cela comme l'anticipation d'un avenir réellement démocratique. Je montrerai les diverses implications de ce terme de « citoyenne » dans les années 1848-1870, en fonction des identités revendiquées par celles qui l'emploient. Toutefois, il ne m'est pas possible de reprendre cette appellation pour les désigner, cela signifierait passer sous silence leur exclusion de la citoyenneté légale et entériner l'idée – assumée par certaines d'entre elles – qu'il existe une citoyenneté « féminine », qui n'implique pas les mêmes droits et devoirs que celle des hommes.

Recherchant une dénomination englobant toutes les femmes étudiées ici, j'ai choisi l'appellation de femmes/écrivaines/auteures engagées[41]. Dans l'ouvrage

38. Voir notamment PLANTÉ Christine, *La petite sœur de Balzac. Essai sur la femme auteur*, Paris, Le Seuil, 1989 ; TEBBEN Karin (Hg.), *Beruf, Schriftstellerin. Schreibende Frauen im 18. und 19. Jahrhundert*, Göttingen, Vandenhoeck & Ruprecht, 1998.

39. Voir notamment THÉRENTY Marie-Ève, « "Songez que je n'ai aucune des conditions du journalisme..." Poétique journalistique de George Sand », *George Sand, écritures et représentations*, textes réunis par Éric Bordas, Eurédit, 2004, p. 207-238 ; « Le journalisme intime de George Sand, une entrée personnelle dans l'ère médiatique », MASSON Catherine (dir.), *George Sand, une écriture expérimentale*, Nouvelle-Orléans, Presses universitaires du Nouveau Monde, 2006, p. 75-87.

40. *Demande de révision du Code civil, adressée à messieurs de la Chambre des députés*, par Mlle Louise Dauriat, Paris, chez l'auteur, 1837, cité par RIOT-SARCEY Michèle, *La Démocratie...*, *op. cit.*, p. 107.

41. Le terme anachronique « d'intellectuelles » ne paraît pas adéquat, bien que les femmes étudiées ici remplissent certains critères attachés au mot (voir TREBITSCH Michel, GRANJON Marie-Christine [dir.], *Pour une histoire comparée des intellectuels*, Paris, Éditions Complexe, 1998, et *Clio. Histoire, Femmes et Sociétés*, n° 13, *Intellectuelles*, Presses universitaires du Mirail, 2001). En effet, être un-e « intellectuel-le »,

qu'il a consacré au thème de l'engagement[42], Benoît Denis propose de parler de « littérature d'engagement » pour désigner toute littérature à portée politique et dont l'auteur répond à trois conditions, « mettre en gage, faire un choix, poser un acte[43] ». Or les femmes qui cherchent à se faire entendre dans la Cité mettent bel et bien en jeu leur réputation, et même leur identité. Elles font le choix de ce risque, dans une démarche visant tout autant le bien commun que la réalisation de soi, en mêlant éthique et politique. Reste à définir l'emploi du terme « politique » dans le cadre du présent travail. Comme il a été remarqué plus haut, l'histoire politique classique est sans doute l'un des champs les plus imperméables aux problématiques issues de l'histoire des femmes et de l'utilisation du concept de genre. Pour faire une histoire politique où les femmes soient visibles et où il soit possible de s'interroger sur la signification des catégories de genre, il est nécessaire de remettre en question des structures et des modes de fonctionnement donnés comme des évidences. L'histoire des pratiques quotidiennes ainsi que l'histoire des femmes ont aidé à qualifier de politique tout ce qui a trait au fonctionnement de la Cité, à l'intérêt général, à l'organisation de la vie en commun. Ceci implique de renoncer aux traditionnels cloisonnements entre « politique », « social », « moral » et « religieux » et permet de prendre en compte des prises de position très variées. Comme l'affirme Maria Deraismes, « la solidarité à l'état d'organisation, voilà la politique », ceci amène à qualifier de politique toutes sortes d'interventions par lesquelle des femmes tentent de dépasser leur condition de non-citoyennes, en recherchant la capacité d'agir pour leur idée du bien commun.

Enfin, il est intéressant de s'appuyer sur certains aspects de la réflexion de Jacques Rancière[44] et d'Hannah Arendt[45]. Le premier place en effet la notion d'égalité au cœur de sa définition de la politique[46], or c'est l'aspiration à l'égalité – sous divers avatars, telle l'idée d'égalité dans la dissemblance, qui sous-tend l'intervention politique publique de ces femmes. Jacques Rancière distingue « logique policière » et « logique politique ». Par « police », il entend « l'ensemble des processus par lesquels s'opèrent l'agrégation et le consentement des collectivités, l'organisation des pouvoirs, la distribution des places et fonctions... », mais aussi « un ordre des corps [...] qui fait que tels corps sont assignés par leur nom à telle place et à telle tâche ; [...] un ordre du visible et du dicible, qui fait que telle activité est visible et que telle autre ne l'est pas, que telle parole est

c'est aussi assumer un statut social défini par le regard, l'écoute et les attentes des contemporains. Or un tel statut est interdit à ces femmes, qui demeurent assignées à la seule identité de genre.

42. Denis Benoît, *Littérature et engagement de Pascal à Sartre*, Paris, Le Seuil, 2000.

43. *Ibid.*, p. 31.

44. Rancière Jacques, *La Mésentente. Politique et Philosophie*, Paris, Galilée, 1995.

45. Arendt Hannah, *Qu'est-ce que la politique ?*, Paris, Le Seuil, 1995.

46. « Ce qu'on met communément au compte de l'histoire politique ou de la science du politique relève en effet le plus souvent d'autres machineries qui tiennent à l'exercice de la majesté, au vicariat de la divinité, au commandement des armées ou à la gestion des intérêts. Il n'y a de la politique que lorsque ces machineries sont interrompues par l'effet d'une présupposition qui leur est tout à fait étrangère, et sans laquelle pourtant, en dernière instance, aucune d'elle ne pourrait fonctionner, la présupposition de l'égalité de n'importe qui avec n'importe qui, soit, en définitive, l'effectivité paradoxale de la pure contingence de tout ordre. » (Rancière Jacques, *op. cit.*, p. 37.)

entendue comme du discours et telle autre comme du bruit[47] ». Au contraire est « politique » ce qui rompt ou tente de rompre cette configuration policière, ce qui « déplace un corps du lieu qui lui était assigné ou change la destination d'un lieu[48] », en raison de la présupposition égalitaire. Suivant ces critères, on pourrait ainsi ajouter que, dans la « logique policière », les catégories de genre déterminent les parts respectivement attribuées aux hommes et aux femmes dans la société; les attributs du « féminin », la figure idéale de la Femme retirent notamment aux femmes le droit à l'individualité, l'accès à l'espace public, et légitiment les inégalités de l'ordre patriarcal. Aussi, lorsqu'une femme ose intervenir publiquement en tant qu'individue, lorsqu'au nom de l'égalité elle tente de se faire entendre comme un sujet en capacité d'agir de façon autonome, c'est bien un acte politique qu'elle accomplit :

> « La politique est affaire de sujets, ou plutôt de modes de subjectivation. Par subjectivation on entendra la production par une série d'actes d'une instance et d'une capacité d'énonciation qui n'étaient pas identifiables dans un champ d'expérience donné, dont l'identification donc va de pair avec la refiguration du champ de l'expérience [...]. La subjectivation politique produit un multiple qui n'était pas donné dans la constitution policière de la communauté, un multiple dont le compte se pose comme contradictoire de la logique policière. [...] Un mode de subjectivation ne crée pas des sujets ex-nihilo. Il les crée en transformant des identités définies dans l'ordre naturel de la répartition des fonctions et des places en instances d'expérience d'un litige. [...] Toute subjectivation est une désidentification, l'arrachement à la naturalité d'une place, l'ouverture d'un espace de sujet où n'importe qui peut se compter [...][49]. »

Hannah Arendt insiste, elle, sur la liberté, pour définir l'activité politique comme une remise en cause, une volonté de refondation de ce qui était préexistant. Or, par leurs propos comme par leurs actes, les femmes dont il est ici question remettent en cause l'organisation traditionnelle de la famille, fondement de l'organisation sociale; elles ont le désir de rompre avec la permanence et la répétition, et d'initier un nouveau commencement pour la société; les plus radicales d'entre elles, enfin, veulent substituer une liberté fondée sur l'égalité à une pseudo liberté exercée sous contrôle. En cela, elles remplissent quelques-uns des critères établis par Arendt. Surtout, si l'on reprend son assertion selon laquelle « le sens [et non le but] de la politique est la liberté[50] », alors on peut considérer comme éminemment politique la façon dont des femmes manifestent leur liberté – si infime soit-elle – en transgressant les normes qui s'opposent en principe à leur engagement public. Inversement, une telle définition met en question la possibilité d'accès des femmes à la politique, tant que la catégorie « femme » reste socialement définie par la dépendance, tous les efforts des femmes pour

47. *Ibid.*, p. 51-52.
48. *Ibid.*, p. 53.
49. *Ibid.*, p. 59-60.
50. Voir Arendt Hannah, *op. cit.*, p. 64.

se faire reconnaître comme sujets politiques paraissent d'avance voués à l'échec. De même, Hannah Arendt met l'accent sur la liberté de parole – entre égaux – comme condition de l'activité politique[51]. Or, si certaines femmes tentent de s'émanciper des diverses contraintes qui pèsent sur leur parole, s'expriment-elles jamais en situation d'égalité ? Si elles-mêmes se représentent dans leurs discours comme des sujets autonomes, relevant de l'universalité et du droit commun, ne sont-elles pas toujours entendues avant tout comme des femmes – c'est-à-dire fondamentalement différentes du sujet masculin, seul apte à incarner l'abstraction universelle et la capacité politique ? Tous ces paradoxes sont à prendre en compte pour essayer de cerner non seulement la dimension politique des textes et discours étudiés ici, mais aussi leur réelle portée dans l'espace public.

Pourquoi une approche comparative ?

L'intérêt du comparatisme a été particulièrement développé dans le contexte de l'histoire culturelle franco-allemande des XVIIIe et XIXe siècles[52]. La comparaison, qui suppose d'emblée deux entités bien distinctes et insiste sur les différences, a l'inconvénient de renforcer une conception quasiment naturalisante de la nation, sans s'interroger sur le processus de sa construction et sans critiquer la notion d'identité nationale[53]. Il convient au contraire de poursuivre une démarche similaire à celle que permet le concept de genre, redonner toute son importance à l'historicité des catégories de référence, afin de prendre ses distances avec les représentations des contemporains et pouvoir ainsi en analyser la signification. Pour ce faire, il convient de prêter tout autant attention aux points communs qu'aux dissemblances, et d'étudier les mécanismes d'acculturation, d'échanges et de réception, afin de mettre en évidence « la part étrangère dans la structure sociale de la mémoire nationale proprement dite[54] ». L'approche comparative s'avère ainsi un outil méthodologique très utile pour déconstruire toutes sortes de représentations, qu'elles soient données comme des réalités universelles et éternelles ou bien, au contraire, comme spécifiques à une culture nationale[55]. Pour autant, cette utilisation du comparatisme n'a encore guère été mise à profit par les historiens travaillant avec le concept de genre. La plupart des recherches portant sur les femmes dans l'histoire demeurent effectuées dans un cadre national, et ce n'est qu'assez récemment que quelques études ont cherché à retracer l'histoire des mouvements féministes dans une perspective internationale. Au total, très peu d'études concernant les femmes au XIXe siècle adoptent

51. *Ibid.*, p. 77-78.

52. *Comparativ*, n°4, 1992, et *Genèses. Sciences sociales et histoire*, n° 17, septembre 1994.

53. NADAU Thierry, « Perspectives pour une histoire comparative France-Allemagne », *Bulletin de la MHFA* 21, Göttingen, 1990 ; HAUPT Heinz-Gerhard, KOCKA Jürgen (Hg.), *Geschichte und Vergleich. Ansätze und Ergebnisse international vergleichender Geschichtsforschung*, Francfort, 1996.

54. ESPAGNE Michel, *Les Transferts culturels franco-allemands*, Paris, PUF, 1999, p. 42.

55. Voir KOTT Sandrine, NADAU Thierry, « Pour une pratique de l'histoire sociale comparative. La France et l'Allemagne contemporaines », *Genèses. Sciences sociales et histoire*, septembre 1994, n° 17, p. 103-112.

une démarche réellement comparative[56], bien que plusieurs historiennes aient exposé l'intérêt d'explorer ce champ[57].

La France et l'Allemagne offrent un bon exemple de ces pays où la « question des femmes » s'impose à partir de la fin des années 1850, et suscite des débats dans des termes assez proches. Les points communs, liens et influences que l'on peut observer entre les deux pays tout au long du XIXe siècle s'avèrent particulièrement manifestes durant la période 1848-1870. En effet, si la chronologie et la signification des révolutions qui éclatent d'abord en France puis dans les États allemands en 1848-1849 sont différentes, ces événements donnent pareillement aux Françaises et aux Allemandes une occasion privilégiée de prendre la parole en public et de revendiquer des droits de citoyennes. Ni les unes ni les autres ne sont entendues, et la réaction politique et morale qui s'ensuit les frappe de plein fouet; toutes se retrouvent soumises à un ordre genré analogue, malgré les variantes existant entre les législations et les modèles sociaux. Enfin, la France et l'Allemagne connaissent un tournant politique simultané en 1870, suite à la guerre qui les oppose, la défaite de Napoléon III permettant la double fondation de la République française et de l'Empire allemand. De part et d'autre, profitant du caractère exceptionnel de la situation, des femmes s'expriment publiquement au sujet du conflit et de l'issue politique qu'elles espèrent. Étant donné ces similitudes, on peut faire l'hypothèse qu'une démarche comparative permettrait de mieux comprendre ce qui se joue autour des femmes et avec elles, durant ces années 1848-1870 qui représentent une étape importante dans l'apprentissage de la démocratie, en Allemagne aussi bien qu'en France. Le comparatisme me paraît particulièrement fructueux dans le cadre d'une analyse fondée sur le genre, il contribue à déconstruire les modèles féminins présentés comme « universels » autant que ceux présentés comme « nationaux », et aide à historiciser la construction des catégories genrées et à mieux cerner la place des femmes dans leurs sociétés respectives. Il permet de réfléchir aux liens entre identité de genre et identité nationale, pour évaluer dans quelle mesure l'individu-e peut s'émanciper des catégories de représentations façonnées par le genre comme par la nation. L'objectif poursuivi ici n'est pas de cumuler une somme de connaissances équivalentes pour l'Allemagne et pour la France mais d'établir une comparaison constructive, qui permette la compréhension des points évoqués ci-dessus, en tentant d'éclairer la période des deux côtés de la frontière.

---

56. Par exemple, TACKE Charlotte, « Relations entre les sexes dans les représentations et symboles nationaux en France et en Allemagne au XIXe siècle », HOOCK-DEMARLE Marie-Claire (dir.), *Femmes, Nations, Europe*, Paris, Publications de l'université de Paris VII, 1995, p. 18-24; AUSLANDER Leora, « Le vote des femmes et l'imaginaire de la citoyenneté, l'État-nation en France et en Allemagne 1880-1930 », SOHN Anne-Marie, THELAMON Françoise (dir.), *L'Histoire sans les femmes est-elle possible?*, Paris, Perrin, 1998, p. 73-86.

57. Voir HAUSEN Karin, « Die Polarisierung... », art. cit., p. 393. Elle appelle à comparer la construction des catégories de genre dans les bourgeoisies de divers pays avant l'uniformisation du système de pensée et du discours scientifique à l'échelle européenne. Voir aussi ROCHEFORT Florence, « Réflexions à propos de l'histoire du féminisme », SOHN Anne-Marie, THELAMON Françoise (dir.), *L'Histoire sans les femmes..., op. cit.*, p. 195-203.

Le sens de l'Histoire du point de vue des femmes

Cette comparaison franco-allemande repose sur l'hypothèse que les femmes qui s'engagent dans l'espace public ne portent pas des revendications spécifiques ni marginales, mais qu'au contraire, leurs interventions révèlent quels sont les débats et les luttes politiques qui paraissent les plus déterminants aux contemporains. Françaises et Allemandes répètent en effet avec insistance qu'elles appartiennent à leur siècle, qu'elles veulent se montrer dignes de leur temps, qu'elles veulent servir leur époque. À travers leurs propos, on peut ainsi saisir l'une des préoccupations majeures de la période, qui consiste à rechercher l'intégration de toutes les composantes de la société dans un projet unitaire, qui soit considéré comme une émanation de l'idée de Progrès. Le fait que des femmes – malgré leur statut de catégorie a-historique et a-politique – manifestent le désir de participer avec tous à l'avènement du Progrès, en contribuant au bien commun, montre bien la force et l'ampleur de ce souci d'intégration générale. Si les femmes détiennent toujours une place centrale dans les discours élaborés par des hommes sur la nécessaire recomposition sociale[58] – une obsession constante du XIXe siècle – elles ne sont pas censées s'exprimer elles-mêmes sur le rôle qu'elles auraient à y jouer. Certaines ont pourtant commencé à le faire en 1830, puis en 1848, en imaginant des révolutions qui libèreraient tou-te-s les opprimé-e-s. Les mêmes, ou d'autres, recherchent ensuite de nouvelles voies pour parvenir à l'harmonie sociale et au Progrès. En Allemagne, il s'agit avant tout de mobiliser l'ensemble de la population autour d'un projet national ; en France, il s'agit notamment de trouver un consensus sur les libertés, tant personnelles et politiques qu'économiques, qu'il serait possible d'exercer dans le cadre d'un régime politique encore à définir. Ces deux projets, aux contenus fort variables selon les moments et selon leurs divers promoteurs, ont en commun d'être présentés essentiellement comme des processus à réaliser de façon graduelle, alors que les défenseurs de la voie révolutionnaire sont devenus ultra-minoritaires.

S'intéresser aux femmes engagées dans les débats de leur temps permet de considérer ceux-ci depuis une perspective particulière, le plus souvent ignorée par ceux, contemporains comme historiens, qui « font » l'Histoire. En effet, si ces femmes proclament leur volonté de marcher avec le siècle, elles se retrouvent en décalage, du fait de leur statut de femme. En se revendiquant « filles de leur siècle », elles sont partagées entre deux impératifs inconciliables, s'il leur faut se distancier des normes genrées qui s'opposent à leur intervention publique, elles sont en même temps souvent contraintes de parler « en tant que femmes » et au nom de la Femme, afin d'espérer une reconnaissance et une écoute de la part de leurs contemporains. Par ailleurs, en dénonçant le conservatisme, voire l'esprit réactionnaire de ceux qui invoquent le Progrès mais perpétuent les rapports de pouvoir à leur profit, elles prennent le risque d'être renvoyées à une « nature

58. Voir KALIFA Dominique, « Enquête sociale et différence des sexes au premier XIXe siècle », CAPDEVILA Luc *et alii* (dir.), *Le Genre face aux mutations. Masculin et féminin du Moyen Âge à nos jours*, Rennes, Presses universitaires de Rennes, 2003, p. 103-111.

féminine » incapable d'entrer dans la modernité. Dans ces conditions, comment ces femmes peuvent-elles prétendre aller dans le sens de l'Histoire quand celui-ci ne les prend pas en compte ? Comment peuvent-elles parvenir à ce qui caractérise la modernité du siècle, soit l'émancipation individuelle, si elles sont dans l'incapacité de se libérer des représentations qui les enferment dans la catégorie du « féminin » ? Comment peuvent-elles aspirer à faire et dire l'histoire si elles doivent continuer à se protéger derrière l'écran du « féminin » ? Qu'est-ce que ces questions insolubles révèlent sur les sociétés françaises et allemandes de l'époque et sur l'apprentissage de la démocratie en cours à ce moment ?

Toutes ces questions seront examinées au fil d'une approche chronologique, afin de saisir au mieux les enjeux propres à chaque période. La première partie concerne la période révolutionnaire qui s'étend de 1848 à 1850-1852, et dont l'influence est déterminante pour la suite. Rappeler les agissements des femmes engagées permet de saisir ce que la révolution a d'excessif, d'inadmissible pour les contemporains. De façon encore plus aiguë que les communistes, ennemis fantasmatiques en Allemagne comme en France, les femmes qui prétendent accéder à la Cité révèlent le potentiel dangereux de la révolution et la nécessité d'y substituer, au mieux, des réformes « libérales ». Les obstacles qui sont opposés aux revendications des femmes signifient d'ailleurs bel et bien l'impossibilité d'un véritable printemps du/des peuple(s). Cette première partie introduit aussi les figures de quelques quarante-huitardes dont nous suivrons le parcours au cours des deux décennies suivantes, et expose les références culturelles et politiques respectives des Allemandes et des Françaises. La deuxième partie ambitionne de modifier la vision des années 1850-1860, habituellement considérées comme un temps de retrait pour les femmes. Une fois refermée la « parenthèse » de 1848, c'est désormais la pratique solitaire de l'écriture qui procure aux femmes le moyen d'exister politiquement. Un tel acte s'avère particulièrement significatif et subversif puisque tout concourt à leur imposer silence. L'acharnement de quelques unes à tenir publiquement un rôle de sujet critique permet de mesurer la persistance des idéaux démocratiques qui ont paru réalisables en 1830 puis en 1848, et ce malgré la chape de plomb qui pèse sur les années 1850-1860. Les préoccupations des Allemandes et des Françaises projettent une lumière particulière sur certains des principaux enjeux de la période, globalement similaires dans les deux pays – à l'exception de la question nationale, spécifique à l'Allemagne et qui conditionne l'intervention publique des Allemandes. L'un des enjeux communs est la « question des femmes », qui surgit et s'impose dans les années 1860, en lien avec l'élaboration de nouveaux projets politiques. La troisième partie examine la participation des femmes au renouveau des mouvements protestataires collectifs, à partir du milieu des années 1860. Des femmes accèdent à la parole publique, pour la première fois dans une période non révolutionnaire. Leurs initiatives témoignent des espoirs de profonds changements politiques et sociaux qui se manifestent alors dans une large partie de la population. De 1848 à 1870 se dessine ainsi une histoire discontinue, où alternent silences et audaces, une histoire pétrie d'idéaux et de contradictions, où les parcours individuels et les luttes collectives éclairent certains enjeux de la démocratie contemporaine.

Chapitre I

1848-1852 : Françaises et Allemandes en révolution

En France comme en Allemagne, l'irruption des « femmes de 1848 [1] » dans l'espace public témoigne des libertés amenées par les bouleversements politiques, et donne la mesure des recompositions sociales attendues et promises. En même temps, les réactions des contemporains montrent l'impossibilité d'une réelle révolution, et les limites, très vite établies, des réformes envisagées. Les historiens allemands ont été bien plus nombreux que les français à se pencher sur le rôle des femmes en 1848. Cependant, rares sont les travaux qui permettent d'ébaucher une histoire « genrée » de la révolution. Parmi ceux-ci, les plus fructueux ont analysé la place/l'absence des femmes dans la sphère publique, dans la culture politique, dans la construction de l'imaginaire national [2]. Une autre tendance de l'historiographie allemande a privilégié une approche socio-culturelle et anthropologique, les historien-ne-s ont cherché les femmes là où elles pouvaient être partie prenante de la révolution, que ce soit dans la rue ou à la table de couture, dans les tribunes d'honneur ou dans les associations féminines [3]. Les études françaises récentes se sont orientées plutôt vers une approche théorique, centrée sur la question du suffrage et de la citoyenneté, et sur une analyse critique du fonctionnement de la démocratie [4]. Il est vrai qu'en 1848, avènement du « suffrage universel » en France, la revendication du droit de vote est nettement plus explicite et fréquente dans les écrits et les démarches des Françaises [5] qu'elle ne l'est chez les Allemandes. On ne peut cependant se contenter d'affirmer simplement que 1848 n'était pas, en Allemagne, le moment de cette revendication pour les femmes [6]. Il est souhaitable de nuancer cette vision, d'une part en montrant que les mêmes questions se posent aux femmes des deux pays, d'autre part en essayant de comprendre les différences que l'on constate dans leurs discours et leurs modes d'action. La comparaison de l'intervention publique des Françaises et des Allemandes permet ici d'examiner comment les unes et les autres perçoivent leur rapport au politique, en relation étroite avec les conditions historiques,

1. L'expression est reprise de l'article « Les Femmes de 1848 », *La Voix des Femmes*, n° 43, 10-13 juin 1848.
2. Voir notamment les travaux de Ute Frevert cités dans la bibliographie.
3. Voir notamment les travaux de Carola Lipp cités dans la bibliographie.
4. Voir notamment les travaux de Michèle Riot-Sarcey, de Geneviève Fraisse, d'Anne Verjus cités dans la bibliographie.
5. Du moins à Paris, il faut souligner ici que l'on connaît très peu les activités et les revendications des femmes de la province.
6. Voir MIDDELL Matthias, « Le suffrage "universel" en Allemagne », MAYAUD Jean-Luc (dir.), *1848. Actes du colloque international du cent cinquantenaire*, Paris, Créaphis, 2002, p. 107.

politiques et culturelles de leur environnement respectif. Les différences ainsi repérées peuvent servir à mieux comprendre ce qui est en jeu dans la conception sexuée du politique qui demeure la règle, même – voire surtout – au cœur des bouleversements révolutionnaires.

Les « femmes publiques » de 1848

L'héritage des années 1830-1840

Comme d'autres révolutions déjà auparavant, celles de 1848 fissurent suffisamment l'ordre établi pour permettre à des femmes d'accéder à l'espace public, en y portant des revendications d'ordre général. Cet engagement est l'héritier de diverses expériences qui, depuis le début du XIXe siècle, ont permis à des femmes d'exercer un rôle public. L'historiographie a bien montré par exemple la participation croissante des femmes de la bourgeoisie aux associations caritatives et philanthropiques[7]. Qu'elles soient d'origine privée ou publique, religieuse ou laïque, de telles organisations permettent à leurs membres d'étendre leur domaine d'activité hors du foyer, en contact avec les autorités publiques, en développant responsabilité et autonomie. Dans les années 1820 et 1830, les comités féminins de soutien aux Grecs puis aux Polonais, peuvent même être qualifiés de lieu de formation politique pour les femmes de la bourgeoisie, de même que la participation aux fêtes du mouvement libéral national allemand. Ce sont d'ailleurs souvent les mêmes femmes que l'on retrouve en 1848 dans des associations soutenant la cause nationale et/ou les démocrates. Enfin de nombreuses « femmes de 1848 » ont participé à l'aventure des communautés « utopistes » et contestataires des années 1830-1840, le saint-simonisme et le fouriérisme ont joué un rôle prépondérant en France, de même que le mouvement des paroisses dissidentes en Allemagne.

L'histoire du féminisme français fait d'ailleurs du saint-simonisme un moment décisif pour les revendications collectives des droits des femmes[8]. Très influencés par les écrits de Charles Fourier[9], les saint-simoniens proclament que l'affranchissement des femmes est la condition indispensable de toute réelle transformation sociale. Considérant que « l'individu social » est formé par le couple homme-femme, et que seule l'association des vertus « masculines » et « féminines » pourra fonder un ordre harmonieux, les saint-simoniens ont donc invité

7. Fayet-Scribe Sylvie, *Associations féminines et catholicisme. De la charité à l'action sociale (XIXe-XXe siècles)*, Paris, Éditions Ouvrières, 1990 ; Duprat Catherine, *Usage et pratiques de la philanthropie. Pauvreté, action sociale et lien social à Paris au cours du premier XIXe siècle*, Paris, Comité d'histoire de la Sécurité sociale, vol. 1, 1996, vol. 2, 1997.

8. De Abensour Léon, *Le Féminisme sous le règne de Louis-Philippe et en 1848*, Paris, 1913, à Riot-Sarcey Michèle, *Histoire du féminisme*, Paris, La Découverte, 2002, en passant par Thibert Marguerite, *Le Féminisme dans le socialisme français de 1830 à 1850*, Paris, Marcel Giard, 1926.

9. Les saint-simoniens reprennent à leur compte la maxime bien connue que Charles Fourier formule en 1808 dans sa *Théorie des quatre mouvements et des destinées générales*. « En thèse générale, les progrès sociaux et changements de période s'opèrent en raison du progrès des femmes vers la liberté ; et les décadences d'ordre social s'opèrent en raison du décroissement de la liberté des femmes. L'extension des privilèges des femmes est le principe général de tous les progrès sociaux. »

les femmes à participer à la régénération de la société et ont lancé leur fameux appel à « la femme libre ». Entre 1829 et 1832, ils ont ainsi attiré de nombreuses sympathisantes [10], célibataires ou épouses, ouvrières ou bourgeoises, désireuses d'œuvrer au progrès général en mettant leurs compétences et leur enthousiasme au service de cette « Église » qui dit attendre la venue de la Femme-Messie. Plusieurs d'entre elles seront de nouveau actives en 1848, telles que Pauline Roland, Eugénie Niboyet, Suzanne Voilquin, Désirée Véret... Même si les autorités saint-simoniennes révèlent rapidement leur volonté de manipuler la « question des femmes » dans leur propre intérêt, même si la « Famille » demeure largement un lieu de domination masculine, le saint-simonisme a suscité des prises de conscience individuelles et a permis à des femmes de prendre part à un engagement collectif, en grande partie public [11]. Certaines se tournent ensuite vers le mouvement sociétaire, fondé en 1832 par des admirateurs de Charles Fourier. Ils prônent, eux aussi, l'affranchissement du peuple et des femmes par l'association, mais prennent soin de se démarquer du saint-simonisme, concernant les femmes, il est surtout question de mettre à profit la force moralisatrice qui leur est attribuée, afin d'harmoniser la société. Eugénie Niboyet, Désirée Véret, Angélique Arnaud – pour ne citer ici que des figures dont il sera question plus loin – rejoignent ainsi la mouvance fouriériste où les femmes, sans être objets de culte ni de prophétie, peuvent jouer un rôle très actif, en témoigne l'activité de Clarisse Vigoureux, d'Aimée Beucque... et de bien d'autres « anonymes » qui participent aux expériences de phalanstères, se livrent à la propagande, récoltent les dons, animent les réseaux de relations.

En Allemagne, un autre projet de rénovation sociale a joué un rôle comparable pour les femmes, il s'agit des expériences menées par la dissidence religieuse des années 1840, en lien étroit avec l'effervescence contestataire du *Vormärz* [12]. Le mouvement des « Catholiques Allemands » (*Deutschkatholiken*) et celui des « communautés paroissiales libres » (*freie Gemeinde*), côté protestant, revendiquent l'héritage des Lumières et veulent fonder les pratiques religieuses sur les valeurs démocratiques. Ils accordent beaucoup d'importance à « l'émancipation des femmes [13] », même si, là encore, ce thème est largement instrumentalisé, il sert surtout à cristalliser le conflit avec les Églises institutionnelles et à incarner les revendications libérales des hommes [14]. Malgré tout, en appelant les femmes à participer à la transformation de la religion et de la société, les dissidents ren-

10. Riot-Sarcey Michèle, *De la liberté des femmes. « Lettres de Dames » au Globe, 1831-1832*, Paris, Côté-femmes éditions, 1992.
11. Delvallez Sophie, « Claire Bazard, figure emblématique du Saint-simonisme », dans *L'actualité du Saint-Simonisme*, Pierre Musso (dir.), Colloque de Cerisy, PUF, 2004, p. 149-163.
12. Paletschek Sylvia, *Frauen und Dissens. Frauen im Deutschkatholizismus und in den freien Gemeinden (1841-1852)*,Vandenhoek & Ruprecht, Göttingen, 1990. Les femmes auraient représenté environ 40 % des membres des paroisses dissidentes entre 1845 et 1852.
13. L'un des principaux initiateurs des Catholiques Allemands, Johannes Ronge (1813-1887), aborde cette question dans tous ses écrits, il estime qu'il faut émanciper les femmes afin qu'elles servent la rédemption du monde. De rares théoriciens du mouvement dissident demandent leur émancipation comme conséquence logique des principes démocratiques.
14. Voir l'analyse de Herzog Dagmar, *Intimacy and Exclusion. Religious Politics in Pre-Revolutionary Baden*, Princeton University Press, 1996.

contrent un succès certain auprès d'elles. En adhérant aux paroisses dissidentes, les femmes apprennent à assumer des responsabilités publiques ainsi que des choix idéologiques. Leur décision de rompre avec leur Église d'origine et leur examen critique de la religion les font déroger à la « féminité » faite d'obéissance et de conservatisme. Sans contester forcément le principe même des identités genrées, elles en redéfinissent les conditions, comme en témoigne Malwida von Meysenbug, une démocrate prussienne qui a elle-même rejoint en 1850 la paroisse libre interconfessionnelle de Hambourg,

> « Il m'arrivait d'entendre parler de plus d'une individualité féminine réveillée au souffle régénérateur qui agitait le monde, voulant s'émanciper de la triple tyrannie du dogme, de la convention et de la famille, voulant former ses propres convictions et faire son propre sort. La femme allemande commençait à pressentir une vocation autre que celle d'être une bonne ménagère, titre d'honneur qu'on lui avait exclusivement accordé pour la caractériser [...] [15]. »

Enfin les nouvelles paroisses, pour la plupart proches des milieux libéraux, voire des démocrates radicaux, sont aussi un endroit de politisation. Le cadre communautaire n'offre cependant pas aux femmes toute la liberté d'action à laquelle certaines aspirent. C'est ainsi que des Cercles féminins libéraux (*freisinnige Frauenvereine*) se forment dans de nombreuses villes à partir de 1845. Ces structures sont surtout destinées à des activités bienfaisantes et éducatrices mais stimulent chez leurs adhérentes la volonté d'autonomie et d'instruction. L'écrivaine démocrate Louise Otto, elle-même liées à des Catholiques Allemands de Saxe, affirme que « c'est avant tout au mouvement religieux que nous devons le rapide progrès de la participation des femmes aux questions de l'époque [16] ». De nombreuses femmes appartenant à ces cercles durant le *Vormärz* s'engagent publiquement en 1848 au nom de la démocratie.

Des « citoyennes » sans droits politiques

Dès les débuts des soulèvements de 1848, des femmes de tous milieux sont présentes, au milieu des combats de rue comme dans les débats d'idées. La comtesse parisienne Marie d'Agoult – alias Daniel Stern – rapporte la présence de femmes dans la foule qui envahit les Tuileries le 24 février [17]. La jeune romancière prussienne Fanny Lewald enquête dans les rues et les salons parisiens avant de suivre la propagation de la révolution à Berlin [18]. Dans la capitale prussienne, on compte 11 femmes parmi les 277 morts répertoriés lors des combats du 18 mars, et plusieurs contemporains décrivent des femmes participant à la construction

15. Meysenbug Malwida von, *Mémoires d'une idéaliste. 1830-1848*, Genève, H. Georg, 1869, chapitre xvii.
16. Otto Louise, « Über die Teilnahme der weiblichen Welt am Staatsleben », *Vorwärts. Volkstaschenbuch für das Jahr 1847*, hg. von Robert Blum, Leipzig, 1847, p. 44-45.
17. Stern Daniel, *Histoire de la Révolution de 1848*, 1850-53, Éditions Balland, 1985.
18. Lewald Fanny, *Erinnerungen aus dem Jahre 1848*, Braunschweig, Vieweg und Sohn, 1850.

des barricades[19]. Par la suite pourtant, il devient impossible aux femmes de s'engager dans le mouvement révolutionnaire d'une manière identique à celle des hommes, seuls promus au rang de citoyens. En cherchant à jouer un rôle semblable à celui des « hommes publics », elles risquent d'être traitées en « femmes publiques ». Elles doivent donc trouver des modes de participation politique compatibles avec la faible marge de manœuvre dont elles disposent et leur permettant de faire acte de « citoyenneté » sans être légalement des citoyennes.

Les révolutions de 1848 ont partout en commun d'avoir privé les femmes de la citoyenneté légale, restreignant aux seuls hommes l'accès au suffrage « universel ». La nullité politique dont les femmes étaient frappées dans les systèmes censitaires précédents est ainsi perpétuée. La différence est que, désormais, c'est le sexe qui demeure le critère permettant ou non aux personnes majeures de faire reconnaître leurs droits politiques. C'est particulièrement flagrant en France, où le suffrage universel et direct est officiellement instauré le 5 mars 1848, par un décret du gouvernement provisoire qui a proclamé la République le 24 février. En Allemagne, le « pré-parlement » siégeant à Francfort du 31 mars au 3 avril annonce l'élection d'une assemblée nationale constituante sans conditions de cens, ni de religion. Chaque citoyen (*Staatsangehöriger*) majeur et autonome (*selbständig*) est déclaré électeur et éligible. Dans la plupart des États allemands, la condition d'autonomie conduit à exclure du suffrage ceux qui dépendent des soutiens accordés aux pauvres, voire les domestiques, les apprentis, et les artisans employés. Par ailleurs, le suffrage censitaire – parfois élargi – demeure en vigueur pour les autres élections organisées en 1848-1849 dans le cadre des État. C'est donc en France que la définition du citoyen est le plus ouvertement naturalisée, « masculinisée ». C'est ce qu'observe Anne Verjus, qui voit en 1848 « le début du sexisme comme fondement de l'extériorité politique des femmes[20] ». Toutefois, il ne faut pas occulter la continuité de la mise à l'écart politique des femmes, de 1790 à 1848, que le suffrage ait été universel ou censitaire, seuls les hommes ont été concernés. La différence entre les sexes, telle qu'elle était conçue par la société, constitue donc déjà auparavant une distinction politique fondamentale. On pourrait certes penser que cette discrimination devient flagrante en 1848, et que « l'on commence à penser la situation politique des femmes comme une situation d'exclusion[21] ». Or très rares sont les contemporain-e-s qui conçoivent en ces termes les nouvelles conditions du suffrage. Pour la quasi totalité d'entre eux et d'entre elles, en Allemagne comme en France, les femmes sont bel et bien incluses dans les projets politiques de 1848, mais leur intégration repose sur le respect des rôles genrés traditionnels, la famille restant conçue comme la cellule de base de la société, les femmes doivent y propager les valeurs républicaines

---

19. HACHTMANN Rüdiger, *Berlin 1848. Eine Politik- und Gesellschaftsgeschichte der Revolution*, Bonn, Dietz, 1997, p. 179-181.
20. VERJUS Anne, « Vote familialiste et vote familial. Contribution à l'étude du processus d'individualisation des femmes dans la première partie du XIXe siècle », *Genèses* n° 31, juin 1998, p. 44. Elle définit ici le sexisme comme « le principe politique ne cherchant plus que dans la seule différence naturelle entre les sexes la raison de leurs différences en matière de droits politiques ». Voir aussi VERJUS Anne, *« Le cens de la Famille ». Les femmes et le vote 1789-1848*, Paris, Belin, 2002.
21. VERJUS Anne, « Vote familialiste... », art. cit., p. 46.

en tant qu'épouses et surtout que mères. Cependant, les femmes qui prennent publiquement la parole en 1848 entendent dire elles-mêmes les conditions et les formes de leur engagement dans les événements contemporains.

Nombre d'entre elles se conçoivent donc comme « citoyennes » de fait, sinon de droit, et, à l'occasion, revêtent cette identité comme une évidence[22]. À titre d'exemple, les rédactrices de la *Voix des Femmes* (avril-juin 1848) ou du *Frauen-Zeitung* (mai 1849-juillet 1852) utilisent à plusieurs reprises le terme de citoyenne/*Bürgerin*, soit pour se désigner elles-mêmes ou désigner leurs contemporaines, soit pour évoquer l'avenir et le futur statut qu'elles espèrent pour les femmes. À quelques exceptions près, elles n'en font pas la simple féminisation du mot « citoyen », qui est, lui, indissociable de la possession des droits politiques, sans forcément éprouver le besoin de revendiquer ces droits, elles entendent faire valoir leur rôle dans la société. La profession de foi publiée par la rédactrice de *La Voix des Femmes*, Eugénie Niboyet, est éclairante. On y lit que « la citoyenneté est un titre qui oblige à suivre le progrès pas à pas sous peine de déchéance. Que toutes les femmes se le disent et s'unissent pour s'éclairer, se fortifier, s'améliorer[23] ». « Citoyenneté » apparaît là comme un mot neutre, applicable aussi bien aux femmes qu'aux hommes, mais n'a pas pour autant un contenu identique pour les deux sexes. Selon cette acception, les femmes n'ont pas à revendiquer la citoyenneté mais à se montrer dignes de celle qu'elles détiennent d'emblée, qui est le pendant indispensable de la citoyenneté conquise par les hommes. Eugénie Niboyet écrit en effet, « pas de dévouement public sans vertus privées, pas de vertus privées sans respect pour la famille[24] ». Il est pour elle évident que les femmes – assimilées à la famille – représentent un pilier de la République, malgré leur minorité politique, sans elles, les hommes ne peuvent être de vrais citoyens. L'identité « féminine » investit les femmes d'une mission spécifique dont Niboyet veut montrer l'importance. Leur citoyenneté consiste à moraliser la nation en moralisant la famille, en ayant une influence bénéfique sur les hommes qui, eux, exercent leur citoyenneté à travers les institutions, « si [les femmes] améliorent la famille, si les mères ont de bons fils, la patrie aura de bons serviteurs, ou la citoyenneté ne serait qu'à demi comprise[25] ». Cette conception n'est cependant pas dénuée de l'idée de droits, même si ceux-ci ne doivent pas nécessairement être les mêmes que ceux des hommes, « honneur à cette trinité sainte [la liberté, l'égalité, la fraternité] qui accordera aux femmes des droits de citoyenneté, leur permettant de s'élever *intellectuellement et moralement* à l'égal des hommes[26] ». Plus loin, Eugénie Niboyet se montre toutefois plus précise et plus exigeante, s'indignant d'une démocratie qui permet que, « quand

22. En France, où le terme de « citoyen » sert de titre conforme aux mœurs républicaines, il est parfois aussi appliqué aux femmes dont l'engagement politique est reconnu par les hommes, ainsi Joseph Delbrouck, membre du comité électoral socialiste, écrit en mai 1849 « à la citoyenne Jeanne Deroin » (BNF, Cab mss, 1303 na Fr, folios 93-95) ; le journal *La République* parle des « citoyennes Jeanne Deroin et Pauline Roland » (*La République*, n° du 4 juillet 1851).
23. « Profession de foi », *La Voix des Femmes*, n° 1, 10 mars 1848
24. *Ibid.*
25. *Ibid.*
26. *Ibid.* C'est moi qui souligne.

le moins intelligent citoyen a droit de vote, la plus intelligente citoyenne est encore privée de ce droit[27] ». Des analyses similaires peuvent être faites au sujet des Allemandes. Lorsqu'en 1849, Louise Otto fonde son journal *Die Frauen-Zeitung*, elle affiche cette devise, « je recrute des citoyennes (*Bürgerinnen*) pour le royaume de la liberté ». Elle entend ainsi appeler ses sœurs à « exiger et mériter aussi notre part dans la grande rédemption du monde qui doit devenir celle de toute l'humanité, dont nous sommes une moitié[28] ».

Dans leur quasi totalité, les « femmes de 1848 » partagent avec leurs contemporain-e-s l'idée qu'elles sont parties prenantes de la Cité en y jouant un rôle bien distinct de celui des hommes. Elles se distinguent, par contre, en estimant d'une part que ce rôle doit être publiquement reconnu et valorisé, d'autre part qu'il leur faut davantage de droits – voire l'égalité avec les hommes – afin de bien remplir leurs devoirs, quand bien même ces derniers restent spécifiques à leur sexe. Le mot « citoyenne » leur permet de notifier deux aspects importants de l'identité qu'elles revendiquent, d'une part leur appartenance à la société, à l'État, à la nation, voire à l'humanité ; d'autre part leur dévouement au bien commun. Les femmes qui se disent « citoyennes » en 1848 signifient qu'elles refusent de rester confinées à une destinée familiale qui les laisse invisibles et coupées du monde. Si certaines seulement utilisent le mot pour mieux dénoncer leur exclusion civique et anticiper sur une future intégration politique, toutes veulent participer à ce qui est en train de se jouer de vital pour la communauté dont elles se sentent membres. La « citoyenneté » ainsi entendue ne revêt donc pas tout à fait le même sens pour Allemandes et Françaises, puisque les enjeux du moment diffèrent pour les unes et les autres. Pour les Françaises, il s'agit d'obtenir une existence dans le cadre de la république et de la démocratie, soit dans la communauté idéale des citoyens égaux, où chacun peut en principe agir pour rénover la société. Dans le cas des Allemandes, c'est plutôt le projet national qui importe, ce que rappelle une « citoyenne » de Mayence, déclarant en mai 1849, « nous devons cesser d'être des femmes pour devenir pleinement des citoyennes et des amies de la patrie[29] ».

Toutefois, des deux côtés du Rhin, se dire « citoyenne », c'est sans doute exprimer ce que décrit Jeanne Deroin en août 1848 :

> « Les femmes qui comprennent la grandeur de leur mission dans le présent et dans l'avenir sentent profondément que c'est pour elles non seulement un droit mais un devoir d'intervenir dans tous les actes de la vie sociale et d'exprimer leur opinion sur toutes les questions qui touchent à l'organisation de la société[30]. »

27. *Ibid.*
28. Otto Louise, « Programm », *Frauen-Zeitung* n° 1, 21 avril 1849.
29. Reproduction du discours « d'une citoyenne de Mayence », *Frauen-Zeitung* n° 33, 17 août 1850.
30. Deroin Jeanne, *L'Opinion des Femmes*, numéro prospectus, août 1848.

Intervenir dans le cadre des institutions

Toute la difficulté est de remplir ce devoir de citoyenne alors que l'on est privée des droits du citoyen. Le seul moyen d'intervention légal dont les femmes disposent est le droit de pétition politique, garanti pour tous en France depuis la Révolution, et en Allemagne par les droits fondamentaux déclarés en décembre 1848. La préservation de ce droit révèle certes le peu de pouvoir qu'il donne. Cependant il revêt une signification importante pour les femmes puisque c'est pour elles la seule façon de manifester officiellement leur intérêt pour la chose publique et c'est la seule possibilité d'expression politique collective qui leur est reconnue. L'ancienne saint-simonienne Désirée Véret – épouse Gay – témoigne de cet élan pétitionnaire qui anime les « femmes de 1848 » :

> « ... après la révolution de février, le gouvernement provisoire fut assailli par les femmes. Les unes écrivaient des lettres, d'autres des projets, d'autres arrivaient en troupe, un drapeau en tête, et toutes venaient demander protection à la République[31] ».

Elle-même est l'une des premières à interpeller les autorités issues de la révolution. Dans la lettre qu'elle envoie le 2 mars 1848 à Louis Blanc, président de la Commission du Luxembourg, elle demande que des déléguées d'ouvrières participent à cette structure supervisant les ateliers nationaux[32]. De façon similaire, Louise Otto rédige une lettre ouverte à la commission des travailleurs convoquée le 3 avril 1848 par le gouvernement saxon[33], elle rappelle à ses membres qu'il faut non seulement organiser le travail des hommes, mais aussi celui des femmes. Dans cette première période révolutionnaire, encore ouverte à toutes sortes de transformations, les destinataires de ces textes répondent parfois avec intérêt; certains envisagent ces femmes comme des interlocutrices possibles concernant la vie de la cité[34]. Des pétitions collectives sont également lancées, au fur et à mesure que se regroupent les femmes qui tiennent à faire reconnaître leur présence dans le champ du politique[35]. D'autres textes s'apparentent davantage à des suppliques, plus conformes aux exigences de l'identité « féminine ». Ainsi, 772 habitantes de la région de Mannheim s'expriment en tant qu'épouses et

31. *La Politique des Femmes*, n° 2, août 1848.
32. Cette lettre à Louis Blanc est reproduite dans la *Voix des Femmes* du 22 mars 1848.
33. Son « Adresse eines deutschen Mädchens an den hochverehrten Herrn Minister Oberländer, an die durch ihn berufene Arbeiterkommission und an alle Arbeiter », est reproduite dans *Die Leipziger Arbeiterzeitung* du 20 mai 1848.
34. Toutefois, les autorités concernées ne leur donnent pas les moyens d'appliquer leurs idées. Nommée à la Commission, Désirée Gay en est évincée un mois plus tard; quant à Louise Otto, elle a pu s'entretenir avec le ministre réformateur Oberländer, mais sans que celui-ci donne suite à ses propositions.
35. Voir la pétition signée Antonine André de Saint-Gieles, datée du 16 mars, reproduite dans *La Voix des Femmes* n° 3, 23 mars 1848; elle est adressée au gouvernement provisoire par « des artistes, des ouvrières, des littérateurs, des professeurs... », qui demandent si la « sainte devise Liberté, Égalité, Fraternité, sera appliquée dans toutes ses conséquences ».

mères bouleversées pour demander au Parlement de Francfort une amnistie en faveur des prisonniers politiques[36].

Par ailleurs, à partir du printemps 1848, on voit dans les États allemands de nombreuses femmes se presser aux débats parlementaires. Seule l'assemblée du Wurtemberg est réservée aux hommes, sous prétexte d'un manque de confort, les femmes de Stuttgart ne peuvent que protester en vain[37]. À Francfort, le pré-parlement national qui siège du 31 mars au 3 mai 1848 dans l'église Saint-Paul, est officiellement fermé aux femmes, mais des épouses de représentants s'y font tolérer, et y introduisent clandestinement des connaissances, Malwida von Meysenbug réussit à assister aux séances dès le troisième jour, dissimulée avec ses complices dans une chaire recouverte de drapeaux qui surplombe la tribune des orateurs. La présence des femmes devient légale lors de l'ouverture du parlement, même si elle est toujours moins légitime que celle des hommes, 200 billets seulement leur sont attribués pour l'inauguration des débats le 18 mai 1848. Les souvenirs de Malwida von Meysenbug et de Fanny Lewald[38], le journal de Clothilde Koch-Gontard[39], les lettres d'Anna Claussen et de Henriette Obermüller[40], témoignent de la passion politique qui saisit alors de nombreuses femmes, bien qu'elles soient placées sans appel hors de la citoyenneté. Lorsqu'en mai 1849, ce qui reste du parlement national doit déménager à Stuttgart, les femmes du Wurtemberg, jusque-là privées de délibérations, affluent dans les tribunes. Quand, le mois suivant, les députés sont chassés de leur local, des habitantes de Stuttgart et d'Essling ornent leur nouvelle salle de réunion avec cette dédicace, « Les femmes allemandes aux hommes allemands[41]. » En revanche, la présence des femmes lors des débats de l'Assemblée nationale en France est peu documentée et n'a fait l'objet d'aucune recherche spécifique. Pourtant, si l'on en croit Daniel Stern rapportant les événements du 15 mai 1848, les tribunes étaient – sans doute comme à l'habitude – « garnies de femmes élégantes[42] ». Il est bien possible qu'elle-même ait assisté à quelques séances, dans un article écrit sous forme d'une missive adressée à Fanny Lewald, elle décrit ce que l'on

36. La pétition, publiée dans le *Mannheimer Abendzeitung*, n° 177, 26 juillet 1848, est reproduite dans Hummel-Haasis Gerlinde (Hg.), *Schwestern! Zerreisst eure Ketten. Zeugnisse zur Geschichte der Frauen in der Revolution von 1848/49*, München, dtv Dokumente, 1982, p. 84-85.

37. Au nom des femmes du Wurtemberg, une « Dame de Stuttgart » accuse le président de la chambre des députés d'avoir trahi l'esprit des temps nouveaux, « qui exige l'application *honnête* et *entière* des mesures libérales » (*Der Beobachter*, 2 novembre 1848, cité dans Lipp Carola [Hg.], *Schimpfende Weiber und patriotische Jungfrauen*, Bühl Moos, Elster Verlag, 1986, p. 292).

38. Meysenbug Malwida von, *op. cit.*, chapitre xvii ; Lewald Fanny, *op. cit.*, p. 250.

39. Küntzel Georg (Hg.), *Tagebuch von Frau Clothilde Koch-Gontard über die Konstituierende Deutsche Nationalversammlung zu Frankfurt*, Frankfurt am Main, 1924. Clothilde Koch-Gontard (1813-1869) est l'épouse du consul anglais à Francfort ; de mai à décembre 1848, elle commente les débats parlementaires auxquels elle assiste assidûment.

40. Anna Claussen est l'épouse d'un député de Kiel, voir Geisthövel Alexa, « Teilnehmende Beobachtung. Briefe von der Damengalerie der Paulskirche 1848 », Herres Jürgen, Neuhaus Manfred, *Politische Netzwerke durch Briefkommunikation*, Berlin, Akademie Verlag, 2002, p. 303-333. Henriette Obermüller (1817-1871) est une républicaine convaincue, voir Bublies-Godau Birgit (Hg.), *Henriette Obermüller-Venedey. Tagebücher und Lebenserinnerungen 1817-1871*, Karlsruhe, Badenia Verlag, 1999.

41. Voir Lipp Carola, *op. cit.*, p. 293.

42. Stern Daniel, *op. cit.*, 1985, p. 520.

voit du haut des tribunes, ironisant sur les crânes dégarnis et les dos voûtés que les « élus de la France révolutionnaire » offrent au regard[43]...

Des modes de participation politique propres aux femmes

Il faut chercher la présence des femmes aussi en dehors des sphères institutionnelles, si l'on veut étudier leur participation aux révolutions de 1848. Les contraintes légales et sociales qui pèsent sur elles en raison de leur sexe les amènent, la plupart du temps, à adopter des formes d'action spécifiques, inscrites dans la sphère qui leur est habituelle. L'historiographie allemande s'est particulièrement penchée sur ces modes d'engagement propres aux femmes « ordinaires », notamment au travers d'études inspirées de la micro-histoire, portant sur la population de quelques villes et villages d'Allemagne du Sud-Ouest[44]. Acceptant, voire revendiquant la répartition sexuée des rôles sociaux, des femmes de toutes conditions ont trouvé le moyen d'élargir leurs possibilités d'action, en brouillant les frontières entre espaces privé et public, leurs actes soulignent la dimension politique que peuvent prendre des gestes du quotidien, normalement liés à la sphère domestique. Ainsi dès mars 1848, alors que le mouvement national prône une politique protectionniste pour défendre l'économie allemande, dames et ménagères du Wurtemberg se rejoignent pour boycotter les marchandises étrangères, notamment les produits français, et fonder des cercles de consommatrices patriotes[45], elles signalent de cette manière leur sentiment national et obtiennent une reconnaissance publique qui, pour la première fois, leur donne la mesure de leur influence possible. Dans d'innombrables localités, des femmes des classes moyennes reprennent les formes usuelles des pratiques charitables à des fins nouvelles, s'appuyant sur leurs réseaux familiaux et mondains, elles organisent ventes et loteries pour soutenir la cause démocrate et les combats pour l'unité nationale[46].

De tels modes d'action se révèlent très ambivalents. Certes, de nombreuses femmes revendiquent ainsi leur conscience politique, mais elles s'aventurent dans l'espace public dans le respect des rôles sexués taditionnels, assumant une « différence » qui leur permet de « compléter » les luttes masculines. Cette logique de renforcement des identités de genre s'impose de manière éclatante dans les manifestations patriotiques. Encadrées par les hommes protecteurs, les femmes sont valorisées comme reproductrices de la nation et éducatrices des citoyens, les rôles familiaux traditionnels sont réaffirmés comme base intangible de la

43. Stern Daniel, « Physionomie de l'Assemblée nationale », lettre à Fanny Lewald datée du 4 juin 1848 (série des « Lettres républicaines » parues dans *Le Courrier Français*), republiée dans Stern Daniel, *Esquisses morales et politiques*, Paris, chez Pagnerre, 1849, p. 210-226.

44. Voir les études pionnières contenues dans Lipp Carola, *op. cit.* ; voir aussi Lorinser Margaret, Ludwig Roland (beab.), *Die Revolution hat Konjunktur. Soziale Bewegungen, Alltag und Politik in der Revolution von 1848/49*, Münster, Westfälisches Dampfboot, 1999, p. 43-59.

45. La conscience nationale s'exprime par exemple par la revendication d'une « mode allemande » (Kienitz Sabine, « Aecht deutsche Weiblichkeit. Mode und Konsum als bürgerliche Frauenpolitik 1848 », Lipp Carola [Hg.], *op. cit.*, p. 310-337).

46. Kuby Eva, « Politische Frauenvereine 1848 bis 1850 », Lipp Carola (Hg.), *op. cit.*, p. 265-268.

société[47]. Toutefois, de nombreuses femmes ne se contentent ni de ce rôle de figurantes, ni des actions spécifiquement « féminines », et participent au mouvement général en adoptant les même formes de mobilisation publique que les hommes, les clubs politiques, les associations, les journaux.

Les difficultés de la mobilisation collective

Les rares lieux de réunion politiques mixtes s'avèrent peu favorables à la prise de parole des femmes[48]. Ainsi, en février 1849, Jeanne Deroin reproche aux représentants de « la Montagne » de ne pas admettre les femmes à toutes leurs réunions et de ne pas leur accorder le même droit de parole qu'aux hommes[49]. En Allemagne, la plupart des clubs et des réunions publiques sont seulement accessibles aux électeurs. Au terme d'une âpre discussion, le Cercle Démocratique de Bonn s'ouvre en août 1848 aux auditrices[50] ; encore celles-ci doivent-elles être mariées et personnellement invitées, c'est-à-dire « sous contrôle ». Cette mesure montre que les femmes restent synonymes de désordre. Partout, leur parole publique est considérée comme potentiellement dangereuse. Celles qui sont désireuses de s'exprimer et d'agir doivent donc trouver leurs propres voies et éventuellement s'organiser entre femmes. Toutefois la non mixité n'est pas forcément une marque d'indépendance. On le voit en Allemagne, où les organisations strictement féminines sont en fait conçues comme des soutiens et des compléments aux entreprises masculines, ainsi, l'un des plus importants réseaux de cercles féminins fondés entre 1848 et 1849 a pour objectif l'acquisition d'une flotte militaire allemande, symbole d'une existence nationale reconnue internationalement[51]. Mixtes ou non, les associations de femmes semblent être davantage autonomes en France qu'en Allemagne. Leurs activités sont également mieux documentées[52], d'une part parce qu'elles ont pu dans certains cas se doter de leur propre journal, d'autre part parce que leurs ambitions ont suscité de vives polémiques. Ainsi, le Club des Femmes est particulièrement connu, malgré sa courte durée, grâce au scandale qu'il a suscité. Début juin 1848, lorsque les clubistes veulent parler du projet de loi sur le rétablissement du divorce, un immense

---

47. Kienitz Sabine, « Frauen », Dipper Christof, Speck Ulrich, *op. cit.*, p. 279-280.
48. Parmi les quelques clubs qui tolèrent la présence de femmes, le Club des Radicaux et le Club des Démocrates à Berlin (Hachtmann Rüdiger, *op. cit.*, p. 514), et à Paris, le Club des Républicains Socialistes, le Club de l'Émancipation du Peuple, le Club Central des Républicains (Lewald Fanny, *op. cit.*, tome 1, p. 146-147).
49. Lettre de Jeanne Deroin « aux citoyens membres de la commission du banquet commémoratif de la Révolution de Février, et aux Représentants de la Montagne », 25 février 1849, BHVP, NA 111, fol. 162.
50. Dascher Ottfried, Kleinertz Everhard (hg.), *Petitionen und Barrikaden. Rheinische Revolutionen 1848/49*, Münster, Aschendorff, 1998.
51. Kuby Eva, « Politische Frauenvereine... », art. cit., p. 250-254.
52. Rappelons ici les organisations les plus connues, la Société pour l'Émancipation des femmes, fondée en mars 1848, avec Jenny P. d'Héricourt pour secrétaire ; la Société de la Voix des Femmes, fondée en avril 1848 autour du journal du même nom, présidée par Eugénie Niboyet, assistée de Jeanne Deroin et Désirée Gay ; le Comité des Droits de la femme, présidé par Mme Allix Bourgeois, qui envoie une délégation auprès du maire de Paris en mars 1848 ; le « Club des Femmes » parisien, présidé par Eugénie Niboyet en mai et juin 1848.

chahut oblige à clore cette neuvième séance, le fait que des femmes osent prendre position sur leur propre statut semble avoir été particulièrement intolérable. Le 6 juin, le préfet de police dissout le Club sous prétexte de désordres publics. Il est donc presque impossible à une femme d'exprimer librement en public ses attentes et ses convictions. Ses auditeurs n'écouteront pas un individu présenter ses idées personnelles mais verront une femme, dont les propos seront jugés à l'aune de leur « féminité ». Ainsi, lorsque les Allemandes des sociétés féminines démocratiques ou patriotiques prennent la parole devant un public mixte, elles reçoivent fréquemment à la fin de leur discours un bouquet de fleurs, celui-ci sert à réaffirmer symboliquement les limites des catégories de genre, et à remettre l'oratrice à « sa » place, après la courte transgression qu'a constitué son intervention publique. Dans ces circonstances, on comprend que les femmes aient globalement préféré écrire pour exprimer leurs positions politiques. La presse en particulier représente un moyen privilégié pour réagir publiquement à l'actualité du mouvement révolutionnaire, et essayer de participer à la formation de l'opinion.

L'usage de la presse

Les révolutions de 1848 ont souvent été qualifiées de « révolutions de la communication[53] ». En France comme en Allemagne, plusieurs nouveaux journaux politiques éclosent chaque jour avant même que ne soit proclamée la liberté de la presse[54]. Aucune ville allemande ne connaît à elle seule l'ampleur de l'activité journalistique parisienne, mais quelques-unes, telles que Leipzig, Cologne et Berlin, se révèlent des centres majeurs de la presse allemande. C'est là surtout que l'on voit des femmes utiliser la presse pour rendre publiques leurs revendications et contribuer à la formation de l'opinion. Ni en France, ni en Allemagne il n'est toutefois possible d'évaluer quantitativement leur présence dans la presse politique, en raison de leur fréquent anonymat. Le cas le plus connu est celui de l'écrivaine George Sand, collaboratrice de longue date de revues littéraires et de journaux d'opinion[55]. Dès les premiers jours de la révolution, Sand se tourne vers la presse afin de convertir le Berry à la République[56]. Très vite, le ministre de l'Intérieur, Ledru-Rollin, lui demande de contribuer au *Bulletin de la République*. Les neuf textes que George Sand y publie entre le 25 mars et le 29 avril 1848 ne sont pas signés, toutefois les milieux proches du gouvernement provisoire savent parfaitement à qui les attribuer. L'identification est encore facilitée par le fait que George Sand rédige dans le même temps son propre journal, *La Cause*

53. Voir l'étude comparative de Koch Ursula, « 1848/49, die publizistische Revolution in Frankreich und Deutschland », Loster-Schneider Gudrun (Hg.), *Revolution 1848/49. Ereignis-Rekonstruktion-Diskurs*, St-Ingebert, Röhrig Universitätsverlag, 1999.

54. En France, le gouvernement provisoire proclame la liberté de la presse le 4 mars ; en Allemagne, elle est presque partout acquise entre le 1er mars et le 2 avril 1848, puis elle est confirmée par les Droits fondamentaux allemands du 20 décembre 1848.

55. Sand George, *Politique et polémiques (1843-1850)*, présentation de Michelle Perrot, Imprimerie nationale éditions, 1997.

56. Elle adresse ainsi des textes (parus anonymement) au *Journal du Loiret* (8 mars 1848) et au journal *Les petites affiches de La Châtre* (16 mars 1848).

du Peuple[57], où elle traite des mêmes sujets que dans le *Bulletin*, en des termes parfois identiques. Sa collaboration à *La Vraie République* de Théophile Thoré du 2 mai au 11 juin est tout aussi peu anonyme, même si ses treize articles paraissent là aussi sans signature. De même, la plupart des lecteurs des « Lettres républicaines », parues sous le nom de Daniel Stern dans *Le Courrier Français* de mai à décembre 1848, savent à quoi s'en tenir sur l'auteur[58]. Ce n'est que dans la dernière lettre que celle-ci laisse « tomber le masque viril », lorsqu'elle s'adresse à ses concitoyennes pour leur demander d'œuvrer à la réconciliation nationale[59]. Sand et Stern ne font qu'user du nom sous lequel elles ont acquis une reconnaissance publique depuis les débuts de leur œuvre littéraire ; ce nom ne dissimule plus leur sexe, même s'il respecte encore en apparence l'interdit pesant sur les femmes en matière d'expression politique.

Toute autre est la situation des femmes « ordinaires » qui écrivent dans la presse en 1848, et qui, pour la plupart, s'abstiennent de signer, ou bien n'utilisent qu'un prénom ou un pseudonyme. Elles traduisent par là leurs réticences à s'exposer publiquement, mais aussi, pour certaines, une certaine conception de la révolution. Ainsi une rédactrice du journal *La Voix des Femmes* explique :

> « Nous reconnaissons et nous consacrons le principe de l'individualité, mais selon nous cette individualité doit s'effacer devant l'être collectif, l'humanité. C'est parce que nous faisons une œuvre commune, une œuvre sociale, que nous avons dédaigné de signer nos articles[60]. »

Même s'il est impossible d'identifier la plupart des femmes qui s'expriment par voie de presse, leur seule présence dans ce domaine représente un phénomène significatif. Malgré l'indifférence, l'hostilité, la dérision de la plus grande partie de la presse de 1848 envers les revendications des femmes, certains journaux parlent de leur engagement, publient leurs articles et leurs lettres. Mais le plus remarquable pour les contemporains reste l'activité de femmes en tant que rédactrices, directrices, fondatrices de journaux politiques. Ce phénomène, déjà connu en France sous la Révolution et au début des années 1830[61], est sans précédent en Allemagne[62].

Outre le *Frauen-Spiegel* de Louise Marezoll, dont aucun exemplaire n'a été conservé, quatre journaux d'opinion dirigés par des femmes sont connus pour l'Allemagne entre 1848 et 1849[63]. Le premier paraît à Cologne, sous la responsabilité de Mathilde Franziska Anneke, impliquée dans la mouvance communiste

57. *La Cause du Peuple*, par George Sand, 3 numéros de 16 pages chacun, parus les 9, 16 et 23 avril 1848.
58. Voir STERN Daniel, *Lettres républicaines*, Paris, Amyot, 1848 ; elles sont republiées dans *Esquisses morales…*, *op. cit.*, p. 196-397.
59. STERN Daniel, « L'amnistie. Aux femmes françaises. 7 décembre », *Ibid.*, p. 387-397.
60. *La Voix des Femmes*, n° 5 du 25 mars 1848.
61. SULLEROT Evelyne, *Histoire de la presse féminine en France des origines à 1848*, Paris, Armand Colin, 1966.
62. GEIGER Ruth E., WEIGEL Sigrid (Hg.), *Sind das noch Damen? Vom gelehrten Frauenzimmer-Journal zum feministischen Journalismus*, München, Frauenbuchverlag, 1985.
63. WISCHERMANN Ulla, *Frauenpublizistik und Journalismus. Von Vormärz bis zur Revolution 1848*, Weiheim, Deutscher Studien Verlag, 1998.

et dans l'organisation des travailleurs de sa ville. Après l'arrestation de son mari, en juillet 1848, Mathilde Anneke poursuit leur projet commun de publication et fait paraître la *Neue Kölnische Zeitung* à partir du 10 septembre 1848. C'est toutefois le nom de son époux et celui d'un collaborateur qui sont indiqués comme ceux des rédacteurs[64]. Le journal est interdit fin septembre, avec l'entrée en vigueur de l'état de siège. Mathilde Anneke crée alors un nouveau titre, *Die Frauen-Zeitung*, espérant peut-être qu'un « Journal des Femmes » semblera plus inoffensif à la censure. Elle s'autorise cette fois à faire apparaître son nom sur ce nouveau journal, conçu comme le dernier porte-parole des démocrates de Cologne. Seuls deux numéros sont vendus, les autorités militaires font saisir le troisième avant sa diffusion. Le premier novembre 1848 paraît à Berlin *Der Freischärler für Kunst und sociales Leben* (« Le Franc-Tireur pour l'Art et la Vie Sociale »), fondé par Louise Aston[65]. Cette femme de lettres démocrate et libre-penseuse veut faire de son journal un lieu de résistance à la réaction politique, mais est réduite au silence par la répression, le dernier numéro paraît le 16 décembre 1848, alors que l'Assemblée prussienne a été dissoute et que Berlin se retrouve sous la coupe des militaires. C'est à Leipzig que se produit l'expérience suivante, avec la revue *Die Soziale Reform*, fondée par Louise Dittmar, déjà auteure de plusieurs essais et conférences philosophiques et théologiques[66]. Dès le printemps 1848, soutenue par Ludwig Feuerbach, elle sollicite des personnalités des milieux Catholiques Allemands et socialistes, afin de réaliser un journal intellectuel et politique mais ce n'est qu'en janvier 1849 que *Die Soziale Reform* voit le jour. Cette revue mensuelle n'aura que quatre numéros, malgré la collaboration de plusieurs figures de l'opposition démocrate. Comme le précise le sous-titre, « journal pour les femmes et les hommes », une attention particulière est apportée au lectorat féminin, Louise Dittmar veut faire reconnaître les revendications des femmes et la nécessité de leur participation au progrès. L'objectif principal du journal est de faire réfléchir à ce que signifie la liberté, et d'indiquer les voies qui permettront à l'humanité entière de s'émanciper[67]. Enfin, le dernier journal politique fondé par une femme paraît à partir du 21 avril 1849 en Saxe, sous la direction de Louise Otto, il s'agit du *Frauen-Zeitung*[68], déjà mentionné plus haut. Ce journal démocrate, sympathisant des paroisses dissidentes, veut être un porte-parole pour les associations ouvrières et les revendications des femmes, dans la perspective d'une nation allemande unie et libre. Il perdure

64. La correspondance de Mathilde Franziska Anneke confirme que c'est bien elle qui prend en charge la direction du journal, une partie de la rédaction, et même son impression, grâce à une presse installée chez elle. Voir WAGNER Maria, *Mathilde Franziska Anneke in Selbstzeugnissen und Dokumenten*, Frankfurt, Fischer Taschenbuch, 1980, p. 44-45.

65. GOETZINGER Germaine, *Für die Selbstverwirklichung der Frau, Louise Aston. In Selbstzeugnissen und Dokumenten*, Frankfurt a. M., Fischer Taschenbuch, 1983.

66. KÖPPE Manuela, « Louise Dittmar. Die Freiheit des Geistes », HUNDT Irina (Hg.), *Vom Salon zur Barrikade. Frauen der Heinezeit*, Stuttgart, Metzler, 2002, p. 281-298.

67. Voir le programme publié dans le premier numéro de *Soziale Reform. Eine Zeitschrift für Frauen und Männer. Herausgegeben und redigirt von Louise Dittmar*, Leipzig, Otto Wigand Verlag, Januar 1849.

68. Ce journal est partiellement reproduit sous le titre *« Dem Reich der Freiheit werb'ich Bürgerinnen ». Die Frauen-Zeitung von Louise Otto (1849-1850)*, Hg und kommentiert von Ute GERHARD, Elisabeth HANNOVER-DRÜCK, Romina SCHMITTER, Frankfurt am Main, Syndikat, 1979.

jusqu'en 1853, devenant l'un des derniers organes de l'opposition démocrate, et la dernière tribune des « quaranthuitardes » en Allemagne.

En France, outre *La Cause du Peuple* de George Sand, qui paraît les 9, 16 et 23 avril 1848, on connaît trois journaux d'opinion dirigés par des femmes en 1848 et 1849. Ils sont tous édités à Paris, et succèdent les uns aux autres. On peut supposer que les rédactrices, qui se connaissent bien, ont évité de se concurrencer, estimant soit que le lectorat d'un « journal de femmes » était insuffisant pour que plusieurs titres coexistent, soit qu'une dispersion des forces et des propos nuirait à l'efficacité requise pour la cause des femmes. Alors qu'en Allemagne les initiatives féminines ne surviennent qu'après plusieurs mois de révolution, dans un contexte de résistance à la répression croissante, à Paris le premier journal fondé par une femme apparaît dans le mois qui suit le renversement de la monarchie. Il s'agit de *La Voix des Femmes. Journal socialiste et politique, organe des intérêts de toutes*, publié presque quotidiennement du 19 mars au 29 avril 1848, puis du 29 mai au 10 juin 1848. Sa fondatrice et directrice, Eugénie Niboyet, peut s'appuyer sur une certaine expérience journalistique[69]. Avec la *Voix des Femmes*, elle cherche à mobiliser les femmes en faveur de la République et veut intéresser les instances républicaines et les associations de travailleurs au sort des femmes. Deux de ses collaboratrices, Désirée Gay et Jeanne Deroin, fondent en juin 1848 un hebdomadaire, *La Politique des Femmes* « publié pour les intérêts des femmes et par une Société d'Ouvrières » ; le climat politique qui s'instaure alors est cependant peu propice à un tel projet, et ce journal n'a qu'un deuxième numéro, au mois d'août[70]. Pourtant, la répression de juin 1848 a rendu les rédactrices plus conscientes que jamais de l'urgence de défendre les droits de tous les opprimés. Jeanne Deroin annonce en août la création de *L'Opinion des Femmes*, une revue mensuelle où elle compte reprendre les idées qu'elle a déjà exposées dans *La Voix* et dans *La Politique*, « nous acceptons sincèrement la République, et nous voulons progressivement et pacifiquement toutes les conséquences des trois grands principes qu'elle a proclamés à l'heure de son avènement ». Cette revue, qui revendique des positions socialistes et demande l'égalité complète des femmes et des hommes, veut présenter à la fois la théorie et les moyens pratiques de la mettre en œuvre, afin de participer concrètement à la transformation sociale attendue. Six numéros paraissent entre janvier et août 1849[71].

L'ensemble des journaux qui viennent d'être cités constituent une source essentielle pour étudier les prises de positions politiques des femmes de 1848 et, au-delà, pour enrichir la compréhension d'ensemble de la période. Les femmes qui rédigent des journaux ne sont en effet pas coupées de la vie politique et intellectuelle contemporaine, bien au contraire. Elles aussi sont immergées dans les bouleversements de l'ensemble de la société, elles sont enserrées dans

69. Elle a en effet rédigé de novembre 1833 à septembre 1834 le *Conseiller des Femmes*, d'octobre 1834 à janvier 1835 la *Mosaïque lyonnaise*, et de février 1844 à février 1845, la *Paix des Deux Mondes*. Voir Riot-Sarcey Michèle, *La Démocratie…*, *op. cit.*

70. *Ibid.*

71. *Ibid.*

des réseaux de relations anciens ou récents, qui pèsent sur leurs choix et où elles-mêmes exercent leur propre influence. Par leurs publications, elles ont pu essayer de toucher un certain lectorat, mais aussi de dialoguer avec les rédacteurs de journaux davantage diffusés, censés exercer un pouvoir sur l'opinion. S'introduire dans le monde de la presse signifie pour elles s'inviter dans le débat politique, non seulement pour adhérer à telle idée ou tel parti, mais aussi pour élaborer leurs propres projets et confronter une parole critique à celle de leurs interlocuteurs, ce faisant, elles s'autoproclament citoyennes. Plusieurs des journaux présentés plus haut affichent leur aspiration à une république « socialiste », tandis que ceux de Mathilde Anneke et de Louise Aston prennent parti pour la « république rouge » prônée notamment par Marx et Engels dans le *Neue Rheinische Zeitung*[72]. Ensuite, lorsque Louise Dittmar et Louise Otto publient, il n'est plus possible d'employer le mot de république et elles préfèrent alors parler de démocratie, celle-ci étant définie comme l'accès de tous à une pleine et entière liberté.

Louise Otto continue toutefois d'exprimer l'enthousiasme patriotique avec lequel elle avait accueilli la révolution. Déjà connue durant le Vormärz pour ses poèmes en faveur de la liberté des peuples et en l'honneur de l'Allemagne, elle publie en 1848 plusieurs textes appelant les femmes à se mobiliser pour la cause allemande :

> « Sœurs allemandes ! Le glorieux relèvement de notre patrie a commencé. Un enthousiasme sacré fait tressaillir tous les cœurs allemands, fait tressaillir avec la même toute-puissance les cœurs des femmes comme ceux des hommes. Aux hommes il revient de réagir avec courage et rapidité, de mener une action énergique, d'exercer une influence dans les larges cercles de la vie publique – mais si leur activité est maintenant tout entière consacrée à la patrie, la nôtre doit et peut l'être aussi. Sœurs allemandes ! Ne restons pas en arrière lorsqu'il s'agit de servir la patrie ! Servons-la comme les hommes la servent et cela non pas *bien que* nous soyons des femmes, mais *parce que* nous sommes des femmes, des femmes allemandes[73]. »

Durant toute la période révolutionnaire, elle a ainsi pour objectif explicite de faire adhérer les femmes à un projet politique qui mêle étroitement l'unification allemand et la conquête des libertés publiques et personnelles. Cette spécificité de l'Allemagne, où les débats portent au moins autant sur la construction nationale que sur les institutions politiques, pèse fortement sur la manière dont s'expriment les « femmes de 1848 » outre-Rhin. Louise Otto le montre dans l'extrait ci-dessus, en insistant sur la double identité de « Femme Allemande » qui leur est assignée : non seulement elles doivent se comporter « en femmes » mais aussi agir en bonnes patriotes. Toutefois, l'identité nationale prime ici sur l'identité de genre et Louise Otto l'utilise pour légitimer un élargissement du

72. Voir *Der Freischärler* du 8 novembre 1848, *Die Neue Kölnische Zeitung* du 26 novembre 1848.

73. OTTO Louise, « Anruf an alle deutschen Frauen und Mädchen, zunächst an die Sachsens », *Vaterlandsblätter. Constitutionelle Staatsbürger-Zeitung*, hg. von Robert BLUM *et alii*, n° 68, 7 juin 1848, p. 306.

champ d'action des femmes et lancer un appel à la mixité dans la lutte commune pour la patrie.

Cet exemple rappelle l'importance des normes auxquelles les femmes doivent se conformer dans leurs discours, ne serait-ce que pour sauvegarder une apparence respectable. En France comme en Allemagne, elles établissent un lien entre leurs devoirs familiaux et l'activité publique qu'elles ambitionnent au service de la collectivité. Beaucoup mobilisent par exemple l'identité maternelle pour se projeter en tant qu'éducatrices du peuple. Par ailleurs, nombres d'entre elles précisent qu'elles ne s'intéressent pas vraiment à la politique mais davantage à la « vie sociale », ce faisant, elles se plient au partage genré qui attribue la sphère politique aux hommes et l'harmonie sociale aux femmes. Elles présentent souvent 1848 comme une révolution sociale et non comme une révolution politique. Pourtant, la transformation radicale qu'elles espèrent touche, en réalité, au cœur même *du* politique. Toutes espèrent voir se construire une nouvelle société, entièrement différente de l'ancienne.

Construire ensemble l'avenir

L'éducation, l'instruction et le travail sont au cœur des débats contemporains auxquels se joignent les femmes. En même temps, confrontées aux inégalités qui les empêchent d'agir librement, elles poursuivent des revendications spécifiques, destinées, disent-elles, à intégrer les femmes à la marche du Progrès.

L'éducation à la démocratie

Les femmes de 1848 invoquent souvent les qualités « naturelles » d'éducatrices qui leur seraient imparties, pour prôner une éducation « démocratique » comme instrument d'une révolution pacifique. Mise en œuvre dès la plus tendre enfance, cette éducation permettrait d'intérioriser et propager l'amour de la liberté, l'épanouissement des individualités, l'idée d'égalité, la foi dans le progrès. Beaucoup d'Allemandes engagées en 1848 s'impliquent ainsi dans les jardins d'enfants (*Kindergarten*) expérimentés depuis le début des années 1840 suivant les préceptes du pédagogue Friedrich Fröbel[74]. Très prisées dans les milieux libéraux ainsi que dans la dissidence religieuse, ces structures échappent à l'emprise des Églises, à la ségrégation sociale, sexuelle et confessionnelle qui règne dans l'ensemble du système éducatif allemand. Les *Kindergarten* sont censés offrir aux jeunes enfants une éducation rationnelle, qui cultive l'autonomie, l'esprit critique, la tolérance, jetant ainsi les bases de la citoyenneté idéale. Ils procurent en outre des emplois convenables aux jeunes filles de la petite bourgeoisie, leur permettant de concilier travail et « féminité ». La quarantaine de jardins d'en-

74. Friedrich Fröbel (1782-1852), héritier de Rousseau et de Pestalozzi, pense que les femmes sont « naturellement » les mieux douées pour éduquer les petits enfants. Toutefois il précise que toutes les mères ne sont pas suffisamment disponibles ou instruites pour cela et il préconise de former professionnellement des femmes pour s'occuper des enfants, dans le cadre d'une institution. En 1848, Friedrich Fröbel politise son projet en l'orientant vers une pédagogie républicaine et nationale.

fants fondés entre 1848 et 1852 sont dus pour la plupart à des femmes liées aux communautés paroissiales libres[75]. Ainsi à Hambourg, le Cercle culturel général des femmes allemandes (*Allgemeiner Bildungsvereine deutscher Frauen*), fondé en 1849 par des associations interconfessionnelles de femmes chrétiennes et juives, se donne pour but la diffusion des jardins d'enfants et l'instruction des filles. Les membres du Cercle culturel contribuent activement à la fondation et à la gestion d'un Collège féminin, auquel est adjoint un jardin d'enfants. Dans la France de 1848, l'intérêt pour la petite enfance a été beaucoup plus restreint. Ce thème a surtout été défendu par la pédagogue Marie Carpantier[76]. Nommée en 1847 directrice de l'École normale des enseignantes de salles d'asile, influencée par les idées fouriéristes et républicaines, elle réfléchit au moyen de transformer les garderies pour enfants pauvres en des lieux d'éveil et d'apprentissage, dans le cadre d'une véritable politique égalitaire aux objectifs pédagogiques et sociaux ambitieux. Dès la proclamation de la Deuxième République, Marie Carpantier adresse au nouveau ministre de l'Instruction publique un projet de réforme, qui donne lieu à la création des « écoles maternelles » par l'arrêté du 28 avril 1848[77]. Devenue directrice de l'École normale maternelle, Marie Carpantier forme alors les futures enseignantes selon ses conceptions, qu'elle expose également dans la *Revue de l'Éducation nouvelle*[78]et dans un nouvel ouvrage, *L'Enseignement pratique dans les écoles maternelles*. L'idée d'égalité y est très présente, y compris en ce qui concerne les rapports entre hommes et femmes. La création du premier couple selon la Bible y est racontée ainsi,

> « – Qu'était Ève pour l'homme ? – Elle était sa compagne et son amie. – Qu'était Adam pour la femme ? – Il était son compagnon et son ami. – Qu'est-ce donc qu'être amis ? – C'est s'aimer, se rendre service et partager ensemble les plaisirs et les peines[79]. »

En Allemagne comme en France, le thème de l'éducation enfantine pose directement la question du travail des femmes, si les jeunes enfants sont pris en charge par des structures spécifiques, éventuellement sous la tutelle de l'État, un nouvel avenir professionnel s'ouvre aux jeunes filles qui désirent s'engager dans cette voie. C'est l'une des raisons pour lesquelles de nombreuses femmes se consacrent à cette cause, y voyant un moyen de faire reconnaître la place des femmes dans le monde du travail. Elles estiment en effet que le travail est, avec l'éducation, l'autre levier par lequel il est possible d'agir en profondeur sur la société.

---

75. Berger Manfred, *Frauen in der Geschichte des Kindergartens. Ein Handbuch*, Frankfurt, 1995.
76. Cosnier Colette, *Marie Pape-Carpantier, de l'école maternelle à l'école des filles*, 1993, nouvelle édition révisée, Paris, Fayard, 2003.
77. Luc Jean-Noël, *L'invention du jeune enfant au* XIX*e siècle. De la salle d'asile à l'école maternelle*, Paris, Belin, 1997.
78. Le rédacteur de cette revue créée en 1848 est le fouriériste Jules Delbrück, qui réclame une instruction identique pour filles et garçons de toutes conditions, et prône une éducation fondée sur le respect de l'enfant, faisant appel à sa curiosité et à sa raison
79. Carpantier Marie, *L'Enseignement pratique dans les écoles maternelles*, Paris, Hachette, 1849, p. 34.

L'organisation du travail, condition de la solidarité

Partout, les travailleurs ont subi de plein fouet la crise économique de 1846-1847, et ils sont de plus en plus nombreux à réclamer de l'État le droit d'exercer sa profession et de percevoir un salaire suffisant. Le droit au travail justement rémunéré est présenté comme le moyen de « supprimer la guerre indirecte de tous contre tous, qui est menée, telle une éternelle guerre civile, au milieu de son territoire[80] ». Les femmes de 1848 entrent dans le débat à plusieurs titres, beaucoup sont ouvrières, employées, institutrices…, et celles qui vivent, au moins en partie, de leur plume, se sentent par conviction solidaires des travailleurs et se proposent comme porte-paroles. Enfin il s'agit là d'un domaine d'intérêt public, où il leur est possible et légitime d'agir. Dans leurs adresses écrites, comme dans leurs délégations auprès des autorités, ces femmes reprennent donc les revendications générales concernant l'emploi, les salaires ; toutefois, elles sont en même temps contraintes de défendre un point de vue spécifique car elles se retrouvent mises à part des travailleurs de sexe masculin. Ainsi les ouvrières françaises sont d'emblée écartées des Ateliers nationaux fondés le 26 février 1848 à Paris pour répondre au problème du chômage[81]. La difficile position des travailleuses est bien illustrée par les pétitions envoyées par des couturières à la Commission des travailleurs saxons réunie entre août 1848 et avril 1849[82], solidaires des luttes concernant le droit au travail, les salaires, les contrats, elles s'attirent en même temps l'hostilité de leurs collègues masculins en dénonçant le statut inférieur que ceux-ci leur réservent, et en demandant que des professions jusque là réservées aux hommes leur soient ouvertes.

Les femmes qui veulent malgré tout s'impliquer dans la question du travail doivent donc fonder elles-mêmes des associations mixtes, telle l'Union fraternelle des Travailleurs à Paris[83], ou bien tenter de s'organiser entre travailleuses. Citons les associations de chemisières et lingères à Paris, l'association des ouvrières patronnée à Lyon par Eugénie Niboyet après juillet 1848, l'association des fabricantes de bas de Berlin, l'association des servantes de Leipzig… Exclues par

80. Otto Louise, « Maschinen », *Der Volksfreund*, n° 20, 16 août 1848, p. 154. Elle explique dans ce texte que l'État doit absolument organiser le travail.

81. Par ailleurs, la Commission du Luxembourg, mise en place le 28 février pour recevoir les propositions des travailleurs, exclut les métiers du linge et de l'aiguille de la liste de ceux qui doivent envoyer des représentants. Suite à la pétition de Désirée Gay mentionnée plus haut, les ouvrières élisent finalement aussi des déléguées, et le 10 avril 1848, des Ateliers nationaux féminins sont créés. Toutefois ils restent sous la tutelle des hommes et Désirée Gay déclare que la nomination des déléguées est « une mystification que les hommes ont faite aux femmes pour se débarrasser d'elles » (*La Voix des Femmes*, 18 avril 1848).

82. La Commission du travail saxonne avait fait uniquement appel aux corporations, strictement masculines y compris dans le secteur du textile. Voir Bleiber Helmut, Schmidt Walter, Schötz Susanne (Hg.), *Akteure eines Umbruchs. Männer und Frauen der Revolution von 1848/49*, Berlin, Fides, 2003, p. 587-619.

83. Voir les statuts de cette Union, signés entre autres par Mme Elisa Lemonnier, Jacquemart, Monniot, Célestine Laporte, Olinde Rodrigues, Desroches, A[ngélique] Arnaud. Notons que la plupart des noms sont ceux d'anciennes saint-simoniennes. La brochure, datée de juin 1848, est reproduite dans *Les Révolutions du xixe siècle. 1848. La Révolution démocratique et sociale*, Paris, EDHIS, 1984, tome 1.

les instances officielles, beaucoup de femmes se tournent aussi vers le socialisme pour solliciter des soutiens et rechercher des voies alternatives. Louise Otto prône ainsi au cours de l'année 1848 l'auto-organisation des artisans et des prolétaires contre le pouvoir du capital[84], l'instauration de l'impôt sur le revenu, l'aide de l'État aux associations ouvrières[85]. Elle se garde cependant de propos trop radicaux, et prend soin de se distinguer des courants socialistes « utopiques », insistant sur le caractère pratique et concret de ses propres conceptions. Elle ne mentionne à aucun moment les socialistes et communistes allemands, mais cite en revanche Pierre-Joseph Proudhon comme seul modèle positif. En 1848, ce dernier a accru son audience parmi les travailleurs grâce à son journal, la *Voix du Peuple* (puis *Le Représentant du Peuple*, puis *Le Peuple*). Élu en juin à Paris, il siège avec « la Montagne ». Après l'écrasement de l'insurrection des 23-26 juin, et la dispersion des meneurs révolutionnaires, Proudhon – qui ne s'est pas impliqué dans ces événements – demeure la principale figure de la gauche radicale encore en mesure d'exercer un poids sur la vie politique. Francophone et francophile, Louise Otto a pu s'informer des positions de Proudhon par la presse française et allemande disponible dans les cabinets de lecture de Dresde et Leipzig. Bien qu'elle soit elle-même proche de socialistes tels qu'Emil Weller et Hermann Semmig[86] – bien éloignés du communisme de Marx et Engels – elle trouve peut-être plus prudent de se servir d'une référence étrangère pour s'impliquer dans les enjeux politiques locaux, elle évite ainsi de prendre parti dans les dissensions des démocrates et socialistes allemands. Louise Otto utilise donc l'exemple français pour condamner les députés libéraux saxons, ceux-ci, en refusant d'imposer les revenus et d'aider les ouvriers mis au chômage par les machines, se comportent, dit-elle, comme les représentants français, « décidés à continuer de protéger les privilèges contre les travailleurs et les démunis » :

> « Oh, cette bourgeoisie, ce peuple de boutiquiers, est incorrigible – les députés saxons confirment eux aussi ce que Proudhon dit, "la garantie du travail est incompatible avec l'aristocratie du capital, avec les privilèges de l'argent!" C'est ce que nous avons à nouveau vu[87] ! »

Dans cet article, intitulé « Travail et capital », Louise Otto rapporte de longs passage du discours tenu par Proudhon le 31 juillet 1848, devant l'assemblée constituante. Elle explique ce qu'il entend par l'abolition de la propriété, par l'impôt sur le revenu, et pourquoi il annonce que « la république enterrera la propriété ou bien sera enterrée par elle ». Au lendemain de ce même discours, Jeanne Deroin écrit au « courageux citoyen », « Vous marchez droit au but. La propriété est le nœud gordien qui retient le peuple et la femme dans un pénible

---

84. Otto Louise, « Zur Arbeiterfrage », *Demokratisches Album*, Schläpfer'schen Buchhandlung, Herisau, 1848, p. 195-206.

85. Otto Louise, « Arbeit und Kapital. Ein Blick in die französische Nationalversammlung und auf den sächsischen Landtag », *Der Volksfreund*, n° 22, 30 août 1848.

86. Lorsque Engels écrit en 1847 la partie de *L'Idéologie allemande* qui est consacrée aux « vrais socialistes », il mentionne Hermann Semmig parmi les « divers prophètes » du socialisme allemand dont il fustige les idées.

87. Otto Louise, « Arbeit und Kapital », art. cit.

servage. L'affranchissement de l'un et de l'autre sera la conséquence immédiate de l'abolition de la propriété [...] [88] ». Une membre de la Société d'éducation mutuelle des femmes, fondée par Jeanne Deroin et Désirée Gay, prend même la défense de Proudhon, après la parution d'une brochure hostile, signée Satan [89]. Dans la *Réponse à Satan, au sujet de M. Proudhon*, celle qui signe « l'archange Gabriel » réplique :

> « [...] C'est au nom de la morale que tu accuses et calomnies l'un des plus généreux défenseurs des droits du peuple ; c'est au nom de la justice que tu soutiens le privilège ; c'est au nom de la vérité que tu propages l'erreur ! [...] ô Satan ! Proudhon a eu raison de dire que la propriété est un vol, la charité une mystification, charité signifie amour et dévouement, et tu veux y substituer l'aumône qui humilie, l'aumône que le peuple repousse ; car il a inscrit sur son drapeau, *Vivre en travaillant ou mourir en combattant* [90]. »

L'enthousiasme des « femmes de 1848 » pour Proudhon en particulier et pour les socialistes en général, se heurte cependant vite à ce constat, la majorité d'entre eux ne sont pas disposés à laisser les femmes participer à l'organisation du travail, car ils ne reconnaissent pas leur droit au travail salarié comme étant aussi légitime que celui des hommes. Celles qui veulent transformer les rapports sociaux en agissant sur le travail doivent donc non seulement mêler des exigences communes aux deux sexes et des demandes liées au statut spécifique des femmes ; elles doivent, de plus, toujours lutter pour affirmer leurs propres droits. Cette situation les conduit à développer, entre femmes, des revendications collectives, fondées sur leur expérience partagées de l'exclusion.

Conquérir le droit à l'instruction et au travail

Dans le domaine de l'instruction des filles, les révolutionnaires ont tout à fonder [91]. Or rien n'est mis en œuvre, malgré les multiples réclamations et propositions [92]. L'insuffisance de l'instruction féminine et les moyens d'y remédier sont abondamment discutés dans des journaux tels que *Die Frauen-Zeitung* et *La Voix des Femmes*, et donnent lieu à quelques initiatives privées. L'expérience la plus aboutie est celle du Collège féminin (*Hochschule für das weibliche Geschlecht*)

88. Lettre de Jeanne Deroin au citoyen Proudhon, datée du 1er août 1848 (BNF, Cab mss, 1303 na Fr, folios 126-127), communiquée par Amine Adel.

89. *Histoire de M. Proudhon et de ses principes*, par Satan, Paris, G. Dairnvaell, 1849 [en fait avant décembre 1848].

90. *Réponse à Satan, au sujet de M. Proudhon, par l'archange Gabriel*, Société d'éducation mutuelle des femmes, imprimerie de A. Lacour, 1848, p. 1 et 9. Dans le premier numéro de *L'Opinion des Femmes*, cette brochure est attribuée à Jeanne Deroin.

91. Kleinau Elke, Opitz Claudia (Hg.), *Geschichte der Mädchen- und Frauenbildung*, Frankfurt, Campus Verlag, 1996 ; Hecquet Michèle (dir.), *L'éducation des filles au temps de George Sand*, Artois Presse université, 1998.

92. Voir par exemple la pétition rédigée par Joséphine Bachellery, maîtresse de pension et collaboratrice de *La Voix des Femmes*, pour la création d'une École normale d'institutrices.

de Hambourg[93]. Celui-ci est organisé entre 1850 et 1852, alors même que les idées révolutionnaires revendiquées par ses fondatrices sont partout en recul, sous le coup de la censure et de la répression. La ville-État de Hambourg représente l'une des rares enclaves relativement épargnée, et abrite encore une certaine effervescence libérale héritée du Vormärz. L'Association culturelle des travailleurs de Hambourg soutient ainsi le Cercle culturel général des femmes allemandes, évoqué plus haut, dans son projet d'une école supérieure pour filles. L'histoire de ce Collège féminin, qui ouvre le 1er janvier 1850, est entre autre connue par les écrits autobiographiques de Malwida von Meysenbug. Celle-ci s'installe à partir de mai 1850 à Hambourg, pour suivre les cours du Collège et en devient vite une des administratrices. Elle témoigne du soutien mutuel existant entre les fondatrices de cette institution et la dissidence religieuse, particulièrement radicale dans cette ville[94]. Le *Frauen-Zeitung* de Louise Otto documente également le fonctionnement de cette Hochschule et en publie le programme d'études[95]. Certes, les élèves sont formées à tenir un ménage et à s'occuper d'enfants en bas âge, mais elles découvrent aussi la philosophie, l'histoire, la géographie, la géométrie et la physique, autant de matières d'ordinaire absentes de l'instruction féminine. Le Collège est administré par un comité de six femmes[96], parmi lesquelles deux sont juives, ceci traduit la volonté de faire de l'institution un lieu d'émancipation, où les préjugés concernant les sexes et la religion sont combattus par l'exemple. C'est aussi dans cette perspective que le comité d'administration choisit, pour diriger le Collège, Karl et Johanna Fröbel[97], sollicités en tant que pédagogues expérimentés et membres de la mouvance démocratique. Toutefois, d'importantes tensions apparaissent très rapidement au sujet des modalités et des objectifs de l'instruction féminine. Les Fröbel, soutenus par les notables de Hambourg qui assurent l'existence du Collège, ne veulent instruire les filles que pour développer leurs compétences « naturelles », afin de les préparer à devenir des mères de famille efficaces et de bonnes épouses démocrates. Au contraire, des personnalités telles qu'Emilie Wüstenfeld – l'une des fondatrices – et Malwida von Meysenbug veulent faire de l'instruction un moyen d'émancipation. Malwida von Meysenbug souligne ainsi la dimension politique de ce conflit, qui ne s'achèvera qu'avec la dissolution de la Hochscule en avril 1852 :

> « [Dans le Collège] également se produit le même combat que celui qui remue le monde, et le principe démocrate radical y a complètement triomphé. En effet, les Fröbel, qui sont à la tête, se sont révélés tout à fait

93. Kemp Annerose, « Die Hamburger Hochschule für Frauen 1850/52 im Rückblick », *Louiseum 16. Frauenbildung/Bildungsfrauen. Wie wurde begonnen, was wurde gewonnen ? Berichte vom 9. Louise Otto-Peters Tag*, Leipzig, 2002, p. 83-93.

94. Stumann-Bowert Ruth, « Malwida von Meysenbug und die Hamburger Hochschule für das weibliche Geschlecht », *Jahrbuch der Malwida von Meysenbug-Gesellschaft*, Bd 5, 1996, p. 10-34.

95. *Frauen-Zeitung*, n° 10, 9 mars 1850.

96. Emilie Wüstenfeld, Bertha Traun, Emma Isler, Henriette Salomon, Elise Bieling, Mathilde Seyboldt.

97. Karl Fröbel (1807-1894), neveu de Friedrich Fröbel, a étudié la philosophie à Iena, a enseigné en Angleterre, puis a fondé à Zurich une institution où enseigne également Johanna Küster, qu'il épouse en 1849.

conservateurs face aux personnalités vraiment démocrates qui se trouvaient ici réunies ; ils veulent un principe mais pas ses conséquences, ils ne veulent pas d'une coexistence libre, contrainte seulement par les contacts mutuels d'individualités multiples, mais veulent l'autorité dans l'État, l'Église et la famille [...] [98]. »

L'expérience de Hambourg révèle la question fondamentale qui surgit dès qu'il est question de l'instruction des filles, quel objectif faut-il lui donner ? Dans le cas des femmes, l'instruction est rarement revendiquée pour elle-même, comme un droit légitime en soi. Elle est toujours mise en rapport avec un devoir moral, une utilité sociale. C'est ce que relève Geneviève Fraisse en étudiant les articles que *La Voix des Femmes* consacre à ce sujet en 1848 [99], ils expliquent que les femmes instruites rempliront mieux leurs tâches d'épouse et de mère, qu'elles comprendront mieux leur rôle social de gardiennes des mœurs ; elles pourront éventuellement aussi se suffire à elles-mêmes en travaillant, et contribuer ainsi à moraliser la société, au lieu de vivre en parasite ou bien dans la dépravation. Contrairement au Collège de Hambourg, dont les élèves sont issues des classes moyennes ou bourgeoises, les nouvelles expériences menées à Paris concernent surtout les « filles du peuple ». Ainsi, les conférences de la Société de la Voix des Femmes, ou les cours du soir donnés aux ouvrières des ateliers nationaux correspondent à plusieurs objectifs, répondre à la soif de savoir de celles qui n'ont guère pu fréquenter l'école, et fortifier par la connaissance celles qui sont considérées comme les plus fragiles moralement. Toutefois, cette instruction a aussi pour but une meilleure qualification professionnelle, et donc une plus grande indépendance économique. Ces divers exemples montrent que l'instruction peut être revendiquée à la fois comme un droit et comme un devoir, mais elle soulève toujours finalement la question du droit au travail pour les femmes.

Bien que les femmes représentent une partie importante de la population active, en Allemagne comme en France, cette réalité est niée autant que possible par le discours dominant. Dès la monarchie de Juillet, on comprend, à travers la propagande des républicains français, que la dépendance de la femme du peuple est la condition de la liberté de l'homme du peuple [100]. L'ouvrier est de plus en plus décrit comme celui qui gagne seul le pain de sa famille, prouvant ainsi son comportement responsable et autonome, c'est-à-dire son aptitude à la citoyenneté. En contrepartie, l'accent est mis sur l'incapacité de l'ouvrière à faire face aux pressions de la vie économique moderne, elle doit rentrer au foyer afin de laisser l'homme pleinement jouer son rôle de protecteur dans la sphère privée, et d'acteur de la vie sociale et politique [101]. Une majorité de femmes

98. Lettre à Gottfried Kinkel de février 1851, citée par STUMMANN-BOWERT Ruth, « Malwida von Meysenbug und die Hamburger Hochschule für das weibliche Geschlecht », *Jahrbuch der Malwida von Meysenbug Gesellschaft*, Bd 5, Kassel, Verlag Rudert & Bräuning, 1996, p. 23.

99. FRAISSE Geneviève, « Les femmes libres de 1848 », *Révoltes logiques*, n° 1, 1975.

100. Michèle RIOT-SARCEY, « De l'historicité du genre citoyen », dans Hans Ulrich JOST, Monique PAVILLON, François VALLOTTON, *La politique des droits. Citoyenneté et construction des genres aux XIXe et XXe siècles*, Paris, Éditions Kimé, 1994, p. 43-53.

101. Victoria E. THOMPSON, *The Virtuous Marketplace. Women and Men, Money and Politics in Paris, 1830-1870*, John Hopkins University Press, Baltimore et Londres, 2000.

vivent pourtant de leur salaire ou de leur contribution au travail familial, à la campagne comme en ville. Mais en 1848, les républicains, allemands comme français, rappellent que la norme doit être l'épouse prise en charge par son mari, se consacrant uniquement au travail domestique, non productif et non salarié. Tout autre cas de figure – que ce soit celui des femmes célibataires, des veuves ou des épouses contraintes ou décidées à travailler – est présenté au mieux comme un mal nécessaire et si possible temporaire, au pire comme une atteinte délibérée à l'ordre social et à la vocation « naturelle » des sexes. Confortés par cette idéologie, les travailleurs de nombreuses professions perçoivent les femmes comme des concurrentes illégitimes. Ainsi, environ un tiers des associations ouvrières fondées à Berlin entre mars et mai 1848 demande dans ses pétitions la restriction drastique, voire l'interdiction du travail des femmes [102]. La tension est particulièrement vive dans les métiers du textile, où les femmes sont les plus présentes, les « demoiselles tailleuses » cherchent à s'organiser pour mieux se défendre face aux tailleurs pour dames [103], tandis qu'à Dresde, les couturières réclament à la Commission des travailleurs la fin des privilèges des corporations, strictement masculines [104]. En décembre 1849, le journal du comité central des travailleurs allemands, *Die Verbrüderung*, déplore l'emploi de filles par les fabricants de cigares, suscitant l'amère réaction du *Frauen-Zeitung* de Louise Otto :

> « Vous voulez aider à obtenir une amélioration des conditions sociales, et vous n'êtes même pas capables de vaincre la cause de toutes les inégalités sociales et de tous les abus, *l'égoïsme*. Vous exigez l'organisation du travail, c'est à dire la libération vis à vis du capital, et tout ce que vous voulez, c'est attirer à vous le pouvoir retiré au capital, et l'utiliser pour opprimer les plus faibles ! Alors nous n'aurions changé que de seigneurs, et certainement *rien* gagné à l'échange. Vous parlez de *fraternité* et vous n'hésitez pas, non seulement à exclure vos *sœurs* de vos associations, mais aussi à leur refuser et leur retirer méthodiquement le travail, et donc le moyen de vivre ! [...] Je vous le dis, vous offensez les lois de la religion, de la nature et de la société car, par votre *égoïsme*, vous travaillez puissamment à la démoralisation des femmes et donc à la démoralisation de toute la société humaine ; car, pour la même raison, vous ne reconnaissez pas que la femme, votre *égale*, a les mêmes droits que vous [...]. En un mot, vous offensez les lois sacrées de l'humanité, et votre œuvre, que vous regardez avec tant de fierté, doit sombrer, et sombrera, si vous ne la fondez pas sur l'humanité, la seule loi de l'avenir [105] ! »

102. Rüdiger Hachtmann, *Berlin 1848...*, ouv. cité, p. 398.

103. *Idem*, p. 504.

104. Johanna Ludwig, Ilse Nagelschmidt, Susanne Schötz (Hg.), *Frauen in der bürgerlichen Revolution von 1848/49*, Leipzig, 1998, p. 118. Finalement rien n'est changé dans les statuts des métiers du textile jusqu'en 1862.

105. Georgine, « An die Arbeiter », *Frauen-Zeitung* n° 37, 29 décembre 1849. L'association des ouvriers cigariers a demandé, lors de son congrès de 1849, que le travail des femmes soit interdit dans les fabriques.

Ces lignes pleines de ressentiment signalent une rupture définitive avec les espoirs exprimés auparavant par Louise Otto, qui en appelait avec confiance à la solidarité des ouvriers, dans les colonnes mêmes du journal *Die Verbrüderung*[106]. On mesure là toute la déception de ces femmes qui voient leurs droits niés par ceux-là mêmes qu'elles avaient choisis comme défenseurs, et aux côtés de qui elles s'étaient engagées dans la révolution.

Les Françaises connaissent la même désillusion avec les socialistes, et notamment avec Pierre-Joseph Proudhon. L'auteure de la *Réponse à Satan*, mentionnée plus haut, se disait convaincue que grâce à ce « courageux défenseur de la fraternité », « tous les privilèges de *sexe*, de race, de naissance, de caste et de fortune seront abolis ». Peut-être exaspéré par ces soutiens féminins qu'il n'a pas sollicités, Proudhon remet brutalement les femmes socialistes à « leur » place, à la fin de décembre 1848. Il semble qu'il ait alors voulu faire face à un double enjeu. D'une part, il s'agit pour lui de se démarquer des « socialistes religieux » tels que Pierre Leroux et Victor Considerant, qu'il côtoie à l'Assemblée[107]. Il attaque indirectement ces derniers en s'en prenant aux femmes socialistes, accusées de tenir un « langage mystique » ridicule[108]. D'autre part, Proudhon précise ses positions au sujet de l'émancipation des femmes. C'est non seulement un moyen supplémentaire de se distinguer des anciens saint-simoniens et des fouriéristes mais cela lui permet aussi de donner à l'opinion des gages de respectabilité. Désireux de montrer que le socialisme est compatible avec la conception bourgeoise de la famille, il explique :

> « Le rôle de la femme n'est point la vie extérieure, la vie de relation et d'agitation, mais bien la vie intime, celle du sentiment et de la tranquillité du foyer domestique. Le socialisme n'est pas venu seulement pour restaurer le travail ; il est venu aussi pour réhabiliter le ménage, sanctuaire de la famille, symbole de l'union matrimoniale[109]. »

Loin d'accueillir les femmes dans les rangs socialistes, en tant que travailleuses si ce n'est en tant que citoyennes, Proudhon les réduit à la passivité et à la domesticité. Selon lui, la République démocratique et sociale n'a pas d'autre devoir envers les femmes que de leur garantir la possibilité d'accomplir leur destinée familiale. Il réitère enfin son « dilemme » tant commenté, « Ménagère ou courtisane, il n'y a point pour la femme de milieu. » Quelques femmes lui répondent aussitôt par voie de presse, avec une virulence comparable à la

106. Voir par exemple : Louise Otto, « Sendschreibung an alle "Verbrüderten" », *Die Verbrüderung*, n° 8, 27 octobre 1848, et « Assoziation für Alle », *Die Verbrüderung*, n° 39, 13 février 1849.
107. Ceux-ci s'expriment dans le journal de Considerant, *La Démocratie Pacifique*, mais ils trouvent aussi des relais favorables dans *Le Peuple* de Proudhon. À l'automne 1848, celui-ci rend compte des banquets des socialistes « religieux », y compris ceux organisés par les femmes, et publie des lettres de Pauline Roland à Pierre Leroux, où elle expose sa conception « évangélique » de l'Association. Le ton change à la fin de décembre 1848 ; peut-être s'agit-il aussi pour Proudhon de régler des dissensions internes à la rédaction du journal. Les articles étant rarement signés, il est difficile de vérifier cette hypothèse.
108. [P.-J. Proudhon], *Le Peuple*, 27 décembre 1848.
109. [P.-J. Proudhon], *Le Peuple*, 29 décembre 1848.

sienne[110]. Quelques semaines après, Jeanne Deroin tente la voie de la persuasion et du dialogue dans sa nouvelle revue, *L'Opinion des femmes*. Il s'agit pour elle de ne pas se couper des travailleurs socialistes admirateurs de Proudhon, c'est en partie à eux qu'elle adresse les explications destinées à Proudhon. Après avoir demandé pour tous et pour toutes « le droit de vivre, le droit au travail, l'admission à toutes les fonctions sociales », elle affirme qu'enfermer les femmes au foyer domestique, c'est justement les condamner à se réfugier dans la religion, à rêver « à la patrie céleste où elles auront le droit de cité[111] ». Dans le même numéro de la revue, un autre socialiste, ami de Jeanne Deroin, tient néanmoins des propos ambigus. Jean Macé[112] écrit en effet que l'émancipation des travailleurs est plus pressée que celle des femmes, même s'il faut œuvrer à ces deux émancipations en même temps[113]. Là encore, les femmes ne sont pas comptées spontanément parmi les travailleurs...

Françaises audacieuses, Allemandes timorées ? Le poids de la Nation

La revendication du droit au travail représente un thème d'autant plus important pour les femmes de 1848 qu'il leur permet de se défendre contre les accusations d'immoralité. Elles répondent de la sorte à tous ceux qui parlent des femmes « émancipées » comme de libertines, parasites de la société. Les contemporains établissent en effet une distinction majeure entre émancipation des hommes et émancipation des femmes, cette dernière expression conserve un sens très équivoque, en référence aux usages des décennies précédentes. La comparaison franco-allemande montre qu'il est encore plus difficile aux Allemandes qu'aux Françaises de parler d'émancipation, en raison des contraintes liées à la construction de l'identité nationale.

Les Françaises et les Allemandes qui s'expriment publiquement à partir de 1848 doivent tenir compte de ce que leurs sociétés respectives sont susceptibles d'entendre et d'admettre dans des circonstances données. Leurs discours et leurs projets varient non seulement en fonction des expériences politiques et personnelles de chacune, mais aussi en fonction des enjeux du lieu et du moment. C'est ainsi que l'influence des réformateurs dits « utopistes » – tout particulièrement du saint-simonisme – est sensible chez beaucoup de Françaises qui (re)prennent la parole à partir de 1848, et pour qui la priorité est de donner une signification concrète aux principes républicains. Leur conception de l'émancipation et leurs positions au sujet de l'égalité civique diffèrent donc de celles des Allemandes qui, elles, se réfèrent surtout aux mouvements de dissidence religieuse et aux courants

110. Voir les réactions de MARIE M. dans *La République* du 4 janvier 1849, et de HENRIETTE... artiste, dans *La Démocratie Pacifique* du 5 janvier 1849, commentées par RIOT-SARCEY Michèle, *La Démocratie...*, *op. cit.*, p. 239-244.

111. Jeanne DEROIN, lettre à Proudhon, *L'Opinion des Femmes*, n° 1, 28 janvier 1849.

112. Jean Macé (1815-1894) s'est rapproché du milieu fouriériste dans les années 1840. En octobre 1848, il est secrétaire de La Solidarité, une Société populaire pour la propagation et la réalisation de la science sociale, co-fondée par Jeanne Deroin.

113. MACÉ Jean, *L'Opinion des Femmes*, n° 1, 28 janvier 1849.

partisans de l'unification nationale. Dans la mesure où il leur importe surtout de faire reconnaître leur place dans la nation en construction, dans laquelle elles voient une promesse de liberté individuelle et collective, les Allemandes se doivent d'incarner certaines vertus « nationales », leur relative modération s'explique en grande partie par leur rejet ostentatoire des influences « françaises » et leur souci de se conformer à une « féminité » qui doit être synonyme de « germanité ». On voit ici à l'œuvre le processus, analysé notamment par la philosophe Rada Ivekovic, par lequel la revendication d'une identité nationale mobilise fortement les identités genrées, la nation se construisant à l'image de la famille [114]. C'est aux femmes – éducatrices des générations suivantes – qu'il incombe d'afficher et perpétuer les valeurs qui sont définies comme « nationales ». Cet élément contribue aussi à expliquer pourquoi, malgré des préoccupations et des revendications communes, Françaises et Allemandes engagées n'établissent pas de liens. Si les Françaises dont il est ici question, non germanophones, ne s'intéressent que peu ou pas du tout à l'Allemagne [115], certaines Allemandes en revanche connaissent bien la langue et la culture françaises et auraient pu tenter des rapprochements fondés sur les affinités politiques et la similitude du sort fait aux femmes. Certes, Fanny Lewald rencontre Daniel Stern à Paris, mais cet épisode demeure sans suite; durant la même période, elle reçoit une invitation d'Eugénie Niboyet – qui mentionne une amie russe commune – mais elle se contente alors de noter le contenu du journal *La Voix des Femmes* avec un intérêt amusé, sans apparemment désirer entrer en relation [116]. Comme Louise Otto et tant d'autres, Fanny Lewald est absorbée par la spécificité de la situation allemande, et convaincue que les femmes ne peuvent obtenir de reconnaissance qu'en conformité avec les intérêts de la nation. À travers l'exemple des femmes, on se rend compte ainsi du poids extraordinaire que l'identité nationale et la perspective de l'avènement de la nation font peser à ce moment là sur les individu-e-s en Allemagne.

114. Voir Ivekovic Rada, *Le sexe de la nation*, Paris, Leo Scheer, 2003.

115. Eugénie Niboyet fait exception, elle cherche à rencontrer Fanny Lewald et fait pour *La Voix des Femmes* plusieurs articles sur Bettina von Arnim et son « Livre des pauvres », qu'elle dit avoir traduit (*La Voix des Femmes*, n° 26, 18 avril 1848).

116. Lewald Fanny, *Erinnerungen...*, ouv. cité, tome 1, p. 131-135. La lettre d'Eugénie Niboyet évoque la nécessité d'une solidarité féminine qui transcende les appartenances nationales, « Vous qui êtes libre, venez à moi et, femme de lettres, pardonnez-moi de vous appeler sœur. Nous avons toutes besoin de nous parler, de nous entendre, notre mission de paix commence; si nous sommes fortes, l'humanité sera grande; venez à nous! Je vous adresse un numéro de notre journal. Veuillez le lire, veuillez le faire connaître, il faut qu'il ait des appuis. Toutes ensemble nous devons concourir à sa rédaction, sans distinction de patrie. Il n'y a que des sœurs dans l'humanité. » Fanny Lewald garde ses distances dans son commentaire; si elle précise – par égard pour leur amie commune – que Mme Niboyet est sûrement une femme convenable, elle juge que le contenu du journal est exagéré, et est surtout intéressant comme témoignage des préoccupations contemporaines à Paris.

L'émancipation des femmes de part et d'autre du Rhin

L'expression « émancipation des femmes » est employée en Allemagne à la fin du XVIIIe siècle par Hippel et Schlegel[117]. En France, dans sa *Théorie des quatre mouvements et des destinées générales* parue en 1808, Charles Fourier imagine les moyens de leur « affranchissement ». Les deux termes sont ensuite popularisés par les saint-simoniens entre 1829 et 1832. Ils suscitent alors des réactions tant moqueuses que scandalisées, révélatrices des enjeux du moment. En effet si la notion de liberté individuelle est débattue concernant les hommes, elle paraît inapplicable aux femmes, assignées au cadre familial et à la fonction reproductrice. L'émancipation que les saint-simoniens promettent aux femmes est ainsi comprise comme un rejet des liens conjugaux, à des fins de libertinage, d'autant que certains membres de la Famille ont multiplié les éloges de la liberté amoureuse. Leur procès pour immoralité en août 1832 laisse le saint-simonisme définitivement stigmatisé dans l'opinion publique comme une organisation vouée à la débauche. Ses théories émancipatrices n'ont alors plus guère d'écho en France mais elles sont par contre relayées outre-Rhin par le mouvement littéraire Jeune Allemagne. Ces écrivains qui veulent renouveler la culture et la morale pour contribuer au progrès politique et social, reprennent la discussion sur la liberté des femmes esquissée en Allemagne dans les années 1790. Ils ne se réfèrent plus alors à la raison et au droit, mais à la nature et à la sensualité. Inspiré par les saint-simoniens qu'il fréquente à Paris, Heinrich Heine associe explicitement l'affranchissement des femmes à la réhabilitation de la chair. Karl Gutzkow, Heinrich Laube, Theodor Mundt, reprennent l'appel à la « femme libre » dans le but de réconcilier la matière et l'esprit, et de réformer les relations amoureuses. Tous saluent l'œuvre de George Sand, dès la parution de *Lélia* en 1833[118], ils admirent tout autant son talent que son audace à traiter des thèmes défiant la morale conventionnelle. Karl Gutzkow s'inspire d'ailleurs directement de *Lélia* dans *Wally, die Zweiflerin* (1835). Attaqué comme « une imitation de l'impudence française », ce roman vaut à son auteur quelques mois de prison et déclenche la censure du mouvement Jeune Allemagne. Les propos de *Wally* sur les femmes et l'amour, autant que ses doutes métaphysiques et religieux, sont, selon les autorités, révélateurs de la « tendance destructrice » des auteurs incriminés. Jugés moralement et politiquement subversifs, leurs écrits sont interdits en décembre 1835

117. Voir GRASS Karl Martin, KOSELLECK Reinhart, « Emanzipation », BRUNNER Otto *et alii* (Hg.), *Geschichtliche Grundbegriffe. Historisches Lexikon zur politisch-sozialen Sprache in Deutschland*, Stuttgart, Ernst Klett Verlag, 4. Auflage 1998, p. 153-197. Appliqué d'abord aux revendications des juifs, le terme d'émancipation est utilisé au sujet des femmes depuis la fin du XVIIIe siècle. On le trouve chez Theodor VON HIPPEL (*Über die bürgerliche Verbesserung der Weiber*, 1792), qui estime que chaque être doué de raison a droit à la liberté, puis chez Friedrich Schlegel, dont le roman *Lucinde* (1799) introduit dans la littérature romantique la question de la transformation des rapports entre les sexes.

118. CRECELIUS Kathryn J., « George Sand en Allemagne, la réception de son œuvre 1833-1856 », *George Sand lue à l'étranger. Actes du Colloque d'Amsterdam* réunis par Suzan VAN DIJK, Amsterdam, Rodopi, 1995, p. 51-59 ; WIEDEMANN Kerstin, *Zwischen Irritation und Faszination. George Sand und ihre deutsche Leserschaft im 19. Jahrhundert*, Tübingen, Narr Verlag, 2003.

dans l'ensemble de la Confédération allemande. L'expression « émancipation des femmes » se retrouve donc doublement discréditée en Allemagne. Sans que cela soit vraiment déclaré, elle est condamnée d'une part comme étant une idée « française », puisqu'elle renvoie implicitement aux saint-simoniens et à « l'émancipée » par excellence qu'est George Sand. Or le sentiment de méfiance, voire d'hostilité envers la France – hérité notamment des invasions napoléoniennes [119] – est réactivé par la recherche passionnée de l'identité « allemande » qui caractérise cette période. L'« émancipation » est d'autre part associée à des ouvrages réputés immoraux, dus à des auteurs décadents. Les rares écrivaines proches du mouvement Jeune Allemagne, telle que Luise Mühlbach, s'abstiennent d'ailleurs de toute allusion qui risquerait de les assimiler à des sympathisantes ou imitatrices de George Sand. Une seule femme, la démocrate radicale Louise Aston, proclame son « émancipation », comme un défi, elle le fait dans un livre exaltant la liberté individuelle, écrit en réponse à ses détracteurs quelques mois après son expulsion de Berlin pour « mauvaises mœurs », en 1846 [120]. Qu'une femme ose revendiquer elle-même sa propre émancipation rappelle le potentiel hautement subversif des droits universels issus des Lumières, dès lors qu'ils ne seraient plus contenus dans le cadre d'une organisation sociale patriarcale. Ainsi, les écrits de Louise Aston sont aussitôt stigmatisés dans tous les États allemands comme ceux d'une créature dénaturée, qui porte le pantalon, fume des cigares et vit dans les cafés, ce portrait d'un être ni femme ni homme, inintégrable à l'ordre social, ôte d'emblée toute crédibilité à la Berlinoise. À la veille de 1848, l'adjectif « émancipée » a donc pris un sens très péjoratif, s'appliquant aux femmes qui, comme George Sand et Louise Aston, sont accusées de trahir leur sexe en imitant les hommes, il désigne le contraire de la féminité, voire de la féminité « allemande ». L'époque est en effet à la recension et à l'exaltation des valeurs nationales, dont les femmes sont censées être les gardiennes « naturelles [121] ».

Les femmes de 1848 doivent composer avec ces expériences passées, dont la révolution a réactualisé le souvenir, et qu'elles ont parfois elles-mêmes vécues de manière douloureuse. Elle savent que leurs contemporains confondent la liberté des femmes avec la licence des mœurs et sont donc très prudentes dans le choix de leur vocabulaire. Louise Otto parle ainsi de « ces rêveries ridicules et folles » qui ont déshonoré le mot « émancipation des femmes ». Elle craint surtout d'être confondue avec Louise Aston et l'attaque dans divers articles [122], signifiant de la sorte qu'elle adhère à l'opinion commune et entend, elle, respecter les normes sociales. S'adressant à ses lecteurs dans le premier numéro du *Frauen-Zeitung*, Louise Otto commence par rappeler le contenu irréprochable

119. Jeismann Michael, *Das Vaterland der Feinde. Studien zum nationalen Feindbegriff und Selbstverständnis in Deutschland und Frankreich, 1792-1918*, Stuttgart, 1992.
120. *Meine Emancipation. Verweisung und Rechtfertigung*, Bruxelles, Vogler, 1846. La même année elle publie un recueil de poèmes (*Wilde Rosen*, Berlin, Moesner und Kühn, 1846) contenant une ode à George Sand, la « femme-héros » qui ouvre la voie à la « femme libre », uniquement soumise à sa conscience.
121. Voir sur ce sujet Ivekovic Rada, *op. cit.*
122. Adler Hans, « On a Feminist Controversy, Louise Otto vs. Louise Aston », Boetcher-Jones Ruth Ellen, Maynes Mary Jo (eds), *German Women in the 18th and 19th Centuries*, Bloomington, Indiana University Press, 1986, p. 193-215.

de sa vie et de ses œuvres et conclut, « On ne me comptera donc pas parmi ces “émancipées”, pas plus que mes sœurs qui travaillent avec moi [...] [123]. » Au mot d'émancipation (*Emanzipation*) qui lui semble être devenu impossible à prononcer autrement qu'à propos des juifs [124], Louise Otto préfère celui d'autodétermination (*Selbstbestimmung*), qui a de plus l'avantage d'être bien germanique. Elle l'emploie en 1848 pour demander aux autorités et aux représentants du peuple de donner aux femmes les droits qui leur permettront de décider par elles-mêmes la direction de leur existence; elle s'en sert également pour inciter les femmes à trouver le courage de penser et d'agir de façon indépendante.

En France, il est relativement plus facile de parler d'émancipation en 1848, mais avec de multiples précautions cependant. La plupart des femmes estiment devoir rassurer, suivant la ligne annoncée par la *Voix des Femmes* :

> « [...] Que voulons-nous ? Nous voulons notre émancipation totale, complète. C'est-à-dire, être reconnues, en ce qui est de l'intelligence, égales aux hommes. Mettons-nous donc hardiment à l'œuvre. Plusieurs de nos sœurs se sont effrayées à ce mot, *L'émancipation* ! Il ne faut pas qu'elles tremblent. Quelles reculent [*sic*]. Notre œuvre est pure [125]. »

L'enjeu est bien sûr de se démarquer de la « femme libre » des saint-simoniens [126], en assurant que « la femme doit rester femme, et son émancipation doit être toute morale, toute pacifique[127] ». D'autres essaient néanmoins de dépasser ces vagues formules et d'exprimer la question de façon plus concrète. Les membres de la Société pour l'Émancipation des femmes, déjà citée plus haut, ont fait preuve d'audace en choisissant leur nom, mais doivent par conséquence expliquer ce qu'est la liberté qu'elles revendiquent. Elles précisent alors que « la liberté, c'est l'indépendance matérielle, intellectuelle et morale », et engagent le gouvernement à réfléchir avec elles :

> « Comment faire converger la liberté de la femme avec celle du mari ? Comment la faire converger sous toutes ses faces, sociale, civile, politique, religieuse ? Comment l'instaurer de façon que le despotisme ne puisse jamais retrouver entrée soit d'un côté soit de l'autre[128] ? »

En même temps, celles qui rédigent ce texte rappellent que leur féminité garantit le caractère vertueux de leurs objectifs, elles encouragent en effet les hommes à « appeler à leur aide les femmes, en qui seules résident encore, dans leur pureté primitive, les plus grandes forces du cœur ». En France comme en Allemagne, les femmes de 1848 doivent toujours se protéger de la calomnie

123. Otto Louise, « Programm », *Frauen-Zeitung* n° 1, 21 avril 1849.
124. Voir Otto Louise, « Zur Judenfrage », *Der Volksfreund*, n° 8, 14 mai 1848 ; elle y prend parti pour l'émancipation immédiate et générale des juifs.
125. « À l'œuvre », *La Voix des Femmes*, n° 9, 29 mars 1848.
126. Voir J. B. [probablement Joséphine Bachellery], « Comment nous comprenons l'émancipation des femmes sous la République », *La Voix des Femmes*, n° 27, 19 avril 1848.
127. *La Voix des Femmes*, n° 35, 26 avril 1848.
128. Société pour l'Émancipation des Femmes, manifeste du 16 mars 1848, cité par Riot-Sarcey Michèle, *op. cit.*, p. 188.

et démontrer la sincérité de leurs engagements, en insistant sur la moralité de l'émancipation qu'elles demandent. Celle-ci est censée tout à la fois préserver et révéler pleinement leur « féminité », et non la faire disparaître. En réaction aux soupçons qui pèsent perpétuellement sur elles, ces femmes mettent en avant leur identité de genre, définie selon des critères moraux, et centrent souvent leurs revendications sur l'éducation et le travail, comme nous l'avons vu précédemment.

La question des droits politiques pour les Françaises et les Allemandes

Malgré toutes les contraintes subies, certaines auteures abordent ouvertement la question des droits politiques, comme dans cette proclamation, datée de fin mars 1848 :

> « Le plus profond principe de régénération proclamé par la République, c'est l'Égalité. L'Égalité sociale. L'Égalité de tous les membres de la Société. Donc, invinciblement, l'Égalité des hommes et des femmes ; – donc aux hommes et aux femmes mêmes droits, mêmes devoirs. [...] Sinon, plus d'Égalité, plus de République ! Un mot, un mensonge, une tyrannie remplacée violemment par une autre, rien de plus. Dire aux femmes, vous n'êtes pas électeurs, vous n'êtes pas éligibles, et vous ne le serez pas, et nous ne voulons pas que vous le soyez, – c'est refuser d'établir l'Égalité tout en la proclamant, – c'est déshonorer une victoire remportée pour le bien de tous, – c'est monopoliser indignement les résultats publics et communs du triomphe, – c'est n'être plus Républicains ; – tranchons le mot, c'est être *Aristocrates* ! Que la nation lise, réfléchisse, et décide [129]. »

Cette mise au point sur le sens du mot République montre qu'à cette date, en France, certaines femmes espèrent encore acquérir un statut légal de citoyennes, peut-être dès l'élection de la future Assemblée constituante. Entre la déclaration du « suffrage universel » et les premières élections du 23 avril 1848, plusieurs initiatives se succèdent pour faire pression sur le gouvernement provisoire. Toutes les péripéties qui se sont déroulées de février à juin 1848 concernant le droit de vote des femmes ont été amplement décrites dans les diverses histoires du féminisme français, depuis la tentative de Pauline Roland pour voter aux municipales de Boussac jusqu'aux exhortations de *La Voix des Femmes*, en passant par les efforts du Comité des droits de la femme [130] et le recours à George Sand comme représentante des femmes [131]. Dans *La Démocratie à l'épreuve des femmes*, Michèle Riot-Sarcey a montré comment l'expérience particulière des femmes qui souhaitaient devenir citoyennes à part entière leur a permis de saisir le décalage

129. « Égalité complète, Égalité vraie », *La Voix des Femmes*, n° 7, 27 mars 1848.
130. *La Voix des Femmes*, n° 6 du 26 mars 1848.
131. Cette stratégie est présentée dans *La Voix des Femmes*, n° 16, 6 avril 1848. L'écrivaine exprime son refus cinglant dans plusieurs textes, reproduit dans SAND George, *Politique et polémiques...*, *op. cit.*, p. 532-544.

entre la réalité et les déclarations abstraites, et de percevoir les enjeux de pouvoir dissimulés derrière celles-ci. Reléguées aux marges du politique, elles ont pu se montrer particulièrement lucides et dénoncer les trahisons des idéaux révolutionnaires, sans ménager aucun parti.

Une telle réaction critique s'est également produite en Allemagne, même si les mobilisations concrètes pour revendiquer l'égalité politique sont encore moins nombreuses là qu'en France[132]. Aucune des pétitions allemandes conservées pour la période ne demande le droit de vote et d'éligibilité pour les femmes, même si certaines adresses signées par des femmes reprochent aux hommes leur manque d'énergie et proposent de les remplacer momentanément[133]. Carola Lipp estime qu'une revendication collective du droit de vote aurait nécessité un processus de formation politique qui ne s'était pas encore accompli chez les Allemandes en 1848[134]. Cette explication néglige toutefois certains aspects du problème, et notamment la question de l'identité nationale allemande. Si minoritaire soit-il, le sujet des droits politiques n'est en effet pas absent des préoccupations des Allemandes de 1848, mais il est plutôt recouvert, écarté ou tempéré par d'autres priorités, avec lesquelles il entre en conflit. Quelques protestations isolées nous sont parvenues de façon indirecte. Ainsi à Brême, un journal local rapporte le discours qu'une jeune femme aurait tenu devant une assemblée de travailleurs en juin 1848. Après avoir félicité les autorités de la ville libre d'avoir élargi la classe des électeurs, elle aurait ajouté :

> « Il ne fait pas de doute que, si un bon gouvernement repose sur la quantité des électeurs, il s'améliorera de nouveau si cette quantité double. Respectés hommes, vous savez que nous aussi sommes habitantes de l'État, et que sans nous vous n'auriez pas d'existence ; dites, comment avez-vous pu nous oublier[135] ? »

Quant à Louise Otto, si prolixe sur quantité de thèmes, elle n'aborde ouvertement la question que dans un seul article, écrit pour le journal de Louise Dittmar. Énumérant les objectifs de son engagement en faveur des femmes, elle demande en dernier point « la consultation du jugement féminin lors de la rédaction des lois qui concernent les femmes ». Les hésitations et les tensions qui transparaissent dans son texte révèlent combien ce sujet est risqué à traiter. Alors qu'elle avait, dans les lignes précédentes, demandé très directement le droit à l'instruction, au travail et à l'égalité civile, Louise Otto éprouve le besoin d'entourer de grandes précautions ses propos sur les droits politiques :

---

132. WITTIG Gudrun, *« Nicht nur im stillen Kreis des Hauses ». Frauenbewegung in Revolution und nach revolutionäre Zeit 1848-1876*, Hamburg, Ergebnisse Verlag, 1986, p. 84-95.

133. Voir la pétition envoyée à Francfort en juin 1848 par « les femmes de Bonn », publiée dans *Die Oberrheinische Zeitung* de Freiburg, reproduite dans HUMMEL HAASIS Gerlinde (Hg.), *op. cit.*, p. 33-34.

134. LIPP Carola, « 1848/49. Emotionale Erhebung und neue Geschlechterbeziehung ? », LUDWIG Johanna, NAGELSCHMIDT Ilse, SCHÖTZ Susanne, *op. cit.*, p. 55-68.

135. *Der Bürgerfreund*, 22 juin 1848, cité par SCHMITTER Romina, « "Geehrte Männer [...] sagt – wie konntet ihr uns vergessen ?" », GERHARD Ute (Hg.), *Frauen in der Geschichte des Rechts*, München, Beck, 1997, p. 561.

> « C'est justement parce que je pars de l'idée que la nature de la femme est d'une autre sorte que celle de l'homme, et que notre destination est autre ; c'est justement parce que je suis dénuée de ces folles et ridicules rêveries qui ont déshonoré le mot "émancipation des femmes" en y associant des exigences immorales et impossibles ; c'est justement parce que j'assigne aux femmes une autre place dans l'État qu'aux hommes, laissant aux hommes toutes les charges et les dignités publiques, mais revendiquant pour les femmes la sainte et apaisante prêtrise au service de l'humanité, c'est pour cela que je demande que les femmes aient une voix au sujet des lois qui les concernent elles-mêmes. Je demande cette voix pour elles également là où il s'agit d'élire des représentants pour tout le peuple, car nous, femmes, sommes une partie de ce peuple. Si maintenant une loi électorale dit, "tous les citoyens (*alle Staatsangehörigen*) majeurs sont électeurs", mais exclut les femmes de ce droit par une sorte d'accord tacite, cela signifie simplement que les femmes sont déclarées mineures. Un droit dont disposent maintenant les plus ignorants dans le peuple, doit aussi être donné à la femme[136]. »

Réitérant son rejet des théories émancipatrices du passé – qu'il s'agisse des « utopies » françaises, du courant « Jeune Allemagne » ou des provocations de Louise Aston – elle entend prouver sa propre moralité et son propre pragmatisme. Elle tente de concilier le respect des identités de genre avec la revendication d'un nouveau rôle pour les femmes, elle cherche à prouver que la « spécificité féminine » peut trouver sa place dans l'État, et peut se manifester dans des actes politiques. Cette argumentation complexe, qui esquisse une voie de compromis entre contraintes et aspirations, montre que Louise Otto a bien conscience de devoir avancer prudemment sur un tel terrain. Cela témoigne en même temps de l'importance que revêt pour elle ce thème des droits politiques, puisqu'elle prend le risque d'en parler. Ce risque semble cependant tel, qu'elle renonce par la suite à aborder de nouveau ouvertement la question.

Si les Allemandes paraissent s'être davantage pliées que les Françaises à l'interdiction implicite faite aux femmes de s'aventurer dans la sphère politique, c'est en grande partie lié, me semble-t-il, à la force du contre-exemple français, très sensible en 1848 outre-Rhin. Comme l'a montré Ulrike Ruttmann, l'image de la France se retrouve en effet instrumentalisée dans les débats politiques menés par les libéraux et les démocrates en 1848-1849[137]. Ces derniers sont partagés entre leur désir d'imiter les républicains français et fraterniser avec « le peuple révolutionnaire », et leur méfiance envers un risque d'ingérence de la France largement fantasmé. Si l'hostilité antifrançaise de 1813 est très amoindrie en 1848, les représentations de la France et des Français, à la fois comme modèle et contre-modèle, jouent alors un rôle décisif dans la définition d'une identité allemande[138]. L'étude comparative des Allemandes et des Françaises de 1848 témoi-

136. Otto Louise, « Mein Programm als Mitarbeiterin einer Frauenzeitung », *Die Soziale Reform*, n° 1, janvier 1849.

137. Ruttmann Ulrike, *Wunschbild – Schreckbild – Trugbild. Rezeption und Instrumentalisierung Frankreichs in der deutschen Revolution von 1848/49*, Stuttgart, Steiner, 2001.

138. *Ibid.*, p. 17, p. 329.

gne que ce processus concerne également les femmes et sollicite les identités de genre, une dimension passée sous silence par Ruttmann, ainsi que dans les travaux sur les femmes durant la révolution. Comme l'idée d'émancipation, l'idée d'une participation des femmes à la vie politique est, pour les contemporains, associée aux « extravagances » françaises. En France comme en Allemagne, la question des droits politiques des femmes renvoie à une représentation négative de la Révolution française. On rappelle la volonté des « citoyennes[139] » révolutionnaires de peser sur la vie publique, en y voyant la cause des pires dérives, elles sont assimilées à la violence des sans-culottes, aux furies de la guillotine de 1793, aux émeutières qui envahissent la Convention en 1795. Olympe de Gouges, l'auteure de la *Déclaration des droits de la femme et de la citoyenne* (1791), est restée dans bien des esprits comme la virago par excellence, qui, oubliant son sexe pour faire de la politique, a logiquement fini sur l'échafaud. Quant aux femmes qui ont œuvré dans la contre-révolution, elles sont présentées comme perpétuant l'influence féminine pernicieuse qui a causé la perte de l'Ancien Régime[140]. Dans l'Allemagne de 1848, la connotation péjorative de ces références est de surcroît aggravée par leur origine française. Or, les Allemandes qui veulent conquérir une nouvelle reconnaissance sociale en 1848 ne peuvent risquer d'être accusées de trahir la nation. Elles doivent prouver qu'elles se différencient des déplorables exemples français, que ce soit celui des révolutionnaires de 1789 ou bien de contemporaines telles que George Sand. Le premier numéro du *Frauen-Zeitung* s'efforce ainsi de définir une forme d'émancipation convenant aux caractéristiques nationales des femmes allemandes. L'auteure de l'article, Anna, demande que celles-ci puissent s'exprimer librement sur la politique, sans pour autant renier leur féminité, elles ne doivent pas imiter « la Dudevant », qualifiée, ainsi que Louise Aston, de « créature hermaphrodite[141] ».

Pour les Allemandes, les impératifs liés à l'identité nationale s'ajoutent donc à la nécessaire prudence à laquelle sont contraintes les femmes de 1848. La grande majorité d'entre elles, Françaises comme Allemandes, tient à assurer qu'elles ne constituent aucun danger pour la société car elles s'engagent de façon « féminine », en lien avec leurs devoirs « naturels ». Lorsque Jeanne Deroin pose en 1849 sa candidature à l'Assemblée législative, ses propos rappellent fort ceux de Louise Otto :

> « C'est parce que la femme est l'égale de l'homme et qu'elle ne lui est pas semblable qu'elle doit prendre part à l'œuvre de la réforme sociale et y faire entrer les éléments nécessaires qui manquent à l'homme pour que l'œuvre soit complète[142]. »

139. La citoyenne étant alors en réalité la femme du citoyen, sans droits civiques. Voir GODINEAU Dominique, « Autour du mot citoyenne », *Mots*, n° 16, 1988, p. 91-110.
140. Dans ses *Femmes de la Révolution*, synthèse tirée de son *Histoire de la Révolution* (1847-1853), Michelet conclut que chacun des partis a péri par les femmes qui mêlent la « passion individuelle » et la « passion publique » (MICHELET Jules, *Les Femmes de la Révolution*, Paris, Delahays, 1854).
141. ANNA, « Aufruf an deutsche Frauen und Jungfrauen zu Begründung einer ächt weiblichen Emancipation », *Frauen-Zeitung* n° 1, 21 avril 1849.
142. DEROIN Jeanne, *L'Opinion des femmes*, n° 4, 1849.

Comme l'écrit Anne Verjus, les « féministes de 1848 » revendiquent non pas une cité sexuellement neutre, mais une cité mixte, fondée sur les capacités propres à chaque sexe[143]. C'est en effet en se conformant au mode de pensée contemporain que les femmes engagées peuvent espérer trouver une écoute et une reconnaissance. En réalité, en mettant en avant la spécificité « féminine » dans leur auto-représentation publique, les femmes de 1848 s'enferment dans une impasse. En effet, les particularités qu'elles prétendent apporter en complément de celles des hommes ne leur confèrent aucun droit personnel, aucune valeur dans l'espace du politique. Au contraire, c'est justement au nom de cette spécificité que s'opère leur exclusion de la sphère publique et leur inexistence en tant qu'individues.

De nombreuses femmes revendiquent également de manière détournée, en dénonçant leur exclusion civique. Dans le premier numéro de *Frauen-Zeitung*, Louise Otto évoque ainsi ceux qui prétendent vivre et mourir pour la liberté de tous les peuples mais qui ne comptent pas les femmes dans le peuple :

> « Mais la liberté est indivisible! Les hommes libres ne doivent donc souffrir aucun esclave à leurs côtés – et donc aucune esclave non plus. Nous devons remettre en question l'honnêteté ou l'intelligence de tous les combattants pour la liberté qui ne représentent que les droits des hommes et non ceux des femmes en même temps. Si eux ne veulent pas nous avoir comme camarades, nous ne pouvons pas davantage les nommer les camarades des porte-drapeaux de la liberté[144]! »

En France, le dernier numéro de *La Voix des Femmes* constate avec amertume que la politique est en réalité la « science du pouvoir », conçue pour faire triompher « l'opinion qu'on a intérêt à faire prévaloir[145] ». Analysant ces propos, Michèle Riot-Sarcey montre qu'en mettant ainsi à nu les mécanismes du système, les femmes de 1848 « introduisent une façon de penser la politique inconnue de ceux qui la pratiquent. C'est pourquoi la rupture est consommée, l'exclusion définitive. Les républicains pouvaient imaginer des femmes en lutte, épousant leur cause, mais ne pouvaient admettre ce discours qui les mettait en cause[146] ». En dénonçant publiquement le mensonge politique des révolutionnaires, les Françaises comme les Allemandes mettent en évidence les limites de la liberté conquise en 1848, avant même le début de la réaction.

Face à l'ordre moral et politique

Le partage théorique qui s'impose au XIXe siècle entre espace public et espace privé a freiné de façon décisive le changement du statut social des femmes et

143. Voir Verjus Anne, « Le suffrage universel... », art. cit., p. 401-413.
144. Otto Louise, « Die Freiheit ist untheilbar », *Frauen-Zeitung* n° 1, 21 avril 1849.
145. « De l'impartialité en politique », *La Voix des Femmes*, n° 46, 18 au 20 juin 1848.
146. Riot-Sarcey Michèle, *op. cit.*, p. 230-231.

leur entrée dans l'espace du politique[147]. Toutefois, de nombreuses études ont montré que la répartition genrée des sphères d'influence était en réalité complexe et nuancée, et que diverses stratégies permettaient aux femmes de s'introduire dans les domaines en principe réservés aux hommes[148]. Il est donc important de rendre compte de cette tension entre les normes théoriques et la manière dont les femmes s'y confrontent. Ceci implique non seulement de poser le cadre législatif et culturel dans lequel elles évoluent mais aussi d'examiner la dimension genrée de la production des normes du politique. Il s'agit en effet de repérer et démêler autant que possible les rapports entre le concept d'égalité et celui de différence, afin de comprendre les inextricables paradoxes dans lesquels les femmes engagées se sont elles-mêmes débattues, y cherchant une conciliation impossible, une issue invisible.

Selon Joan W. Scott, l'équivalence entre individualité et masculinité devient, au XVIIIe siècle, le seul moyen de résoudre la contradiction entre deux conceptions contemporaines, d'une part celle de l'individu comme être abstrait, exprimant l'essence universelle de l'être humain ; d'autre part celle de l'individu comme être singulier et unique, qui se fait reconnaître en se distinguant d'autrui[149]. Il faut que les individus soient tous semblables pour pouvoir disposer de droits égaux, et qu'ils puissent se définir en opposition à des non-individus, désignés par leur non ressemblance. Issu des rapports de force dominant la société, le prototype humain qui s'impose est celui de l'individu mâle (et blanc), c'est lui qui incarne l'abstraction et devient la norme permettant d'accéder à l'universalité. La féminité est alors vue comme « l'Autre » de la masculinité, sans réciprocité. La « différence sexuelle[150] » apparaît donc construite pour servir de base ontologique à la différenciation politique et sociale légitimant et accomplissant l'exclusion. L'Homme (l'individu) est défini comme étant le produit de la société et potentiellement autonome, la Femme est considérée comme éternellement soumise aux lois de la nature, donc à la domination masculine. Lorsque des femmes tentent de démontrer qu'elles sont des êtres de raison, aptes à l'autonomie, elles se retrouvent confrontée à une insurmontable difficulté, elles doivent, pour parler un langage intelligible à leurs contemporains, s'exprimer en tant qu'incarnation de la Femme, seule identité sociale qui leur est reconnue. D'où le paradoxe pointé par Joan Scott, les « féministes » refusent d'être exclues au

147. Frevert Ute, *« Mann und Weib und Weib und Mann ». Geschlechter-Differenzen in der Moderne*, München, Verlag C. H. Beck, 1995 ; Fraisse Geneviève, *Les deux gouvernements, la famille et la Cité*, Paris, Gallimard, 2000.

148. Frevert Ute, *Frauen-Geschichte. Zwischen Bürgerlicher Verbesserung und neuer Weiblichkeit*, Frankfurt, Suhrkamp, 1986 ; *Femmes, pouvoirs. Actes du colloque d'Albi*, sous la responsabilité de Michèle Riot-Sarcey, Paris, éditions Kimé, 1993.

149. Scott Joan W., « L'universalisme et l'histoire du féminisme », Cohen Yolande, Thébaud Françoise (dir.), *Féminismes et identités nationales*, Lyon, Programme Rhône-Alpes Recherches en sciences humaines, 1998, p. 285-298. Voir aussi Scott Joan W., *La Citoyenne paradoxale. Les féministes françaises et les droits de l'Homme*, Paris, Albin Michel, 1998.

150. Je reproduis ici les guillemets employés par Joan Scott, qui servent à indiquer la dimension construite d'une différence ordinairement présentée comme une donnée biologique ; pour reprendre une formule de Carole Pateman, « la différence sexuelle est une différence politique ; la différence sexuelle est la différence entre la liberté et la sujétion » (Pateman Carole, *The Sexual Contract*, 1988, rééd. Cambridge Polity Press, 1991, p. 6).

nom de la différence, mais (pour la plupart) demandent à être inclues en tant qu'individues différentes des individus mâles. Ce dilemme traduit selon Scott le conflit entre deux universalismes, « celui de l'individu abstrait désincarné et celui du ci-nommé phénomène de la "différence sexuelle". L'histoire du féminisme, dans cette perspective, n'est pas l'histoire d'options disponibles [...]. Elle est plutôt l'histoire d'essais répétés dans la résolution de ce qui radicalement ne peut être résolu [151] ».

L'exemple des femmes de 1848 pose concrètement cette question de l'égalité et de la différence, de l'abstraction et du particularisme, de l'universalité et de l'exclusion. L'histoire de la représentation politique doit être reconsidérée dans une perspective genrée pour comprendre le sens de la liberté et de l'égalité qui triomphent à ce moment, en France comme en Allemagne [152]. Au cours du premier XIXe siècle, alors que progresse l'idée d'égalité, l'inégalité sociale reste jugée indispensable au maintien de l'ordre, mais est présentée comme une inégalité de nature entre hommes capables/incapables de s'émanciper, de se gouverner et de gouverner les autres. L'usage discursif de l'universalité permet d'une part de masquer l'écart entre les principes et la réalité, d'autre part de légitimer une distinction entre des citoyens dépendants, délégant leur souveraineté, et des citoyens libres, en capacité de les représenter. En 1848, l'accès théorique de tous les hommes au vote et à l'éligibilité [153], alors que toutes les femmes en sont refoulées, fait de ces dernières le type même des représentés. « Constamment représentées, elles étaient soumises à l'idée que l'on se faisait d'elles ; appelées à s'y conformer, la réalité discursive s'imposait à elles comme principe de vérité [...]. Ce modèle est l'un des piliers du système de la représentation hiérarchique de la souveraineté ; placé hors du processus de la représentation, il en est le fondement, la condition même de son existence. Pour maintenir la fiction de l'égalité formelle entre les hommes, et donc faire croire à chacun en sa capacité de devenir représentant, l'existence de l'autre est donnée comme une nécessité. La représentation des femmes en catégorie à part a donc pour but de rendre la femme présente comme autre afin d'offrir à chacun la possibilité de s'identifier au Même [154]. »

Ces conceptions se traduisent à la fois dans des mesures législatives et dans des normes morales qui conditionnent l'engagement public des femmes et présentent celui-ci comme une dangereuse subversion. En réalité, il s'agit de protéger le champ du politique contre toute atteinte réelle aux principes de hiérarchie et d'autorité, dès 1848 s'annoncent les régimes autoritaires qui vont dominer dans les années 1850-1870 et au-delà. Les femmes qui veulent assumer un rôle public doivent donc essayer de résister d'abord à ceux dont elles ont soutenu l'action politique et qui se prétendent les porte-paroles des idées révolutionnaires, avant de devoir lutter contre la réaction.

151. Scott Joan W., « L'universalisme... », art. cit., p. 297.
152. Riot-Sarcey Michèle, « De la représentation... », art. cit., p. 132.
153. En Allemagne, le suffrage dit universel est limité à l'existence du Parlement de Francfort ; en France il est instauré de façon définitive (après une restriction en 1850-1851).
154. Riot-Sarcey Michèle, « De la représentation... », art. cit., p. 137-138.

Quelle place pour les femmes ?

Selon les représentations qui s'imposent au XIXe siècle, toute femme qui s'aventure dans l'espace public risque de se voir assimilée plus ou moins directement à une prostituée. Comme le résume Michelle Perrot, « L'homme public, éminent sujet de la cité, doit en incarner l'honneur et la vertu. La femme publique en constitue la honte, la part cachée, dissimulée, nocturne, un vil objet, territoire de parcours, approprié, sans individualité propre [155]. » Les Allemandes qui prennent part aux combats de 1848-1849, de même que les Françaises qui montent sur les estrades des clubs sont ainsi décrites avec un vocabulaire d'ordre sexuel, destiné à susciter la condamnation [156]. La dénonciation de leurs agissements émane en premier lieu des révolutionnaires eux-mêmes. Pour les Allemands comme pour les Français, la tâche des femmes en 1848 est de contribuer à défendre « l'honneur masculin » en se montrant des épouses et des mères irréprochables. Sur ce point, le discours dominant ne rompt donc pas avec les idées antérieures à 1848. La mise sous tutelle des femmes permet aux hommes de construire et d'affirmer leur identité de citoyen. Ce processus n'est cependant pas exposé ni justifié ainsi au moment où il se déroule, ce que souligne Geneviève Fraisse, « contrairement à la démocratie antique, explicitement excluante, officiellement masculine, l'époque contemporaine exclut les femmes de la citoyenneté par une série de mécanismes internes à son fonctionnement. L'exclusion n'est pas un principe explicite mais une production implicite [157] ». Le concept de genre s'avère ici utile pour interroger l'historicité, l'utilisation et la réception de ces différents dispositifs qui refoulent implicitement les femmes de l'espace public, principalement dans trois domaines qui sont le droit, les mœurs et la loi.

Le domaine du droit

Les divers codes civils établis dans les États allemands et en France au XIXe siècle illustrent parfaitement la réalité du droit comme résultat et instrument de la domination masculine. Sans rentrer dans le détail des statuts juridiques dévolus aux Allemandes et aux Françaises, il est possible de mettre en lumière certains procédés de l'exclusion des femmes en comparant certaines dispositions du Code civil français de 1804 avec le Droit prussien de 1794. Celui-ci est appliqué entre 1815 et 1871 dans une très vaste partie des territoires germanophones, puisque les possessions de la couronne prussienne ne cessent de s'étendre, depuis les confins polonais jusqu'au Rhin. Il a également inspiré d'autres codes, tel que celui du grand duché de Bade, du duché de Hesse ou celui du royaume de Bavière, la situation faite aux femmes y est identique [158]. Le Droit prussien se prête bien à la comparaison avec le Code civil français, dans la mesure où tous deux sont

155. Perrot Michelle, *Femmes publiques*, Paris, Textuel, 1997, p. 7.
156. Haarbusch Elke, « Der Zauberstab der Macht, Frau bleiben », Grubitzsch Helga *et alii* (Hg.), *op. cit.*, p. 219-255.
157. Geneviève Fraisse, *Les Femmes et leur histoire*, Paris, Gallimard, 1998, p. 580.
158. Barbara Dölemeyer, « Frau und Familie im Privatrecht des 19. Jahrhundert », *in* Ute Gerhard, *Frauen in der Geschichte…*, ouv. cité, p. 633-659.

issus de la réflexion menée lors des Lumières sur le droit naturel et sur l'État. En ce qui concerne les femmes, les deux recueils sont basés sur la *cura maritalis* et rendent donc le statut familial déterminant, les capacités accordées à la femme mariée – même séparée ou divorcée – sont très restreintes, alors que celles de la célibataire ou de la veuve sont quasiment identiques à celles des hommes.

> « Le mari doit protection à sa femme, la femme obéissance à son mari[159]. » « L'homme est à la tête de la communauté conjugale et, dans les affaires communes, sa décision l'emporte en dernier lieu[160]. »

Ces injonctions fixent les rapports légaux du couple marié tout en inscrivant dans la loi une hiérarchie sans laquelle l'ordre social ne saurait être conçu. Pourtant, le Droit prussien affirme que « les droits des deux sexes sont égaux entre eux », avant d'ajouter « tant que des exceptions ne sont pas précisées par des lois particulières ou par des déclarations d'intention légales[161] ». En ce qui concerne le Code civil napoléonien, il semble difficile également de repérer où se situe le principe d'exclusion, selon l'article 8, « tout Français jouira des droits civils ». Seule la lecture des articles suivants informe qu'il faut entendre ici « tout homme français ». L'infériorisation juridique des femmes a souvent été interprétée comme le fruit de la « pensée du temps ». Toutefois, l'absence de légitimation, ou bien la légitimation *a posteriori* de cette hiérarchie silencieusement imposée, montre que celle-ci répond à une nécessité. D'une part la puissance de l'homme citoyen est garantie par la faiblesse de la femme non citoyenne ; d'autre part, cette domination est, selon les législateurs, la condition d'une vie familiale ordonnée, qui demeure le pilier de l'ordre social, quels que soient les régimes politiques en place. Cette affirmation peut être démontrée d'une part en rappelant les objectifs concrets du droit, à partir des passages qui régissent le statut des personnes mariées[162] ; d'autre part en examinant les commentaires contemporains qui ont cherché à justifier l'injustice faite aux femmes, notamment aux épouses.

Le Droit prussien et le Code civil conçoivent le mariage comme un contrat, la femme est censée venir librement se placer sous l'autorité de son époux. Cette précaution préalable permet de distinguer la cellule familiale d'une société tyrannique, librement accepté, le mari ne peut être accusé d'exercer un pouvoir illégitime. Le Droit prussien précise que la direction revient « naturellement » à l'homme, tandis que le Code civil n'estime même pas utile d'esquisser une telle légitimation. Présentant comme une évidence la puissance maritale et paternelle de l'époux, ce recueil est celui qui restreint le plus les capacités de la femme mariée, pour elle, l'union équivaut à une quasi mort civile[163]. Bien peu de liberté

159. *Code Civil des Français*, Livre premier, titre V, article 213.
160. *Allgemeine Landrecht für die Preussischen Staaten*, partie II, titre 1, §184.
161. *Allgemeine Landrecht für die Preussischen Staaten*, partie I, titre 1, §24.
162. Concernant le détail des codes civils, voir pour la France : ARNAUD-DUC Nicole, « Les contradictions du droit », FRAISSE Geneviève, PERROT Michelle (dir.), *Histoire des femmes en Occident*, tome IV, *Le XIXe siècle*, rééd. Perrin, 2002, p. 101-139 ; pour l'Allemagne, GERHARD Ute, *Verhältnisse und Verhinderungen. Frauenarbeit, Familie und Rechte der Frauen im 19. Jahrhundert*, Frankfurt am Main, Suhrkamp Verlag, 1978.
163. Voir le Livre premier du *Code Civil* (titre I, article 25). Selon Ute Gerhard, qui compare le Code civil avec les lois allemandes du début du XIXe siècle, la dureté particulière du droit français répond

est laissée aux contractants, dans leurs conventions particulières, ils « ne peuvent déroger ni aux droits résultant de la puissance maritale sur la personne de la femme et des enfants [...], ni aux dispositions prohibitives du présent Code [164] ». Le Droit prussien laisse aux époux un peu plus de latitude que le Code civil pour régler les aspects pratiques de leur communauté, mais rappelle toujours ce que doit être la norme, ainsi, « ce que la femme mariée gagne, elle le gagne, en principe, au profit de son mari [165] ». Le chapitre intitulé « Des droits et des devoirs des époux » attribue à chacun un rôle bien défini, en commençant par cette prescription, « la femme doit tenir la maison de son mari en conformité avec l'état et le rang de celui-ci [166] ».

Aucun des textes juridiques n'explique la raison du statut dévolu aux épouses, mais leurs auteurs et leurs commentateurs expriment ailleurs leur volonté de respecter les rôles que la « nature » aurait prescrits aux deux sexes. Le principal rédacteur du Code civil, Jean Portalis, évoque la « *fragilitas* », notion du droit romain qui entraîne un devoir de protection, selon lui, la fragilité consubstantielle à la nature féminine fait du mariage « une protection perpétuelle en échange d'un sacrifice irrévocable [167] ». Un autre commentateur abonde dans ce sens, l'obéissance au mari est « un hommage rendu par la femme au pouvoir qui la protège[168] ». L'un des rédacteurs du Droit prussien, Ernst Klein, souligne que les femmes bénéficient à présent de nouveaux droits mais ajoute, « Notre sexe est encore celui qui domine. [...] Le pouvoir citoyen se trouve toujours dans nos seules mains et nous ne pouvons pas l'utiliser plus noblement que pour protéger le sexe faible [169]. » Organiser la faiblesse féminine est donc un moyen de conforter l'assurance des hommes de disposer légitimement de droits plus étendus. Cette faiblesse n'a pas toujours été spontanément construite en référence à la nature. L'historicité de cette argumentation se révèle dans la comparaison de deux textes, telle qu'elle a été établie par Doris Adler [170]. Dans le premier texte, daté du début des années 1790, Carl Gottlieb Svarez, principal rédacteur du Droit prussien, commente un passage de son projet juridique qui interdit à un homme d'épouser sa tante (alors qu'il peut épouser sa nièce). Le juriste explique qu'une telle alliance bouleverserait en effet l'ordre social, « d'après nos lois, une femme doit soumission et obéissance à son mari », alors que la tradition prescrit au neveu de respecter sa tante. Toutefois, « puisque par ailleurs cette interdiction

---

aux revendications des femmes durant la Révolution (GERHARD Ute [Hg.], *Differenz und Gleichheit. Menschenrechte haben (k)ein Geschlecht*, Frankfurt am Main, Helmer, 1990, p. 188-205).

164. *Code Civil*, Livre III, chapitre I, article 1388.

165. *Allgemeine Landrecht für die Preussischen Staaten*, partie II, titre 1, §211.

166. *Ibid.*, §173.

167. Voir PORTALIS, *Exposé des motifs du projet de Code civil*, Livre premier, an IX, p. 177-179, cité par EWALD François (dir.), *Naissance du Code civil. La raison du législateur*, Paris, Flammarion, 1989, p. 369-371.

168. TOULLIER C. B. M., *Le Droit civil français suivant l'ordre du Code*, tome 1, p. 15.

169. KLEIN Ernst Ferdinand, « Muss das weibliche Geschlecht mit dem männlichen durchgehend gleiche Rechte haben ? », *Annalen der Gesetzgebung und Rechtsgelehrsamkeit in den preußischen Staaten*, Berlin, 1798, Bd. 17, p. 203.

170. ADLER Doris, « Freiheit, Gleichheit... und die "Natur" der Frau », GERHARD Ute (Hg.), *Differenz...*, *op. cit.*, p. 211-217. Elle étudie SVAREZ Carl Gottlieb, *Vorträge über Recht und Staat*, édité par Carl Hermann, Köln, Opladen, 1960, et KLEIN Ernst Ferdinand, art. cit.

elle-même *n'a aucune raison naturelle, mais seulement une raison extérieure d'ordre politique*[171] [...], l'État permet que des dispenses puissent exister ». Ici, la hiérarchie des sexes est explicitement définie comme un dispositif politique, qui doit permettre d'organiser l'ensemble de la société selon le principe de la domination patriarcale. En revanche, dans un texte écrit en 1798, Ernst Klein, collaborateur de Svarez, s'appuie sur la différence « naturelle » entre les sexes pour justifier un traitement dissymétrique entre hommes et femmes bien que l'égalité des droits ait été proclamée. En effet, depuis les exposés de Svarez, le système des états (*Ständessystem*), qui déterminait la condition de chacun, a été aboli. Il était auparavant possible d'évoquer une égalité de principe entre les sexes, sans que cela remette en question la supériorité masculine dans une société de rangs et de privilèges. Désormais, pour exclure légalement les femmes de l'égalité, il faut recourir à une autre façon de penser la hiérarchie. En rendant toute démonstration superflue, le recours à l'autorité de la nature permet de contourner la logique du discours universaliste, également fondé sur la nature ; il permet aussi de masquer la signification politique de la hiérarchie.

En France et dans la majeure partie des États allemands, le statut des femmes mariées, empêche donc leur reconnaissance en tant que sujets de droit, et détermine la partition inégalitaire des rôles, en privé comme en public. Cette situation est aggravée en France par l'abolition du divorce, depuis 1816[172], la séparation de corps et de biens, qui le remplace en certaines circonstances, n'émancipe pas l'épouse ; seul le veuvage lui permet de recouvrer l'intégralité des droits concédés aux femmes célibataires. Le statut de ces dernières traduit toutes les ambiguïtés et les incohérences qui président aux mesures concernant les femmes. Le Code civil mentionne en effet quelques restrictions à l'encontre des célibataires, elles ne peuvent être tutrices, hormis pour leur descendance propre, ne peuvent être témoins pour les testaments et les actes d'état civil, mais peuvent l'être pour les actes de notoriété[173]. Dépourvues d'explication, ces incapacités sont apparemment censées être des effets de l'infériorité naturelle des femmes. Toutefois, hormis ces exceptions, les femmes célibataires ont des droits civils identiques à ceux des hommes. La justification de la suprématie maritale fondée sur l'idée de « *fragilitas* » apparaît alors dans toute son hypocrisie, si cette fragilité est inhérente à la nature féminine, pourquoi n'implique-t-elle la mise sous tutelle qu'en cas de mariage ? La disparité de statut des femmes mariées et célibataires contredit ainsi une argumentation qui incrimine les caractéristiques « naturelles » du sexe féminin. Elle confirme que le but recherché est de légitimer la famille patriarcale, conçue à la fois comme le pilier et comme l'image de la société post-révolutionnaire.

Les dispositions du Code civil, comme celles du Droit prussien, mettent en effet en place tous les éléments nécessaires pour faire de la famille le modèle du gouvernement représentatif. La corrélation entre ces deux systèmes est clairement

---

171. Souligné par moi.
172. Le divorce reste préservé dans les États allemands, même si les procédures deviennent plus difficiles dans les années 1840 et 1850.
173. Voir les articles 37, 71, 442, 980 du Code civil napoléonien.

énoncée par divers théoriciens du droit et du politique[174]. Pour Fichte et Hegel en Allemagne, Guizot et Tocqueville en France, la sujétion consentie du peuple, délégant sa souveraineté aux capacités qui le représentent politiquement, se fait selon le même mécanisme que la « libre soumission » de l'épouse à celui qu'elle reconnaît comme son supérieur légitime. La famille hiérarchique est donc le lieu par excellence où est garanti et transmis un ensemble de règles qui fonde le système représentatif ; la dissymétrie instaurée par les législations civiles fournit les bases d'un étroit contrôle de la souveraineté populaire. Si les philosophes cités ici font l'éloge d'un tel système, toute autre est l'analyse de Louise Dittmar, qui développe dans divers textes une analogie entre la juridiction du mariage et le système politique représentatif (qu'elle nomme aussi « constitutionnel ») :

> « Considéré en rapport avec la politique, le mariage correspond au système représentatif. L'homme représente l'honneur, la puissance, la réputation, la valeur et l'influence de toute la famille. La femme est ce que l'homme représente. [...] Il est le représentant politique, moral et économique de la position politique, morale et économique de la femme. Elle n'est rien, il est tout. Il est le gestionnaire de ses biens à elle, et en même temps son tuteur ; de son vivant elle ne peut disposer librement d'un seul *pfennig* de son propre bien. [...] La protection juridique des femmes ressemble au système constitutionnel comme une goutte d'eau à une autre ; concessions, promesses vides, moyens palliatifs, qui tournent à l'avantage des possédants et des fraudeurs. On peut en conclure avec certitude que tous les partisans du système constitutionnel défendent l'état actuel du mariage, et il est de même à supposer que tous les vrais démocrates transposeront dans ce domaine le principe démocratique, la jouissance intégrale de tous les droits et de la liberté personnelle. C'est donc une conséquence logique que le triomphe du principe démocrate provoque une complète métamorphose de la nature du mariage[175]. »

Louise Dittmar se sert de cette analogie pour dénoncer les impasses du système représentatif, et pour proclamer sa confiance dans les démocrates. Dans la mesure où elle espère assister à une transformation politique et sociale radicale, il est sans doute superflu pour elle de rentrer dans les détails de l'oppression des épouses et de proposer des réformes ponctuelles. Il s'agit là d'une attitude assez répandue en 1848, que ce soit en France ou en Allemagne. La critique du droit demeure assez vague, et est intégrée à un ensemble de demandes indissociables les unes des autres. C'est ce qu'illustrent les formules employées par Jeanne Deroin qui, dans ses publications successives, répète inlassablement qu'il faut accorder aux femmes tout à la fois les droits civils, les droits politiques, le droit au travail. En France cependant, conformément à des pratiques déjà en vigueur dans les

---

174. Voir Collin Françoise, Pisier Evelyne, Varikas Eleni, *Les femmes de Platon à Derrida. Anthologie critique*, Paris, Plon, 2000, p. 424-448 et p. 493-502.

175. Dittmar Louise, *Das Wesen der Ehe nebst einigen Aufsätzen über die soziale Reform der Frauen*, Leipzig, Otto Wigand, 1849, republié dans *Louise Dittmar (1807-1884). Un-erhörte Zeugnisse*, vorgestellet von Gabriele Käfer-Dittmar, Darmstadt, Liebig Verlag, 1992, p. 175-176.

années 1830-1840, quelques femmes utilisent des pétitions pour protester contre leur infériorité civile. Ainsi la Société pour l'émancipation des femmes, dans son manifeste du 16 mars adressé au gouvernement provisoire, demande l'abrogation des articles du Code civil qui sont « attentatoires à la liberté personnelle ». La pétition envoyée à l'Assemblée constituante par le Comité des droits des femmes demande que des femmes nomment des déléguées à la commission de constitution, car « la révision du code civil ne peut être faite qu'avec le concours des deux sexes [176] ». On lit ici l'intention d'introduire les femmes dans l'institution politique par le biais du droit de la famille, un domaine où leur présence semble rester conforme aux normes du « féminin ».

Le poids du « féminin »

Les révolutionnaires de 1848 refusent toute remise en cause des dispositifs inégalitaires, ni en France ni en Allemagne ne se produit de débat parlementaire concernant d'éventuelles modifications du statut civil des femmes en général, et des épouses en particulier. En France, les réactions suscitées par la question du divorce, débattue en en mai-juin 1848, révèlent que l'éventuelle émancipation des épouses recouvre un enjeu politique et social important [177]. Les quarante-huitards témoignent à quel point il est important pour eux de maintenir la hiérarchie dans la famille – et donc dans l'ensemble de la société. En France comme en Allemagne, les années 1848-1849 sont vécues comme un temps de fondation nationale, la souveraineté populaire est invoquée dans les deux cas, qu'il s'agisse de définir la forme et la mission de l'État, ou bien de fixer les nouvelles frontières. Or, comme le souligne la philosophe Rada Ivekovic, « la nation, surtout dans sa constitution en État, prend explicitement modèle sur la famille pour l'ordre qu'elle entend entretenir. Elle est donc sexuée et partage les rôles et les statuts entre les hommes et les femmes [178] ». En 1848, ce sont les divers courants révolutionnaires qui entendent réorganiser la société ; durant les années qui suivent, ce sont les pouvoirs contre-révolutionnaires qui veulent rétablir l'ordre ancien, à chaque étape on constate que les femmes font les frais de ces velléités successives, « le féminin, comme valeur normative, s'inscrit au cœur du dispositif de reconstruction du lien social défait [179] ».

176. Voir la pétition, rédigée sans doute en mai 1848, signée entre autres par Allix Bourgeois, Jeanne Deroin, Désirée Gay et Anne Knight, citée par Riot-Sarcey Michèle, *La Démocratie…*, *op. cit.*, p. 213-214.

177. Ronsin Francis, *Les divorciaires, affrontements politiques et conceptions du mariage dans la France du XIXe siècle*, Paris, Aubier, 1992, p. 134.

178. Ivekovic Rada, *op. cit.*, p. 31. Selon elle, « … ce qui est sûr, c'est [que la différence des sexes] est un enjeu de pouvoir qui régit toutes les oppressions et qu'on la retrouve dans toutes les inégalités et hiérarchies, inscrite à la manière d'une "analogie" qui tient lieu de légitimation. […] Par ailleurs, la construction de toute identité, qu'elle soit pensée comme religieuse, culturelle, linguistique, sociale ou autre, s'appuie sur une définition préalable des rapports sociaux hétérosexuels des sexes. Il en va de même de l'identité dite ethnique et/ou nationale, ainsi que de l'État » (*Ibid.*, p. 26).

179. Riot-Sarcey Michèle, « Le féminin, un genre très singulier », Capdevila Luc *et alii* (dir.), *op. cit.*, p. 160.

Dès que les premières femmes de 1848 s'expriment, elles sont accusées de trahir les convenances de la « vraie féminité ». La presse de toutes tendances les admoneste ou les ridiculise, les caricaturistes se déchaînent [180]. Le discours sur les normes se renforce au début des années 1850 avec le triomphe de la réaction ; il demeure omniprésent et oppressant au cours des décennies qui suivent. Toutes les théories renvoyant les femmes à la reproduction de l'espèce, les réduisant à un corps et à un sexe, sont pleinement intégrées dans la pensée commune du milieu du XIXe siècle. Penseurs, écrivains, publicistes de tous genres, mais aussi médecins, scientifiques et religieux affirment et « démontrent » inlassablement l'incapacité de la Femme à raisonner et à exister de façon autonome. Deux thèmes sont au centre des discours normatifs, d'une part l'exaltation de l'épouse et de la mère en son foyer, d'autre part la condamnation des diverses incarnations de la « femme publique ».

Parmi les innombrables auteurs qui développent ces idées, trois Français se distinguent particulièrement par l'écho et la postérité qu'ils ont eus, y compris en Allemagne. Il s'agit d'Auguste Comte [181], Pierre-Joseph Proudhon et Jules Michelet [182]. Ces trois personnalités, qui veulent guider leurs contemporains vers une société nouvelle, condensent, dans leurs propos sur la différence des sexes, les certitudes partagées par le plus grand nombre, en Allemagne comme en France. Leurs textes demeurent des références récurrentes tout au long de la période et déclenchent de nombreuses polémiques. Il est important de comprendre les deux principaux ressorts de leurs raisonnements, d'une part la notion d'altérité appliquée à la Femme, d'autre part l'idée d'une mission sacrée attribuée au « féminin ». Comte, Proudhon et Michelet reprennent en effet un thème bien ancré dans la biologie et la médecine de leur temps, l'opposition de la matrice au cerveau, de la faiblesse féminine à la puissance masculine. Proudhon conclut même à une altérité complète de la femme par rapport à l'homme, celle-là étant « une sorte de moyen terme entre lui et le reste du règne animal [183] ». En même temps, il se dessine dans les écrits de Comte, Proudhon et Michelet, une sorte de mystique de la féminité, partagée par de nombreux courants religieux et spirituels de l'époque. La Femme, « naturellement » responsable de l'harmonie de

---

180. Voir RONSIN Francis, « Les Femmes "saucialistes" », CORBIN Alain, LALOUETTE Jacqueline, RIOT-SARCEY Michèle (dir.), *Femmes dans la Cité. 1815-1871*, Paris, Créaphis, p. 515-529. À Berlin, des brochures satiriques font des « révélations » délirantes sur les séances du Club des femmes démocrates (HUMMEL-HAASIS Gerlinde, *op. cit.*, p. 68-82).

181. Auguste Comte (1798-1857), auteur notamment du *Système de politique positive* (1851-1854), élabore un idéal d'organisation sociale pacifiée par la religion de l'Humanité, servie par la Femme.

182. Jules Michelet (1798-1874) a publié entre autres *Le Prêtre, la femme et la famille* (1845) ; il y explique comment l'époux et père doit soustraire sa femme et ses enfants aux influences rétrogrades de l'Église et établir sa domination sur sa famille, afin d'en faire la base de la cité républicaine.

183. PROUDHON Pierre-Joseph, *De la justice dans la Révolution et dans l'Église. Nouveaux principes de philosophie pratique* (onzième étude, chapitre I), 1858, réédition de 1860 reproduite par Arthème Fayard, 1990. Selon lui, « La femme n'est pas seulement autre que l'homme [...] ; elle est autre parce qu'elle est moindre ; parce que son sexe constitue pour elle une faculté de moins. »

la société, à travers son dévouement familial, incarne pour eux l'indispensable élément spirituel que le christianisme n'est plus à même d'assurer[184].

Ce type d'argumentation qui, tout en réaffirmant l'inégalité des sexes, valorise les dispositions « naturelles » de la Femme et prétend vénérer la Mère, trouve une large audience parmi les femmes de cette époque, en quête de reconnaissance sociale. C'est le cas en Allemagne des écrits de Friedrich Fröbel qui, comme ceux de Michelet, assimilent la féminité à la maternité et donnent à la Femme-Mère la mission de régénérer l'humanité. Toutefois, à la différence de l'écrivain français qui confine les femmes au foyer, le pédagogue allemand attribue à la Femme éducatrice une responsabilité publique, complémentaire de la gestion masculine. D'une manière quelque peu contradictoire, l'ensemble de ces discours considèrent l'amour et la maternité à la fois comme intrinsèques à la nature féminine et comme des devoirs qu'il est nécessaire d'inculquer aux filles dès l'enfance. La religion accomplit cette tâche, à travers le culte et les rituels, les prêches et les ouvrages pieux, et surtout l'éducation des filles, assurée le plus souvent par des institutions confessionnelles. Catholiques et protestants s'accordent pour traiter les femmes à la fois comme des descendantes d'Ève, et comme des médiatrices du divin. Elles ont donc leur place toute désignée, comme l'explique le prédicateur allemand Wilhelm Löhe, qui jouit dans les années 1850-1860 d'une grande audience dans la bourgeoisie luthérienne, les femmes ne peuvent racheter la faute qui pèse sur leur sexe que dans le mariage, en manifestant un esprit de sacrifice permanent et en œuvrant pour le bonheur terrestre de leur mari ainsi que pour le salut de son âme[185]. Quant au culte marial qui se développe à partir du milieu du siècle parmi les fidèles catholiques[186], il sacralise autant la virginité que la maternité, apportant un surcroît de légitimation à l'enfermement des femmes. Les valeurs d'humilité, d'abnégation et de pureté, enseignées par les mères, dans les pensionnats et les ouvrages pieux, sont profondément intériorisées par la majorité des femmes de tous les milieux sociaux.

Toutes ces variations sur le thème de l'amour et la maternité entérinent l'idée que la Femme – en tant que mère, épouse, amante – détient une puissance occulte, égale voir supérieure au pouvoir des citoyens. Ce lieu commun prend facilement des allures de fantasmes au XIXe siècle, tantôt les capacités morales de la Femme sont exaltées comme salut de la civilisation, tantôt son intervention est redoutée car synonyme d'obscurantisme et de régression[187]. Quoi qu'il en soit la conclusion est évidente, y compris pour une majorité de femmes, la Femme gouverne les mœurs et n'a donc que faire d'un rôle public qui, de toute manière, lui est rendu impossible par ses devoirs de mère. Le contenu et les

184. Voir Delvallez Sophie, Primi Alice, « L'épineuse couronne de la féminité. Féminin, religion et politique au lendemain de 1848. France-Allemagne », *Revue d'Histoire du XIXe siècle*, n° 28, 2004/1, p. 95-110.

185. Baumann Ursula, *Protestantismus und Frauenemanzipation in Deutschland (1850-1920)*, Frankfurt am Main, Campus Verlag, 1992, p. 56-67.

186. Le dogme de l'Immaculée Conception est proclamé en 1854 et les apparitions de Lourdes se produisent en 1858.

187. Perrot Michelle, « Pouvoir des hommes, puissance des femmes? L'exemple du XIXe siècle », dans Courtois L. *et alii* (dir.), *Femmes et pouvoirs*, Colloque de Louvain, 1989, Louvain, Nauwelaerts, 1992, p. 131-143.

limites des catégories de genre sont très bien intériorisés par celles-là mêmes qui se retrouvent subalternisées, les femmes ne sont pas en reste dans ce concert de voix qui disent la Femme, ce qu'elle est, ce qu'elle doit être. En France comme en Allemagne, beaucoup d'entre elles prennent la plume pour écrire des romans édifiants, des journaux bien-pensants ou des manuels de savoir-vivre qui présentent aux jeunes filles les devoirs inhérents à leur nature et les limites à ne pas franchir. Tous ces ouvrages écrits par des femmes montrent à quel point leurs auteures ont pu assimiler et revendiquer une identité spécifique, complémentaire et subordonnée à celle des hommes, qui justifie leur confinement dans le cercle familial. Rares sont celles qui réussissent à prendre une réelle distance face à cette identité de genre, toujours évoquée comme une réalité d'ordre naturel.

Il convient toutefois de bien distinguer entre discours et pratiques et d'essayer de comprendre les motivations singulières. Même les femmes qui professent le plus grand respect pour le partage des rôles et la hiérarchie des sexes peuvent agir en dépit des stéréotypes et se comporter contrairement aux règles établies. Entre consentement affiché et rébellion ouverte, les possibilités d'action et d'expression sont complexes et innombrables, comme on le constate en 1848 et dans les décennies suivantes. De nombreuses quaranthuitardes légitiment en effet leur intervention publique par l'invocation d'une mission « féminine », pour se faire entendre, elles doivent apparaître en tant que représentantes d'une catégorie stéréotypée, appartenant aux références des contemporains. Dans leurs propos se lit ainsi une double tension, tension d'une part entre la volonté de parler en son nom propre et la nécessité – réelle ou ressentie – de s'identifier au sujet collectif « Femme » ; tension d'autre part entre la volonté de contester les catégories de genre et la nécessité de souscrire, au moins en apparence, à certaines normes. Il est donc intéressant d'examiner comment cette tension est exprimée, voire résolue, à quels moments est-ce le consentement au modèle ou la rébellion contre l'assujettissement qui l'emporte ? au prix de quels compromis ? dans quelle mesure peut-on retrouver l'individue derrière l'identité de genre affichée ?

De nombreuses études allemandes ont souligné que l'engagement des femmes en 1848 se faisait dans le respect, voire le renforcement des rôles genrés [188]. Rares sont celles qui, comme par exemple Louise Aston, rejettent ouvertement les normes du comportement « féminin ». Ainsi lorsque Louise Otto s'adresse à la Fraternité des travailleurs pour leur demander de soutenir les ouvrières, elle précise :

> « Mais de même que la nature a créé deux sexes différents, elle leur a aussi prescrit des cercles d'actions et des capacités corporelles différents. Vous ne penserez donc pas qu'il pourrait me venir à l'esprit de réclamer que tout soit identique pour les femmes et les hommes. Une femme serait aussi peu propre à occuper un emploi public (*Staatsamt*) qu'à devenir un serrurier ou un forgeron [189]. »

188. Voir LIPP Carola, « Frauen und Öffentlichkeit », art. cit., p. 295-297.
189. OTTO Louise, « Sendschreibung an alle "Verbrüderten" », *Die Verbrüderung. Organ der Arbeiterverbrüderung*, n° 8, 27 octobre 1848.

On le voit ici, les femmes ne peuvent s'exprimer politiquement que dans une étroite marge entre audace et conservatisme, entre innovation et tradition. Pour agrandir cet espace de parole et d'action, elles cherchent alors à redéfinir elles-mêmes le contenu de l'identité de genre. Cela apparaît bien dans un exposé fait en janvier 1849 par Louise Otto. S'adressant au cercle démocratique féminin de Öderan (Saxe), elle encourage ses auditrices à dépasser certaines limites imposées aux femmes. Pour cela, elle donne en exemple son propre parcours, et incite les femmes à agir d'une façon nouvelle, tout en se référant de manière appuyée à la répartition sexuée des rôles :

> « En entrant dans un cercle qui sert des objectifs plus élevés que ceux que l'on se plaisait jusqu'ici à qualifier de *féminins* – en se trompant complètement sur ce qu'est la parfaite féminité – vous avez déjà prouvé que vous avez par vous-même reconnu votre mission, la mission dévolue à la Femme dans cette époque troublée. [...] les femmes doivent comme les hommes – même si c'est d'une *autre* manière et dans un *autre* domaine – servir le développement de l'État et la liberté du peuple [190]. »

Cette stratégie, qui consiste à la fois à reconnaître l'existence d'une essence « féminine » et à nier la façon dont celle-ci a jusqu'à présent été décrite et comprise, est typique de la façon dont la plupart des femmes engagées légitiment leur intervention dans l'espace public. Même Jeanne Deroin, qui paraît beaucoup plus radicale que Louise Otto puisqu'elle revendique une complète égalité de droits, insiste sur la différence « naturelle » qui confèrerait aux femmes et aux hommes des vocations distinctes. Il s'agit pour elle, comme pour Louise Otto, de dire elle-même ce qu'est véritablement le « féminin », de façon à valoriser les femmes et à les faire agir. D'un côté elle refuse donc les attributs traditionnels de la « féminité » :

> « Non la femme n'est pas vouée à *l'obéissance* [...]. Non elle n'est pas vouée au *silence* [...]. Non, elle ne doit plus s'abandonner à *l'amour confiant* [...]. Non, elle n'est pas vouée au *dévouement obscur* [...] [191]. »

D'un autre côté, elle prédit :

> « Les temps sont venus où doit se réaliser la promesse que Dieu a faite à la femme en lui disant qu'elle est appelée à triompher de l'esprit du mal. C'est à dire qu'elle triomphera de l'égoïsme par la puissance de son amour et de son dévouement [192]. »

Pour Jeanne Deroin en effet, chaque femme est censée incarner la « mère de l'humanité » et apporter un bienfait à la société grâce à la force de sentiments que lui a allouée la nature. Cette opinion est présente chez la plupart des femmes de 1848. En défendant avec conviction une spécificité féminine généralement

190. Otto Louise, « Vortrag », *Frauen-Zeitung*, n° 11, 30 juin 1849.
191. Deroin Jeanne, lettre au journal *La Liberté*, reproduite dans *La Voix des Femmes*, n° 27, 19 avril 1848.
192. Deroin Jeanne, *L'Opinion des Femmes*, numéro prospectus, août 1848.

dénigrée, elles montrent qu'il leur est impossible de s'exprimer en dehors de toute référence sexuée. En répétant sans cesse qu'elles s'engagent de manière « féminine », elles restreignent certes la portée et le contenu de leur intervention politique, mais elles repoussent en même temps les limites posées d'ordinaire aux femmes, et peuvent espérer mieux se faire entendre. Cette façon de procéder est en partie une conséquence de leur conditionnement intellectuel et social, et en partie une stratégie issue de l'expérience de la domination. En enveloppant leur rébellion de certains consentements, les femmes de 1848 parviennent à se ménager quelques espaces de libre expression. Toutefois elles ne peuvent ainsi contrer les mécanismes de leur exclusion, qui reposent justement sur l'affirmation de leur spécificité.

Une universalité fondée sur l'exclusion

Dans la France et les États allemands de 1848, que les suffrages établis par les nouvelles assemblées soient dits « universels » ou non, les femmes restent partout privées des droits civiques, sans que cela suscite ni de discussion véritable ni de légitimation. Elles se retrouvent ensuite exclues des lieux de débats et de formation politiques. Lorsqu'elle est commentée, cette exclusion apparaît motivée par l'altérité de la Femme, telle qu'elle est construite par le discours genré androcentré évoqué plus haut, et qui place les femmes hors des Lumières, hors de l'Histoire, hors du politique. Emmanuel Kant, dont la philosophie imprègne toute la pensée politique du XIXe siècle, est particulièrement éloquent à ce sujet. Dans sa réflexion sur les Lumières (« *Was ist Aufklärung* »), il interprète ce moment de l'histoire comme étant « la sortie de l'homme de sa minorité dont il est lui même responsable [193] ». Commentant ce texte, Michel Foucault écrit que « l'*Aufklärung* est définie par la modification du rapport préexistant entre la volonté, l'autorité et l'usage de la raison[194] ». Or, dans la pensée de Kant et de ses héritiers, ce rapport ne peut être modifié lorsqu'il s'agit des femmes. Dans son article sur l'*Aufklärung*, Kant n'évoque celles-ci que pour signaler que « le beau sexe » se trouve tout entier à l'état de tutelle et se refuse à conquérir sa majorité. Dans un texte ultérieur [195], il précise que les femmes, êtres de raison comme les hommes, ont été formées par la nature pour rechercher auprès des hommes une sécurité nécessaire à leur destination biologique. Il est impossible et impensable à la femme de se soustraire à l'autorité masculin dans le cadre de la famille, qui est leur seul lieu d'existence sociale. Par ailleurs, Kant distingue l'usage public de la raison de son usage privé, qui, lui, doit être limité. Il appelle usage privé celui que l'individu peut faire de sa raison dans une fonction déterminée qui lui est confiée, et qui concourt à l'intérêt collectif, au fonctionnement de la commu-

193. KANT Emmanuel, « Was ist Aufklärung? », *Berlinische Monatsschrift*, décembre 1784, œuvres complètes, Gallimard, bibliothèque de la Pléiade, 1985, tome II, p. 209-211.
194. FOUCAULT Michel, « What is Enlightenment? », RABINOW Paul (ed.), *The Foucault Reader*, New York, Pantheon Books, 1984, p. 32-50.
195. KANT Emmanuel, *Anthropologie du point de vue pragmatique*, 1800, traduit par Michel Foucault, Paris, J. Vrin, 1964, p. 148 et suivantes, « Le caractère du sexe ». Voir aussi COLLIN Françoise, PISIER Evelyne, VARIKAS Eleni, *op. cit.*, p. 355-365.

nauté. Dans la mesure où il ne reconnaît aux femmes qu'une existence au service de la société et de la perpétuation de l'espèce, elles sont donc condamnées au seul usage privé, c'est-à-dire restreint, de la raison critique. Elles n'ont accès à aucun espace où elles pourraient librement exercer celle-ci. Il serait en effet incongru qu'elles prétendent à ce que Kant définit comme l'usage public de la raison, le cas où un membre de la société civile, s'appuyant sur son propre entendement, s'adresse en qualité de savant à un public, avec des écrits destinés à propager les Lumières. Comme le résume Michèle Riot-Sarcey :

> « Pour l'auteur de "Qu'est-ce que les Lumières", dont le sens de la liberté devint LA référence de la liberté moderne, si les hommes sont responsables de l'état de tutelle dont ils doivent sortir pour accéder aux Lumières, les femmes ("le sexe faible tout entier") préfèrent rester à l'état de minorité, "sous l'entendement d'un autre". Sur la base de l'expérience, la représentation du non-acte des femmes est énoncée sous forme d'évidence qui n'entache en rien la nécessaire acquisition de l'autonomie pour celui qui reste l'acteur-sujet privilégié des démocraties modernes. L'universalité des droits acquiert définitivement son sens masculin [196]. »

On touche ici aux mécanismes par lesquels les femmes se retrouvent mises en dehors de l'universalité et de la citoyenneté. Les diverses étapes législatives de leur exclusion permettent de démontrer que celle-ci est bien la condition de l'intégration politique de tous les hommes. En France comme en Allemagne, l'absence de droits politiques des femmes est généralement passée sous silence dans les textes officiels. Seul le Parlement de Francfort est élu selon des dispositions réservant explicitement le droit de vote aux hommes. La constitution de l'Empire adoptée le 28 mars 1849 dit que chaque Allemand possède la citoyenneté de l'empire allemand, et les droits y afférant. Les diverses constitutions des États allemands, révisées et complétées en 1848-1849, excluent également les femmes de la citoyenneté par simple omission. Il en va de même en France lors de l'instauration du « suffrage universel ». Le décret du 5 mars 1848 donne le droit de suffrage à tout Français de 21 ans, résidant depuis 6 mois et non judiciairement privé ou suspendu de l'exercice de ses droits civiques. Le 19 mars, le gouvernement provisoire précise que « l'élection appartient à tous sans exception » et qu'à dater de cette loi, il n'y a plus de prolétaire en France. Anne Verjus souligne qu'il faut entendre, à ce moment là, « universalité » comme la suppression du système censitaire, synonyme d'ancien régime [197]. La constitution française du 4 novembre 1848 ne définit pas davantage le terme de citoyen. Enfin, la constitution du 14 janvier 1852 ne parle que de la population française ou du peuple français, ce qui semble englober les deux sexes. En réalité, les articles 34 et 36, qui énoncent que « l'élection a pour base la population » et que « les députés sont élus par le suffrage universel sans scrutin de liste » ne concernent que les hommes. À ce

196. Riot-Sarcey Michèle, « Les femmes de Platon à Derrida ou l'impossible sujet d'histoire », *Les Temps Modernes*, 2002, n° 57, p. 95-114.

197. Verjus Anne, « Le suffrage universel, le chef de famille et la question de l'exclusion des femmes en 1848 », Corbin Alain, Lalouette Jacqueline, Riot-Sarcey Michèle (dir.), *op. cit.*, p. 401-413.

moment, l'universalisme n'est pas pensé comme restrictif; sa caractéristique est de reposer sur l'équation entre individu et citoyen – mais l'individu n'est pensé qu'au masculin.

D'autres mesures cependant sont ouvertement dirigées contre les femmes présentes dans la sphère publique, au moment où les autorités cherchent à mettre un terme à la révolution. Ainsi en France, le décret sur les clubs du 28 juillet 1848, qui fait partie de l'arsenal répressif succédant aux journées de juin, annonce que « les femmes et les mineurs ne pourront être membres d'un club ni y assister ». Toutes les réunions qui ne sont pas consacrées à un culte, au commerce ou à la bienfaisance doivent exclure leurs membres et leur public féminin. Ces dispositions sont abrogées par le décret du 25 mars 1852. Il n'y est nulle part fait mention des femmes, ce qui semble les admettre par défaut à participer de nouveau aux réunions politiques publiques... mais celles-ci ont alors cessé, faute d'autorisations. En Allemagne, la Bavière, puis la Prusse et la Saxe votent en février et mars 1850 des lois interdisant explicitement aux femmes de participer aux associations ayant l'intention de discuter de sujets politiques. La plupart des autres États s'alignent sur ces mesures [198]. Enfin la reprise en main de la presse après les révolutions de 1848-1849 s'accompagne parfois de clauses très précises à l'encontre des femmes. La loi saxonne du 14 mars 1851 est la plus explicite à cet égard. Elle est d'ailleurs aussitôt surnommée « Lex Otto » car le paragraphe 12 a été motivé par la volonté de supprimer *Die Frauenzeitung* de Louise Otto. Il stipule que « seules des personnes masculines résidant essentiellement dans le royaume de Saxe, âgées d'au moins 25 ans, en capacité des droits civils et en possession des droits civiques, peuvent entreprendre ou poursuivre la rédaction responsable d'un journal [199] ». Des dispositions semblables, quoique formulées de manière moins directe, sont déjà en vigueur depuis le 17 mars 1850 dans le royaume de Bavière et sont prises en Prusse par la loi du 12 mai 1851. En France, le décret organique du 17 février 1852 revient sur la liberté d'expression proclamée au début de la révolution. Ce texte ne juge pas nécessaire d'évoquer les femmes mais son premier article les concerne par omission, il déclare que l'autorisation de publier un journal traitant de matières politiques ou d'économie sociale « ne pourra être accordée qu'à un Français majeur, jouissant de ses droits civils et politiques ». Il devient alors légalement impossible aux femmes de fonder ou rédiger un périodique à vocation politique. Celles qui possèdent un journal officiellement étranger à la politique et à l'économie, sont contraintes de se livrer à une minutieuse autocensure afin d'éviter tout article touchant de près ou de loin à ces domaines. Le critère de la non-citoyenneté permet ainsi d'écarter les femmes de divers lieux d'expression et de formation politique. Le seul droit politique dont elles jouissent à égalité avec les hommes reste finalement le droit de pétition individuelle, garanti par les constitutions françaises depuis la

198. Gerhard Ute, « Grenzziehungen und Überschreitungen. », Gerhard Ute (Hg.), *Die Frauen...*, *op. cit.*, p. 529. Cette exclusion est d'ailleurs réitérée dans la loi de l'Empire allemand après 1871 et reste en vigueur jusqu'en 1908.

199. *Gesetz- und Verordnungsblatt für das Königreich Sachsen vom Jahre 1851*, Dresden, §122. Cette disposition reste en vigueur en Saxe jusqu'en 1888.

Révolution ainsi que par les droits fondamentaux du peuple allemand déclarés en décembre 1848. Ce droit est toutefois menacé en France par le député Chapot qui propose en avril 1851 d'exclure les enfants et les femmes du droit de pétition politique. Le rapporteur de ce projet, débattu en juin 1851, déclare qu'il s'agit d'une « question de décence publique, de dignité parlementaire », « Comment! il arrivera une pétition signée dans un sens par le mari, signée dans un autre par la femme[200] ! » Finalement l'amendement présenté par le député Schoelcher le 2 juillet 1851 permet de conserver aux femmes le droit de pétitionner dans tous les domaines.

Comme le suggère le rapporteur du premier projet, l'enjeu déclaré est de préserver l'unité familiale. Le même argument est utilisé pour refuser le droit de vote aux femmes. Cette rhétorique renvoie à deux conceptions de la famille qui coexistent et s'entremêlent, chez les républicains comme dans les autres courants, la famille est considérée d'une part comme le lieu privilégié d'une salutaire autorité, d'autre part comme un lieu d'exercice du système représentatif. Selon la première conception, on distingue la famille – où la domination du père impose un ordre hiérarchique indispensable à la stabilité – de la sphère politique, où des citoyens égaux recherchent le consensus. Anne Verjus souligne ainsi que « ... c'est bien sur la spécificité de l'organisation politique par rapport à celle de la famille qu'est fondée la distinction politique entre femmes et citoyens[201] ». Cette idée est particulièrement développée par les républicains[202], mais on la trouve aussi dans la théorie libérale de l'État[203]. Il s'agit de « concilier la pratique de la domination avec l'idée de démocratie », comme le résume Michèle Riot-Sarcey, « l'exclusion des femmes masque, de fait, le rôle central qu'elles détiennent, en tant qu'êtres dominés; domination dont dépend la liberté de l'homme citoyen qui est, lui, assujetti à la loi[204] ». Selon la deuxième conception, la famille apparaît en même temps comme la base de la pyramide mise en place par le système représentatif, et comme un fonctionnement en miniature de ce système de gouvernement. Ainsi selon François Guizot, le chef de famille est le représentant de ses dépendants (épouse et enfants) ; il n'est pas un despote mais le dépositaire de la volonté « librement » abdiquée par son épouse. Ce point de vue, hérité du libéralisme des années 1830, est repris par les républicains de toutes tendances, en 1848 et par la suite. Pour que tous les hommes, y compris les prolétaires, puissent en principe réclamer leur part dans la représentation politique, ils doivent apparaître comme protecteurs de leur famille, rendant

200. Voir *Le Moniteur* du 24 juin 1851, extrait reproduit dans *L'Almanach des femmes pour 1852*, p. 45.
201. Verjus Anne, « Le suffrage universel... », art. cit., p. 406.
202. Anne Verjus cite notamment les propos de Proudhon et de Jules Simon. Dans son livre *La Liberté* (1859), ce dernier justifie ainsi la subordination de l'épouse dans le mariage, « c'est un axiome de la science politique qu'il faut rendre l'autorité toute puissante dans la famille afin qu'elle devienne moins nécessaire dans l'État ».
203. Schwab Dieter, article « Familie », Brunner Otto *et alii* (Hg.), *op. cit.*, 1998, p. 253-301.
204. Riot-Sarcey Michèle, « Les femmes et la gauche en France », Becker Jean-Jacques, Candar Gilles (dir.), *Histoire des Gauches en France*, vol. 1, Paris, La Découverte, 2004, p. 367.

ainsi les épouses incapables d'accéder à la liberté et à l'égalité[205]. Une confusion s'instaure entre citoyen, chef de famille et homme. Le père de famille est à la fois chef et représentant ; représentant parce que chef et chef parce que représentant ; mais aussi chef et représentant parce qu'homme. Il ne s'agit en effet pas seulement de représenter (réellement ou potentiellement) une famille, auquel cas les femmes, ne seraient-ce que les célibataires et les veuves, pourraient elles aussi être citoyennes. Pour comprendre ce processus, il faut l'analyser à l'aide du concept de genre, clé d'un fonctionnement hiérarchique jugé indispensable à l'organisation politique. Il se traduit par la classification des individus en une catégorie « masculine » et une catégorie « féminine » inégales entre elles. La première est celle des citoyens, tous (potentiellement) libres, et égaux car identiques. La deuxième est celle des dépendantes, aucune femme – quel que soit son statut social – ne saurait y échapper. Les femmes ne peuvent donc accéder à la liberté qui fait le citoyen, encore moins à la capacité qui fait le représentant, c'est leur subordination qui fait la liberté des hommes, et permet à ceux-ci d'incarner une parcelle du pouvoir politique. Comme le montre l'universalité excluante de 1848, le genre joue un rôle fondamental dans l'apprentissage de la démocratie.

Il est à noter qu'en France, quelques hommes investis de responsabilités politiques ont dénoncé l'exclusion des femmes. Victor Considerant, chef de l'école sociétaire et député à la Commission de Législation de l'Assemblée nationale, propose le 13 juin 1848 de donner le droit de vote aux femmes. Seul un autre membre de la Commission est prêt à discuter du projet. Considerant rédige alors une déclaration dans le but de laisser « un souvenir de la protestation qui a été faite contre une exclusion inique », mais la Commission refuse que ce texte soit publié au compte-rendu officiel de la séance[206]. Quant à l'ancien saint-simonien Pierre Leroux, député socialiste à l'Assemblée nationale, il demande en novembre 1851 le droit de vote pour les femmes au niveau municipal. Il déclenche l'hilarité et les huées, y compris dans les rangs de la gauche. Mazzini l'accuse *a posteriori* d'avoir décrédibilisé l'Assemblée par cette proposition et d'avoir ainsi ouvert la voie au coup d'État[207]. En embrassant une cause qu'ils savent perdue d'avance, Considerant et Leroux tentent en vain d'attirer l'attention des républicains, et notamment des socialistes, sur leurs propres contradictions.

C'est aussi ce que recherchent les femmes qui essaient de jouer sur le caractère implicite de leur exclusion. Ainsi, Jeanne Deroin profite de la neutralité apparente de la notion de citoyen pour présenter sa candidature aux élections législatives de 1849. Déclarée inconstitutionnelle par la direction des démocrates socialistes de la Seine, sa candidature est cependant approuvée par quelques membres[208]. Jeanne Deroin n'hésite pas à parcourir les réunions électorales des

205. Riot-Sarcey Michèle, « De l'historicité du genre citoyen », Jost Hans Ulrich, Pavillon Monique, Vallotton François, *La politique des droits. Citoyenneté et construction des genres aux XIXe et XXe siècles*, Paris, Éditions Kimé, 1994, p. 51.

206. Dubos Jean-Claude, « Clarisse Vigoureux (1789-1865), égérie de Charles Fourier et de Victor Considerant », Corbin Alain, Lalouette Jacqueline, Riot-Sarcey Michèle (dir.), *op. cit.*, p. 437.

207. Voir Le Bras-Chopard Armelle, « Pierre Leroux et l'égalité des sexes », *ibid.*, p. 439-450.

208. Dans une lettre de mai 1849, Joseph-Louis Delbrouck se félicite qu'une quinzaine de délégués du Comité démocratique socialiste des élections ont proposé la candidature de Deroin, tandis qu'une

socialistes parisiens afin de soumettre aux assemblées la question des droits des femmes. Elle parvient quelquefois à convaincre, le 20 avril 1849, les travailleurs du Faubourg Saint-Antoine votent presque unanimement pour l'égalité civile et politique des femmes[209]. Toutefois, ces appuis ne suffisent pas à contrebalancer le poids des socialistes qui, comme Proudhon, affirment résolument leur hostilité. Malgré leur rejet brutal, Jeanne Deroin publie sa candidature :

> « Citoyens, Je viens me présenter à vos suffrages par dévouement pour la consécration d'un grand principe, l'égalité civile et politique des deux sexes. C'est au nom de la justice que je viens faire appel au peuple souverain contre la négation des principes qui sont la base de notre avenir social. Si, usant de votre droit, vous appelez la femme à prendre part aux travaux de l'Assemblée législative, vous consacrerez dans toute leur intégrité nos dogmes républicains, liberté, égalité, fraternité, pour toutes comme pour tous. Une assemblée législative entièrement composée d'hommes est aussi incompétente pour faire des lois qui régissent une société composée d'hommes et de femmes, que le serait une assemblée composée de privilégiés pour discuter les intérêts des travailleurs, ou une assemblée de capitalistes pour soutenir l'honneur du pays. Jeanne Deroin, Directrice du journal *l'Opinion des Femmes*[210]. »

Comme on le voit, son argumentation joue sur deux tableaux. D'une part elle se réfère aux principes républicains, demandant une vraie universalité au nom de la logique et de la justice. D'autre part, elle s'appuie sur l'idée de différence et de complémentarité des sexes. On retrouve ici le paradoxe décrit plus haut et analysé notamment par Joan W. Scott. Par son attachement au droit commun et à l'individualité de tout être, Deroin tient cependant un discours plus complexe que celui de la plupart de ses contemporaines, qui prônent « une transposition de la division sexuelle jusque dans la cité[211] ».

Quelle que soit leur argumentation, les femmes qui revendiquent leur intégration politique critiquent l'incohérence de ceux qui prétendent mettre en place une République sans respecter les principes démocratiques. En Allemagne, l'une des collaboratrices de *Die Frauen-Zeitung*, qui signe Friederike, demande ainsi l'égalité civique et la révision des lois. Elle s'en prend ensuite directement à ceux qui se disent démocrates,

---

quarantaine proposait celle de Sand. Voir ses lettres à la citoyenne Jeanne Deroin (BNF, Cab mss, 1303 na Fr, folios 93-95).

209. « Campagne électorale de la citoyenne Jeanne Deroin et Pétition des femmes au peuple », supplément au n° 4 de *L'Opinion des femmes*, Paris, imp. de Lacour, s. d.

210. Deroin Jeanne, *Aux Électeurs du département de la Seine*, Paris, imprimerie de Lacour, s. d., affiche reproduite dans *Les Révolutions du XIXe siècle. 1848,* ouvrage cité, tome 10.

211. Verjus Anne, « Le suffrage universel... », art. cit., p. 410. Voir par exemple *Les Femmes électeurs et éligibles*, Paris, Imprimerie Dupont, 1848, qui affirme que « la place des femmes est marquée dans nos assemblées législatives, parce qu'elle est amour ». Cette brochure est sans doute parue avant les journées de juin 1848, peut-être pour soutenir la proposition de Victor Considerant à l'Assemblée constituante. Selon Anne Knight, qui, en avril 1850, adresse cette brochure à Jules Michelet, elle est « écrite par une honnête femme » proche de « la noble et dévouée Jeanne Deroin » (BHVP, correspondance de Michelet, IX 4739).

« Vous luttez pour la liberté des peuples, et pour vos mères, épouses et filles, aucune parole d'amour et de droit ne s'élève ? – les femmes trouveront-elles jamais un avocat ? – chaque être de raison qui vit aspire à l'autonomie, cela devrait-il être refusé aux seules femmes ? [...][212]. »

Développant une lucidité très subversive, les femmes de 1848 révèlent la trahison des idéaux révolutionnaires. Une proche de Jeanne Deroin admoneste ainsi Jules Michelet, l'une des grandes figures républicaines :

« Voulez-vous faire du droit une fiction ? Voulez-vous repousser les femmes quand même, et par la plus flagrante inégalité ? [...]. Cette protestation de quelques femmes, cet exemple de courage civil et par-dessus tout votre persécution morale, produiraient peut-être l'étincelle qui jaillirait jusqu'au foyer domestique pour allumer le feu de l'indépendance et de la liberté[213]. »

Ces femmes qui se présentent comme les vestales de la flamme républicaine et démocratique, ne sont écoutées ni en Allemagne, ni en France. Les quarante-huitards ne leur reconnaissent d'existence que dans la famille, en tant que mères/épouses à protéger et non comme individues à libérer. Latente dès les débuts de la révolution, cette tendance se renforce avec le tournant conservateur puis réactionnaire qui se produit rapidement, en France comme dans les États allemands.

Résistances (1848-1852)

En France, les journées de Juin et leur écrasement marquent la fin du premier élan révolutionnaire et le triomphe de la « République bourgeoise ». Nous avons déjà vu quelques-unes de ses conséquences immédiates pour les femmes, retrait du projet sur le divorce, exclusion des réunions politiques. Non seulement les protestations restent sans réponses[214], mais les autorités montrent une rigueur croissante envers celles qui bravent la loi et assistent quand même à des réunions politiques. En novembre 1848, la constitution de la Deuxième République est finalement votée. Son préambule proclame que la République a pour base la Famille, le Travail, la Propriété, l'Ordre public. Cette formule consacre l'équivalence entre le chef de famille et le citoyen, et fait implicitement disparaître les femmes dans la famille. Le 10 décembre 1848, Louis-Napoléon Bonaparte, récemment revenu d'exil, est élu président de la République et s'engage à sau-

212. FRIEDERIKE, « Die Ehe », *Frauen-Zeitung*, n° 24, 15 juin 1850.

213. *Droit politique des femmes. À M. Michelet*, Professeur au Collège de France, Paris, Imprimerie Lacour, 1850, p. 3. Cette brochure, datée du 1er mai 1850, est signée « une femme de votre auditoire », et est présentée comme un extrait du n° 7 de l'*Opinion des femmes* « qui paraîtra prochainement ». Elle est reproduite dans *Les Révolutions du XIXe siècle. 1848*, ouvrage cité, tome 6.

214. Voir par exemple la pétition de Louise Dauriat aux citoyens représentants du peuple (Arch. nat., C 2249), et l'adresse de Jeanne Deroin au représentant qui a introduit l'interdiction des clubs aux femmes (DEROIN Jeanne, *Lettre d'une femme à M. Athanase Coquerel*, Paris, Imprimerie Lacour, s. d.).

vegarder la sécurité publique, c'est bien la fin des espoirs que les femmes démocrates pouvaient placer dans le gouvernement républicain.

En Allemagne, le reflux révolutionnaire est partout sensible à partir de l'automne 1848, lorsque l'armée impériale anéantit l'insurrection viennoise. Malgré sa modération, le parlement de Francfort est progressivement disloqué en mai-juin 1849, sous la pression des grands États. Durant la même période, les derniers soulèvements sont rapidement écrasés en Saxe, en Westphalie et en Bade. Ces défaites sont suivies d'une vague de répression à l'encontre des milieux libéraux et démocrates, et du rétablissement de régimes politiques autoritaires. Comme nous l'avons déjà vu avec les lois sur les associations et la presse, les femmes sont les premières à être privées de leur liberté d'expression, en tant que catégorie. Là aussi, quelques protestations personnelles ou collectives se font entendre[215], mais elles demeurent doublement inaudibles, non seulement l'heure est au triomphe des forces antidémocratiques, mais de toute façon, l'assimilation des femmes aux mineurs est évidente pour la quasi-totalité des contemporains et prive d'office leur voix de toute portée politique. En Allemagne comme en France, le retour de l'ordre passe par la stricte assignation des individus aux catégories de genre. Ce processus concerne tous les domaines, en décembre 1848, l'entrée de la Bourse de Paris est réservée aux seuls hommes[216]. Les femmes de 1848 se retrouvent donc doublement visées par la réaction, en tant que démocrates et en tant que femmes.

Comment conserver une existence politique ?

Exclues des clubs et des réunions politiques, les femmes engagées cherchent d'autres lieux de formation et de débats. En Allemagne, elles se regroupent dans les associations féminines formées dans le sillage des courants religieux dissidents mais leur rayon d'action se restreint considérablement. Les Françaises sont parfois accueillies dans les banquets organisés par diverses associations de gauche[217]. Un groupe de « femmes démocrates socialistes » organise lui-même deux banquets successifs le 19 novembre et le 25 décembre 1848[218]. Soutenus par quelques proches tels que Jean Macé, Eugène Stourm et Pierre Leroux, ces rassemblements provoquent l'exaspération de Proudhon. Son journal tente d'abord d'effacer la portée subversive du premier banquet[219] puis condamne

215. Voir la déclaration anonyme protestant contre l'exclusion des clubs politiques, parue d'abord dans la *Westphälische Zeitung*, puis relayée par *Die Frauen-Zeitung*, n° 20, 18 mai 1850.

216. Thompson Victoria E., *op. cit.*, p. 146-164.

217. Citons par exemple le Banquet des Travailleurs Socialistes du 4 décembre 1848, qui aurait rassemblé environ 1 500 personnes dont « 400 ou 500 femmes » selon *Le Peuple* du 5 décembre 1848. Désirée Gay, déléguée de l'association des lingères, y prononce un discours, reproduit dans *Banquet des travailleurs socialistes*, Paris, Page éditeur, 1849.

218. Parmi les organisatrices et oratrices, on retrouve les noms de Désirée Gay, Jeanne Deroin, Henriette, Mme Bourgeois, Mme Meisner (ou Messner) de Longueville – la présidente de la Société pour l'Émancipation des femmes. Un troisième banquet des « femmes démocrates socialistes » est annoncé dans *L'Opinion des Femmes*, n° 2, 1849. Prévu pour être un temps fort de la campagne électorale de Jeanne Deroin, il est reporté au dernier moment, à la demande du Comité électoral démocrate-socialiste, ce qui provoque son échec.

219. *Le Peuple*, n° 5 du 15-21 novembre 1848.

brutalement la transgression accomplie par les organisatrices[220]. Il est donc de plus en plus difficile aux femmes de 1848 de se faire entendre en public, et beaucoup optent plutôt pour l'écriture, au moyen des pétitions et de la presse. Les journaux politiques créés à partir de 1849 par des femmes sont d'emblée conçus et présentés comme des instruments de résistance, *L'Opinion des Femmes*, mensuel de Jeanne Deroin, et *Die Frauen-Zeitung*, l'hebdomadaire de Louise Otto, publient tous deux diverses pétitions aux représentants et aux autorités pour réagir aux successives privations de droits.

Malgré les pressions de toutes sortes, des femmes entendent s'impliquer dans le jeu électoral réservé aux hommes. Cela se traduit par exemple par des prises de position au moment de la campagne présidentielle de novembre 1848 en France. George Sand avertit ainsi les lecteurs de *La Démocratie Pacifique* que M. Bonaparte est « ennemi par système et par conviction de la forme républicaine[221] ». Dans *Le Peuple*, des Lyonnaises qui se nomment « citoyennes de la Croix-Rousse » et « citoyennes mineures de par la loi », félicitent le comité central socialiste de Paris de soutenir la candidature de Raspail, emprisonné depuis le 15 mai[222]. Enfin, on retrouve le même engagement, *a priori* paradoxal, lors de la campagne de pétitions organisée en mai 1850 contre la restriction du suffrage annoncée par le projet de loi Baroche. Durant les quatre semaines qui séparent l'annonce du projet de son vote, le 31 mai 1850, la gauche lance « la plus importante mobilisation de l'opinion en France dans la première moitié du XIXe siècle[223] ». Les rédacteurs de *La République* sont particulièrement actifs dans cette action et transmettent des milliers de pétitions à l'Assemblée, par l'intermédiaire d'Eugène Sue et Pierre Leroux[224]. Plus d'un millier de femmes[225], dont environ 700 à Paris, apportent leur concours, en rédigeant et signant des textes qui leur sont propres. Si ces femmes se mobilisent en compagnie des hommes, à l'exemple des Parisiennes qui déposent leurs pétitions aux bureaux de *La République* ou de *La Démocratie Pacifique*, elles ne se mêlent pas aux signataires masculins pour au moins trois raisons, il s'agit d'abord de ne pas

220. *Le Peuple* du 27 décembre 1848. Les journalistes de *La Démocratie Pacifique* ne paraissent d'ailleurs guère mieux disposés, les toasts reproduits après le banquet de novembre ont été soigneusement triés pour éliminer les plus radicaux, et fin décembre, le journal ne reprend plus que le discours de Jean Macé sur l'inégalité. Voir *La Démocratie Pacifique* des 20, 21, 22, 25 novembre et des 20, 26, 28 décembre 1848, *Le Peuple* du 15-21 novembre et du 27 décembre 1848.

221. SAND George, lettre datée du 1er décembre, *La Démocratie Pacifique* du 5 décembre 1848.

222. « Adresse des citoyennes de la Croix-Rousse », *Le Peuple* du 23 novembre 1848. Un rédacteur (Proudhon ?) commente ce texte avec condescendance, disant qu'il croit « devoir reproduire dans sa naïve et caractéristique simplicité cette pièce qui prouve mieux que de savants articles quel est l'esprit de la démocratie lyonnaise… ».

223. JARRIGE François, « Une barricade de papiers, le pétitionnement contre la restriction du suffrage universel masculin en mai 1850 », *Revue d'Histoire du XIXe siècle*, n° 29, 2004/2, p. 53-70. En trois semaines, ce mouvement recueille plus de 500 000 signatures.

224. Ils signalent parmi les textes transmis « une pétition d'un grand nombre de femmes et de mères de famille résidant à Paris, demandant au nom de la paix publique le rejet de la loi », et « une pétition des dames de Rennes, contenant 108 signatures » (*La République* du 26 et du 30 mai 1850).

225. Voir les pétitions de femmes conservées aux Archives nationales (Arch. nat., C 2306, 2309, 2312), François Jarrige y a relevé 900 signatures provenant de Paris, Gonfaron (Var) et Châtellerault (Indre), auxquelles j'ajoute les noms de 32 « dames de Jussey » en Haute Saône (Arch. nat., C 2306), et les 108 signatures de Rennes, qui n'ont pas été retrouvées dans ces fonds d'archives.

risquer d'invalider les pétitions des hommes en y apposant des signatures à la légitimité contestable; par ailleurs, les pétitions, dont « plusieurs exemplaires ont été confiés au zèle des femmes démocrates », semblent avoir souvent circulé dans le cadre de réseaux exclusivement féminins[226]; enfin les signataires cherchent à se faire entendre en tant que « femmes », en se conformant aux représentations convenues du « féminin », pour les raisons précédemment exposées. Elles se posent en arbitres pacificatrices, demandant la réconciliation nationale et l'harmonie sociale, au nom de la famille, de la religion et de la morale. Comme le fait remarquer François Jarrige, « le vocabulaire et les particularités de la protestation [des femmes] rendent compte de la singularité de leur position. Comment, en effet, revendiquer le suffrage universel au nom du droit alors que l'on est soi-même exclu de ce même suffrage dit « universel » au nom du droit ? ». À travers cet élan pétitionnaire, lors duquel plusieurs femmes font précéder leur nom de la mention « citoyenne », se dessine de nouveau l'idée d'une citoyenneté propre aux femmes. En intervenant dans le débat politique aux côtés des hommes mais dans un rôle bien défini par l'identité de genre, en mettant de côté leurs propres revendications pour défendre d'abord les droits des hommes, elles montrent leur adaptation à la République qui se met en place depuis 1848, dans laquelle les personnes sont considérées davantage en fonction de l'utilité sociale qui leur est assignée qu'en fonction des libertés individuelles auxquelles elles ont théoriquement droit. L'objectif primordial pour toutes ces « citoyennes » est d'être pleinement inclues dans la communauté nationale, et s'y voir reconnue une influence tout aussi légitime que celle des hommes.

En Allemagne, les femmes de 1848 mettent aussi leurs propres réclamations au second plan, donnant priorité à la lutte nationale et démocratique, alors que la réaction s'aggrave. Fondé en avril 1849, *Die Frauen-Zeitung* contient des articles particulièrement virulents durant sa première année d'existence. L'indignation politique des rédactrices l'emporte parfois même sur leur souci de se conformer aux normes du féminin. Ainsi, Louise Otto n'hésite pas à légitimer le recours à la violence, y compris pour les femmes. Évoquant la répression en cours en Hongrie, elle lance un appel véhément à la croisade populaire, qui incite les femmes – tant les Allemandes que les Hongroises, à « combattre et mourir pour la patrie[227] ». Selon elle, lorsque la survie d'un peuple et la sauvegarde de la liberté sont en jeu, personne ne peut reprocher à quiconque de lutter :

> « ... là, les femmes doivent se lever avec les autres, car il s'agit d'un combat contre les guerres perpétrées par les oppresseurs contre ceux qu'ils oppriment, il s'agit d'un combat pour la paix perpétuelle. – Ma voix ne pourra pas atteindre les sœurs de Hongrie, mais leurs hauts faits pour leur patrie et pour la liberté viendront jusqu'à nous, et nous prierons pour que Dieu se tienne auprès d'elles et fasse triompher cette croisade populaire ! [...]

226. L'une des pétitions, copiée, voire rédigée par Jeanne Deroin, émane ainsi de l'Association fraternelle des ouvrières de lingerie. Par ailleurs on remarque que des femmes venant de quartiers très divers, parfois même éloignés, signent sur une même feuille, comme si toutes s'étaient réunies dans un lieu tiers.
227. OTTO Louise, « Der Volkskreuzzug in Ungarn », *Frauen-Zeitung* n° 14, 21 juillet 1849.

> Nous voulons prier jusqu'à ce qu'advienne le jour où les femmes allemandes pourront se montrer dignes d'être les sœurs des héroïnes hongroises[228] ! »

Les Allemandes ont en réalité déjà fait leurs preuves lorsque Louise Otto écrit ces lignes. *Die Frauen-Zeitung* a d'ailleurs rendu plusieurs fois hommage aux insurgées de Dresde, dont Pauline Wunderlich[229]. Par ailleurs, durant l'été 1849, de nombreuses femmes sont impliquées dans les combats des insurgés de Bade, dernière poche révolutionnaire de l'Allemagne. On connaît tout particulièrement les « Amazones » telles Mathilde Anneke[230] ou Amalie Struve[231], qui ont laissé le récit de leurs actions, mais les archives judiciaires permettent aussi de retrouver la trace d'une multitude d'anonymes qui ont pris part d'une manière ou d'une autre à la résistance contre les troupes prussiennes, jusqu'à la victoire finale de celles-ci, le 23 juillet 1849[232]. Ces figures de combattantes sont reçues en Allemagne avec une grande ambiguïté, elles sont héroïsées par certains révolutionnaires, mais sont principalement regardées avec suspicion et scandale, en raison de leurs agissements contraires à l'identité féminine.

L'association, un dernier espoir ?

La dure répression des derniers soulèvements populaires oblige à rechercher une alternative à la lutte. En France comme en Allemagne, une grande partie des milieux démocrates radicaux encore actifs se tourne alors vers l'association. Le fait que les dernières « femmes de 1848 » publiquement actives s'engagent dans cette voie montre que les associations constituent un dernier espace de liberté pour tous et toutes, le seul lieu où la métamorphose de la société est encore imaginable. En France, les associations ouvrières se multiplient après juin 1848, le gouvernement provisoire les encourage dans la plupart des cas, afin de canaliser et désamorcer les contestations. Diverses réalisations dues à des femmes voient le jour, depuis les organisations purement corporatistes jusqu'aux associations proches de la philanthropie, telle l'Association fraternelle des ouvrières lyonnaises dirigée à Lyon par Eugénie Niboyet[233]. Certaines personnalités du

228. *Ibid.*

229. Voir notamment *Die Frauen-Zeitung* n° 5, du 19 mai 1849 ; n° 12, 7 juillet 1849. Concernant la participation des femmes à l'insurrection de Dresde, voir LUDWIG Johanna, « Dresdner Frauen in und nach dem Maiaufstand », JESCHKE Karin, ULBRICHT Gunda (Hg.), *Dresden, Mai 1849. Wissenschaftliche Tagung 7. und 8. Mai 1999*, Dresden, Ddp Goldenbogen, 2000, p. 92-101.

230. ANNEKE Mathilde F., *Memoiren einer Frau aus dem badisch-pfälzischen Feldzüge*, Newark, 1853. Elle témoigne des événements en Bade en juin et juillet 1849, alors qu'elle était officier d'ordonnance dans le bataillon dirigé par son époux.

231. STRUVE Amalie, *Erinnerungen aus den badischen Freiheitskämpfen*. Hamburg, Hoffman und Campe, 1850. Après avoir accompagné son époux, le radical-démocrate Gustav Struve, lors des soulèvements de Bade, elle est emprisonnée de septembre 1848 à avril 1849, puis participe de nouveau à l'insurrection de mai à juillet 1849.

232. Ainsi les archives du Baden-Württemberg livrent les noms de 178 femmes parmi ceux des 38 500 révolutionnaires surveillés, arrêtés et condamnés en 1849 (RAAB Heinrich, *Revolutionäre in Baden 1848/49. Biographisches Inventar für die Quellen im Generallandesarchiv Karlsruhe und im Staatsarchiv Freiburg*, Veröffentlichungen der Staatlichen Archivverwaltung Baden-Württemberg, Band 48, 1998).

233. LEJEUNE-RESNICK Evelyne, *op. cit.*, p. 43.

milieu démocrate se mobilisent dans des associations ouvertement contestataires, comme Jeanne Deroin, qui participe en octobre 1848 à la fondation de la société « Solidarité », dont les membres doivent adhérer au credo socialiste[234]. Dans le préambule des statuts, Jeanne Deroin explique que le refus de la violence ne signifie pas l'abandon des convictions révolutionnaires, ladite association est destinée à « organiser pacifiquement la révolution sociale[235] ». C'est le même désir de concilier progrès social et paix civile qu'expriment les Allemandes du *Frauen-Zeitung*. Immédiatement après la répression du « Mai de Dresde », Louise Otto republie dans son journal un article déjà paru ailleurs :

> « *L'association est libre !* Ce fut le mot magique qui, en ce grandiose mois de mars [1848], allégea les cœurs oppressés des travailleurs en train de désespérer, et donna un nouveau courage et un nouvel espoir à tous les opprimés. Oui, c'est bien dans l'association que repose leur seul salut – le salut des pauvres travailleurs et travailleuses ; dans l'association repose tout leur avenir[236] ! »

Si *Die Frauen-Zeitung* continue à l'occasion de célébrer quelques héroïnes des barricades, le journal insiste dorénavant sur les possibilités offertes par l'association pour permettre aux femmes de remplir efficacement leur mission pacificatrice. L'une des collaboratrices, Émilie, tente de promouvoir l'idée d'une association de femmes basée sur la sororité, qui remplacerait la traditionnelle charité par la solidarité, et propagerait de vraies convictions démocratiques[237]. D'autres veulent croire encore possible l'accès des travailleuses aux associations ouvrières, malgré l'indifférence ou l'hostilité que les diverses instances d'organisation du travail ont jusque là manifestée envers elles[238]. *Die Frauen-Zeitung* exhorte les tisseuses et les brodeuses des Monts Métallifères, comme les couturières des villes saxonnes, à s'unir pour vaincre la concurrence des couvents et des prisons, et résister à la pression des marchands-fabricants. Toutefois, le journal doit reconnaître que la réalisation de ces projets est quasiment impossible, et l'intervention des rédactrices en ce domaine se limite à porter la bonne parole, de façon assez abstraite.

En France en revanche, où les conditions demeurent un temps plus favorables au mouvement associatif, certaines des quaranthuitardes cherchent à mettre elles-mêmes en œuvre ce socialisme réel qu'elles prônent à longueur d'articles. C'est notamment le cas de Jeanne Deroin et Pauline Roland, dont les activités

---

234. Voir les statuts, *Solidarité. Société populaire pour la propagation et la réalisation de la science sociale*, Paris, Imp. Lacombe, 15 octobre 1848. Ils sont signés entre autres par J. Desroins (*sic*) vice présidente de la société, et Jean Macé, et prévoient la création d'un journal et de brochures.
235. *Ibid.*, préambule, sans doute rédigé par Jeanne Deroin.
236. Otto Louise, « Assoziation für Alle ! », *Frauen-Zeitung* n° 4, 12 mai 1849 (reprise de l'article paru dans *Die Verbrüderung*, le 13 février 1849).
237. Emilie, « Brief aus Leipzig », *Frauen-Zeitung*, n° 10, 23 juin 1849.
238. Georgine, « Die Arbeiterinnen », *Frauen-Zeitung* n° 10 et 11 des 23 et 30 juin 1849. Otto Louise, « Für die Arbeiterinnen », *Frauen-Zeitung*, n° 20, 1er septembre 1849. Seules la Commission des Travailleurs de Dresde (dissoute en juin 1849) et l'Association des Travailleurs de Königsberg (dissoute en avril 1850) affirment leur volonté d'intégrer les femmes à égalité avec les hommes (voir *Die Verbrüderung* du 27 avril 1850).

en 1849 et 1850 sont essentiellement associatives. Bien connu, l'engagement de Jeanne Deroin prend plusieurs formes, successives ou concomitantes, en 1849, elle participe à la fondation d'une nouvelle association politique, l'Association fraternelle des démocrates-socialistes des deux sexes pour l'affranchissement politique et social des femmes[239], et essaie de fonder une association de lingères en compagnie de Désirée Gay. Par ailleurs, tout en s'impliquant dans la création de l'Association fraternelle des Instituteurs, des Institutrices et Professeurs socialistes[240], elle nourrit un projet beaucoup plus vaste, celui d'une Union des associations, qui réaliserait un modèle de société alternatif au capitalisme. Dans son journal, *L'Opinion des Femmes*, elle tente de rallier ses lecteurs à cette « utopie », en détaillant les modalités concrètes de son application[241]. Cent-quatre associations répondent à l'appel, c'est dire l'espoir alors suscité et partagé, il ne paraît pas encore trop tard pour transformer la nouvelle République selon des principes solidaires et égalitaires. Les délégués réunis le 5 octobre 1849 élisent une Commission Centrale des Associations, composée de quinze membres. Jeanne Deroin n'a de cesse alors de pousser le projet jusqu'à ses ultimes conséquences, comme elle l'explique en mai 1850 dans le journal des associations ouvrières :

> « Les associations ont pour but l'affranchissement des travailleurs, l'abolition du patronage et du salariat. [...] L'Union des associations a été fondée dans le but d'établir la solidarité entre toutes les professions, par la mutualité du travail et le crédit gratuit, et afin d'enseigner par la pratique, aux travailleurs restés en dehors, les avantages de l'association basée sur la solidarité. Mais pour établir sérieusement la mutualité du travail, il faut supprimer l'emploi du numéraire entre les associations de l'Union par l'échange réciproque de leurs produits. [...] À l'œuvre donc, travailleurs! ne vous laissez point égarer par les craintes que l'on veut vous inspirer pour vous détourner de votre but. Rendre inutile l'instrument qui sert à vous exploiter, c'est le seul moyen de triompher promptement et pacifiquement[242]. »

Pauline Roland participe à cette Union des Associations en tant que déléguée de l'Association fraternelle des instituteurs et institutrices socialistes[243]. Ancienne institutrice de la communauté fondée par Pierre Leroux à Boussac[244], elle répond en février 1849 à l'appel de l'instituteur Perot, qui invite les ensei-

239. La déclaration fondatrice, datée de 1849, est signée par Jeanne Deroin, Henriette artiste, Annette Lamy, Jean Macé, Joseph Delbrouck, Eugène Stourm. Voir *Les Révolutions du XIXe siècle. 1848*, ouv. cité, tome 2.

240. Voir Lefrançais Gustave, *Souvenirs d'un révolutionnaire*, Bruxelles, 1902, Paris, Futur antérieur, 1972, p. 85, p. 96.

241. Voir *L'Opinion des Femmes*, n° 6, août 1849.

242. Deroin Jeanne, « Union des Associations », *Le Contrôleur général. Journal des améliorations morales et matérielles*, n° 2, mai 1850.

243. Roland Pauline, « Associations ouvrières. Instituteurs, institutrices et professeurs socialistes », *La République*, 21 octobre 1850. Sur la mise en place de l'association des instituteurs, voir Lefrançais Gustave, *op. cit.*, p. 84-86, p. 96-102.

244. Pauline Roland dirige l'école de la communauté de l'hiver 1847 à l'été 1848, tout en participant à d'autres activités telles que la rédaction de *L'Éclaireur de l'Indre*. Voir Thomas Édith, *Pauline Roland. Socialisme et féminisme au XIXe siècle*, Paris Librairie Marcel Rivière, 1956, p. 95-115.

gnants à s'associer. Soutenus par quelques personnalités des réseaux saint-simoniens et fouriéristes, tels que le docteur Ange Guépin, Constantin Pecqueur, Pierre et Jules Leroux, une dizaine d'instituteurs et professeurs des deux sexes se proposent de diffuser un enseignement conforme aux idéaux socialistes. Le 30 septembre 1849, Pauline Roland, Perot et Gustave Lefrançais [245] sont élus à la commission exécutive de l'association. Ils rédigent un programme d'éducation à l'adresse des instituteurs [246], et appellent tous les démocrates à soutenir les enseignants persécutés par la réaction, et à conquérir le droit au savoir pour le peuple [247]. À partir de décembre 1849, alors que Pauline Roland est impliquée à la fois dans l'Association des Instituteurs et dans l'Union des Associations, elle entreprend d'enquêter et d'écrire sur les associations ouvrières parisiennes. Elle rédige sur ce sujet six longs articles, publiés de janvier 1850 à janvier 1851 dans *La République* d'Émile Bareste. Ce journal, dont la plupart des rédacteurs sont d'anciens saint-simoniens, propose une approche du socialisme très évangélique. Pauline Roland annonce d'ailleurs dans son premier article qu'elle prêche « l'ASSOCIATION UNIVERSELLE, qui, elle, non seulement aura des bases religieuses, mais sera la religion future [248] ». De telles expressions montrent à quel point l'Association est valorisée comme étant la seule alternative à la politique traditionnelle, cette dernière ayant trahi tous les espoirs placés dans la révolution. Une fois de plus, on retrouve ici l'idée d'une nécessaire refondation du politique, qui englobe la religion. Par ses articles, Pauline Roland veut contribuer autant que possible à la mise en œuvre de l'idéal d'Association :

> « Éclairer les associations sur l'idéal qu'elles doivent se proposer ; corriger la pratique de l'une par la pratique de l'autre ; les faire entrer plus avant dans la vie républicaine, et même souvent les initier à la Liberté, à l'Égalité et à la Fraternité, que la plupart d'entre elles ne comprennent qu'imparfaitement ; compléter le mouvement matérialiste de leur fondation par une impulsion morale, scientifique et religieuse, tel est donc notre but. Enfin la devise, Indépendance, Justice, Vérité, que nous mettons mentalement en tête de tout ce que nous écrivons, résume la manière dont nous prétendons faire notre Revue [249]. »

Pauline Roland se pose donc en juge des associations contemporaines, cherchant à évaluer si elles sont ou non digne de la République idéale à construire. Elle se représente surtout comme une prophétesse de la démocratie à venir. Dans chacun de ses articles en effet, elle répète qu'elle voue son existence à la révélation

245. Gustave Lefrançais (1826-1901), présent à la réunion fondatrice de l'association des instituteurs, se dit convaincu par les idées de Pauline Roland et Jeanne Deroin – bien que ne partageant pas leur religiosité – et date de ce moment son entrée en socialisme. Voir LEFRANÇAIS Gustave, *op. cit.*, p. 84-86.
246. LEFRANÇAIS G., ROLAND Pauline, PEROT, *Aux Instituteurs. L'association des instituteurs, institutrices et professeurs socialistes*, Paris, imprimerie Schneider, s. d.
247. LEFRANÇAIS G., ROLAND Pauline, PEROT, « Lettre ouverte de l'Association fraternelle des instituteurs, institutrices et professeurs socialistes, à tous les démocrates », *La République*, n° 5 du 5 janvier 1850.
248. ROLAND Pauline, « Des Associations ouvrières », *La République*, 7 janvier 1850.
249. ROLAND Pauline, « Revue des associations ouvrières », *La République*, 3 février 1850.

de la Vérité – c'est à dire du Salut, quel qu'en soit le risque. Elle est prête non seulement à affronter les ennemis de la « nation prolétaire », mais aussi à encourir l'hostilité de cette dernière, elle préfère semoncer les membres des associations plutôt que de les encenser hypocritement, afin de les guider et les « voir entrer pleinement dans les voies religieuses de l'Avenir[250] ».

Toutefois, ses textes ne sont pas seulement ceux d'une prédicatrice, elle fait aussi œuvre d'historienne et laisse à la postérité un témoignage des événements de son temps. Comme elle l'explique dans son premier article, le développement des associations est, selon elle, une étape cruciale du progrès général vers la liberté et l'égalité. Elle inscrit ce phénomène dans la continuité de la Révolution commencée en 1789, qui doit aboutir à la « véritable République », la « République démocratique et sociale ». Elle établit aussi un parallèle avec le mouvement communal des XIIe-XIVe siècles, de même que Guizot, vingt ans auparavant, s'enthousiasmait pour l'affranchissement des communes médiévales[251], Pauline Roland appelle les contemporains à prendre conscience de l'importance historique des associations ouvrières. Par cette référence aux communes, elle suggère aussi qu'il est temps de passer de l'histoire du triomphe de la bourgeoisie à l'histoire de la « destruction de la féodalité industrielle », de l'émancipation du prolétariat[252]. Pour ce faire, elle remonte jusqu'à juillet 1830, et évoque la première phase du mouvement associatif à laquelle elle a alors assisté ; elle-même faisait à l'époque un essai d'« association religieuse[253] », allusion à son expérience saint-simonienne. Puis, abordant la révolution de Février, elle distingue deux étapes, d'une part la fondation, après juin 1848, d'une multitude d'associations fraternelles et solidaires – à bien distinguer des associations corporatives ; d'autre part, la tentative de fédérer entre elles ces organisations, d'abord avec la Banque du Peuple, puis avec l'Union des Associations. En même temps, elle présente ici une version de l'histoire de 1848 centrée sur le rapport des autorités avec les associations, elle dénonce les ateliers nationaux – « le contraire de l'idée d'association », le vote hypocrite des subventions pour les associations en juillet 1848, et l'inefficacité de ce « secours perfide ». Elle en profite pour attaquer la République conservatrice, aveugle aux revendications ouvrières, qui n'a fait que remplacer le roi par un président. Les cinq articles qui suivent cette rétrospective historique apportent un témoignage très documenté sur le fonctionnement de quelques associations parisiennes des années 1849-1850, que Pauline Roland a choisies car elles lui semblent proches de la « vraie commune ». Elle y pointe cependant toute manifestation d'inégalité, que ce soit la gérance – persistance monarchique – ou le statut inférieur des femmes, « qui sent son vieux monde d'une lieue » et est « tout à fait contraire à la vraie doctrine socialiste[254] ».

250. ROLAND Pauline, « Associations ouvrières. Les Chapeliers », *La République*, 6 janvier 1851.

251. Voir GUIZOT François, *Cours d'Histoire Moderne. Histoire de la civilisation en Europe depuis la chute de l'empire romain jusqu'à la Révolution française,* 1828.

252. ROLAND Pauline, « Des Associations … », art. cit.

253. ROLAND Pauline, « Revue des Associations ouvrières. Les cordonniers », *La République*, 30 juin 1850.

254. *Ibid.*

Beaucoup plus discrètes que les Françaises dans les associations politiques et ouvrières, les Allemandes sont particulièrement visibles dans l'aide aux victimes de la réaction. Cette singularité est bien sûr due à la différence de législation sur les associations, et à la situation de guerre civile beaucoup plus étendue et durable qu'en France. Néanmoins il semble aussi que les Allemandes qui se conforment à la figure de la Femme compatissante et pacifique bénéficient d'une certaine tolérance, y compris de la part des autorités contre-révolutionnaires. C'est ainsi que de nombreuses associations féminines créées en 1849 jouent localement un rôle déterminant pour soutenir les milieux démocrates en déroute. Certaines se présentent comme de simples organisations charitables, telle l'Association féminine de Dresde pour le soutien des familles nécessiteuses, issue de la mouvance des paroisses dissidentes ; les comptes-rendus publiés dans *Die Frauen-Zeitung* ne laissent cependant aucun doute sur l'objectif de cette association, qui est d'aider les anciens insurgés[255]. D'autres groupes affichent directement leur soutien aux exilés politiques. En octobre 1850, une association ose encore se qualifier de « démocrate » à Essling (Wurtemberg), plusieurs femmes de cette petite ville lancent, dans le journal local, un appel « à celles qui aiment la liberté », pour fonder un cercle de soutien aux démocrates[256]. Ce type de proclamation n'est possible que grâce à la résistance d'un fort mouvement démocratique dans cet endroit.

Tout en se référant de manière appuyée aux normes genrées, ces associations féminines expriment assez clairement leurs sympathies politiques, et signalent leur attachement à la nation allemande. L'association « Humania Verein », fondée en mai 1849 à Mayence par Kathinka Zitz[257], en donne un bon exemple. Il s'agit de la plus importante association féminine impliquée dans le mouvement révolutionnaire, elle regroupe jusqu'à 1647 adhérentes, qui secourent les démocrates pourchassés en vendant leurs bijoux, en faisant des loteries, en donnant des concerts de bienfaisance[258]. Présentant son association, créée pour « venir en aide aux citoyens patriotes nécessiteux et à leurs familles », Kathinka Zitz-Halein insiste à la fois sur la dimension « féminine » et « patriote » de sa démarche[259]. Exalter le patriotisme revient à revendiquer ici aussi une forme de « citoyenneté », dans le sens où ces femmes veulent faire reconnaître leur appartenance active à la communauté nationale en construction.

255. *Die Frauen-Zeitung* relaie largement les efforts de cette association et appelle à la création d'autres solidarités envers les familles des insurgés morts, prisonniers ou exilés. Voir l'« Appel à la formation de cercles féminins », *Frauen-Zeitung*, n° 23, 22 septembre 1849.

256. *Esslinger Schnellpost*, 19 octobre 1850. Cet appel reprend les termes d'une proclamation de Louise Otto dans *Die Frauen-Zeitung*, en invoquant les droits que les femmes doivent d'abord mériter, puis exiger, pour participer à la grande rédemption du monde. Voir KUBY Eva, art. cit., p. 261.

257. Kathinka Zitz (1801-1877), est la fille d'un négociant de Mayence. Cette femme de lettres fréquente les milieux démocrates durant le *Vormärz* ; après son divorce, elle rejoint les Catholiques Allemands de sa ville.

258. ZUCKER Stanley, *Kathinka Zitz-Halein and Female Civic Activism in Mid-Nineteenth-Century Germany*, Carbondale, 1991.

259. Voir l'article du *Mainzer Zeitung*, n° 165, 3 juillet 1849, cité par HUMMEL-HAASIS Gerlinde, *op. cit.*, p. 272, ainsi que le discours de Kathinka Zitz-Hallein « aux femmes et jeunes filles de Mayence », cité par HÜBEL Marlene, *Mein Schreibetisch. Schriftstellerinnen aus drei Jahrhunderten. Spurensuche in Mainz*, Erasmus, 1994, p. 65.

Les Allemandes dans la répression

Les études sur la répression post-quaranthuitarde ont souvent négligé de prendre en compte les femmes. Dans de nombreux cas, celles-ci ont connu les mêmes persécutions que les hommes, mais elles ont souvent subi de surcroît des vexations spécifiques, destinées à décourager l'ensemble de leur sexe de suivre leur exemple. Tout est mis en œuvre à ce moment-là pour effacer ou transformer la mémoire des récents événements révolutionnaires, et la participation des femmes est niée, caricaturée, dépolitisée[260]. Celles qui ont le plus ouvertement bravé les interdits subissent de plein fouet la répression, leur sort signale le retour de l'ordre.

En Allemagne, l'union nationale n'est officiellement plus d'actualité, et l'argumentation des femmes aspirant à l'intégration citoyenne par le biais de la nation n'a plus de sens. Beaucoup reportent leurs espoirs sur l'instruction et l'éducation, afin de conquérir au moins une émancipation intellectuelle et de transmettre les valeurs démocratiques à la génération suivante.

> « À présent il n'est plus temps de parler de voies intermédiaires, de périodes de transition, de consensus entre le vieux et le nouveau monde. Comme dans les sages religions indiennes, c'est l'esprit obscur qui combat l'esprit lumineux [...]. Ne jubilez pas trop tôt, adeptes de l'obscurité! Vous considérez qu'il n'y a qu'une moitié du genre humain qui soit capable de vous opposer de la résistance, et vous voyez l'autre comme immature, impuissante et dépendante. Vous vous trompez lourdement! Ne croyez pas que, par-delà les tombes des pères, vous règnerez sur une génération d'esclaves; les femmes vivent encore, et elles sont devenues des êtres autres que ce que vous croyez[261]. »

Ce texte, écrit en mai 1849, au moment des insurrections de Dresde et du Palatinat, est publié une année plus tard dans un journal de la dissidence religieuse, après avoir circulé dans les milieux de l'opposition démocratique[262]. Son auteure, Malwida von Meysenbug, se refuse à désespérer face aux événements. Elle fait ici le serment que les femmes démocrates résisteront en préparant leurs enfants à reprendre la lutte. Après avoir participé pendant plus d'un an à l'aventure du Collège féminin de Hambourg, véritable îlot de résistance visité par divers démocrates en exil, elle doit cesser ses enseignements. Le Collège est fermé au premier janvier 1852, en partie en raison des positions trop radicales de certaines de ses dirigeantes[263]. Emilie Wüstenfeld se replie sur des activités de type caritatif et Malwida von Meysenbug, expulsée de Berlin, choisit de rejoin-

260. Voir pour l'Allemagne CYRUS Hannelore, « Von erlaubter und unerlaubter Frauenart, um Freiheit zu kämpfen », GRUBITZSCH Helga (Hg.), *op. cit.*, p. 26-44.

261. MEYSENBUG Malwida von, « Frauenschwur », *Sonntags-Blätter zur Förderung allseitiger Aufklärung und wahrer Religiosität*, n° 1, 22 septembre 1850.

262. Ce texte a été d'abord envoyé à Gottfried et Johanna Kinkel, puis Kathinka Zitz le fait paraître dans un journal de la dissidence religieuse de Mayence. Voir *Malwida von Meysenbug, Briefe an Gottfried und Johanna Kinkel (1849-1885)*, présenté par Stefania Rossi, Bonn, 1982.

263. MEYSENBUG Malwida von, *Mémoires..., op. cit.*, chapitre XX.

dre à Londres des amis réfugiés politique, Johanna et Gottfried Kinkel. Dans la même période, les créations de jardins d'enfants Fröbel se multiplient, ceux-ci étant considérés comme les « pépinières » d'un avenir démocratique. Ils offrent à des femmes la possibilité de jouer un rôle reconnu dans la résistance, comme Auguste Herz, qui continue de diriger un jardin d'enfants à Dresde après l'emprisonnement de son époux[264]. Les autorités prussiennes finissent par ordonner, en août 1851, la dissolution immédiate de ces structures. Particulièrement présentes dans ces activités éducatives, les femmes sont d'autant plus atteintes par leur disparition qu'elles n'ont souvent aucune autre source de revenus possible et ne peuvent plus retrouver ailleurs d'autres espaces d'intervention publique et politique[265].

Les paroisses libres sont également la cible de la réaction, ainsi que les associations féminines qui leurs sont liées. Celles-ci sont l'objet d'une surveillance constante, d'autant plus qu'à l'appel de Johannes Ronge, elles tentent de s'organiser en réseau à l'échelle de toute l'Allemagne[266]. *Die Frauen-Zeitung* témoigne à plusieurs reprises des difficultés croissantes que rencontrent en Saxe ces associations féminines, dont les dirigeantes sont parfois frappées de proscription. En 1851, considérant les paroisses dissidentes comme des associations politiques, les autorités prussiennes décrètent illégale la présence de femmes et d'enfants et se servent de ce prétexte pour supprimer de nombreuses communautés. En novembre 1851, les paroisses protestantes libres et les communautés Catholiques Allemandes sont interdites en Saxe et en Bavière.

Enfin certaines personnalités sont particulièrement visées par la réaction. C'est le cas de Louise Aston, qui, dans ses textes comme dans son mode de vie, a remis en cause de façon radicale les fondements de la société patriarcale. À ce titre, elle est traitée comme une véritable paria après son bannissement de Prusse, le 23 décembre 1848[267]. Partout déclarée indésirable, elle tente sans succès de s'installer dans diverses villes allemandes, ou d'émigrer en Suisse ou à Paris. Elle est toujours surveillée, souvent expulsée, tandis que les journaux locaux continuent de s'acharner sur elle avec des articles infamants. D'une manière générale, même si les femmes ne représentent qu'une minorité parmi les révolutionnaires poursuivis après 1848, elles ne semblent guère avoir profité d'une indulgence particulière en raison de leur sexe. C'est ce que l'on constate pour les 178 femmes répertoriées dans les archives de Bade-Wurtemberg, qui sont l'objet de procès et de condamnations – souvent par contumace – jusqu'en 1856[268]. Les chefs d'accusation sont parfois propres aux activités féminines, participation à des associations de femmes, dépôts de couronnes sur les tombes d'insurgés, collectes pour les prisonniers politiques. La plupart des actes incriminés sont

264. Ludwig Johanna, « Auguste Herz (1824-1880). Fröbelpädagogin, erste ärztlich tätige Frau Sachsens und Mutter von 9 Kindern », *Louiseum 11. Leipziger Lerchen. Frauen erinnern. 1999-2001,* Louise-Otto-Peters-Gesellschaft e.V. Leipzig, p. 8-15.

265. Voir les nombreux témoignages rapportés par *Die Frauen-Zeitung* après le décret d'août 1851.

266. Ainsi la police surveille plusieurs femmes (dont la veuve de Robert Blum) venues en septembre 1850 à Dresde pour suivre des conférences de Auguste Herz. Voir Paletschek Sylvia, *op. cit.*

267. Goetzinger Germaine, *op. cit.*

268. Raab Heinrich, *op. cit.*

cependant les mêmes que pour les hommes, abonnement à des journaux républicains, diffusion d'écrits interdits, tenue de discours révolutionnaires, appels à la désertion et à la rébellion. Ils sont qualifiés de la même manière, comme étant des actes d'espionnage, de haute trahison, de subversion politique, et aboutissent aux mêmes peines que celles infligées aux hommes.

De nombreuses femmes demeurent ainsi fichées et surveillées durant plusieurs années par les autorités allemandes. Un « répertoire de la police politique », publié à Dresde en 1855, veut recenser « tous les individus qui, du 1er janvier 1848 jusqu'à maintenant, se sont distingués d'une manière ou d'une autre comme des ennemis du gouvernement, de la paix et de l'ordre, et ont véhiculés les idées et les passions de la révolution[269] ». On y trouve les noms d'une cinquantaine de femmes, dont Louise Otto, Kathinka Zitz, Louise Aston, Johanna Kinkel... mais aussi Pauline Rolland [*sic*]. La mention *post-mortem* de cette dernière, présentée comme « femme de lettres et républicaine exaltée résidant à Paris, déportée pour haute trahison, graciée en 1852, morte à Toulon [*sic*] lors de son retour », montre bien qu'il s'agit moins de mener des investigations que de former une mémoire collective où tous ces noms de contestataires seront honnis.

Beaucoup de femmes qui se sont impliquées dans la révolution de 1848 émigrent[270]. La plupart choisissent les États-Unis, telles Mathilde Anneke et Amalie Struve qui partent avec leurs époux. Celles-ci continuent d'écrire en exil, publiant leurs témoignages et leurs analyses dans des mémoires, des romans et des articles[271]. Mathilde Anneke poursuit aussi son expérience journalistique, elle fonde en 1852 à Milwaukee *Die Deutsche Frauen-Zeitung*, dans l'intention de mettre les Allemandes exilées en contact avec les mouvements de femmes qui commencent à s'organiser autour de Elizabeth Cady Stanton et Susan Anthony. Il en va tout autrement de celles qui ont dû ou voulu demeurer en Allemagne. Certaines, à l'image de Louise Dittmar ou Louise Aston, cessent définitivement d'écrire dès 1850. D'autres interrompent leurs publications pendant plusieurs années, ou bien se tournent vers une littérature « inoffensive », comme le fait Kathinka Zitz. Le début des années 1850 se caractérise par un retrait presque complet des Allemandes de la scène publique.

Seul le journal de Louise Otto, *Die Frauen-Zeitung*, dernier bastion démocrate de la presse saxonne, permet encore à quelques femmes, trois années durant, de trouver une tribune pour s'y exprimer politiquement[272]. Louise Otto voit dans son journal le moyen non seulement de participer au mouvement révolutionnaire,

269. *Anzeiger für die politische Polizei Deutschlands*, Dresden, 1855, anonyme. Les extraits concernant les femmes sont reproduits dans Ludwig Johanna, Middell Katharina (Hg.), *Menschenrechte für Frauen – Frauen für Menschenrechte*, Leipziger Universitätsverlag, 1998, p. 46-48.

270. À ce sujet voir Francheo Marianne, « "Pain amer de l'exil", les Allemandes révolutionnaires émigrées après 1848/49 », Hoock-Demarle Marie-Claire (dir.), *op. cit.*, p. 127-137.

271. Amalie Struve écrit notamment des articles sur la participation des femmes à la révolution, publiés dans les journaux édités par son époux à New York (*Deutscher Zuschauer*, *Sociale Republik*). Mathilde Anneke publie aussi ses mémoires en 1853.

272. Pour une analyse plus complète du journal, voir Primi Alice, « *Die Frauen-Zeitung* et l'*Almanach des Femmes*, dernières tribunes des "femmes de 1848" », *Revue d'Histoire Moderne et Contemporaine*, 52-1, janvier 2005, p. 129-146.

de propager les idées socialistes et démocratiques, mais aussi de faire publiquement reconnaître l'engagement politique des femmes et gagner l'opinion de gauche à l'idée qu'hommes et femmes doivent accéder ensemble à la liberté. Soucieuse de mobiliser et politiser les femmes de toutes les classes sociales, elle ne substitue nullement la lutte contre la domination masculine à la lutte contre les inégalités sociales. Elle veut donner la parole à ceux et celles qui sont réduits au silence : les femmes et les travailleurs en général, les ouvrières en particulier, mais aussi les dissidents religieux, les prisonniers et exilés politiques. Enfin, en traitant de l'actualité à l'échelle « nationale », en cherchant à créer et animer un réseau de femmes et d'associations germanophones, en publiant des textes au contenu patriotique, *Die Frauen-Zeitung* veut œuvrer à l'unification nationale, dans une perspective démocratique. Menaçante pour les autorités, Louise Otto est en butte à diverses formes de harcèlement ; elle rencontre notamment des difficultés pour voir son fiancé, August Peters, emprisonné à la forteresse de Rastatt de juillet 1849 à 1856. Un numéro du journal est confisqué en décembre 1850 pour avoir contenir une lettre de Gottfried Kinkel, réfugié à Londres. Louise Otto continue cependant de défier le gouvernement saxon en contournant la « lex Otto », évoquée plus haut, destinée à la faire taire. Le *Frauen-Zeitung* est ainsi confié début 1851 à un éditeur de Gera, une ville de Thuringe où la loi sur la presse est restée plus libérale. Toutefois, le journal renonce progressivement à la radicalité de ses débuts. Au fil de l'année 1851, le nombre d'articles politiques diminue, tandis que la partie feuilleton et divertissement augmente. Les numéros de 1852 reflètent encore davantage cette évolution de contenu et de ton, à de rares exceptions près. On mesure ainsi la réduction considérable des possibilités d'expression depuis 1849, ainsi que l'évolution des enjeux. Louise Otto témoigne elle-même des renoncements successifs auxquels elle a été contrainte :

> « ... Je n'ai rien oublié de tout ce qui était alors promis et exigé. C'est une chose de prendre la parole avec les autres, dans l'élan et la tempête d'une époque bouleversée, de vociférer, d'avoir soif d'agir et de s'enflammer pour de grandes décisions et de grandes entreprises – c'en est une autre de continuer à travailler avec les mains liées dans l'esclavage d'une époque étroite, sans trêve, à peine remarquée et cependant persécutée, et de faire au moins cliqueter les chaînes que l'on ne peut briser. C'est cela la mission de notre journal et de tous ceux qui lui sont restés fidèles avec moi. Continuer ! c'est notre mot d'ordre [273] ! »

La disparition des numéros de 1853 nous empêche de savoir à quel point le journal s'est éloigné de ses objectifs initiaux, mais l'on peut supposer que la tendance n'a pas pu s'inverser, du fait de la réaction politique. Ayant perdu toute dangerosité, le journal ne fait plus l'objet que d'une surveillance lointaine, le 6 octobre 1853, les autorités saxonnes demandent au gouvernement de Gera des renseignements sur le *Frauen-Zeitung* et apprennent alors qu'il n'a plus paru

273. OTTO Louise, « Offener Brief », *Frauen-Zeitung*, n° 45, 23 novembre 1851.

depuis le mois de juillet[274]. Quels que soient les compromis auxquels les dernières quarante-huitardes étaient prêtes pour pouvoir s'exprimer en public, elles sont contraintes de rentrer dans ce que l'on a appelé en Allemagne « *die stille Zeit* », « le temps du silence », soumises à des conditions qui rendent pour un temps infranchissables les limites imposées à leur sexe.

Les Françaises dans la répression

En France non plus, les femmes ne sont pas épargnées par la réaction politique, comme le montre, par exemple, la dissolution de l'Union des associations. Le 29 mai 1850, la police surgit dans le nouveau local de l'Union, alors qu'une assemblée générale était convoquée pour élire une nouvelle commission[275]. Quarante sept personnes – dont neuf femmes – sont arrêtées pour flagrant délit de réunion secrète politique. Plusieurs, dont Jeanne Deroin et Louise Nicaud[276], sont immédiatement emprisonnées. Lorsque le procès s'ouvre, le 12 novembre 1850, en cour d'assise, il reste trois femmes – Jeanne Deroin, Louise Nicaud et Pauline Roland – parmi les 29 prévenus cités à comparaître (dont deux contumaces[277]). Ceux-ci sont accusés d'avoir poursuivi des objectifs socialistes sous couvert d'association industrielle et commerciale. Jeanne Deroin est désignée comme celle en qui « a germé l'idée de l'Union[278] » et, avec Pauline Roland et Joseph Delbrouck, fait partie des neuf personnes accusées d'être « fondateurs et chefs d'une réunion ayant un but politique[279] ». Il est intéressant de se reporter aux notes qu'elle a rédigées pour sa défense, et qui sont encore restées inexploitées par les historiens, à travers les informations procurées sur l'histoire et le fonctionnement de l'Union des associations, elles renseignent à la fois sur un projet socialiste concret tel qu'il pouvait être alors mis en œuvre, et sur les convictions de Jeanne Deroin, restées inébranlables. Cette dernière récuse l'objectif politique attribué à l'Union, non seulement pour échapper à l'accusation de subversion politique mais aussi en conformité avec sa conception de l'association, mais elle assume complètement ses responsabilités dans le projet :

> « … il fallait un grand mouvement d'ensemble et un commencement d'organisation sérieuse afin de relier entre elles un grand nombre d'associations

---

274. Ludwig Johanna, Pradel Elvira, Schötz Susanne (Hg.), *Forschungen zur Schriftstellerin, Journalistin, Publizistin und Frauenpolitikerin Louise Otto*-Peters, Louiseum 19. Louise Otto-Peters Gesellschaft e. V., 2004, et *Briefe an den Gefangenen, dessen Welt seine geliebte Freundin ist. Louise Otto an August Peters 1849-1856*, hg. von Johanna Lemke, Deutscher Staatsbürgerinnen-Verband, Berlin, 1994.
275. Sur cet épisode, voir Riot-Sarcey Michèle, *op. cit.*, p. 257-260. Voir aussi *Procès intenté aux associations ouvrières*, novembre 1850, reproduit dans *Les Révolutions du XIXe siècle. 1848…*, ouv. cité, tome 6.
276. Louise Nicaud faisait partie de l'Union en tant que gérante de l'Association des blanchisseuses. Elle est condamnée de surcroît pour fabrication et détention d'armes et passe finalement 23 mois en prison.
277. Entre temps, les charges ont été abandonnées concernant les autres femmes initialement inculpées (*La Gazette des Tribunaux*, 13 novembre 1850).
278. Citation de l'arrêt de renvoi, *Gazette des Tribunaux*, 13 novembre 1850.
279. « Notes pour la défense de Jeanne Deroin », quinze feuillets manuscrits conservés à la BHVP (NA 111, Fol. 165-179).

de diverses professions. [...] bien loin de vouloir amener ou déterminer un mouvement politique violent, nous étions profondément affectée de l'antagonisme qui existe entre toutes les classes de la société, de l'effervescence des esprits et de la violence des partis qui nous menacent à chaque instant de nouvelles collisions. Or en présence de l'hostilité du pouvoir contre les classes opprimées et souffrantes, et de ses provocations incessantes, nous redoutions que, malgré les enseignements du socialisme et les avertissements de la presse indépendante, le peuple lassé et irrité de toutes ses misères et poussé par un sentiment naturel de défense légitime, ne fut entraîné à un mouvement révolutionnaire et notre conviction profonde est que la société ne peut être transformée que par des moyens pacifiques. [...] Nous ne voulions pas, pour l'organisation de l'assemblée générale des délégués des associations et de la commission d'administration, fonder une institution politique et constituer un nouveau pouvoir, mais seulement établir **une institution vraiment démocratique, un instrument pacifique de travail et de progrès fonctionnant par l'impulsion de la volonté de tous**. [...] De cet exposé consciencieux et en tout point conforme à la vérité, ainsi qu'il est facile de le constater par un examen sérieux des papiers saisis à l'Union, il résulte bien positivement que nous ne pouvons être accusée du délit qui nous est imputé d'être au nombre des fondateurs et des chefs d'une réunion ayant un but **politique**[280]. »

Durant le procès, Jeanne Deroin et Pauline Roland sont non seulement mises en cause pour leur action et pour leurs convictions politiques, mais elles sont aussi interrogées sur leur conception du mariage, de la maternité, de la morale et de la religion, ce qui n'est bien sûr pas le cas pour les hommes prévenus. L'arrêt de renvoi explique que « la dame Desroches, comme une sorte de protestation contre le mariage, a quitté le nom de son mari pour porter son nom de jeune fille ; elle poursuit ce qu'elle appelle la régénération de la femme et dans la presse et par la voie du socialisme[281] ». Pauline Roland est ainsi présentée, « Mère sans être mariée, elle est ennemie du mariage qui, soumettant l'obéissance de la femme à l'autorité du mari, consacre une inacceptable inégalité. Pour elle, chrétienne par la morale et non par le dogme, le Christ est un homme et non un dieu. Sa religion repose toute entière sur le mot socialisme[282]. » L'avocat général, qui rappelle ses « antécédents saint-simoniens », l'interroge ensuite sur son « opinion sur la légitimité des enfants et sur le mariage », l'amenant à protester « contre le mariage, parce que, tel qu'il est organisé, il constate l'infériorité de la femme à l'égard de l'homme[283] ». Il est probable que les opinions proclamées par les prévenues sur le mariage, ainsi que leur mode de vie hors normes, aient pesé dans le jugement en tant que subversions supplémentaires. Jeanne Deroin et Pauline Roland sont condamnées chacune à six mois de prison, soit la peine infligée à la plupart de leurs comparses masculins.

280. *Ibid.*
281. *Gazette des Tribunaux*, 13 novembre 1850.
282. *Ibid.*
283. *Ibid.*

Malgré leur enfermement, elles continuent de s'impliquer publiquement dans plusieurs domaines. Ainsi, elles signent ensemble deux lettres, adressées respectivement à l'Association politique des Femmes organisée par Anne Knight à Sheffield[284], et à la Convention des femmes américaines, qui prépare sa deuxième réunion[285]. Elles y expriment leur solidarité avec les efforts de leurs « sœurs » britanniques et américaines, et rappellent leurs propres actions[286]. Leur collaboration se limite à ces deux lettres, et chacune poursuit de son côté ses engagements antérieurs. Pauline Roland cherche à ranimer à distance l'Association des Instituteurs moribonde, mais Perot semble en retrait et Gustave Lefrançais est assigné à résidence à Dijon. Elle publie également quelques articles[287]. Jeanne Deroin cherche à rester en contact avec les associations qui subsistent, à travers une *Lettre aux Associations sur l'organisation du crédit*, qui explique comment il serait possible aux ouvriers de supprimer le numéraire et la concurrence, et de s'approprier les moyens de production sans recourir à la force[288]. Elle réagit également au débat parlementaire sur le droit de pétition, confiant au représentant Laurent de l'Ardèche un texte qui défend le droit de pétition politique des femmes[289]. Elle fait d'ailleurs usage de ce droit dès sa libération, le 3 juillet 1851, en prenant part à la nouvelle campagne de protestation en faveur du rétablissement du « suffrage universel[290] ».

À leur sortie de prison, Jeanne Deroin et Pauline Roland partagent leur temps entre les leçons qu'elles donnent pour vivre[291], et leur engagement dans le milieu associatif. Rien ne semble cependant subsister de l'Union des associations, et les possibilités d'action sont désormais bien restreintes. Le 17 juillet 1851, Jeanne Deroin prend part au banquet de l'Association des cuisiniers de la barrière Fontainebleau, en compagnie de Jean Macé et de Pierre Vinçard, et y porte un toast « à nos enfants[292] ». Par ailleurs, elle commence à rédiger l'*Almanach des Femmes*, dont le but est de faire valoir « le droit des femmes à la liberté et à l'égalité sociale la plus complète », « penser l'organisation du travail » et œuvrer pour « l'abolition de la peine de mort[293] ». Le premier numéro paraît à la fin de l'année 1851, probablement avant le Deux Décembre. Pauline Roland, elle, cherche en vain à faire éditer ses « Lettres d'une prisonnière » et ses traductions des premiers

284. Deroin Jeanne, Roland Pauline, « Letter to the Female Political Association », datée de mai 1851, publiée dans *Northern Star*, 14 juin 1851.
285. Deroin Jeanne, Roland Pauline, « Letter to the Convention of the Women of America », datée du 15 juin 1851, reproduite dans G. Bell Susan and Offen Karen M. (eds), *Women, the Family, and Freedom, The Debate in Documents*, vol. 1, Palo Alto, Stanford University Press, 1983, p. 287-290.
286. Anderson Bonnie, *The First International Women's Movement, 1830-1860*, New York, Oxford University Press, 2000.
287. En plus des deux derniers articles parus dans *La République* en décembre 1850 et janvier 1851, elle publie « La femme a-t-elle droit à la liberté ? » dans *La Feuille du Peuple* du 25 avril 1851, et « Morale socialiste, lettres d'une prisonnière » dans *La liberté de penser*, 1851, 43e et 45e livraison.
288. Deroin Jeanne, *Lettre aux Associations sur l'organisation du crédit*, Paris, G. Sandré, 1851.
289. Pétition de Jeanne Deroin, déposée le 4 juin 1851 (Arch. nat., C/2389, n°2874).
290. Voir la lettre de Jeanne Deroin, datée de juin 1852, adressée au rédacteur de *La Presse* (Arch. nat., 133 AP 1, Papiers Auguste Nefftzer).
291. Voir *La République* du 12 juillet 1851. Jeanne Deroin propose aussi des cours du soir gratuits pour les travailleurs.
292. *Ibid.* Un tel libellé peut sans doute être interprété comme un appel à l'optimisme.
293. Introduction de l'*Almanach des Femmes pour 1852*, Paris, 1852.

socialistes anglais. Elle tente également de redresser l'Association des Instituteurs, ce qui lui vaut une incessante surveillance policière et une nouvelle perquisition à domicile[294]. Ce sont peut-être ses revendications d'institutrice socialiste qui la font soupçonner d'avoir pris part à la résistance au Deux Décembre. Accusée d'avoir imprimé des placards insurrectionnels et de faire partie de sociétés secrètes[295], Pauline Roland est arrêtée le 6 février 1852. Elle est emprisonnée à Saint-Lazare avec dix-neuf autres femmes prévenues d'insurrection.

Cette période de la vie de Pauline Roland a été peu étudiée, bien qu'elle soit assez bien documentée grâce à sa correspondance. Depuis sa prison, elle écrit notamment à Gustave Lefrançais, à Anne Greppo[296], mais aussi à Armand Barbès, emprisonné à Belle-Isle, et à Joséphine Bachellery, qui s'occupe de sa fille. Nous disposons également de lettres que Pauline Roland a adressées entre mars et mai 1852 à l'inspecteur des prisons. Étant l'une des seules prisonnières instruites, elle expose la situation de ses codétenues dans le but de nier leur implication ou de minimiser leurs responsabilités[297]. Malgré ses dénégations, il semble bien que la plupart des femmes arrêtées aient réellement pris part aux insurrections, ou bien soient connues pour leurs sympathies républicaines affichées. Quelques unes ont d'ailleurs des antécédents, telle Claudine Monniot[298], condamnée après juin 1848 à vingt ans de travaux forcés, puis relâchée après une amnistie collective. Avec Pauline Roland, elle fait partie des quatre détenues qui refusent de signer un recours en grâce[299]. En recoupant les notes de Pauline Roland avec les dossiers des demandes de grâce[300], il est possible de retrouver la trace de soixante-cinq femmes condamnées suite au Deux Décembre. Leurs origines reflète la géographie de la résistance au coup d'État, dix-huit sont de Paris ou des environs, dix de l'Hérault, dix du Var, neuf de la Nièvre, cinq de l'Allier, cinq du Loiret, trois du Lot et Garonne, deux de la Drôme, une du Rhône, une du Cher, une du Gers[301]. Quarante-quatre de ces femmes – dont quatorze sont célibataires et trois sont veuves – ont déclaré une profession, douze sont ouvrières

294. Voir *La République* du 3 août 1851.

295. Thomas Edith, *op. cit.*, p. 184. Interrogée à partir du 10 février 1852, Pauline Roland nie avoir pris « matériellement » part à l'insurrection mais affirme avoir été « de cœur » complètement avec elle (voir sa lettre à Gustave Lefrançais, du 25 mars 1852, reproduite dans *Bagnes d'Afrique. Trois transportés en Algérie après le coup d'État du 2 décembre 1851*, textes présentés par Fernand Rude, Paris, Maspero, 1981, p. 106-108).

296. Epouse de Louis Greppo, ancien canut devenu député en 1848 et exilé en Angleterre après le Deux Décembre, elle est arrêtée le 8 janvier 1852 puis rejoint son époux.

297. Lettres de Pauline Roland conservées à la BHVP, Ms 1070, fol. 53-61.

298. Claudine Monniot, garnisseuse en chapeaux, est la compagne du chapelier Hibruit, qui aurait été chef d'une barricade en juin 1848 et est emprisonné de 1849 à 1859. En décembre 1851, Claudine Monniot fait partie d'un comité de résistance auquel Anne Greppo aurait transmis des affiches à imprimer.

299. Les deux autres détenues concernées font peut-être surtout preuve d'une adaptation aux circonstances, Armandine Huet, une jeune marchande de vin parisienne, veut rejoindre son mari en Algérie ; Augustine Péan, une servante parisienne blessée sur une barricade, est présentée par Pauline Roland comme une orpheline mentalement attardée, elle a pu vouloir demeurer avec ses compagnes d'infortune.

300. Arch. nat., BB/22/131 à 189 et BB/30/462-479.

301. Voir les cartes de l'insurrection de décembre 1851 dans Agulhon Maurice, *1848 ou l'apprentissage de la république*, Le Seuil, réédition de 1992, p. 207-208.

(dont sept couturières), neuf sont cultivatrices (dont trois journalières), sept tiennent divers petits commerces, six sont marchandes de vin ou aubergistes, six s'emploient comme domestiques ou « ménagères » ; il y a également une institutrice (Pauline Roland), une artiste dramatique, une concierge, une régisseuse. Il s'agit donc, pour la plupart, de femmes issues des classes populaires, alors que les hommes insurgés ont des origines sociales plus diversifiées, beaucoup sont des artisans qualifiés ou des boutiquiers aisés, voire ont des professions libérales qui les range parmi la bourgeoisie [302]. Comme on le constate tout au long du XIXe siècle, les femmes des classes moyennes participent bien moins aux insurrections que leurs frères, pères et époux. La capacité d'engagement est en effet en partie liée à l'autonomie matérielle, beaucoup plus répandue chez les femmes des milieux ouvriers et paysans, qui sont souvent financièrement indépendantes ou contribuent activement aux revenus familiaux. Par ailleurs, l'appartenance sociale joue aussi un rôle important dans les variations de l'identité « féminine », se comporter « en femme » dans la bourgeoisie amène à se plier à certaines contraintes spécifiques, difficilement compatibles avec des actes insurrectionnels.

Ces femmes qui ont manifestement résisté au coup d'État avec autant de vigueur que leurs compagnons sont aussi frappées des mêmes peines que les hommes. Sur cinquante-cinq dont on connaît les peines, quinze sont soumises à surveillance, dix-huit sont internées, vingt-deux sont transportées en Algérie. Ces dernières ne bénéficient d'aucun avantage en raison de leur sexe, comme en témoigne Pauline Roland dans ses lettres [303]. Embarquée le 23 juin 1852 avec neuf de ses codétenues et plus de deux cents hommes, elle arrive le 13 juillet dans un couvent proche d'Alger, est enfermée dans divers lieux dans des conditions très pénibles. Grâciée avec d'autres détenus le 15 août 1852, elle quitte l'Algérie en novembre et arrive, épuisée, à Lyon, où elle meurt le 16 décembre 1852. À cette date, les défenseurs d'une République démocratique et sociale ont tous été dispersés. Ainsi Jeanne Deroin, qui s'est occupée pendant quelques mois de soutenir les prisonniers, les proscrits et leurs familles, s'est réfugiée à Londres depuis août 1852. Peut-être son départ a-t-il été en partie motivé par la volonté de poursuivre son *Almanach des Femmes*, dernière publication francophone où des voix féminines contestataires peuvent se faire entendre [304].

Comme le *Frauen-Zeitung* de Louise Otto, *L'Almanach des Femmes* est conçu comme un appel à la résistance, qui se traduit à la fois par l'information, la protestation et la commémoration. La forme choisie est toutefois bien différente de l'hebdomadaire allemand, en optant pour une publication annuelle, destinée à indiquer « le progrès des vérités sociales qui renferment la prophétie d'un avenir meilleur [305] », Jeanne Deroin reprend une pratique devenue usuelle chez les propagandistes républicains et socialistes désireux de toucher un public

302. *Ibid.*, p. 214.

303. Pour cette période, voir les lettres de Pauline Roland publiées dans RIBEYROLLES Charles, *Les bagnes d'Afrique, histoire de la transportation de décembre*, Londres, Jeffs, 1853.

304. Pour une analyse plus complète de l'*Almanach*, voir PRIMI Alice, art. cit. Rappelons que les derniers journaux républicains ont disparu avant même le décret sur la presse du 17 février 1852.

305. *Almanach des Femmes pour 1852*, publié par Jeanne Deroin, se trouve à Paris chez l'éditeur [Jeanne Deroin] et chez tous les marchands de nouveautés, 1852.

populaire[306]. *L'Almanach des Femmes* se présente comme un recueil de textes assez brefs et variés, destinés à être lus par fragments, peut-être lors de lectures collectives ouvrant des débats. Le premier numéro est édité par Jeanne Deroin elle-même, et vendu par l'entremise des magasins de nouveautés et de la librairie phalanstérienne. Les deux *Almanachs* édités à Londres l'ont été par l'agence de l'Imprimerie Universelle de Jersey, peut-être grâce à Pierre Leroux ; la deuxième édition de l'*Almanach* est bilingue, preuve de son effort pour toucher un public britannique.

Jeanne Deroin rédige et dirige l'*Almanach* dans la continuité de ses engagements passés, entourée de collaborateurs/trices qu'elle côtoie depuis 1848 au moins[307]. Elle fait de sa publication un instrument de propagande en faveur de l'organisation du travail en même temps que pour les droits civils et civiques des femmes. Elle martèle que le véritable progrès ne peut passer que par le triomphe d'un socialisme authentique, qui ne peut se réaliser que par l'association, et non par les calculs politiciens ni par une révolution violente. Les rédacteurs/trices dénoncent toutes les dominations, celles des hommes sur les femmes, des riches sur les pauvres, des Blancs sur les Noirs, et même celle des humains sur les animaux. Toutefois, au fil des trois numéros, l'*Almanach* évolue vers une religiosité de plus en plus marquée dans le ton et le contenu des textes. Ceux-ci quittent peu à peu le terrain de la polémique et de la persuasion, et sont de plus en plus consacrés à diverses entreprises idéalistes et marginales, souvent proches du mysticisme[308]. Cette évolution se remarque aussi dans une nouvelle représentation de l'identité féminine. Alors que le premier *Almanach* évoque surtout les femmes au pluriel, en tant qu'individues pourvues de droits et porteuses de revendications, les deux parutions suivantes parlent bien davantage de « la Femme », selon une conception essentialiste à forte connotation spirituelle, où l'on reconnaît de forts accents saint-simoniens. Jeanne Deroin explique ainsi que les qualités de la Femme la rendent particulièrement aptes à réaliser la « morale du socialisme », basée sur l'amour[309], et que sa vocation maternelle lui donne toute légitimité pour réclamer « l'héritage collectif, le patrimoine des déshérités, et le droit social pour tous[310] ».

Cette religiosité croissante, mais aussi le caractère de plus en plus stéréotypé, voire incantatoire, des formules destinées à entretenir l'espoir d'un avenir meilleur, traduisent le blocage de la situation politique, l'absence de perspectives nouvelles, le désarroi face à la trahison des idéaux révolutionnaires. On retrouve en partie les mêmes caractéristiques dans l'évolution du *Frauen-Zeitung*, où Louise Otto pré-

306. Voir par exemple, pour la période 1848-1851, l'*Almanach Phalanstérien*, l'*Almanach de la vile multitude*, *L'Almanach du Peuple pour 1851*…, qui sont diffusés en grande partie par colportage.
307. Cependant, la plupart – tels qu'Angélique Arnaud, Jean Macé, Pierre Vinçard…, ne poursuivent pas leur collaboration au-delà du premier numéro ; seuls Eugène Stourm, Anne Knight et trois femmes anonymes écrivent dans les trois éditions.
308. Les rédacteurs/trices proposent des modes de vie alternatifs comme formes de résistance, en donnant en exemple les communautés de végétariens, de shakers, les sociétés de « non-résistance et de tempérance ». Deux rédactrices, Ève et Henriette, imaginent à partir de ces modèles une Association d'Amour Pur, qui est basée sur le refus de la sexualité.
309. « Remarque de l'éditeur », *Almanach des Femmes pour 1853*, p. 29.
310. « Réponse à la lettre de Miss Anne Knight », *Almanach des Femmes pour 1854*, p. 83.

sente la démocratie comme la réalisation du Royaume de Dieu, elle affirme que « la démocratie est une religion pour la démocrate enthousiaste[311] », laquelle peut particulièrement bien remplir sa mission politico-religieuse grâce à ses qualités « féminines ». Cependant, l'*Almanach des Femmes* se distingue par une radicalité qui subsiste jusqu'à sa dernière parution, Jeanne Deroin continue de revendiquer l'égalité civique[312] et d'utiliser le vocabulaire de socialistes « réalistes » tels que Proudhon et Louis Blanc. Elle persiste surtout à imaginer la transformation de la société grâce à la « politisation du privé », ce qui l'amène à prôner la démocratisation réelle des rapports de sexe à l'intérieur de la famille. À l'inverse, le *Frauen-Zeitung* préfère « privatiser le politique ». Il n'est pas question du droit de vote pour les femmes[313], et le foyer reste présenté comme le domaine privilégié des femmes. Leur engagement politique doit prendre une dimension privée, notamment en inculquant les idées démocratiques à leurs enfants. Elles sont invitées à agir hors de leur maison en continuant à se comporter en « mères ». L'association, notamment, est conçue comme une excroissance de la sphère domestique, où les femmes pourraient se vouer au bien commun en exerçant leurs compétences familiales, mais la participation des femmes aux associations n'est pas destinée à transformer en retour leur place dans la famille.

Ces différences peuvent s'expliquer par de multiples facteurs, notamment l'importance du saint-simonisme sur les rédacteurs/trices de l'*Almanach*, qui a dû favoriser leur réflexion sur la nécessaire transformation de l'existence privée. Le poids de l'identité nationale joue bien sûr aussi un rôle décisif dans les propos des Allemandes. Les représentations stéréotypées de la Femme Allemande et de la Femme Françaises sont sollicitées à quelques reprises dans le *Frauen-Zeitung*[314], pour insister sur la supériorité de la Femme Allemande et légitimer ainsi ses revendications. La Femme Allemande incarne la féminité parfaite, elle est décrite comme sérieuse et dévouée à son foyer ; au contraire la Femme Française est suspectée de masculinité – elle est égoïste, piètre ménagère, mauvaise mère, et passionnée par la politique – ou bien est renvoyée à une féminité dangereuse, celle de la séductrice sophistiquée et infidèle[315]. Les normes genrées servent ainsi à établir une hiérarchie entre nations que les rédactrices du *Frauen-Zeitung* revendiquent pour chercher une reconnaissance de la part de leurs contemporains. Enfin il faut rappeler que Louise Otto et Jeanne Deroin écrivent dans des conditions très différentes. La première doit contourner la censure et chercher à

311. « Die Demokratinnen », *Frauen-Zeitung*, n° 4, 26 janvier 1850.

312. Même si elle estime que « le droit politique n'est pas la liberté selon la vérité et la justice, mais un leurre pour endormir les peuples sur leurs véritables droits » (« Réponse à la lettre de Miss Anne Knight », *Almanach des Femmes pour 1854*, p. 82-83).

313. Durant toute l'existence du *Frauen-Zeitung*, un seul article s'indigne ouvertement de l'exclusion des Allemandes de la citoyenneté (FRIEDERIKE, « Die Ehe », art. cité).

314. Voir par exemple la correspondance de Nancy (peut-être due à Hermann Semmig), *Frauen-Zeitung*, n° 19, mai 1850, qui déplore la diffusion de la prostitution et du concubinage, et rappelle que le relâchement des mœurs françaises est dû au « caractère national », « qui a été de la galanterie, puis de la frivolité, et est maintenant de la légèreté ».

315. De tels stéréotypes sont véhiculés dans l'aire germanique depuis au moins la fin du XVIIIe siècle, voir SCHUTTE WATT Helga, « Sophie La Roche as a German Patriot », HERMINGHOUSE Patricia et MUELLER Magda (ed.), *Gender and Germanness. Cultural Productions of Nation*, Providence/Oxford, Berghanh Books, 1997, p. 36-49.

vendre son journal, semaine après semaine. La seconde, à la fois protégée et isolée par son exil, peut conserver toute sa radicalité, quitte à se couper de l'opinion. Selon un témoignage ultérieur, c'est d'ailleurs son refus des concessions qui l'aurait amenée à cesser l'*Almanach*, étant en désaccord avec ses principales collaboratrices[316]. Après 1854, elle semble ne plus avoir d'activité publique, même si elle garde un certain réseau de relations politiques[317] et demeure attentive à tout ce qui concerne l'amélioration du sort des femmes et des travailleurs[318].

L'entrée dans l'oubli

L'*Almanach des Femmes* et *Die Frauen-Zeitung*, qui perdurent bien au-delà du reflux révolutionnaire, représentent des exceptions. La quasi totalité des « femmes de 1848 » cessent de s'exprimer publiquement au plus tard vers 1851. L'exemple de Louise Aston ou de Pauline Roland illustre de façon extrême la double répression à laquelle sont confrontées les « femmes de 1848 », à la fois en tant qu'opposantes démocrates et en tant que « femmes publiques » qui ont un temps subverti les identités de genre. La dimension de genre se manifeste aussi dans le devenir des révolutionnaires au cours des deux décennies suivantes. Le décalage entre hommes et femmes est frappant dans le cas des collaborateurs et collaboratrices de l'*Almanach* et du *Frauen-Zeitung*. Alors que la plupart des hommes finissent par faire carrière, soit dans les milieux d'opposition, soit en s'intégrant au nouvel ordre, la plupart des femmes poursuivent et achèvent leur vie dans l'isolement, l'oubli et la pauvreté. Pour les hommes démocrates en effet, la parenthèse de l'engagement public des femmes doit se refermer avec la parenthèse révolutionnaire. Il n'y a pas de place pour leurs anciennes compagnes de lutte dans leurs réseaux et leurs stratégies politiques, si ce n'est en tant que mères, épouses et filles.

Certaines « femmes de 1848 » seraient pourtant prêtes à se rallier aux nouveaux pouvoirs, telle Eugénie Niboyet qui cherche à retrouver sa respectabilité dans les années 1850-1860. Elles ne rencontrent que l'indifférence ou l'hostilité des autorités, tandis que l'opinion publique continue de calomnier et ridiculiser les « femmes saucialistes », les amazones des barricades, les bas-bleus et les mégères des clubs. Comme le souligne Carola Lipp, l'expression triomphante des valeurs patriarcales après 1848 ne traduit pas tant le retour à un ordre prérévolutionnaire que la volonté de réagir avec vigueur aux récents bouleversements, parmi lesquels le rôle public des femmes a représenté une subversion

316. « Jeanne Deroin », par la femme Vaganey, *Le Droit des Femmes*, n° 14, 10 juillet 1869.

317. Elle correspond par exemple avec Pierre Leroux, qui publie deux de ses lettres dans son journal *L'Espérance* en juillet et septembre 1858, et avec Joseph Delbrouck, devenu dans les années 1860 un membre actif du mouvement coopératif (voir les papiers Cabet conservés à la BNF, Naf 18165 (f. 12, f. 21-22).

318. Elle envoie ainsi une lettre à la conférence internationale des travailleurs qui se tient à Londres les 25-29 septembre 1865 (voir *The General Council of the First International 1864-1866, The London Conference 1865, Minutes*, Moscou, Foreign Languages publishing house, 1964, p. 130). Elle écrit également à Léon Richer, rédacteur du journal *Le Droit des Femmes* (1869-1870) : lettres de Jeanne Deroin, BHVP, fonds Bouglé.

symbolique majeure[319]. Selon elle, c'est après 1848 que la conception hiérarchique des rapports de sexe, organisés selon le principe théorique des deux sphères (privée/publique), s'impose réellement et définitivement comme l'unique modèle, constitutif de l'ensemble de la société bourgeoise. Effectivement, en France comme en Allemagne, les critiques de la famille et des rapports de sexe traditionnels, et les propositions alternatives qui avaient pu être formulées dans les années 1830-1840, sont alors écartées pour longtemps.

Ces enjeux pèsent de façon déterminante sur la mémoire et l'histoire de l'engagement des femmes en 1848. Ces dernières ne sont pas considérées comme un objet digne de l'attention des historiens, quelle que soit la position politique et le sexe de ces derniers. Dans son *Histoire de la Révolution de 1848*, Daniel Stern, juge sévèrement ces femmes qui « heurtèrent de front les usages et les coutumes plutôt que de chercher à gagner les esprits[320] ». Elle les présente comme des marginales excentriques – et anonymes – qui ne peuvent être intégrés à l'analyse des événements[321]. C'est la vision léguée par les caricatures de Daumier qui l'emporte, qui associe 1848 aux « bas-bleus humanitaires », aux « *divorceuses* fortes en gueule », à « la femme révoltée proclamant l'émancipation et l'égalité des sexes[322] ». Le processus est tout à fait semblable en Allemagne. Citons, parmi de nombreux exemples, Johannes Scherr, député démocrate du Wurtemberg en 1848, qui, presque trente ans après, livre ses souvenirs sur la révolution :

> « Vous pouvez jurer que le contingent de femmes qui s'avancent dans l'espace public sans y être invitées, est constitué soit de vieilles filles laides et hystériques – qui peuvent être excusées pour des raisons physiologiques – ou bien de ménagères débraillées et de mères oublieuses de leurs devoirs, dont les livres de compte – si du moins elles en tiennent – sont en désordre, dont les chambres, les cuisines, les celliers et les armoires à linge sont sens dessus-dessous, dont les dépenses chez les modistes sont grandes mais impayées, et dont les enfants sont physiquement et psychiquement malpropres[323]. »

Réduites au silence, les « femmes de 1848 » se retrouvent ainsi dépossédées de leur histoire par ceux qui imposent leur récit. Par ailleurs, certaines d'entre elles qui continuent à s'exprimer se rallient aussi à la version dominante, contribuent à la transmettre. Prisonnières des enjeux du moment, obligées de subsister, et désireuses d'exister auprès des contemporains, elles reviennent sur leur passé pour négocier leur insertion dans le présent. Ces considérations amènent à mieux comprendre pourquoi la mémoire collective des « femmes de 1848 » n'est trans-

319. Lipp Carola, « 1848/49... », art. cit., p. 57.

320. Elle reprend là le point de vue de George Sand (voir ses articles dans le *Bulletin de la République* du 6 avril 1848, dans *La Réforme* du 9 avril 1848, dans *La Vraie République* du 10 avril 1848, dans son adresse « Aux membres du comité central », brouillon inachevé d'avril 1848, reproduit dans *Politique et polémiques*, *op. cit.*, p. 534-542).

321. Stern Daniel, *Histoire...*, *op. cit.*, p. 363-364.

322. Article « Daumier » du *Grand Dictionnaire Universel du XIXe siècle*, Paris, Larousse, 1863-1876, volume 7. Voir Czyba Luce, « La caricature du féminisme de 1848, de Daumier à Flaubert », Czyba Luce, *Écrire au XIXe siècle*, Paris, Les Belles Lettres, 1998, p. 141-153.

323. Scherr Johannes, *1848. Ein weltgeschichtliches Drama*, Leipzig, 1875, p. 275.

mise que de façon tronquée. Le cas d'Eugénie Niboyet est à cet égard exemplaire. En 1863, elle publie *Le Vrai Livre des Femmes* en réponse au *Livre des Femmes* de la comtesse Dash[324]. Dans la préface et la postface de cet ouvrage, Eugénie Niboyet entend à la fois justifier son engagement en faveur des femmes et sauvegarder sa réputation mise à mal par ce même engagement. Reniant ses anciennes compagnes de lutte, elle les présente comme une masse anonyme et exaltée, donc conforme à la caricature. De même, certaines Allemandes, qui ont combattu aux côtés des républicains, demandent l'indulgence pour leurs « égarements » passés. En effet, au contraire des femmes héroïsées en 1813 pour avoir défendu la patrie, les combattantes de 1848-1849 sont accusées de s'être comportées comme des créatures « antiféminines » (*unweiblich*). Certaines s'efforcent de rendre leurs actes excusables en leur ôtant toute motivation individuelle et politique, elles n'auraient rejoint les combattants que par amour pour leur compagnon et pour la patrie[325]. C'est la stratégie adoptée par Mathilde Anncke dans ses *Mémoires*. Insistant sur sa féminité, elle se présente comme la « vraie femme allemande », capable, par sa moralité et sa modernité, de répondre aux besoins de la nouvelle Allemagne en formation. Soucieuse de légitimer son comportement par l'éthique, elle invoque des valeurs indéniablement féminines pour ses contemporains, l'amour et le dévouement :

> « Beaucoup d'entre vous, à l'étranger comme au pays, vont me dénigrer parce que moi, une *femme*, je semble avoir suivi *l'appel aux armes*! [...] sachez que ce n'est pas la guerre qui m'a appelée mais *l'amour* – mais je vous l'avoue, c'est aussi la *haine*, la haine ardente née de la lutte de la vie, contre les tyrans et les oppresseurs des droits sacrés de l'être humain. Par *amour* j'ai suivi *l'homme* de mon cœur, dont le bras puissant est voué au combat vengeur contre ces tyrans[326]. »

Plusieurs des Allemandes qui se sont impliquées d'une manière ou d'une autre dans les événements de 1848-1849 publient par la suite des autobiographies ou des fictions où elles mettent en scène leur expérience[327]. En France, les « femmes de 1848 » optent pour le silence ou bien écrivent sur d'autres thèmes.

Après le triomphe de la réaction, Jenny P. d'Héricourt est, à ma connaissance, la première femme – et la seule quarante-huitarde – française à dire publiquement son admiration pour le rôle joué par des femmes dans la révolution. Après la disparition de l'*Almanach des Femmes*, c'est elle qui reprend la discussion publique sur l'émancipation des femmes, dans une série d'articles parus dans

324. Mme la Comtesse Dash, *Le Livre des Femmes*, Paris, A. Bourdilliat et Cie éditeurs, 1860. L'auteure prône aux femmes la résignation, le dévouement et l'amour en toutes circonstances, et condamne ceux et celles qui ont « imaginé de changer la condition des femmes ». Voir Riot-Sarcey Michèle, « Histoire et autobiographie, *Le Vrai Livre des Femmes* d'Eugénie Niboyet », *Romantisme*, n° 56, 1987, p. 59-68.

325. Loster-Schneider Gudrun, « Zur Interdependenz von Gender und Genre bei Autorinnen der 48er Revolution », Loster-Schneider Gudrun (Hg.), *op. cit.*, p. 237-265.

326. Mathilde F. Anneke, *op. cit.*, p. 9-10. Les italiques sont d'elle.

327. McNicholl Rachel, Wilhelms Kerstin, « Liebe, Kunst und Politik. Zur 1848er Revolution in Texten deutscher Schriftstellerinnen im 19. Jahrhundert », Stephan Inge, Weigel Sigrid (Hg.), *Die Marseillaise der Weiber*, Hamburg, Argument Verlag, 1989, p. 104-128.

les années 1855-1857[328]. Dans son premier texte, elle revendique l'héritage saint-simonien, et proclame son ambition de répondre à l'Appel à la Femme lancé par Enfantin en 1831[329]. Un an après, elle rend hommage aux quarantuitardes, tout en taisant son propre engagement de l'époque[330], même le fait de publier à l'étranger ne lui permet pas d'assumer librement son engagement passé. Ce n'est d'ailleurs que dans les années 1860 que Jenny d'Héricourt parle de 1848 dans des textes parus en France[331]. La transmission de la mémoire des quanranthuitardes pose donc un réel problème, et parmi les femmes engagées de la génération suivante, seule l'écrivaine André Léo évoque 1848. Malgré son grand esprit critique, et bien qu'elle ait fréquenté d'anciens révolutionnaires, son propos reste d'ailleurs influencé par la version dominante :

> « Il y eut en 48 un mouvement féminin ; mais peu sensible, un club dont on se moqua, bien qu'il ne fût pas plus ridicule, probablement, que les autres[332]. »

Au-delà des occultations et des déformations, les effets de 1848 continuent pourtant de se faire sentir durant les décennies suivantes, de même que ceux du saint-simonisme en France et de la dissidence religieuse en Allemagne. Toutes ces expériences imprègnent encore durablement la vie politique, même si ces références demeurent souvent implicites. Certaines « femmes de 1848 » parviennent d'ailleurs à conserver ou à retrouver une parole politique, aux côtés d'une nouvelle génération de femmes engagées, qui développe de nouvelles stratégies et de nouveaux discours face aux enjeux propres à la période suivante.

---

328. Jenny d'Héricourt publie au total 26 articles dans *La Ragione*, un hebdomadaire publié à Turin par Ausonio Franchi, un républicain libre-penseur, et dans *La Revue philosophique et religieuse*, publiée à Paris par Charles Lemonnier et Charles Fauvety, anciens saint-simoniens et franc-maçons républicains.

329. D'HÉRICOURT Jenny P., « De l'avenir de la femme », *La Ragione*, tome III, n° 54, 27 octobre 1855, p. 31. Pourtant, Jenny d'Héricourt ne semble pas avoir fréquenté les saint-simoniens, alors qu'elle a été assez proche de Cabet dans les années 1840. Voir OFFEN Karen, « Qui est Jenny P. d'Héricourt ? Une identité retrouvée », *Bulletin de la Société d'Histoire de la Révolution de 1848*, n° 3, 1987, et HONEGGER Claudia, WOBBE Theresa (Hg.), *Frauen in der Soziologie. Neun Porträts*, München, Beck Verlag, 1998, p. 344.

330. « En 1848, les femmes fidèles à leur instinct se déclarèrent pour la révolution. Rien n'égale la générosité, le dévouement des femmes avancées qui servirent les projets et les résolutions de la démocratie. La députation de Paris dut sa nomination en partie à leurs efforts… » (D'HÉRICOURT Jenny P., « Émancipation de la Femme. Conclusion », *La Ragione*, tome V, n° 111, 29 novembre 1856, p. 161).

331. D'HÉRICOURT Jenny P., *La Femme affranchie. Réponse à MM. Michelet*, Proudhon, *E. de Girardin, A. Comte et aux autres novateurs modernes,* Bruxelles, Paris, A. Lacroix, Van Meenen et Cie éditeurs, 1860, tome 2, p. 42, et « Une page d'histoire », *Le Droit des Femmes*, n° 7, 22 mai 1869.

332. LÉO André, *La Femme et les mœurs. Monarchie ou liberté*, Paris, 1869, Tusson, Éditions Du Lérot, 1990, p. 43.

Chapitre II

Le « temps du silence », un temps pour l'écriture engagée

En France comme en Allemagne, les décennies 1850 et 1860 apparaissent à première vue comme un temps de silence politique des femmes, par contraste avec leur irruption remarquée dans l'espace public en 1848 [1]. Même les rares femmes qui sont parvenues à obtenir une certaine reconnaissance dans la sphère publique, telles que George Sand, Daniel Stern, ou Louise Otto, se font alors beaucoup plus discrètes. Dès le tournant conservateur du gouvernement républicain provisoire, George Sand a mis fin à ses activités politiques ; sous le Second Empire, elle vit surtout à Nohant ou bien voyage. Toujours très productive, elle demeure l'une des auteurs contemporains les plus connus et appréciés, mais son œuvre a changé de ton [2]. Sand s'abstient désormais d'y déclarer ses aspirations républicaines et socialistes, même si elle poursuit une critique des mœurs, de la religion et de la politique de son temps. Si ses héroïnes restent souvent déterminées, elles se distinguent bien des rebelles des premiers romans [3]. Après la parution de son *Histoire de la Révolution de 1848*, et jusqu'à la fin des années 1850, Daniel Stern semble également se détourner de la politique, elle se consacre essentiellement à l'histoire de pays étrangers, et, lorsqu'elle fait rééditer en 1856 son essai de philosophie morale et politique paru en 1849, le mot « politique » a prudemment disparu du titre [4]. Quant à Louise Otto, elle ne publie plus rien entre 1852 et 1856, et ce n'est qu'à partir de 1859 que son œuvre romanesque reprend une tonalité relativement engagée. Ces exemples ne

1. « Sous le Second Empire, les femmes se tiennent relativement assez tranquilles » remarque Firmin Maillard dans *La Légende de la femme émancipée, histoires de femmes pour servir à l'histoire contemporaine*, Paris, Librairie illustrée, s. d. (postérieur à 1871), p. 235.
2. Marie-Ève Thérenty montre comment la poétique journalistique de Sand a été brisée par l'échec de 1848, « la voix cassée qui émerge à partir de 1850, plus personnelle, plus intime, ne recherche plus les grands échos révolutionnaires mais un écho intérieur autosuffisant » (Thérenty Marie-Ève, « "Songez que je n'ai aucune des conditions du journalisme…" Poétique journalistique de George Sand », dans *George Sand, écritures et représentations*, textes réunis par Éric Bordas, Eurédit, 2004, p. 238).
3. La pièce *Claudie*, créée à la Porte Saint-Martin en janvier 1851, est sans doute l'un des derniers textes subversifs de George Sand, jusqu'à ses œuvres anticléricales de la fin des années 1850. Sand y dénonce l'injuste répartition des biens, prône le droit au travail, critique le mariage et la condition des femmes paysannes, et prend pour héroïne une « fille-mère » (Charron Sylvie, « Claudie, vision prolétaire et féministe ? », dans *Le Siècle de George Sand*, textes réunis par David A. Powell, Amsterdam, Rodopi, 1998, p. 63-71).
4. Stern Daniel, *Esquisses morales. Pensées, réflexions et maximes*, Paris, Techener, 1856. La modification du titre correspond à la disparition des « Lettres républicaines » dans l'ouvrage.

sont que le reflet d'un silence général qui s'abat après les épisodes révolutionnaires, et qui concerne l'ensemble de la société, en Allemagne comme en France, les années 1850, et même le début des années 1860 sont caractérisés par la répression systématique des oppositions et la condamnation de toute infraction à l'ordre moral.

Si l'apolitisme qui semble régner dans la littérature au début des années 1850 reflète aussi bien la censure généralisée que l'autocensure pratiquée par les écrivains[5], ceci ne doit pas masquer les tentatives de subversion mises en œuvre de diverses manières. Ross Chambers relève la « duplicité » des textes qu'il nomme « modernistes », tels que ceux de Baudelaire ou Flaubert, qui parviennent à critiquer subtilement les valeurs et normes dominantes[6]. On peut signaler également certaines stratégies destinées à contourner la censure. C'est ainsi que, dans les années 1850-1860, George Sand, Daniel Stern et Louise Otto s'adonnent toutes trois au roman ou au drame historique, des genres qui connaissent alors un grand succès, entre autres parce qu'ils permettent de traiter les sujets d'actualité les plus brûlants, en les transposant dans un « ailleurs » passé. Néanmoins, les femmes paraissent être devenues encore plus silencieuses que les hommes, et cela pour deux raisons. D'une part, elles subissent de plein fouet le renforcement des normes genrées, et il leur est donc réellement plus difficile de porter une parole publique engagée. Lorsque George Sand dénonce en 1851 le sort de ceux qui combattent « les abus et les erreurs de leur siècle », elle précise bien, « on les exile, on les emprisonne, s'ils sont hommes ; on les insulte, on essaye de les outrager s'ils sont femmes[7] ». Les procédés utilisés à l'encontre des femmes démocrates visent directement leur réputation, leur honneur, et les empêchent d'accéder comme les hommes à l'héroïsme lié à la persécution. D'autre part, les hommes ont de nouveau retiré aux femmes la possibilité de parler, et se sont tus sur elles, peut-être davantage encore qu'auparavant, afin de mieux effacer les transgressions de 1848[8]. Du fait de ce « silence des femmes » aux multiples causes, la période qui suit les révolutions de 1848-1849 a surtout inspiré les chapitres que « l'histoire des femmes » consacre aux normes sociales et culturelles de la féminité et à la description de l'oppression patriarcale[9]. Pourtant, même durant les

5. Préalablement à la publication des *Beaux Messieurs de Bois-Doré* dans La Presse en 1857, George Sand doit s'engager à ce que ce roman soit « complètement étranger aux questions politiques, religieuses ou sociales du temps présent et de l'avenir » (Sand George, *Correspondance*, tome 14, édition Georges Lubin, Paris, Classiques Garnier, 1979, p. 333). La Presse vient alors de recevoir un avertissement en raison de passages offensants pour le pape dans le précédent feuilleton de Sand, *La Daniella*.

6. Chambers Ross, *Mélancolie et opposition. Les débuts du modernisme en France*, Paris, Librairie José Corti, 1987. Voir également Oehler Dolf, *Le spleen contre l'oubli. Juin 1848. Baudelaire, Flaubert, Heine, Herzen*, Paris, Payot, 1996 (1988).

7. Préface datée d'avril 1851, republiée dans Sand George, *Questions d'art et de littérature*, Paris, Calmann Lévy éditeur, 1878, réédition présentée par Henriette Bessis et Janis Glasgow, Paris, Édition des femmes, 1991, p. 26.

8. Perrot Michelle, *Les Femmes ou les silences de l'histoire*, Paris, Flammarion, 1998 ; Planté Christine, « Le silence des femmes ou les enjeux d'une métaphore », *Cahiers du CEDREF*, Paris 7, n° 1, 1989.

9. Ce qui est aussi en partie la conséquence d'une histoire sociale de cette période qui est très axée sur l'ascension de la bourgeoisie, ou bien qui a longtemps traité de l'histoire ouvrière en passant les femmes sous silence (Frader Laura L., Rose Sonya O. [ed.], *Gender and Class in Modern Europe*, Cornell University Press, Ithaca and London, 1996, « Introduction », p. 1-16).

années 1850 et 1860, des femmes résistent toujours à leur éviction de la sphère publique et proclament leur foi dans le progrès. Nous retrouvons leurs traces, minoritaires et isolées, grâce aux textes qu'elles ont réussi à publier. En effet, après l'échec des révolutions, l'écriture est – pour elles encore plus que pour les hommes – le seul moyen qu'il leur reste pour s'exprimer publiquement. Si elles convoitent le pouvoir – réel ou illusoire – accordé aux mots, c'est non seulement qu'il s'agit de l'un des rares pouvoirs qu'elles peuvent espérer s'approprier, mais qu'il représente aussi une clé d'accès à la modernité, l'écriture procure un moyen d'initiative et d'action, elle permet de réagir aux événements et d'essayer de faire réagir les contemporains, d'apporter enfin sa contribution à ce que l'on croit être le progrès.

Les femmes publient d'ailleurs de plus en plus au cours du XIXe siècle[10]. Les hommes de lettres contemporains le remarquent, le plus souvent avec exaspération ou condescendance. En Allemagne, l'appellation *Frauenliteratur* (« littérature féminine ») désigne alors des romans de qualité médiocre, généralement écrits par des femmes, pour distraire un lectorat féminin. Le terme a été repris par l'histoire littéraire des années 1970, pour nommer les écrits de femmes, dans laquelle certaines chercheuses voulaient trouver l'expression d'une différence due à la « féminité ». À rebours d'une telle approche, qui reprend et renforce le discours sur la Femme, il me paraît essentiel de rechercher la subjectivité des auteures étudiées, au travers des multiples identités qu'elles endossent dans leurs écrits, en tenant compte des injonctions genrées qui leur sont faites. Les normes genrées sont par ailleurs tellement puissantes à l'orée des années 1850, que, lorsqu'une femme publie un texte exprimant une pensée critique, lorsqu'elle manifeste de la sorte une individualité dérogeant aux identités imposées, on peut considérer que cet acte détient en lui-même une forte portée politique. C'est dans cette perspective que j'examinerai les diverses possibilités de contestation dont les femmes disposent à travers la littérature de fiction, les essais, mais aussi la presse.

La présence des femmes dans la presse d'opinion doit faire l'objet d'une attention particulière, dans la mesure où elles ont là peut-être mieux qu'ailleurs, la possibilité d'intervenir politiquement dans l'espace public. L'activité journalistique des femmes durant la deuxième moitié du XIXe siècle est encore très mal connue, les histoires de la presse française et allemande ne prenant pas en compte la présence des femmes ni la dimension de genre[11]. Les seuls articles et ouvrages traitant de la question au-delà de 1848 sont dus à des historiennes allemandes travaillant sur la presse « féministe », celles-ci passent directement des journaux de femmes de 1848 à ceux édités par les associations de femmes allemandes à partir de 1866. J'ai ici recherché la trace des femmes dans l'ensemble de la presse

10. SLAMA Béatrice, « Un chantier est ouvert... Notes sur un inventaire des textes de femmes du XIXe siècle », *Romantisme*, n° 77, 1992, p. 87-93; TEBBEN Karin (Hg.), *Beruf, Schriftstellerin. Schreibende Frauen im 18. und 19. Jahrhundert*, Göttingen, Vandenhoeck & Ruprecht, 1998.

11. Les récents travaux de Marie-Ève Thérenty, portant sur la presse de la Monarchie de Juillet et sur George Sand, offrent cependant des perspectives nouvelles : THÉRENTY Marie-Ève, « Songez... », art. cit.; « Femme, pensée et journalisme sous la Monarchie de Juillet », dans *Masculin/féminin*, n° 8, *Lieux littéraires*, numéro dirigé par Christine PLANTÉ, juin 2005, p. 93-112.

d'opinion, qu'elles y écrivent en tant que rédactrices, collaboratrices régulières ou occasionnelles, ou même en tant que lectrices. De nouveau apparaît un certain déséquilibre entre Allemandes et Françaises, car il semble encore plus difficile aux premières d'accéder à la presse d'opinion, *a fortiori* de fonder et diriger un journal. Il faut attendre pour cela que les mouvements de femmes organisés en Allemagne à partir de 1866 se dotent de leurs journaux. Malgré cela, la comparaison entre les Allemandes et les Françaises peut être poursuivie, facilitée par les analogies qui existent entre les deux pays sur le plan politique.

En France, le régime impérial s'appuie dans un premier temps sur l'Église, mais surtout sur les notables traditionnels afin d'imposer son ordre. En Allemagne, la monarchie prussienne, autoritaire et militaire, orchestre la contre-révolution et prend progressivement un poids prépondérant dans la Confédération, entrant en rivalité ouverte avec l'Autriche. Dans les deux aires, la réaction politique se prolonge durant une dizaine d'années, puis une relative libéralisation s'esquisse à partir de 1859-1860. On parle pour l'Allemagne d'une « nouvelle ère », qui se manifeste par plusieurs changements concomitants. Le prince Guillaume Ier, réputé libéral, devient régent de Prusse en 1858 ; en 1861, il débute son règne en renvoyant Manteuffel, qui avait été l'un des piliers de la contre-révolution. Dans plusieurs États du sud, les parlements acquièrent un nouveau poids politique ; en Bavière, Bade et dans le Wurtemberg notamment, les représentants parviennent à imposer aux gouvernements une certaine mise à distance de l'Église catholique. En Bade enfin, les libéraux accèdent aux affaires, entreprennent la modernisation de l'État et de la vie économique, et initient un nouveau projet d'unification nationale excluant l'Autriche. En France, l'empereur révise les équilibres des années précédents, au détriment des catholiques – indignés par une politique italienne menaçante pour le pape – et de certains milieux industriels – irrités par le « coup de force douanier » de 1860, qui libéralise les échanges avec la Grande-Bretagne. L'amnistie de 1859 permet à de nombreux républicains exilés de rentrer. Comme en Allemagne, l'opposition libérale et démocrate se reconstitue progressivement et profite d'une plus grande liberté d'expression pour revenir sur la scène publique. Partout, les interventions publiques des femmes concernent les débats les plus vifs de l'époque. Il s'agit notamment de définir une forme de gouvernement qui concilierait les aspirations libérales croissantes de la société et la nécessité d'un ordre empêchant toute nouvelle révolution. Il s'agit également de s'accorder sur la libéralisation du domaine économique – particulièrement concernant le droit au travail et l'organisation des travailleurs, mais aussi d'apporter une réponse « moderne » à la question nationale allemande, et de résoudre un conflit de plus en plus aigu entre des sociétés sécularisées et des Églises qui veulent conserver tout leur pouvoir temporel. L'étude des écrits des femmes engagées et des réactions qu'ils suscitent permet d'évaluer si la libéralisation qui s'opère au cours des années 1860 correspond à un véritable processus de démocratisation, constate-t-on un assouplissement des catégories de genre, les femmes parviennent-elles, à la fin de la période, à prendre plus facilement la parole dans les débats contemporains ?

Cette approche pose la question de la fonction politique que peut détenir l'écriture dans ces années 1850-1860. En quoi le pouvoir – imaginaire ou réel – conféré aux mots représente-t-il pour les femmes engagées une clé – voire *la* clé – de la Cité, ainsi qu'une entrée dans la modernité ? À l'exemple de Louise Otto – devenue Louise Otto-Peters – quelques écrivaines assurent une sorte de transition entre l'avant et l'après 1848. Elles montrent désormais plus de modération, mais elles conservent dans l'ensemble le même type d'argumentation que sous la révolution. En même temps, une nouvelle génération d'auteures – romancières ou essayistes – entre en lice à partir de la fin des années 1850 et expérimentent diverses formes d'écriture pour lutter contre tout ce qu'elles refusent dans l'ordre social et politique en place.

L'écriture engagée, voie d'accès à la Cité ?

Les auteures des années 1850-1860, qui prolongent la réflexion menée en 1848 sur les possibilités d'intervention publique des femmes, restent encore assez peu étudiés par les historiens. La plupart des recherches effectuées sont de type biographique [12]. Quelques études s'appuient sur les parcours et les œuvres de certaines auteures pour examiner les rapports de sexe et les possibilités d'écriture à un moment donné du XIXe siècle [13].

Le point commun de ces études est de montrer les diverses difficultés rencontrées par les femmes qui veulent écrire, tout spécialement lorsqu'elles veulent s'éloigner des normes. Le thème de la marginalité a été particulièrement exploré par les études féministes qui rappellent que la société n'admet que deux vocations pour une femme, le service des hommes ou le service de Dieu. Comme le font remarquer Ruth-Ellen Boetcher Joeres et Marianne Burkhard dans un ouvrage sur les écrivaines allemandes du XIXe siècle, cette position marginale présente un intéressant paradoxe [14]. D'une part, il s'agit d'une situation subie, qui peut provoquer une fragilité sociale, matérielle et psychologique. Les textes trahissent souvent une grande tension entre la volonté d'affirmer une identité propre et la nécessité d'adopter un discours conforme aux attentes de la société. D'autre part, il s'agit aussi d'une posture particulière, qui offre, dans certains cas, la possibilité d'envisager des points de vue originaux, plus difficilement accessibles à ceux et celles qui sont mieux intégrés dans la société. Il ne suffit certes pas d'être une femme qui écrit pour se rebeller contre les normes culturelles et sociales, il est avant tout nécessaire de développer une conscience individuelle, qui permette de

12. Par exemple, DIETHE Carol, *Towards Emancipation. German Women Writers of the Nineteenth Century*, New-York, Bergham Books, 1998 ; WALTON Whitney, *Eves Proud Descendants, Four Women Writers and Republican Politics in Nineteenth-Century France*, Stanford, Stanford University Press, 2000.
13. Par exemple, PLANTÉ Christine, *La Petite sœur de Balzac. Essai sur la femme auteur*, Paris, Le Seuil, 1989 ; KORD Suzanne, *Sich einen Namen machen. Anonymität und weibliche Autorschaft 1700-1900*, Stuttgart, Metzler, 1996 ; HUNDT Irina (Hg.), *Vom Salon zur Barrikade. Frauen der Heinezeit*, Stuttgart, Metzler, 2002.
14. BOETCHER-JOERES Ruth, BURKHARD Marianne (eds), *Out of Line/Ausgefallen, the Paradox of Marginality in the Writings of Nineteenth-Century German Women*, Amsterdam, Rodopi, 1989.

se positionner de façon autonome vis-à-vis de l'identité de genre, et de chercher à transformer sa condition, à un niveau personnel et collectif.

De la « femme auteur » à l'auteure engagée

En Allemagne comme en France, les recherches faites au sujet des femmes qui écrivent ont attiré l'attention sur le problème de leur dénomination. L'allemand autorise bien la féminisation de *Schriftsteller* en *Schriftstellerin*, et de *Autor* en *Autorin*, mais, au XIXe siècle, le mot *Autor* reste souvent employé pour les femmes, occultant toute dimension sexuée. De plus, la catégorie *Frauenliteratur* permet de classer d'emblée la production des femmes hors des canons littéraires, et de la dévaloriser. En France, c'est l'expression « femme auteur » qui est la plus usitée. Le refus de la féminisation du mot « auteur » montre que la société se défend d'entériner l'existence de ces femmes qui troublent les valeurs imposées par la bourgeoisie, à la fin du XIXe siècle, l'académicien M. de Mazade explique à la romancière Marie-Louise Gagneur qu'on ne saurait féminiser les mots « auteur, écrivain, confrère, pour cette raison qu'il n'existe pas de femme ou de jeune fille qui se destinent à la carrière d'écrivain [15] »... L'expression « femme auteur » permet de toutes les confondre en une unité indistincte et méprisée, pour mieux les rejeter hors de la littérature, « [...] chaque femme qui écrit va désormais se voir renvoyée bon gré mal gré à cette catégorie par laquelle on prétendra la définir et l'expliquer. Qu'elle écrive justement pour se chercher et s'affirmer une et singulière, son effort ne s'en verra pas moins nié par le discours généralisateur de la critique, qui ne veut voir en elle que la représentante d'une espèce trop dangereuse pour qu'on ne cherche pas à l'étiqueter afin de mieux la cerner et l'isoler [16] ».

Ce refus de reconnaissance se traduit dans les difficultés que les auteures ont pour se nommer elles-mêmes et signer leurs œuvres, une grande partie d'entre elles a recours à l'anonymat ou au pseudonyme – souvent masculin – pour pouvoir publier [17]. Que l'on étudie des poèmes, des romans, ou bien des essais ou des articles de presse, il convient de prendre en compte l'analyse ainsi formulée par Christine Planté, « ... si modeste puisse-t-elle paraître, et statistiquement marginale, rapportée aux grandes revendications politiques et sociales, l'écriture des femmes n'en a pas moins cet effet immense, *hic et nunc*, contraindre les hommes à voir en elles des individus et des sujets, et non de pures fonctions, les amener à ses situer dans des relations où, entre les femmes et eux, plus rien n'est donné d'avance. Tout leur rapport à l'ordre social, à la culture, à eux-mêmes, se trouve par là interrogé [18] ». Peut-on pour autant considérer que « le politique resurgit avec acuité du sein de la pratique la plus subjective et la plus individuelle [19] ». Il me semble important de distinguer ici les genres d'écrits

15. Cité dans un article de Marie-Louise Gagneur daté de 1891, conservé (sans références) à la bibliothèque Marguerite Durand (DOS GAG).
16. PLANTÉ Christine, *op. cit.*, p. 29.
17. KORD Susanne, *op. cit.*
18. PLANTÉ Christine, *op. cit.*, p. 65-66.
19. *Ibid.*, p. 66.

que la société admet, voire requiert, de la part des femmes, de ceux qui sont interdits et rejetés de diverses manières. Si l'écriture des femmes contient en elle-même un potentiel subversif, tout texte de femme ne détient pas une portée contestataire et politique. Il est nécessaire de distinguer les « auteures engagées » de l'ensemble des « femmes auteurs », dans quelles conditions, à travers quelles formes d'écriture, parviennent-elles à affirmer leur subjectivité, à exprimer des idées critiques, à défendre des projets collectifs, et à intervenir politiquement dans l'espace public ?

Une activité potentiellement subversive

Le critique littéraire allemand Robert Prutz remarque en 1860 que les écrivaines (*Schriftstellerinnen*) de la nouvelle génération ne se contentent plus de s'engager sous des bannières déployées par les hommes, mais se comportent de façon autonome, parlent de leurs propres intérêts, avec leurs mots à elles [20]. Son intérêt bienveillant le différencie de la plupart de ses collègues, qui se déchaînent souvent contre ces femmes et tentent de les occulter. En France également, la présence des femmes en littérature est souvent dénoncée comme un phénomène menaçant, contre lequel il faut réagir de toute urgence. La virulence des réactions témoigne bien de l'ampleur de la subversion accomplie. « Le nom de femme auteur soulève parfois tant de préjugés et de colères qu'il faut quelque audace pour se faire l'apologiste du *bas bleu* », écrit l'une d'elles, Julie Daubié [21], avant de plaider sa cause au nom des femmes d'esprit qui ont su se montrer épouses aimantes, pieuses mères et excellentes ménagères [22].

Si l'écriture devient un champ professionnel et une source de revenus pour un nombre croissant de femmes, la norme reste celle définie par Proudhon en ces termes, « La femme auteur n'existe pas ; c'est une contradiction. Le rôle de la femme dans les lettres est le même que dans la manufacture ; elle sert là où le génie n'est plus de service, comme une broche, comme une bobine [23]. » La plupart des auteures ont intériorisé cette idée selon laquelle les femmes sont incapables de créer et de penser. Elles résolvent souvent cette contradiction avec leurs propres ambitions en se laissant définir comme des exceptions [24]. N'y a-t-il alors de valorisation individuelle possible qu'en se distanciant la catégorie « femme », en dévalorisant de son propre sexe [25] ?

Pour comprendre les conditions dans lesquelles ces questions se posent aux « femmes auteurs », il est nécessaire de repérer les normes de l'écriture « fémi-

20. Prutz Robert, *Die deutsche Literatur des Gegenwart*, Leipzig, 1860.
21. Julie Daubié (1824-1874), devenue institutrice en 1844, elle poursuit sa formation en autodidacte et devient en 1861 la première bachelière française. Journaliste, conférencière, essayiste, elle défend les droits des femmes dans le cadre de ses convictions républicaines.
22. Daubié Julie, *La Femme pauvre au XIXe siècle*, tome III, Paris, 1866, réédition de 1870 reproduite par Côté-Femmes, 1993, p. 24-25.
23. Proudhon Pierre Joseph, *De la Justice…*, *op. cit.*, onzième étude, chapitre I.
24. Planté Christine, « Femmes exceptionnelles, des exceptions pour quelle règle ? », *Cahiers du GRIF*, n° 37/38, *Le genre de l'histoire*, Éditions Tierce, printemps 1988, p. 91-113.
25. Riot-Sarcey Michèle, Varikas Eleni, « Réflexions sur la notion d'exceptionnalité », *Ibid.*, p. 77-89.

nine » telles que les établissent les contemporains. L'écriture la mieux admise pour les femmes est l'écriture utile[26]. En France comme en Allemagne, les jeunes filles de la bourgeoisie sont même fortement incitées à écrire, principalement sous la forme de journaux intimes qui sont des instruments privilégiés de l'éducation morale et religieuse, voire une forme de thérapie pour combattre la neurasthénie[27]. L'étude de ces journaux montre combien leurs auteures sont déchirées entre la nécessité de respecter les normes sociales et morales du féminin, et leur aspiration à découvrir et exprimer leur individualité[28]. Ces textes à usage privé (personnel ou familial) sont normalement dominés par l'autocensure, et aident finalement les femmes à se plier aux contraintes qui pèsent sur elles; c'est à ce titre qu'ils sont encouragés. Publier est une autre affaire. La meilleure légitimation est l'obligation de gagner sa vie. Lorsqu'en 1864 la veuve Léodile Champseix, alias André Léo, pose sa candidature à la Société des Gens de Lettres, l'argument mis en avant par les rapporteurs est qu'elle « a pour principal mobile la nécessité de gagner le pain de la famille[29] ». De fait, publier est l'une des seules ressources qui s'offrent aux femmes instruites qui ne peuvent ou ne veulent pas se livrer à des travaux manuels. Obligées de suivre la norme, qui attribue à la « femme auteur » une fonction didactique et normative, quantité de femmes publient ainsi des romans édifiants et des histoires pieuses à l'intention des enfants, des manuels d'éducation et de savoir-vivre à l'usage des demoiselles et des mères de famille des milieux bourgeois et aristocratiques[30]. Certaines entreprennent également des essais plus théoriques, destinés à contribuer à la définition de la Femme[31]. Leurs traités mêlent des considérations physiologiques et morales, économiques et sociales, historiques et religieuses, afin d'examiner toutes les facettes d'un « féminin » de toutes façons déterminé par la nature. Pour toutes ces auteures, écrire et publier n'est qu'une façon d'accomplir la fonction d'éducatrice et de gardienne des mœurs que la société leur attribue.

Quant à celles qui ambitionnent une carrière littéraire, elles ne sont tolérées des critiques et des censeurs qu'à une condition, demeurer avant tout des femmes. Julie Daubié cite avec ironie une femme de lettres britannique qui aurait dit, « Qu'importe que les bas d'une femme soient plus ou moins bleus, si ses jupes sont assez longues pour les cacher[32] ? » Cette réflexion traduit exactement le problème, pour échapper au rire et au mépris de leurs contemporains, les « femmes auteurs » doivent faire oublier les qualités littéraires et intellectuelles de leurs travaux, en les dissimulant derrière une identité « féminine » à arborer en toute circonstance. Ceci est bien illustré aussi dans la plupart des recensions

26. Planté Christine, *op. cit.*, p. 171 et suivantes.
27. Lejeune Philippe, *Le Moi des Demoiselles*, Paris, Le Seuil, 1993. Quelques-uns de ces journaux ont été publiés par des descendants ou des historiens, par exemple, *Le Journal intime de Caroline B.*, enquête de Michelle Perrot et Georges Ribeil, Paris, Montalba, 1985; Bublies-Godau Birgit (Hg.), *op. cit.*
28. Cosnier Colette, *Le Silence des filles. De l'aiguille à la plume*, Paris, Fayard, 2001.
29. Arch. nat., fonds de la Société des Gens de Lettres, 45AP 250.
30. Häntzschel Günther (Hg.), *Bildung und Kultur bürgerlicher Frauen 1850-1918, Quellendokumentation aus Anstandsbüchern und Lebenshilfen für Mächen und Frauen*, Tübingen, Niemeyer, 1986.
31. Par exemple, Hohenhausen Elise, *Die Jungfrau und ihre Zukunft in unserer Zeit*, 1854; Mme Romieu, *La Femme au XIXe siècle*, Paris, Amyot, 1858.
32. Daubié Julie, *op. cit.*, tome III, p. 24.

de livres dont les auteurs sont des femmes. En témoigne par exemple un texte consacré à la défunte Delphine de Girardin par une revue littéraire allemande. Faisant l'éloge de cette personnalité, « quintessence de l'esprit français », l'article vante principalement sa beauté, son élégance, son humour, et apprécie qu'elle soit toujours restée discrète, préférant en public le rôle de dame du monde à celui d'auteur. Elle est louée pour être demeurée à sa place – c'est-à-dire dans les salons – et ne pas avoir expérimenté « des tentatives si peu féminines de parler des sphères inférieures, ce que seul peut réaliser le génie de George Sand[33] ». Ecrire comme une femme doit le faire, c'est demeurer de bon goût, ne remettre en question ni les barrières du genre ni celle des classes sociales.

Il est donc assez difficile à une femme d'oser apparaître dans ses écrits comme une individualité libre, dénuée de préjugés, assumant des convictions personnelles, voire exprimant des revendications. C'est ainsi que Louise Otto fait en 1847 le constat suivant :

> « Mais si nous considérons les écrivaines allemandes, la majorité d'entre elles m'apparaît être comme nos professeurs allemands, c'est comme si elles tenaient pour indigne d'elles de traiter des questions contemporaines. Il vient de m'être reproché par l'une d'elles de m'être mêlée de ces questions, dans les revues où j'ai écrit, cette femme d'esprit, pleine de sensibilité, a pu trouver cela contraire à la féminité (*unweiblich*)[34] ! »

Certes, Louise Otto cherche sans doute ainsi à attirer l'attention sur ses propres textes, et à s'ériger à la fois en exception et en exemple. Il n'en demeure pas moins que celles qui parviennent à braver les contraintes pesant sur leur sexe et à expérimenter une pratique subversive de l'écriture doivent s'apprêter à résister à diverses attaques. L'accusation d'être « *unweiblich* » (non-féminine) se décline de maintes manières : ainsi, l'expression de « bas bleu » – parfois traduite en Allemagne par *Blaustrumpf*, ou plus souvent remplacée par « *gelehrtes Frauenzimmer* » (femme savante/pédante) – est l'insulte suprême usitée pour réduire au silence les femmes rebelles. Sous le second Empire, l'écrivain Barbey d'Aurevilly désigne les « Bas-bleus » parmi les « ridicules » de son temps. Sa caricature n'est pas seulement destinée à faire rire ses contemporains mais aussi à les mettre en garde contre ce qu'il estime être un véritable danger :

> « … les Bas-bleus, c'est la révolte femme. […] c'est la révolte chez nous, dans la maison et la famille chrétiennes; c'est l'insurrection de la femme contre sa fonction même […][35] ! »

Il développe la dimension politique de sa position au cours de la polémique provoquée en 1869 par Olympe Audouard. Cette dernière ne se contente pas en effet d'ambitionner une carrière d'écrivaine, de journaliste et de conférencière,

33. « Frau von Girardin, die französische Muse », *Magazin für die Literatur des Auslandes*, n° 10, mars 1861. Une fois de plus, George Sand est traitée comme une exception, ce qui évite de se servir de son exemple pour remettre en cause préjugés et stéréotypes.
34. OTTO Louise, « Über die Teilnahme… », art. cit., p. 46.
35. BARBEY D'AUREVILLY, « Ridicules du Temps. Les Bas-Bleus », *Le Nain Jaune*, 7 février 1866.

mais revendique même un privilège des plus masculins en prétendant répondre en duel aux insolences du *Figaro* à son égard. Cumulant les transgressions, elle s'attire donc de cinglantes répliques dans ce journal[36], puis la polémique se déplace dans *Le Gaulois*. Barbey d'Aurevilly y prend la plume à la fois contre le principe de démocratie et contre « le Bas-bleuisme, la disgrâce de cette époque ». Les « bas-bleus » posent en effet directement la question de l'égalité, d'une manière qui, bien sûr, ne convient pas à l'aristocratique homme de lettres :

> « [...] Du reste, je les comprends très bien... les bas-bleus jaloux de mes bottes et qui les mettent comme le Petit Poucet a mis celles de l'ogre, ont une idée très nette et très juste de l'égalité qu'elles prétendent introduire d'eux à nous. Et pourquoi donc les femmes comme elles ne se battraient elles pas ? [...] Elles font des livres comme nous, des conférences comme nous, des sottises comme nous ? pourquoi ne pourraient-elles pas avoir leurs duels comme nous, et non pas seulement entre elles, comme dans *Faublas*, mais avec nous ! Mme Olympe Audouard a posé le pourquoi. [...] Elle est l'expression la plus avancée et la plus armée du droit de la femme à l'égalité civile, politique et sociale, conséquence forcée de cette Égalité absolue qui s'est accroupie sur le monde moderne comme un Sphinx sur des débris[37]... »

Pour échapper aux accusations de « bas-bleuisme » ou de pédanterie, nombre de « femmes auteurs » cherchent à amoindrir leur transgression en commençant leur ouvrage par une préface légitimante[38]. Elles y protestent de leur excellente renommée, de leur vocation d'épouse et de mère, et assurent les lecteurs de l'humilité de leurs intentions. La romancière allemande M. Norden[39] répète à plusieurs reprises ne s'autoriser à écrire que parce qu'elle est célibataire ; si elle conseille aux femmes instruites la carrière littéraire, c'est à la condition de toujours accorder la priorité aux devoirs de mères et d'épouse[40]. Un autre moyen pour tenter de conquérir une plus grande liberté de parole est de brouiller les pistes en utilisant l'anonymat ou bien un pseudonyme masculin. Une étude sur

36. « Au lieu, violente et virile, De composer un grand travail, Où vous narrez dans votre style, Les petits secrets du sérail ; Au lieu de mainte conférence, Où le public, galant et sot, Vous applaudit par complaisance, Et n'entend pas un traître mot ; [...] Au lieu de ces littératures, Où vous fourrez vos doigts mignons, Cuisinez-nous des confitures Et préparez des cornichons. [...] Non !... vous voulez pour épitaphe, « Femme inutile tout le temps. Elle a tripoté l'orthographe Au lieu de faire des enfants ! » (Millaud Albert, « Réponse à Mme Olympe Audouard », *Le Figaro*, 29 août 1869).
37. Voir Barbey d'Aurevilly, « Histoire contemporaine. Le duel tombé en quenouille », *Le Gaulois*, 2 septembre 1869. Le phénomène « bas-bleu » lui semble tellement représentatif de la décadence contemporaine et de la menace démocratique qu'il redoute, qu'il annonce tout un ouvrage à ce sujet, « C'est mon obsession que ces dames. [...] Toujours, toujours, tant que j'aurai souffle, je me révolterai contre cela ! » (Barbey d'Aurevilly, « Histoire contemporaine. Et petite histoire d'aujourd'hui », *Le Gaulois*, 16 septembre 1869, en réponse à Audouard Olympe, « À M. Barbey d'Aurevilly. En réponse à son article Le Duel tombé en quenouille », *Le Gaulois*, 15 septembre 1869).
38. Gallas Helga, Heuser Magdalene (Hg.), *Untersuchungen zum Roman von Frauen um 1800*, Tübingen, Niemeyer, 1990, p. 52-65 ; Sauvé Rachel, *De l'éloge à l'exclusion. Les femmes auteurs et leurs préfaciers au XIXe siècle*, Presses universitaires de Vincennes, 2000.
39. Pseudonyme de Friederike Wolfhagen (1813-1878), auteure de poèmes engagés et de romans sur 1848-1849.
40. Norden M., « Die Bestimmung der Frauen », *Frauen-Zeitung*, n° 23, 23 septembre 1849.

la littérature allemande a montré un recours croissant des « femmes auteurs » à l'anonymat entre le XVIIIe et le XIXe siècle, alors que l'anonymat masculin demeure stable. La même étude estime qu'entre un tiers et la moitié des écrivaines répertoriées pour ces deux siècles utilisent un pseudonyme[41].

Les auteures engagées ici étudiées finissent soit par reprendre leur propre nom, soit par faire connaître leur véritable identité, même si elles gardent un pseudonyme comme nom de plume. En effet, elles accordent une dimension militante à leurs paroles, et tôt ou tard, décident d'assumer publiquement une identité féminine, afin de donner sens à leurs revendications en faveur des femmes. Je présenterai ici les principales formes d'écriture qui sont à leur disposition pour défendre leurs idées dans l'espace public, avant de développer les cas de deux auteures : l'Allemande Fanny Lewald et la Française Marie-Louise Gagneur.

La « littérature d'engagement », des fictions aux essais

> « C'est peut-être, du reste, un des phénomènes les plus remarquables de notre époque, que celui des auteurs féminins qui parlent pour dire *quelque chose*. Autrefois, la femme écrivait pour écrire, quand sa position sociale lui laissait former son goût dans les loisirs littéraires [...]. Mais au XIXe siècle, les femmes auteurs, représentantes de nos sociétés démocratiques, sortent de tous les rangs. Sans aïeules dans l'histoire des lettres, elles sont nées d'elles-mêmes, et traînent souvent leur parole novice à la remorque de l'idée. Des femmes ont rendu le roman même pamphlétaire, satirique et législateur. Cette particularité est un signe des temps, que nous retrouvons partout. C'est ainsi que, dans les délassements d'une vie consacrée à ses devoirs d'épouse et de mère, Mme Beecher Stowe trouva dans son cœur ces pages généreuses et brûlantes qui émancipèrent l'esclave en sonnant le réveil des deux mondes. Les ouvrages des dames anglaises aussi sondent les plaies vives de la société ; en France, nous voyons les femmes de même passer le marteau en main, pour se frayer une issue dans notre nouvel ordre social ; elles y frappent des coups justes et vigoureux, parmi des coups faux et mal assurés. Elles ont même tellement ébranlé la muraille de nos préjugés et de nos erreurs, qu'il me semble apercevoir déjà à travers ses lézardes, la brèche où doit entrer le bon droit triomphant[42]. »

Convaincue du pouvoir des mots, Julie Daubié en fait ici un instrument de la modernité pour les femmes. Selon elle, c'est grâce à l'écriture (publique) que les femmes peuvent s'impliquer dans les changements présents, dont elles sont à la fois les symptômes et les vecteurs. Sa réflexion me conforte dans l'utilisation anachronique de la notion d'engagement, dans la mesure où « ... l'engagement procède dans une large mesure de la conscience que l'écrivain possède de son historicité, il se sait situé dans un temps précis, qui le détermine et détermine son

41. KORD Susanne, *op. cit.*, p. 174.
42. DAUBIÉ Julie, *op. cit.*, édition de 1866, p. 317-318.

appréhension des choses ; pour qu'écrire s'identifie dès lors au projet de changer le monde, pour que la littérature soit une authentique entreprise de changement du réel, il faut que l'écrivain accepte d'écrire pour le présent [...][43] ». Ces lignes résonnent particulièrement avec l'objectif premier des femmes qui interviennent politiquement dans l'espace public au XIXe siècle, faire reconnaître qu'elles appartiennent à leur époque, qu'elles ont la capacité et la légitimité de saisir les enjeux du présent et de participer à la construction de l'avenir.

En France comme en Allemagne, la littérature d'engagement qui leur est la plus accessible est bien sûr la fiction romanesque, domaine où la présence des « femmes auteurs » est la plus répandue et la mieux reconnue. On parle en Allemagne de « *Tendenzliteratur* » pour désigner les écrits du mouvement Jeune Allemagne puis des auteurs postérieurs, qui expriment ouvertement leur vision du monde et leur opinion dans leurs œuvres. Plusieurs Allemandes transposent ainsi leur expérience de 1848 à travers des romans et nouvelles mêlant témoignage et fiction – sans équivalent en France[44]. Ces œuvres permettent à leurs auteures de conserver la mémoire des événements et de donner sens à la « parenthèse » révolutionnaire en la prolongeant – fut-ce en imagination et dans le Nouveau Monde, plusieurs de ces romans s'achèvent par l'exil en Amérique de leurs héros vaincus[45]. Par le biais de la fiction, les auteures osent exprimer assez ouvertement leurs convictions. Toutefois, à de rares exceptions près[46], les figures féminines restent assez conventionnelles. On le constate dans deux romans de Louise Otto, publiés respectivement en 1852 et 1867. Le premier, *Vier Geschwister*, s'inspire des soulèvements paysans et ouvriers des années 1846-1847. Le second, *Drei verhängnisvolle Jahre*, – probablement écrit peu après[47], mais sans doute trop risqué à publier alors – reprend l'intrigue au moment des soulèvements en Suisse fin 1847 et décrit les révolutions allemandes de 1848 et 1849. Dans ces deux romans, les personnages de femmes sont utilisés de manière très stéréotypée, de la vertueuse fille d'ouvrier à l'aristocrate égoïste. Même si l'héroïne du deuxième, Helene, se distingue par ses talents artistiques et sa conscience politique, son activisme se limite à des entreprises charitables. Après l'échec de la révolution, elle part avec son fiancé en Amérique. De même qu'il semble impossible à toutes ces auteures d'imaginer un avenir meilleur en Europe – dénonçant ainsi la réaction qui y règne – elles ne peuvent transmettre à leurs héroïnes les postures émancipatrices qu'elles ont elles-mêmes incarnées. Ceci indique le poids des normes, qui triomphent jusqu'à briser toute rébellion littéraire. Sans doute la crainte de la censure, de la calomnie et de l'échec commercial jouent-ils aussi un rôle dans le respect affiché des normes genrées.

43. DENIS Benoît, *Littérature et engagement de Pascal à Sartre*, Paris, Le Seuil, 2000, p. 37.

44. Selon Dolf Oehler, le traumatisme de Juin 1848 expliquerait en partie la rareté des témoignages directs et des romans traitant ouvertement de l'épisode révolutionnaire (OEHLER Dolf, *op. cit.*, p. 14).

45. Voir par exemple NORDEN M., *Dresdens Maitage. Ein Zeitbild*, Leipzig, 1850, sur l'insurrection de mai 1849 à Dresde, ou bien ZITZ Kathinka, « Fragmenten aus der Sturmperiode », dans *Letzte Rheinsankörner*, Mainz, 1854, qui traite de la révolution de 1848 à Mayence.

46. Dont l'héroïne Selma, figure utopique de la nouvelle de Kathinka Zitz dans Letzte Rheinsankörner, *op. cit.*

47. Selon DIETHE Carol, *The Life and Work of Germany's Founding Feminist, Louise Otto-Peters 1819-1895*, Lampeter UK, The Edwin Mellen Press, 2002, p. 90-97.

D'autres types de fictions permettent de véhiculer des idées avec la prudence requise par les circonstances. C'est le cas des romans historiques, un genre particulièrement populaire dans l'Allemagne des années 1850-1870 [48], et dont certain-e-s auteur-e-s se servent pour affirmer leurs positions à des moments où il est difficile de s'exprimer. Avec *Magdalene Horix*, paru en 1858, Kathinka Zitz situe son intrigue dans la république de Mayence des années 1792-1793 [49], elle exprime là sa fidélité aux idées de la Révolution française, réactualisées dans l'Allemagne de 1848. Après un long silence, c'est également au moyen du roman historique que Louise Otto revient à la littérature d'engagement, qu'elle avait délaissée après 1852. En 1859, son roman *Nürnberg* lui permet de dénoncer certaines réalités contemporaines, à travers la peinture de la société du XVe siècle [50]. La fin tragique du roman – l'héroïne meurt sous la torture, les Juifs sont expulsés de la ville – peut être interprétée comme le reflet du découragement de Louise Otto face aux rigidités de sa propre époque, où aucune réforme n'apparaît en vue.

Enfin le troisième type de fiction qui est alors le plus répandu, est celui des romans « de mœurs », que la littérature germanique classe dans la catégorie « *Zeitroman* ». Parfois véritables romans à thèse, ils permettent d'aborder un problème social particulier, de suggérer des réformes possibles. Beaucoup traitent par exemple de l'opposition entre aristocratie et bourgeoisie, ou bien de la « question ouvrière ». Ce dernier thème a inspiré le *Roman des ouvrières*, publié par Amélie Bosquet (sous un pseudonyme) en 1868 [51]. L'auteure l'explique dans sa préface qu'elle est partie de ses observations personnelles, faites lorsqu'elle côtoyait la population ouvrière de Rouen. L'intrigue se déroule dans les faubourgs de cette ville, alors que la crise cotonnière des années 1840 aggrave la condition des travailleurs des filatures, qui finissent par se soulever [52]. Amélie Bosquet consacre de longues pages à expliquer le travail du coton, dans un style plus proche de l'enquête sociale et économique que de la fiction [53]. Son livre se déroule toutefois surtout du côté des femmes, dont le quotidien laborieux est dépeint jusque dans le détail des corvées ménagères. L'auteure a manifestement voulu valoriser les travailleuses et faire passer ses idées personnelles sur la « question ouvrière ». Si elle est loin d'inciter à l'insurrection – ses personnages féminins déplorent la grève, et l'héroïne s'emploie à pacifier le conflit, elle donne

48. Voir EGGERT Hartmut, *Studien zur Wirkungsgeschichte des deutschen historischen Romans 1850-1875*, Frankfurt am Main, Vittorio Klostermann, p. 7-26.

49. ZITZ Kathinka, *Magdalene Horix oder Vor und während der Klubistenzeit. Ein Zeitbild*, Mainz, 1858. Depuis son exil londonien, son ami Gottfried Kinkel juge qu'il s'agit là de son meilleur roman (voir LEPPLA Ruprecht, « Johanna und Gottfried Kinkels Briefe an Kathinka Zitz 1849-1861 », *Bonner Geschichtsblätter*, n° 12, 1958, p. 76).

50. OTTO-PETERS Louise, *Nürnberg. Kulturhistorischer Roman*, Kober & Markgraf, Prag und Wien, 1859.

51. BOSQUET Émile, *Le Roman des ouvrières*, Paris, Achille Faure, 1868. Le roman est d'abord paru en feuilleton dans *L'Opinion Nationale*. Amélie Bosquet (1815-1904), femme de lettres normande, liée à Flaubert, s'installe à Paris dans les années 1860, où elle fréquente des milieux républicains.

52. La critique parue dans *L'Opinion Nationale* du 3 décembre 1868 suggère que le roman décrit des troubles qui se seraient déroulés en Haute-Normandie dans les années 1840.

53. Elle commente l'amélioration des techniques et fait l'éloge du libre-échange (BOSQUET Émile, *op. cit.*, p. 49-58).

longuement la parole au meneur afin de dénoncer l'exploitation par ceux qui « profitent des bienfaits de l'organisation sociale », la vie misérable et la mort précoce de l'ouvrier, et enfin sa totale impuissance politique et légale. L'objectif principal semble de convaincre le lecteur privilégié que la classe ouvrière doit être comprise et aidée.

Le roman de mœurs sert aussi, voire surtout, aux auteures engagées qui veulent faire réfléchir sur les inégalités entre les sexes et exprimer leur profonde insatisfaction face à leur condition sociale de femme. La critique du mariage forme un thème récurrent, avec divers motifs, le mariage de convenance, forme de prostitution légale ; le mariage indissoluble et malheureux ; la minorité juridique de l'épouse, ruinée par son mari sans pouvoir réagir. Plusieurs romans de Louise Otto suggèrent que l'infériorité sociale de la femme empêche toute relation amoureuse sincère et durable, qui ne peut exister qu'entre égaux[54]. Chez elle comme chez ses contemporaines allemandes et françaises, l'appel à l'émancipation reste cependant mesuré, le mariage – rénové – demeure l'aboutissement idéal, et le partage sexué des rôles sociaux est globalement accepté. André Léo, dans *Aline-Ali*, est l'une des seules à remettre en question les catégories de genre de façon radicale, en travestissant son héroïne Aline en jeune homme (Ali), elle souligne tout ce que les normes du féminin et du masculin ont d'arbitraire[55]. Elle se refuse toutefois à une fin « utopique », en assignant à Aline un destin de solitude, seul moyen de vivre pleinement sa liberté individuelle. D'autres fictions, qui imaginent une transformation profonde des rapports entre les sexes, concluent aussi à l'impossibilité de la subversion, en faisant triompher les normes dominantes[56]. Malgré la modération générale de ce type d'ouvrages, souvent très imprégnés de morale chrétienne, ils se distinguent souvent du reste de la littérature contemporaine en mettant en valeur des héroïnes atypiques, qui introduisent de nouveaux stéréotypes féminins littéraires.

Le roman de mœurs permet autant de dénoncer des préjugés sur les femmes que les lois qui les mettent en tutelle. Lorsque Clémence Royer[57] publie en 1864 *Les Jumeaux de Hellas*, elle cite en exergue les articles du Code civil qu'elle souhaite voir abroger, l'article 341 qui interdit la recherche en paternité, et l'article 312 selon lequel tout enfant né dans le mariage a le mari pour père[58]. Née elle-même hors mariage, et vivant en union libre en Suisse avec le proscrit Pascal Duprat, Clémence Royer fait dans sa fiction l'éloge de l'amour libre, de la filiation maternelle et du divorce, mais imagine finalement un système politique où seul le couple conjugal est citoyen – l'époux demeurant l'électeur et le chef de famille... Ce roman politique, qui dénonce les pouvoirs monarchiques

54. Par exemple OTTO Louise, *Neue Bahnen*, Wien, Markgraf, 1864.
55. LÉO André, *Aline-Ali*, Paris, A. Lacroix, 1869.
56. Par exemple GAGNEUR L.-M. [Marie-Louise], *Une Femme hors ligne*, Paris, E. Dentu éditeur, Librairie de la société des gens de lettres, 1862 (voir plus loin).
57. Clémence Royer (1830-1902), est connue pour avoir, la première, traduit Darwin en français. Femme de lettres et de sciences, elle étudie la philosophie, l'économie, la biologie, et publie dans de nombreuses revues spécialisées. Voir FRAISSE Geneviève, *Clémence Royer, philosophe et femme de sciences*, Paris, La Découverte, 1985.
58. ROYER Clémence, *Les Jumeaux de Hellas*, Bruxelles, Paris, 1864.

et religieux, s'achève par une insurrection populaire, lors de laquelle les héros présentent une constitution républicaine idéale. Imprimé à Bruxelles, le livre a eu des difficultés à passer la frontière française ; très critique envers l'Église et la religion, il est de toutes façons mis à l'index par Rome[59].

Si la création littéraire des femmes n'est jamais évidente, du moins certaines auteures de fictions et de récits engagés réussissent-elles à atteindre une certaine visibilité, voire une certaine renommée, comme le montrent les exemples de Fanny Lewald et Marie-Louise Gagneur qui seront développés plus loin. Il paraît en revanche beaucoup plus difficile pour une femme d'écrire des essais, si l'on en croit le faible nombre de celles qui s'y risquent. Sans doute est-ce le résultat de plusieurs facteurs entrecroisés, le faible niveau général d'instruction des femmes qui, pour la plupart, ont des difficultés à accéder à la culture scientifique et philosophique ; une familiarité de lectrices beaucoup plus grande avec le roman qu'avec les ouvrages théoriques ; l'intériorisation des normes qui donne aux femmes un sentiment d'illégitimité lorsqu'il s'agit d'aborder des sujets jugés « sérieux » ou « abstraits ». La plus grande partie des essais publiés par des femmes dans les années 1850-1860 se penche sur la condition féminine, ou plus précisément sur la « question des femmes ». Citons à titre d'exemples, et par ordre chronologique, les ouvrages de Juliette La Messine/Lamber, Mme Romieu, Mlle J. de Marchef-Girard, Jenny P. d'Héricourt, Eugénie Niboyet, Julie-Victoire Daubié et André Léo pour la France[60], et ceux de Luise Büchner, Fanny Lewald, Louise Otto, Minna Pinoff, pour l'Allemagne[61]. Cette prédilection pour la « question des femmes » est due sans doute à la fois à l'intérêt des auteures, personnellement concernées, et à l'idée qu'il s'agit là d'un domaine où personne ne pourra contester leur compétence. Toutefois, être une femme qui écrit sur les femmes ne suffit pas à garantir une liberté de parole absolue. En témoignent les difficultés rencontrées par Jenny P. d'Héricourt lorsqu'elle publie *La Femme affranchie*, un ouvrage polémique et théorique construit à partir de ses articles des années 1850[62]. Comme nous l'avons vu plus haut, Jenny d'Héricourt utilise la « question des femmes » comme un prisme pour aborder la politique et la religion avec une grande radicalité. Elle se distingue également en s'impliquant ouvertement dans son essai. Elle évoque à l'occasion quelques épisodes autobiographiques, et s'exclame, « à moi, femme, de parler, *de moi-même* pour mon droit, sans m'appuyer sur autre chose que sur la Justice et la Raison[63] ». Si

59. FRAISSE Geneviève, *op. cit.*, p. 53.
60. LA MESSINE Juliette, *op. cit.*, 1858 ; Mme Romieu, *La Femme au XIXe siècle*, Paris, 1858 ; MARCHEF-GIRARD Mlle J. de, *Les Femmes, leur passé, leur présent, leur avenir*, Paris, Louis Chappe, 1860 ; D'HÉRICOURT Jenny P., *op. cit.*, 1860 ; NIBOYET Eugénie, *op. cit.*, 1863 ; DAUBIÉ Julie-Victoire, *op. cit.*, 1866 ; LÉO André, *op. cit.*, 1869.
61. [BÜCHNER Luise], *Die Frauen und ihr Beruf*, Frankfurt a. M., Meidinger Sohn, 1re édition anonyme, 1855 ; LEWALD Fanny, *Osterbriefe für die Frauen, Berlin*, Janke, 1863 ; OTTO Louise, *Das Recht der Frauen auf Erwerb. Blicke auf das Frauenleben der Gegenwart*, Hamburg, Hoffmann und Kampe, 1866 ; PINOFF Minna, *Zur Frauenfrage*, Breslau, 1866 ; BÜCHNER Luise, *Praktische Versuche zur Lösung der Frauenfrage*, Berlin, Janke, 1870 ; LEWALD Fanny, *Für und wider die Frauen. Zwölf Briefe*, Berlin, 1870.
62. Le livre est édité à Bruxelles mais l'administration française interdit pendant un temps la circulation du livre (Archives nationales, F/18/277).
63. D'HÉRICOURT Jenny P., *op. cit.*, p. 229.

d'autres auteures d'essais sur les femmes écrivent également « je » pour donner leur avis, elles passent généralement sous silence leur propre expérience de la domination. À la différence des romans engagés, qui traduisent plus ou moins ouvertement la subjectivité des auteures, beaucoup d'essais ne proposent généralement que des exposés assez abstraits, qui s'éloignent sans cesse des femmes pour revenir à « la Femme ». C'est pourquoi de nombreux écrits de femmes sur les femmes ne se distinguent pas de ceux dus à hommes. Dans la plupart des cas, c'est donc sur leur identité genrée, bien plus que sur une conscience de genre, qu'elles s'appuient pour légitimer leur prise de parole pour les femmes[64].

Certaines auteures toutefois s'aventurent sur des terrains considérés comme « masculins », du moins en France. Je n'ai pas trouvé d'équivalents allemands pour les ouvrages français évoqués ci-dessous, sans pouvoir fournir d'explication satisfaisante à ce déséquilibre. Quelques Françaises signent donc des essais dans les domaines les plus divers, essais à travers lesquels elles mènent une réflexion politique ou proposent des solutions concrètes à des problèmes d'intérêt général. Il s'agit pour une part d'auteures déjà reconnues, qui prolongent une œuvre commencée avant 1848. L'ancienne saint-simonienne Hortense Allart[65], poursuit ses travaux d'histoire politique et de philosophie religieuse[66]. Daniel Stern publie notamment sur l'histoire de l'Italie et des Pays-Bas[67]. Des femmes beaucoup moins connues se risquent aussi à publier des ouvrages « sérieux », pour lesquels elles ne peuvent invoquer aucune compétence « naturelle ». Si Mme Romieu[68] – qui s'intéresse à l'agronomie – ou Mme A. Gaël[69] – qui réfléchit à la colonisation de l'Algérie – peuvent s'appuyer sur des relations qui les encouragent et soutiennent leurs publications, il n'en va sans doute pas de même pour Maria Chenu, qui se lance pourtant dans la théorie politique. Cette dernière est probablement issue d'un milieu relativement modeste, car elle travaille comme dessinatrice et graveuse[70]. Elle publie en 1868 *Le Droit des minorités, leur avènement politique*, qui suscite l'intérêt de quelques cercles de l'opposition démocrate[71].

64. Signalons deux exceptions marquantes, Jenny D'HÉRICOURT et André LÉO. Dans *La Femmes et les mœurs*, cette dernière prend soin de ne parler qu'en son nom propre, plus encore que Jenny d'Héricourt – qu'elle a d'ailleurs lue et qu'elle cite avec admiration.

65. Hortense Allart de Méritens (1801-1879), auteure de nouvelles et d'études sur divers sujets a publié en 1836 *La Femme et la démocratie*. Sous le second Empire, elle entretient des liens avec Sainte-Beuve, George Sand, Marie d'Agoult (BERTELÀ Maddalena, *Hortense Allart entre madame de Staël et George Sand, ou les Femmes et la Démocratie*, Pisa, Edizioni Ets, 1999).

66. Par exemple, ALLART Hortense, *Essai sur l'histoire politique depuis l'invasion des barbares jusqu'en 1848*, Paris, Rouvier, 1857 ; *Essai sur la religion intérieure*, Paris, chez tous les libraires, 1864 ; *Histoire de la République d'Athènes*, Paris, 1866.

67. STOCK-MORTON Phyllis, « Daniel Stern, Historian », OFFEN Karen (ed.), *History of European Ideas*, vol. 8, n° 4-5, 1987, p. 489-501.

68. Mme Romieu, *Des Paysans et de l'agriculture en France au XIXe siècle, intérêts, mœurs, institutions*, Paris, Vve Bouchard-Huzard, 1865.

69. Mme A. Gaël (pseudonyme d'Augustine Girault), *Souvenirs d'Algérie. Quelques idées pratiques sur son défrichement, son assainissement, sa colonisation*, Paris, Librairie de la vie morale, 1860.

70. Peut-être descendante du graveur Pierre Chenu, Maria Chenu est la sœur d'Emma Chenu, la deuxième bachelière de France (1863). Elle fréquente certains cercles démocrates du second Empire et collabore en 1869-1870 au Siècle et au Droit des femmes.

71. CHENU Maria, *Le Droit des minorités, leur avènement politique*, préface de Louis Jourdan, Paris, Degorce-Cadot, 1868.

Comme dans les décennies précédentes, le système des concours lancés par diverses académies permet à quelques femmes de faire connaître leurs idées sur des questions d'économie sociale et politique, et même de voir leurs travaux financièrement récompensés. Les cas les mieux connus de la période sont ceux de Julie Daubié et Clémence Royer. La première participe en 1859 au concours ouvert l'année précédente par l'Académie de Lyon, à l'initiative de l'ancien saint-simonien Arlès-Dufour. Celui-ci offre un prix à la personne qui indiquera « les meilleurs moyens, les mesures les plus pratiques pour élever le salaire des femmes à l'égal de celui des hommes lorsqu'il y a égalité de services ou de travail » et « pour ouvrir aux femmes de nouvelles carrières[72] ». Le mémoire de Julie Daubié, classé le premier parmi les vingt-trois reçus, est publiquement récompensé à Lyon le 21 juin 1859. Il paraît en 1866, après avoir été remanié et actualisé, sous le titre *La Femme pauvre au XIXe siècle*[73]. Entre-temps, Julie Daubié a répondu à un autre concours, ouvert du 12 décembre 1860 au 3 février 1861 par le ministre de l'Instruction Publique, sur les besoins de l'instruction primaire dans une commune rurale au double point de vue des élèves et du maître. Paradoxalement, alors que ce nouveau mémoire – politiquement trop radical et trop revendicatif – n'est pas reçu par la commission d'examen, c'est lui qui fera, le premier, l'objet d'une publication dès 1862[74]. Il est à noter que l'auteure n'indique pas son nom dans cet ouvrage, alors qu'elle aurait pu être tentée de bénéficier de la – relative – renommée qu'elle a acquise en août 1861 pour avoir été la première femme à obtenir le baccalauréat. Quant à Clémence Royer, c'est en Suisse – où elle réside et enseigne – qu'elle participe au concours que l'Académie de Vaud a ouvert en 1860 sur la question de l'impôt. Elle est classée troisième, et publie en 1862 son mémoire, intitulé *Théorie de l'impôt ou la dîme sociale*[75]. Au terme d'une réflexion originale, qui remet en cause la séparation traditionnelle entre privé/public, production/reproduction, elle y prône l'instauration d'un impôt sur le revenu, qui soit proportionnel et progressif[76]. Si elle aborde la question du travail domestique et salarié des femmes, estimant par exemple que la maternité est l'équivalent du service militaire et doit donc exempter d'impôt la femme qui s'y consacre, Clémence Royer refuse que son œuvre et sa notoriété soient récupérées par les partisans des droits des femmes[77].

Au contraire, Julie Daubié met indiscutablement en avant « un sentiment d'appartenance au groupe social des femmes [...] objet collectif d'une injustice et d'une exclusion sociales auxquelles il ne peut y avoir de réaction que collec-

72. Question proposée par l'Académie impériale de Lyon, reproduite dans la réédition du mémoire par *Côté-Femmes*, 1992, p. 32.

73. Le livre est de nouveau primé en 1867, avec une mention du jury de l'Exposition universelle, ce qui aide sans doute à sa réédition en trois volumes en 1869-1870.

74. [Julie Daubié], *Du progrès dans l'enseignement primaire. Justice et liberté !*, Paris, imprimerie de Mme Claye, 1862. Julie Daubié s'y présente comme une démocrate convaincue ; elle réclame la gratuité de l'école primaire, et l'égalité en toute chose pour les élèves et les enseignants des deux sexes.

75. Royer Clémence, *Théorie de l'impôt ou la dîme sociale*, Paris, Guillaumin, 1862.

76. Voir Fraisse Geneviève, *op. cit.*, p. 23-28.

77. « Je ne trouve pas nécessaire, quant à moi, de discuter mes droits, quand il ne dépend que de moi de les prendre », Clémence Royer, lettre datée de Paris, le 14 mai 1869, publiée dans le *Journal des femmes*, n° 6, 20 mai 1869.

tives[78] ». Ce sentiment motive sa prise de parole publique, une démarche dont Christine Planté souligne la nouveauté au XIXe siècle[79], et que l'on retrouve chez les deux auteures étudiées dans les pages qui suivent, Fanny Lewald et Marie-Louise Gagneur.

Fanny Lewald, ou l'écriture émancipatrice

> « Un roman qui n'est pas en phase exacte avec l'époque à laquelle il est écrit, est rarement une œuvre réussie. [...] Dans les pays où le peuple gouverne et s'intéresse aux questions qui agitent l'époque, où l'on discute de tout cela "au palais comme dans les cabanes", où chacun connaît le présent, là le poète peut s'adonner à la contemplation poétique du passé, car le travail du jour est accompli. [...] Mais il ne me semble pas que le moment en soit venu, maintenant, en Allemagne. [...] Ce n'est pas le moment de nous livrer à des épanchements poétiques, car nos journées sont des jours de combat et de travail. [...] Tant que le peuple ne peut pas librement dire son opinion, le poète doit s'exprimer, dans son langage imagé, pour son peuple, et, dans son langage imagé, expliquer ce dont la nation a besoin et ce qu'elle exige[80]. »

Ainsi parle Alfred, un écrivain protagoniste du troisième roman de Fanny Lewald, publié en 1845. Quinze ans après, l'écrivaine tient des propos similaires, lorsqu'elle rédige son autobiographie, « Dès mon premier petit roman [...] j'ai considéré comme étant mon plus grand devoir de servir dans mes travaux, sous une forme littéraire, les objectifs et les partis qui constituent mon idéal et ma religion depuis que j'ai appris à penser[81]. » Effectivement, au moins jusqu'à la date à laquelle elle écrit ces lignes, Fanny Lewald exprime assez ouvertement ses convictions dans la plupart de ses textes – qu'il s'agisse ou non de fictions. La plupart des analyses ultérieures insistent plus précisément sur le caractère émancipateur de son œuvre[82], d'une part l'écriture a représenté pour elle une libération personnelle et un moyen d'indépendance matérielle ; d'autre part elle a publié de nombreux textes qui ont l'émancipation pour thème, que ce soit celle des juifs, des femmes, ou du « peuple » – bourgeoisie comme prolétariat. La particularité de Fanny Lewald est aussi d'avoir expérimenté des formes d'écriture engagée très diverses, au cours d'une carrière littéraire extrêmement productive.

78. PLANTÉ Christine, « Écrire au féminin sous le second Empire. Quelques remarques », *Bulletin du Centre Pierre Léon, Julie Daubié*, n° 2-3, 1993, p. 47.

79. *Ibid.*

80. LEWALD Fanny, *Eine Lebensfrage*, Leipzig, 1845, cité par SCHNEIDER Gabriele, *Vom Zeitroman zum « stylisierten » Roman, die Erzählungen Fanny Lewalds*, Frankfurt am Main, Peter Lang, 1993, p. 164.

81. LEWALD Fanny, *Meine Lebensgeschichte*, Berlin, O. Janke, 1861-1862, réédité dans *Fanny Lewald's gesammelte Werke*, Berlin, O. Janke, 1871, tome 3, p. 27.

82. Voir VENSKE Regula, « "Ich hätte ein Mann sein müssen oder einen grossen Mannes Weib!" Widersprüche im Emanzipationsverständnis der Fanny Lewald », BREMER Ilse u. a. (Hg.), *Frauen in der Geschichte IV*, Düsseldorf, 1983, p. 368-396.

Quelques aperçus de cette œuvre très peu connue en France permettront ici de montrer comment l'écrivaine a pu prendre position sur certains problèmes de son temps, et tenté de jouer un rôle de pédagogue.

Fanny Lewald est née en 1811 à Königsberg (Prusse) dans une famille de commerçants juifs où alternent les périodes de faillites et d'aisance. Son père, issu d'une famille libérale marquée par les Lumières, lui fait fréquenter une bonne école, et l'encourage à lire les monuments de la littérature allemande ; toutefois c'est aussi un patriarche, qui exige qu'elle seconde sa mère dans le ménage et l'éducation de ses nombreux cadets. Lorsque son école ferme, alors qu'elle a treize ans, il n'est pas question pour elle de poursuivre sa scolarité, alors que ses frères accèdent au lycée, puis à l'université. Elle expérimente donc très jeune les contraintes liées à son sexe, qu'elle perçoit comme tout autant arbitraires et injustes que celles qui pèsent sur les juifs de Prusse. Si elle peut échapper – officiellement – au statut de juive, grâce au baptême protestant qu'elle reçoit en 1830[83], il lui est plus difficile de se rebeller contre son statut de fille et de femme ; elle y parvient pourtant d'une certaine manière, en refusant en 1836 un mariage arrangé par sa famille. Décidée à conquérir son indépendance, elle se tourne vers l'écriture. Elle publie en 1843 deux courts romans où elle transpose son expérience personnelle. L'héroïne éponyme de *Clémentine* renonce à affronter sa famille et accepte un mariage de convenance, dépeint comme une situation encore pire que la prostitution. L'héroïne éponyme de *Jenny* refuse, elle, d'épouser le cousin qu'on lui destine ; juive, elle aime un théologien protestant[84] qui la considère comme son égale, mais pour se marier avec lui, elle doit d'abord se convertir. Son frère, lui, renonce au mariage avec une chrétienne, et s'engage dans un mouvement juif réformateur, qui demande l'égalité de tous les Allemands. Ces deux ouvrages, parus sans nom d'auteur, suscitent l'éloge de nombreux critiques. Le père de Fanny Lewald accepte qu'elle poursuive dans cette voie, à la condition de demeurer anonyme. Elle désobéit cependant assez vite, et fait connaître son identité dans les milieux intellectuels et artistiques qu'elle fréquente lors d'un séjour dans sa famille berlinoise. Rétrospectivement, elle se rappelle cette prise de conscience, effectuée alors qu'elle est admirée comme une jeune auteure prometteuse, « … je pus expérimenter par moi même combien sont privilégiés ceux qui naissent avec un nom connu et reconnu. Un nom est comme un piédestal. Il élève la personne au-dessus de la masse, il la distingue[85] ». Pas question donc de s'effacer discrètement ainsi qu'on le demande aux femmes qui écrivent, le privilège du nom n'a pas lieu d'être sexué.

Fanny Lewald attend toutefois la mort de son père, survenue en 1846, avant d'user librement de son nom. S'éloignant du « roman à thèse » avec lequel elle a

83. Son père a déjà encouragé deux de ses fils à se faire baptiser, afin qu'ils puissent choisir leur profession ; il propose ce même choix à sa fille aînée, d'une part parce qu'elle est attirée par le christianisme, d'autre part pour faciliter son mariage. Voir Schneider Gabriele, *Fanny Lewald*, Reinbeck, Rowohlt, 1996, p. 25-27.

84. En 1827-1828, Fanny Lewald s'éprend d'un jeune protestant qui se prépare à être pasteur, mais son père lui interdit cette relation, jugeant sans doute le mariage impossible. Voir Schneider Gabriele, *op. cit.*, p. 23-24.

85. Lewald Fanny, *Meine Lebensgeschichte*, *op. cit.*, 1871, tome 3, p. 112.

commencé, elle s'essaie avec succès aux récits de voyage, dans lesquels elle diffuse des opinions personnelles sur des sujets sociaux et politiques. L'ouvrage qu'elle publie en 1847, de retour de la péninsule italienne, dénonce ainsi l'omnipotence de l'Église [86]. Son second livre de récits personnels, intitulé « Souvenirs de l'année 1848 », est présenté comme un recueil des lettres qu'elle aurait envoyées à ses amis lors de ses tribulations en France et en Allemagne durant cette année là [87]. Il paraît au début de l'année 1850, présenté par l'auteure comme une correspondance déjà ancienne, que ses amis l'auraient incitée à publier pour sa valeur historique. En réalité, Fanny Lewald cherche sans doute à prolonger son engagement de 1848, elle dit son enthousiasme pour la révolution, pour la démocratie, et pour une certaine idée du socialisme, qu'elle définit comme « l'union humaine fraternelle [88] ». Elle exprime aussi son inquiétude concernant l'avenir, qui résonne de façon très actuelle après l'écrasement des derniers sursauts révolutionnaires, « Une véritable réconciliation entre notre monarque médiéval de roi et l'idée de la liberté du peuple est aussi impossible que de renouer un lien conjugal intérieurement détruit [89]. » De même, les dernières lignes du recueil – prétendument écrites le soir du 31 décembre 1848 – ont certainement un sens très contemporain pour les lecteurs allemands de 1850,

> « Je vois parfois en esprit l'irruption d'une catastrophe, si sanglante, si épouvantable, que je souhaiterais me jeter aux pieds des puissants et les adjurer : "À l'aide ! Ravisez-vous ! Accordez ce que vous ne pourrez pourtant pas éternellement refuser ! [...]" Mais on qualifierait une nouvelle fois d'"extravagant" ce cri de peur, qu'on ne pardonnerait, à la rigueur, que parce que c'est une femme qui l'a poussé. [...] Et maintenant, à cette heure, je me demande, "Que vont nous apporter les prochaines années ?" Mais je frémis d'entendre la réponse que me donne ma conscience – je tremble devant la traversée du désert, bien que je croie ardemment à la terre promise de la liberté et à un avenir plus heureux [90]. »

Fanny Lewald ne semble pas avoir eu de difficultés avec la censure, et elle « récidive » l'année suivante, en publiant le journal de son voyage en Angleterre et en Écosse [91]. Racontant ce séjour effectué outre-manche entre mai et juillet 1850, elle s'y met en scène aux côtés de plusieurs révolutionnaires proscrits, tels Arnold Ruge, le couple Kinkel, et l'écrivain Moritz Hartmann. Celui-ci lui

86. LEWALD Fanny, *Italienisches Bilderbuch*, Berlin, 1847. Fanny Lewald s'appuie aussi sur des analogies avec la situation italienne, pour examiner certains problèmes sociaux et politiques des États allemands.

87. Lewald Fanny, Erinnerungen aus dem Jahre 1848, Braunschweig, Friedrich Vieweg und Sohn, 1850. S'il s'agit peut-être de correspondances originales, ce qui reste à confirmer, elles ont de toutes façons été retravaillées. Le premier tome est consacré au séjour parisien du 10 au 23 mars 1848. Il est résumé (avec quelques « omissions », tel le passage sur Eugénie Niboyet...) par MORTIER Roland, « Une romancière spectatrice de la Révolution de 1848 », GOFFIN Roger (dir.), *Littérature et culture allemandes, hommage à Henri Plard*, Bruxelles, 1985, p. 147-164.

88. LEWALD Fanny, Erinnerungen..., *op. cit.*, tome 1, p. 6.

89. *Ibid.*, tome 2, p. 206.

90. *Ibid.*, tome 2, p. 348-349.

91. LEWALD Fanny, *England und Schottland. Reisetagebuch, Vieweg, Braunschweig*, 1851, tome 2, p. 29, p. 112, p. 465. Voir SCHNEIDER Gabriele, *Vom Zeitroman..., op. cit.*, p. 58-60.

fait rencontrer aussi Giuseppe Mazzini, et lui fait visiter plusieurs associations ouvrières. Fanny Lewald s'enthousiasme pour ce qui lui paraît être le « vrai socialisme [92] ». Elle s'intéresse tout particulièrement aux réalisations oweniennes et aux installations ménagères collectives. Elle estime toutefois que de telles réalisations restent encore impossibles en Allemagne, du fait de l'aliénation des femmes, qu'elle analyse avec lucidité :

> « Ce sont justement les femmes des classe moyennes qui sont le plus souvent opposées aux initiatives socialistes, celles qui se plaignent toujours du travail domestique, de la misère domestique, celles que le fardeau du travail dépossède réellement de tout intérêt intellectuel, et empêche d'avoir une conception élevée de la vie. C'est là que se révèle leur inculture. Elles ne sont rien que des femmes au foyer, donc rien, absolument rien pour l'homme, si on leur enlève leurs travaux et leurs peines. [...] On retrouve donc toujours la vieille nécessité : l'éducation des femmes ! Afin qu'elles souhaitent avoir une existence digne, afin qu'elles apprennent à comprendre qu'association et socialisme sont pour l'essentiel la même chose, et qu'on peut, en s'unissant, obtenir les plus grands avantages [...] [93]. »

Fanny Lewald apparaît donc comme une écrivaine-voyageuse informée, désireuse d'offrir à ses lecteurs un éclairage engagé sur divers problèmes du temps présent. De retour à Berlin, elle alterne les romans de pur divertissement et les fictions « à thèse » critiquant les mœurs et les lois en usage dans l'Allemagne contemporaine. Deux de ses nouvelles sont particulièrement représentatives de son attirance pour le « *Tendenzroman* », il s'agit de *Kein Haus* (« Pas de maison ») et *Das grosse Loos* (« Le gros lot »), parues toutes deux en 1855 dans la revue familiale *Hausblätter*[94]. Dans la première, à travers l'histoire dramatique du berger Jacob et de la servante Anna, Fanny Lewald veut attirer l'attention du lectorat bourgeois sur le paupérisme rural, encore beaucoup plus répandu que celui des villes. Elle met en lumière le cercle vicieux de la pauvreté et de la répression, et dénonce des lois arbitraires qui réservent aux privilégiés les libertés individuelles les plus élémentaires. Enfin elle invoque la responsabilité de l'État pour imposer l'égalité de tous devant la loi et régler ainsi des problèmes que la charité privée est impuissante à résoudre. *Das grosse Loos* se consacre à la critique du mariage de convenances et des lois qui assujettissent les épouses, tout en faisant l'éloge des unions fondées sur l'amour, où les époux seraient égaux en droits.

Les fictions de Fanny Lewald prennent un aspect conventionnel de plus en plus marqué au cours des années 1850. Les figures féminines, notamment, distinguent bien entre les émancipées scandaleuses – souvent des aristocrates

---

92. Lewald Fanny, *England...*, *op. cit.*, tome II, p. 577-578. Voir également son article « Berliner Briefe. Die Weihnachtszeit », *Cottas Morgenblatt für gebildete Leser*, n° 12, 14 janvier 1850, p. 45 et suivantes, dans lequel elle prône l'association – des travailleurs comme des artistes – comme moyen de la consolidation sociale et politique.
93. Lewald Fanny, England..., *op. cit.*, tome I, p. 383, cité par Schneider Gabriele, *op. cit.*, p. 59-60.
94. Ces nouvelles sont ensuite éditées dans le recueil *Deutsche Lebensbilder*, Vieweg, Braunschweig, 1856.

excentriques[95] – et les héroïnes vertueuses, aspirant à la seule émancipation que procurent l'instruction et le travail. Si elles sont fières de leur indépendance matérielle, ce n'est que de courte durée, lorsqu'elles parviennent à leurs fins – c'est-à-dire un mariage d'amour – elles abandonnent leur profession, qu'elles soient ouvrières, institutrices, gouvernantes ou même écrivaines[96]. On constate donc un flagrant décalage entre ces fictions, très normatives, et l'existence personnelle de Fanny Lewald, non seulement celle-ci n'envisage nullement d'arrêter d'écrire lorsqu'elle se marie en 1855 avec Adolf Stahr – officialisant une liaison de plusieurs années[97] – mais elle contribue aux dépenses du ménage à égalité avec son mari[98]. Nous retrouvons avec elle un exemple de plus de ces écrivaines qui se refusent à assumer et valoriser dans leur œuvre les transgressions qu'elles-mêmes accomplissent dans leur existence, témoignant par leurs contradictions des problèmes identitaires et des contraintes sociales qui pèsent sur la « femme auteur[99] ».

Fanny Lewald semble également tiraillée entre sa volonté de mener sa vie comme elle l'entend, et son désir de propager la culture bourgeoise allemande, ses écrits prônent en effet l'ascension sociale et l'assimilation à toutes les catégories infériorisées, que ce soient les prolétaires ou les juifs. Abandonnant vers 1860 le « *Tendenzroman* », elle se spécialise dans les feuilletons de divertissement, qui lui permettent de faire l'apologie des valeurs morales de la bourgeoisie. Persuadée que c'est de cette classe sociale que viendra le progrès, elle accorde une importance cruciale à l'émancipation de la bourgeoisie allemande face à l'aristocratie, comme le montre encore son roman *Von Geschlecht zu Geschlecht*[100]. Dans une lettre de 1862 adressée à son ami Johann Jacoby, un ancien quarante-huitard membre du courant libéral, elle exprime aussi son désir d'écrire des pamphlets dans le genre des *Lettres persanes*[101]. Si elle n'ose publier des critiques de la situation politique – entre autres, dit-elle, parce qu'elle est une femme, qu'elle se sent vieille et qu'elle doit prendre son mari en charge[102] – elle entreprend entre 1863

95. Voir la comtesse polonaise décrite dans *Emilie*, feuilleton paru dans Hausblätter, Jg. 1857, Bd. 4, publiée en livre à Berlin en 1859. C'est une caricature d'émancipée, portant pantalons, cheveux courts, et fumant le cigare...

96. Lewald Fanny, *Adele*, Braunschweig, Vieweg, 1855: l'héroïne renonce à écrire dès qu'elle se marie : il devient alors illégitime de se livrer à cette activité « unweiblich » (antiféminine).

97. La relation entre Fanny Lewald et le publiciste Adolf Stahr, marié et père de famille, a sans doute commencé début 1846 à Rome. Ils s'installent l'un près de l'autre à Berlin en 1852, Stahr divorce en 1854 et épouse Lewald en février 1855.

98. Fanny Lewald prend d'ailleurs soin, dans son contrat de mariage, de prévoir la séparation des biens.

99. Voir Planté Christine, « Femmes exceptionnelles... », art. cit.

100. Lewald Fanny, Von Geschlecht zu Geschlecht, Berlin, 1864-1866, paru d'abord dans Kölnische Zeitung à partir du 1er janvier 1864. Ce roman situe l'intrigue essentiellement dans les années 1807-1812, soit l'époque de l'abolition du servage et de l'émancipation de la bourgeoisie. Voir Schneider Gabriele, *op. cit.*, p. 127 et suivantes.

101. Lettre de Fanny Lewald à Johann Jacoby, datée du 2 février 1862, reproduite dans Silberner Edmund (Hg.), *Johann Jacoby Briefwechsel*, tome II 1850-1857, Bonn, Verlag Neue Gesellschaft, 1978, p. 185-186.

102. *Ibid.*, p. 186. Fanny Lewald garde ses analyses de la situation politique pour sa correspondance privée ; en l'occurrence elle s'accorde avec Jacoby pour critiquer le Parti du Progrès, qu'elle juge lâche et inefficace.

et 1870 plusieurs séries de lettres didactiques sur des sujets où sa légitimité est assurée, la situation des femmes dans la société allemande, les améliorations à apporter à leur sort, les positions qu'elles doivent adopter. Il en sera question plus loin, dans la partie consacrée à la presse. Entre temps, Fanny Lewald a expérimenté un autre genre littéraire, toujours dans la perspective de transmettre son engagement et de guider ses lecteurs, l'autobiographie.

Fanny Lewald commence d'écrire *Meine Lebensgeschichte* en 1858 et le publie en 1861 [103], c'est la première œuvre autobiographique importante qui soit due à une femme en Allemagne. À ce titre, elle peut être comparée à *Histoire de ma vie*, avec laquelle George Sand a fait aussi œuvre de « pionnière [104] ». Il semble d'ailleurs que Fanny Lewald ait été incitée à écrire son autobiographie en réaction à celle de Sand, qui a eu un grand retentissement outre-Rhin, ainsi que le montre Kerstin Wiedemann [105]. Fanny Lewald éprouve depuis longtemps pour Sand un sentiment mêlant admiration et rivalité [106]. Si le titre qu'elle choisit, *Meine Lebensgeschichte* (« Mon histoire de vie ») répond bien à *Histoire de ma vie*, et revendique un même droit à l'individualité, à l'appropriation du « Je », Fanny Lewald veut se distinguer de Sand en livrant une introspection plus complète. Elle entend élargir le champ possible de l'autobiographie féminine, faisant fi des réticences des contemporain-e-s. Elle raconte ainsi ses amours malheureuses de jeunesse, en présentant ses expériences sentimentales comme fondatrices de sa subjectivité [107]. Par ailleurs, elle éprouve le besoin de légitimer cette autobiographie en la présentant comme une œuvre utile, destinée à encourager les femmes de son temps à prendre la place qui leur revient dans la société [108]. Elle donne ainsi une place centrale à sa formation intellectuelle dans le récit de sa jeunesse, et revendique une instruction aussi développée pour les filles que pour les garçons, attestant que l'autobiographie peut également être une forme d'écriture engagée.

103. Lewald Fanny, *Meine Lebensgeschichte*, *op. cit.* Des extraits sont parus dans *National-Zeitung* à partir du 28 mars 1860. L'autobiographie couvre la période 1811-1845.

104. George Sand fait paraître *Histoire de ma Vie* en feuilleton dans La Presse à partir d'août 1854, puis le livre est publié, en plusieurs volumes, entre octobre 1854 et août 1855. George Sand est la première femme de la littérature française à entreprendre ainsi son autobiographie (*Lire Histoire de ma vie de George Sand*, études réunies et publiées par Simone Bernard-Griffiths et José-Luis Diaz, Clermont-Ferrand, Presses universitaires Blaise Pascal, 2006).

105. Wiedemann Kerstin, *Zwischen Irritation und Faszination. George Sand und ihre deutsche Leserschaft im 19. Jahrhundert*, Tübingen, Gunter Narr Verlag, 2003, p. 337-351.

106. On peut percevoir l'influence de Sand dans les premiers romans de Lewald, notamment *Der dritte Stand*, qui semble avoir été inspiré par *Les Compagnons du tour de France* (1841). En mars 1848, Fanny Lewald est très déçue de ne pas pouvoir rencontrer George Sand à Paris.

107. Parler là où Sand se tait semble une exigence centrale dans la composition de l'autobiographie de Lewald, Wiedemann Kerstin, *Zwischen Irritation…*, *op. cit.*, p. 349. Précisons que ses amours étant restées extrêmement chastes, Fanny Lewald a la tâche plus aisée que George Sand en ce domaine…

108. Dans la préface, elle explique que son autobiographie doit illustrer le dicton populaire selon lequel chacun est l'artisan de son propre bonheur, Lewald Fanny, *Meine Lebensgeschichte*, ouv. cité (1871), tome 1, p. 6-7.

Marie-Louise Gagneur, une romancière en mission

> « Mme Gagneur a compris qu'à une époque où tout le monde lit [...], il fallait, tout en satisfaisant dans une certaine mesure par des peintures réalistes ce goût littéraire des masses, chercher à épurer ce goût, à les instruire sainement, en les intéressant et en les amusant. [...] Voilà en effet le vrai roman populaire. Dans un drame attachant et puisé aux entrailles mêmes du sujet, éclairer l'ouvrier et le patron sur leurs droits et leurs devoirs réciproques, détruire les préjugés qui égarent ces deux classes, préparer leur réconciliation, encourager l'association, est-il une mission littéraire plus élevée et plus utile ? Nous avons dit que l'auteur s'était d'abord donné pour tâche d'instruire, moraliser, affranchir la partie la plus asservie et la plus arriérée de l'humanité, les ouvriers et les femmes de toutes les conditions [...] [109]. »

Cette critique parue dans *La Science sociale*, le journal de l'école sociétaire, concerne *Le Calvaire des femmes*, publié en 1867 par Marie-Louise Gagneur [110]. Ce roman et le précédent, *La Croisade noire* [111], sont les deux ouvrages de cette auteure qui ont suscité le plus de commentaires. Appréciés dans les milieux de gauche, ces livres ont suscité la colère de la presse conservatrice et cléricale. Ces réactions ont été suffisamment marquées pour procurer à Marie-Louise Gagneur une renommée, voire une postérité [112], et amènent à s'intéresser de près aux cinq romans qu'elle a publiés durant les années 1860 [113]. Cette écrivaine s'est exclusivement consacrée au roman populaire, partageant sans doute les opinions du Dr Leboucher sur la vertu pédagogique de ce genre. Elle explique d'ailleurs dans la préface de *La Croisade noire* qu'elle a voulu continuer une « œuvre critique religieuse », « mettre en lumière [...] la lutte entre l'idée du passé et l'idée moderne », « prouver » des faits en se servant du roman pour les développer [114]. Ses romans frappent sans doute d'autant plus les lecteurs que la plupart situent explicitement leur intrigue dans les années 1850-1860, et que l'auteure donne parfois un caractère documentaire à ses fictions, par l'usage des notes de bas de page [115]. Tous sont traversés – à des degrés divers – par une même préoccupation,

109. Leboucher Dr, « Le Calvaire des femmes, par Mme M.-L. Gagneur », *La Science sociale*, 16 septembre 1867, p. 203-205.

110. Gagneur M.-L., *Le Calvaire des femmes*, A. Faure, 1867. Le récit est paru d'abord en feuilleton dans *Le Siècle* en 1866.

111. Gagneur M.-L., *La Croisade Noire. Roman contemporain*, Paris, A. Faure, 1865. Le récit est paru d'abord en feuilleton dans *Le Siècle* en 1864.

112. *La Croisade Noire* et *Le Calvaire des femmes* ont été réédités plusieurs fois jusqu'au début du XXe siècle, ainsi que d'autre romans de Marie-Louise Gagneur parus après 1870.

113. Il faut ajouter aux deux titres précédents, *Une Femme hors ligne*, Paris, E. Dentu, Librairie de la société des gens de lettres, 1862 (paru en feuilleton dans Le Siècle en juin 1860 sous le titre *Une expiation*) ; *Un Drame électoral*, Paris, E. Dentu, 1863 ; *Les Forçats du mariage*, Paris, aux bureaux du Figaro, 1869. D'autres textes ont pu paraître seulement en feuilletons.

114. Gagneur M.-L., *La Croisade...*, *op. cit.*, p. 1-7.

115. Voir notamment *La Croisade...*, *op. cit.*, où Marie-Louise Gagneur cite de façon précise plusieurs enquêtes sociales, dont les études de Villermé, Blanqui et Jules Simon. Elle fait également référence à des événements contemporains, comme des discours politiques, des rapports gouvernementaux,

dénoncer la nuisance du clergé, et notamment des congrégations, et y opposer la puissance progressive de l'idée d'association, directement inspirée du fouriérisme. Son œuvre pourrait, à ce titre, être considérée comme simplement représentative d'un courant de plus en plus présent dans la littérature de divertissement des années 1860, l'anticléricalisme offensif, encouragé par le tournant politique intérieur et par le développement concomitant de la libre pensée [116]. Toutefois un tel thème – surtout traité avec une si grande virulence – est alors exceptionnel sous la plume d'une femme.

Selon son premier biographe, Paul Joubert [117], c'est son éducation chez les Compagnes de Jésus, dans les années 1840, qui aurait définitivement révolté la future écrivaine contre les dogmes catholiques, les religieuses et les religieux. Il s'abstient par contre de mentionner l'influence du fouriérisme, qui a pourtant joué un rôle important dans la formation et dans le parcours de la jeune fille. Marie-Louise Mignerot est née en effet en 1832 à Doublans, dans le Jura, soit dans une région et à une époque fortement marquée par le développement du mouvement phalanstérien. Sa mère, Césarine Mignerot [118], s'enthousiasme pour les idées sociétaires, qu'elle découvre par l'intermédiaire de Wladimir Gagneur [119], un ardent prosélyte. Proscrit après le Deux décembre pour avoir organisé une résistance républicaine dans le Jura, celui-ci s'exile en Belgique, jusqu'à sa grâce en 1853. Il serait ensuite revenu dans sa région. Césarine Mignerot, elle, se retrouve à Londres avec sa fille en 1854, dans des circonstances obscures. Dans une lettre qu'elle envoie alors à Victor Considerant, elle évoque le premier texte engagé de sa fille, « déjà, et pour répandre autant que possible l'idée qui est le seul point lumineux de notre existence, ma fille qui depuis trois ans a fait une étude approfondie de la théorie dans les écrits du Maître et de son école, a eu dernièrement la pensée d'adresser aux principaux lords d'Angleterre, [...] un projet d'association simplement industrielle dans lequel l'association domestique n'était présentée que comme accessoire et facultative afin de ne pas heurter de front la routine anglaise du home [120] ».

---

et des faits rapportés par la presse, comme une grève des veloutiers de Saint-Etienne, qui ont formé une société coopérative de production.

116. Voir Lalouette Jacqueline, *La Libre Pensée en France 1848-1940*, Paris, Albin Michel, deuxième édition 2001, p. 30-39.

117. Joubert Paul, *Madame M. L. Gagneur. Biographie*, Paris, Librairie Vanier, 1898. Cette brochure, publiée du vivant de Marie-Louise Gagneur est, à ma connaissance, la seule étude biographique qui lui soit consacrée, avec un mémoire inédit de Wartelle Jean-Claude, Une famille d'intellectuels de gauche au XIXe siècle, les Gagneur, 1981, tapuscrit conservé à la bibliothèque Marguerite Durand.

118. Césarine Mignerot, née Martin (1809-1884), écrit à Victor Considerant dans les années 1830 qu'elle entame la conversion de son mari (Arch. nat., Fonds sociétaire, 10 AS 25). Elle écrit en 1867 dans *La Science Sociale*, et fonde en 1869 le Cercle parisien des Familles, qui se veut une sorte de familistère-hôtel.

119. Just-Charles-Wladimir Gagneur (1807-1889) fait des études de droit puis se fait connaître par des articles et des brochures d'économie sociale ; en 1840 il est membre fondateur du comice agricole d'Arbois. Voir Wartelle Jean-Claude, *op. cit.*

120. Lettre du 27 novembre 1854 à Victor Considerant (Arch. nat., Fonds sociétaire, 10 A S 28, dossier 9, lettre 132), citée par Wartelle Jean-Claude, *op. cit.*, p. 30-31.

Paul Joubert évoque cet opuscule, expliquant que c'est sa lecture qui aurait séduit Wladimir Gagneur[121]. En réalité, celui-ci connaît depuis longtemps la jeune femme, qu'il épouse en 1855. Marie-Louise Gagneur donne naissance à une fille en août 1857 et ne paraît rien publier jusqu'au feuilleton « Une expiation », qu'elle vend au *Siècle* en 1860. Retravaillé, ce récit devient son premier roman, paru en 1862 sous le titre *Une Femme hors ligne*. L'intrigue, située en 1840 à Lons-le-Saunier, traite de l'impossible émancipation des femmes et de l'horreur du mariage indissoluble. L'héroïne, Gastonne de Persange, se distingue sans difficultés au milieu d'une population mesquine, bigote et hypocrite. Elle a bénéficié d'une éducation complète, mêlant activités « de garçon » et « de fille », et reçu une instruction approfondie[122]. Pure et honnête, elle mène une vie active et studieuse tout à fait libre, qui fait naturellement scandale. Un jeune aristocrate, Octave, ouvert aux idées modernes, s'éprend toutefois d'elle. Elle l'avertit qu'elle entend « demeurer libre dans le mariage » mais précise aussi qu'elle est consciente de l'importance de l'honneur du mari, et s'engage donc à un comportement irréprochable. L'idylle est vite contrecarrée par les jaloux et les médisants, et l'union devient impossible. À la fin du roman, les deux héros, se retrouvant après plusieurs années, choisissent une mort romantique, en se jetant ensemble dans le cratère du Vésuve. Marie-Louise Gagneur n'est ni la première ni la seule à plaider pour la liberté amoureuse et à raconter que les femmes qui parviennent individuellement à s'émanciper sont punies par la société. On peut la considérer à ce titre comme une sorte d'héritière tardive des premiers romans de George Sand. L'originalité de ce livre-ci me semble résider dans la figure de l'héroïne, qui permet à Marie-Louise Gagneur d'ériger la « femme libre » en modèle, contredisant toutes les normes de l'époque[123], le mélange de caractéristiques « masculines » et « féminines » n'en fait pas un monstre hybride mais un être complet et accompli, qui concilie sans faillir son amour de la liberté et sa « vertu ». Trop parfaite pour être crédible, Gastonne paraît plutôt destinée à incarner une idée fouriériste, qui prône le libre épanouissement des facultés individuelles. Le drame final doit sans doute inspirer la révolte aux lecteurs et aux lectrices, et les inciter à remettre en cause les préjugés régissant la destinée des femmes et les relations amoureuses.

Marie-Louise Gagneur ne reprend pas directement le thème de l'émancipation des femmes dans les romans suivants, même s'ils contiennent quelques figures féminines intéressantes. C'est dans *Le Calvaire des femmes*, édité en 1867,

121. JOUBERT Paul, *op. cit.* ; il semble soit ignorer, soit vouloir taire, la relation ancienne de Wladimir Gagneur avec la famille Mignerot. Il évite aussi toute allusion au fouriérisme, excepté à la fin de sa brochure, lorsqu'il cite un entretien accordé par Marie-Louise Gagneur à L'Indépendance belge du 18 septembre 1898, elle y évoque son opuscule publié à Londres, inspiré par l'expérience de Godin à Guise.

122. Elle a ainsi lu « Kant et Schelling, Pierre Leroux et Fourier, César et Montecuculli, Balzac et Eugène Sue, George Sand, etc. » (GAGNEUR M.-L., *Une Femme…*, *op. cit.*, p. 6).

123. On retrouve un tel idéal de femme dans le roman publié quelques années auparavant par Hermance Lesguillon, Les femmes dans cent ans, Paris, Arnauld de Vresse, 1859. L'auteure prétend d'autant moins rendre crédibles ses héroïnes, la princesse Hélène et sa fille adoptive Théodose, que celles-ci sont les protagonistes d'une fiction insérée dans la fiction, et qui est censée être le récit rétrospectif d'un avenir utopique…

qu'elle donne de nouveau une place centrale à la question. Situé cette fois dans les milieux industriels lyonnais, lillois et parisiens des années 1860, le récit croise les luttes émancipatrices des ouvriers et celles des femmes, montrant la double oppression dont sont victimes les femmes prolétaires. Le roman s'ouvre sur une citation de *L'Extinction du paupérisme*, de Louis-Napoléon Bonaparte, peut-être pour se protéger contre l'accusation de propager des idées subversives, « La classe ouvrière est comme un peuple d'ilotes au milieu d'un peuple de sybarites; il faut lui donner une place dans la société [...]. La pauvreté ne sera plus séditieuse lorsque l'opulence ne sera plus oppressive. » Marie-Louise Gagneur semble d'ailleurs bien se conformer à ce programme, son livre dénonce certes l'exploitation capitaliste mais esquive la question de la lutte des classes, prônant une réconciliation entre riches et pauvres et l'intégration progressive des prolétaires à la classe moyenne. La leçon principale du livre est que femmes et ouvriers doivent prendre leur destinée en main, et s'organiser entre eux pour changer leur situation. Ainsi, Madeleine, la jeune héroïne née dans la pauvreté devient institutrice afin de ne plus dépendre de sa protectrice et de venir en aide à ses sœurs, de pauvres ouvrières canutes. Elle rencontre des grisettes parisiennes, dépeintes comme des ouvrières pauvres mais indépendantes, honnêtes et gaies, qui vivent librement leur vie amoureuse [124], l'une d'elle a même passé un contrat avec son riche galant, stipulant qu'il ne doit pas plus l'entretenir qu'elle ne doit lui broder de pantoufles! Le roman s'achève sur le projet d'association émis par ces grisettes, sur un projet de manufacture modèle, et sur le projet de Madeleine d'organiser une ligue féminine pour l'amélioration du sort moral et matériel de l'ouvrière.

Il est à noter que tous les personnages féminins qui se distinguent par leur courage et leur autonomie sont des célibataires, sans enfants, comme s'il était impossible à l'auteure d'imaginer un modèle de femme conciliant l'émancipation avec la vie conjugale et le statut de mère [125]. Les seules épouses et mères qui travaillent sont des ouvrières, contraintes par les nécessités économiques. Marie-Louise Gagneur n'hésite pourtant pas, en tant qu'écrivaine, à transgresser d'autres normes, par exemple en décrivant certaines scènes que beaucoup de contemporains pouvaient considérer comme choquantes sous la plume d'une femme, ainsi la scène finale d'*Une femme hors ligne*, qui magnifie en quelque sorte le suicide, ou bien la scène d'ouverture du *Calvaire des Femmes*, qui évoque

124. GAGNEUR M.-L., *Le Calvaire...*, *op. cit.*, p. 156. Cette évocation des grisettes est une survivance curieuse de cette figure littéraire des années 1830 et surtout 1840, laborieuse, idéaliste, amoureuse désintéressée, elle permet alors de faire l'éloge de la liberté individuelle, de la résistance vertueuse au marché et au matérialisme. Au contraire, dans les années 1860, le discours ordinaire sur l'ouvrière est plutôt empreint de misérabilisme, et conclut le plus souvent au nécessaire entretien de la femme dans le cadre du mariage. Voir à ce sujet Victoria E. THOMPSON, *op. cit.*, p. 36-51. Cet « anachronisme » est l'un des moyens employés par Marie-Louise Gagneur pour plaider pour le droit au travail salarié des femmes, comme moyen indispensable de leur émancipation.

125. Seule l'une des héroïnes, Claire de Blérancourt est mariée, mais il s'agit d'une union « blanche », contractée afin de s'émanciper. Cette « épouse-vierge », qui par ailleurs ne travaille pas, est mère par procuration, comme le sont dans les autres romans diverses tantes célibataires s'occupant de nièces ou de protégées. Ce substitut de maternité permet de présenter ces femmes comme vraiment « féminines » tout en restant relativement libres.

un accouchement dans une misérable cahute où sont réunis les parents et leurs cinq filles. Certes il ne s'agit pas de descriptions naturalistes, mais de tels sujets sont plutôt exceptionnels pour une romancière populaire de l'époque. De même, certains thèmes paraissent très atypiques pour une « femme auteur », tels celui de la vie politique locale, développé dans *Un Drame électoral*[126], et celui de l'anticléricalisme, qui est l'objet de *La Croisade noire.*

La critique de la religion et du clergé est présente à des degrés divers dans tous les romans de Marie-Louise Gagneur. Elle prend de l'ampleur dans *Un Drame électoral,* de 1863, où l'on porte un « un toste [*sic*] à l'extinction de la race des cagots, bigots et cafards, de tous les tartuffes mâles et femelles[127] ». La romancière donne libre cours à ces idées dans *La Croisade Noire,* qui dénonce « l'invasion » cléricale dont est victime une petite ville au début des années 1850. Les Pères augustins, assistés par des ordres de religieuses et aidés par les dévotes et les conservateurs locaux[128], tirent les ficelles d'une vaste machination, qui vise à l'enrichissement de la congrégation. Ils ne reculent devant aucun procédé pour capter des héritages, faire destituer le maire progressiste, convertir les filles du prêteur juif pour en retirer un profit à la fois matériel et idéologique[129]. Tous les thèmes qui sont alors en train de devenir des lieux communs de la littérature anticléricale sont présents, sans excepter la concurrence des couvents envers les manufactures et les ouvrières indépendantes, les religieuses fanatiques séquestrant leurs pensionnaires, et même le moine libidineux. Le roman est souvent comparé par les contemporains à l'ouvrage anonyme *Le Maudit* qui, paru la même année que le feuilleton, suscite également un scandale en attirant l'attention sur les dangers de la claustration et les abus du mysticisme[130]. Toutefois Marie-Louise Gagneur paraît aller encore plus loin dans les hostilités, en traitant simultanément tous les thèmes de l'anticléricalisme. Elle est, à ma connaissance, la seule femme de l'époque à le faire de façon si virulente[131], et on peut penser

126. Gagneur M.-L., *Un Drame électoral,* Paris, E. Dentu, 1863. L'intrigue se noue durant une campagne électorale dans une petite ville de l'Est, durant les années 1850. Le héros est le candidat libéral, qui se dit même « démocrate ». Le roman dénonce les pratiques malhonnêtes du parti clérical, qui s'appuie notamment sur les dévotes pour influencer les électeurs. Le héros est battu au second tour, suite aux pressions du patron local et décide alors d'écrire un traité « qui contient la théorie complète du progrès » (*Ibid.*, p. 261).

127. *Ibid.*, p. 256.

128. Marie-Louise Gagneur montre bien que les femmes ne sont pas les seules à soutenir les congrégations, elle dépeint ainsi un « voltairien converti » qui, depuis qu'il a eu peur pour son château en 1848, considère l'Église comme une protection.

129. Sans doute peut-on voir là une allusion à l'affaire Mortara de 1858 – l'enlèvement par la police pontificale et le baptême forcé d'un garçon juif italien – qui a défrayé l'actualité en Europe et particulièrement en France.

130. Le Maudit, par l'abbé***, Paris, Librairie internationale, 1864. Attribué à l'abbé Jean-Hippolyte Michon (1806-1881), prêtre gallican aux marges de l'institution, c'est la première grande référence de la littérature anticléricale de la deuxième moitié du siècle, avec *La Croisade noire.* L'auteur ne rejette pas l'Église mais veut une réforme du statut des prêtres (dont la fin du célibat obligatoire) et le contrôle des congrégations.

131. Une autre femme de lettres publie une brochure pour soutenir l'auteur du Maudit, Poujade Eugénie, *Essai sur les mœurs et le Progrès au XIXe siècle*, Paris, E. Dentu, 1864. Il faut évoquer aussi les textes de George Sand, dont le plus fameux est son roman de 1863, *Mlle La Quintinie.* Toutefois, le statut d'exception dont elle bénéficie rend moins surprenant que pour d'autres femmes le fait qu'elle s'exprime sur le sujet.

qu'il lui a fallu une audace particulière pour s'y risquer, sans même la protection d'un pseudonyme. Non seulement elle choisit un sujet conflictuel que les « femmes auteurs » sont censées éviter, mais elle adopte de surcroît des procédés d'écriture très peu « féminins ». Elle cherche en effet à susciter le sourire, voire le rire de ses lecteurs, tout autant que leur indignation, de l'ironie voltairienne aux allusions lascives, en passant par la parodie grotesque, presque tous les moyens lui sont bons pour désacraliser les croyances et le culte, ôter toute dignité aux représentants de la religion, et créer ainsi une brèche où la liberté de penser et les idées progressives peuvent s'engouffrer[132].

Les polémiques et les menaces de censure[133] ont certainement servi la renommée de Marie-Louise Gagneur. Même si ses convictions personnelles semblent bien arrêtées, on peut penser qu'elle a aussi su profiter de la vogue anticléricale des années 1860. C'est en tout cas cet aspect de son œuvre qui lui procure le plus de succès, monopolisant l'attention de certains critiques. Ainsi Elie Reclus n'envisage la *Croisade noire* que comme une œuvre sensibilisant aux méfaits des « ignorantins » et autres congrégations[134]. Il ne mentionne pas la dimension fouriériste du livre, alors que c'est bien sûr là-dessus que la revue *La Science Sociale* met l'accent[135]. Effectivement Marie-Louise Gagneur cherche à vulgariser et propager les idées fouriéristes, même si le nom de Fourier n'est jamais cité. Le thème est annoncé à la fin d'*Un Drame électoral*, et repris encore dans le *Calvaire des femmes*, après avoir été particulièrement développé dans *La Croisade noire,* ce roman s'achève de façon idyllique par la fondation d'un phalanstère[136]. Aucune recension, par contre, ne s'arrête sur la dénonciation de la domination multiple des femmes et sur la question de leur émancipation. Lorsque des représentants d'associations ouvrières témoignent de leur admiration pour l'auteure de la *Croisade noire* et du *Calvaire des femmes*, c'est à l'éloge de l'association qu'ils se montrent sensibles[137], mais ils ne font aucune allusion au thème du droit au travail des femmes et à la double oppression des ouvrières. Leur lettre est justement intéressante pour cette lecture très sélective, et comme témoignage de l'impact qu'ont pu avoir les romans de Marie-Louise Gagneur.

132. LALOUETTE Jacqueline, *op. cit.*, p. 183-255, montre quel sont les procédés les plus communs dans la critique libre penseuse.

133. *Le Siècle* est suspendu à cause de *La Croisade noire*, le colportage du livre est ensuite momentanément interdit (voir JOUBERT Paul, *op. cit.*, p. 7-8, et Arch. nat., F18/275, dossier Marie-Louise Gagneur).

134. RECLUS Élie, « Bibliographie. La Croisade noire, par Mme L.-M. Gagneur », *Le Temps*, 27 novembre 1865. Cette recension, qui par ailleurs critique la complexité de l'intrigue et l'idéalisation des caractères, est perçue par Marie-Louise Gagneur comme un « éreintement » (Arch. nat., papiers Auguste Nefftzer, 133 AP 3, lettre du 29 janvier 1866).

135. LEBOUCHER Dr., « *La Croisade noire* et *Le Calvaire des femmes*. Romans par M. L. Gagneur », *La Science Sociale*, 16 mai et 16 septembre 1867, p. 78-79 et p. 203-205 du premier volume.

136. GAGNEUR M.-L., *La Croisade...*, *op. cit.*, p. 515 et p. 518.

137. Lettre insérée dans *Le Siècle* du 22 décembre 1866, écrite par les chefs d'une trentaine d'associations ouvrières parisiennes, au sujet du feuilleton *Le Calvaire* des femmes. Cette lettre est reproduite en postface du livre, p. 353-354. Ses auteurs comparent l'œuvre de Marie-Louise Gagneur à celle d'Eugène Sue, et estiment qu'elle sert l'essor des associations coopératives, preuve et instrument de progrès.

En devenant auteures de feuilletons, Marie-Louise Gagneur et Fanny Lewald sont parvenues à utiliser la presse comme vecteur de leurs idées, leur permettant de toucher un grand nombre de lecteurs, dans divers milieux sociaux. Toutefois, si la partie feuilleton peut être accessible aux femmes auteures, la plupart des autres rubriques journalistiques demeurent largement réservées aux hommes. De nombreuses auteures engagées ont pourtant choisi la presse comme moyen et lieu de leur intervention publique, afin de mieux s'inscrire dans le temps présent et réagir à l'actualité.

À la conquête de la presse d'opinion

Dans les années 1850-1860, la presse n'est plus le lieu de la parole libérée qu'elle a pu représenter en 1848. Les lois répressives instaurées par les divers gouvernements français et allemands entre 1849 et 1852 demeurent longtemps en vigueur. En Allemagne, elles sont harmonisées et appliquées à l'ensemble de la confédération germanique par la loi fédérale du 6 juillet 1854, qui met fin aux derniers îlots libéraux préservés dans certains petits États (Braunschweig, Schaumburg-Lippe, Waldeck[138]...). Cette loi de 1854 confirme la nécessité de l'autorisation préalable, et l'administration peut, à tout moment, interdire la publication, la distribution ou procéder à des confiscations. Le rédacteur responsable d'un périodique soumis au cautionnement doit jouir de ses droits civils et politiques, et être résident de l'État où il publie. Enfin l'ensemble des collaborateurs, des journalistes aux imprimeurs, doit se montrer respectueux de la moralité, de la religion, de l'État... Quelques assouplissements surviennent à partir de 1858-1859, au moment où s'ouvre une « nouvelle ère », d'abord en Prusse, avec la régence de Guillaume Ier, puis dans des États du Sud où le courant libéral est resté combatif. Mais il faut attendre 1864 pour que le Wurtemberg ouvre la voie de vraies réformes concernant la presse et la liberté d'expression, ce qui profite au secteur de l'édition et de l'imprimerie à Stuttgart. Les États de Bade, de Bavière et de Saxe suivent en partie son exemple, supprimant notamment l'autorisation préalable. La Prusse prend en 1869 des mesures semblables, mais Berlin ne rattrape pas vraiment son retard sur un centre de presse tel que Leipzig, qui demeure l'un des plus importants de la période. Cette relative libéralisation des années 1860 favorise l'apparition de nouveaux journaux politiques, souvent liés à la création d'organisations – comme l'Association générale des travailleurs allemands de Lassalle (1863) – et de partis – tels que le Parti national-libéral, partisan de Bismarck (1866), et le parti social-démocrate de Bebel et Liebknecht (1869[139]).

138. Sur la législation de la presse allemande, voir Koszyk Kurt, *Deutsche Presse im 19. Jahrhundert*, Berlin, Colloquium Verlag, 1966, p. 120-126.

139. Der Social-Demokrat (1864-1871) est l'organe officiel de l'Association générale des travailleurs allemands. Depuis la disparition de la *Neue Rheinische Zeitung* en 1849, c'est le premier journal dont disposent les travailleurs pour promouvoir les idées socialistes. Le *Demokratisches Wochenblatt* (1868-1869) – devenu *Der Volkstaat* en octobre 1869 – accompagne la création du parti social démocrate à partir de la fédération des associations de travailleurs allemands. Le *Norddeutsche Allgemeine Zeitung* exprime l'opinion du Parti national-libéral.

En France, le décret organique sur la presse de 1852 place l'ensemble des périodiques dans une situation de constante incertitude[140]. Les dispositifs de répression, assez semblables à ceux de la loi allemande de 1854, obligent rédacteurs, journalistes et gérants à se censurer eux-mêmes. Soumis à autorisation préalable, surveillés par le ministère de l'Intérieur, les journaux peuvent être frappés de suspension administrative après deux avertissements ; un délit de presse peut entraîner la suppression ; celle-ci est automatiquement prononcée suite à une condamnation « pour crime commis par la voie de la presse », ou bien peut l'être « par mesure de sûreté générale[141] ». Cet étau juridique ne se desserre que lentement, à partir de 1861, mais n'empêche pas les journaux de prendre une part active aux affrontements politiques intérieurs, notamment à partir de 1859, la guerre en Italie, les heurts entre le gouvernement et l'Église, la politique libre-échangiste... donnent aux journaux l'occasion de s'affirmer comme porte-paroles des diverses forces en présence, opposant ceux qui suivent les nouvelles orientations du pouvoir et ceux qui les refusent. La loi du 2 juillet 1861 diminue les risques pour les journaux. À deux reprises, en 1860 et 1865, l'empereur édicte un décret annulant les avertissements et les condamnations pour délits de presse. Toutefois, si le sénatus-consulte du 2 février 1861 permet de reproduire la sténographie des débats législatifs insérée dans le *Journal Officiel*, ou les comptes rendus officiels, celui du 18 juillet 1866 interdit de reproduire de toute discussion ayant pour objet la critique ou la modification de la Constitution. Il faut attendre la loi du 11 mai 1868 pour voir la législation sur la presse refléter la « libéralisation » du régime. Présenté en mars 1867, le projet de loi n'est débattu qu'à partir de janvier 1868 et voté le 9 mars 1868. Il semble essentiellement soutenu par l'empereur, qui avait annoncé la libéralisation de la presse dans son discours de janvier 1867. Les partisans du régime craignent de donner trop de pouvoir aux journalistes, les opposants demandent une totale liberté d'expression. Le système des avertissements disparaît, l'autorisation préalable est supprimée, seule une déclaration quinze jours avant la publication est nécessaire. Le cautionnement est maintenu mais le droit de timbre est abaissé. Cette loi bénéficie essentiellement aux extrêmes, du moins en ce qui concerne le nombre des nouvelles parutions, qui se multiplient en province comme à Paris[142], aux journaux démocrates, notamment représentant des républicains radicaux et des socialistes[143], font suite des journaux bonapartistes, inquiets de ces ferments révolutionnaires et partisans d'un régime autoritaire[144]. Les élections de 1869 et

140. Sur la législation de la presse française, voir Bellanger Claude *et alii* (dir.), *Histoire générale de la presse française*, Paris, PUF, 1969, tome II, *De 1815 à 1871*, p. 9-10 et p. 249-254.

141. Décret organique sur la presse du 17 février 1852, *Bulletin des lois de la République française*, n° 490, p. 317-324.

142. Charle Christophe, *Le siècle de la presse (1830-1939)*, Paris, Le Seuil, 2004, p. 111-117. Le tirage de la presse bonapartiste reste néanmoins supérieur à ceux de la presse libérale et de la presse républicaine additionnés (à Paris).

143. Par exemple *La Lanterne*, fondée par Henri Rochefort le 31 mai 1868, devenue *La Marseillaise* le 19 décembre 1869 ; *Le Réveil*, fondé par Charles Delescluze le 1er juillet 1868 ; *La Démocratie*, fondée le 8 novembre 1868 et dirigée par Charles Chassin.

144. Par exemple le nouveau *Journal officiel*, créé le 1er janvier 1869 sous l'inspiration de Rouher ; *Le Peuple*, puis *Le Peuple français*, créé le 2 février 1869 et dirigé par le bonapartiste libéral Duvernois.

le plébiscite de 1870 incitent également les divers courants politiques à se doter de leurs feuilles, fussent-elles très ponctuelles et parfois assez confidentielles.

Les législations allemandes et françaises sur la presse sont donc assez proches, et évoluent de façon comparable au cours des années 1850-1860. Un autre point commun à ces lois est d'exclure implicitement les femmes de la direction des journaux politiques puisque le décret impérial de 1852 comme la loi fédérale de 1854 réservent cette fonction à une personne jouissant de ses droits civils et civiques. La loi française de 1868 aggrave indirectement cette disposition. L'article 9 ajoute en effet que « la publication par un journal ou écrit périodique d'un article signé par une personne privée de ses droits civils et politiques, [...] est punie d'une amende de mille à cinq mille francs, qui sera prononcée contre les éditeurs ou gérants dudit journal ou périodique[145] ». Sans jamais mentionner les femmes, la loi prise à la lettre leur interdit donc aussi bien la rédaction de tout journal que la publication d'un seul article. Contrairement à la « lex Otto » de 1851 – qui est d'ailleurs restée en vigueur en Saxe – il s'agit là plus probablement d'un oubli que d'une intention, le législateur ne s'est tout simplement pas soucié de l'activité des femmes dans la presse. Pourtant, même si elles sont très minoritaires, elles y sont bien présentes.

En utilisant la presse pour exprimer leurs convictions, elles accomplissent une transgression sans doute encore plus grande que dans le domaine de la littérature et des essais engagés. Les journaux, en tant que moyens privilégiés de faire l'opinion, symbolisent en effet tout particulièrement la sphère publique telle qu'elle est conçue par les contemporains. Il s'agit d'un domaine « masculin » puisque, selon les représentations dominantes, les hommes sont les résidents « naturels » de cette sphère publique, ce sont eux les détenteurs des opinions et de la parole publique qui font les citoyens ; ce sont aussi eux qui possèdent et manipulent les capitaux indispensables à toute entreprise journalistique. Enfin, comme l'a montré Marie-Ève Therenty pour la presse de la Monarchie de Juillet, les quotidiens comme les revues sont des lieux de la domination masculine, si quelques femmes parviennent à y placer des textes, elles n'accèdent pas aux mêmes pages, ni aux mêmes rubriques que les hommes[146].

La transgression représentée par l'écriture journalistique semble encore plus difficile à accomplir en Allemagne qu'en France, on y trouve nettement moins de femmes qu'en France à être ouvertement impliquées dans les journaux et revues des années 1850-1860. L'usage des pseudonymes et de l'anonymat ne permet guère d'établir des évaluations quantitatives, mais si l'on compare des écrivaines à l'activité et à la renommée analogues, il apparaît que les Françaises publient davantage d'articles que les Allemandes, voire fondent elles-mêmes leurs propres journaux. Pour expliquer cette différence, il faut étudier les conditions dans lesquelles les femmes parviennent, avec plus ou moins de succès, à se faufiler dans ce bastion masculin qu'est la presse d'opinion. Quelles sont leurs motivations, à quelles réussites peuvent-elles aspirer ? Ces questions permettront de mieux comprendre l'exemple particulier d'une journaliste que l'on peut qualifier

145. *Bulletins des Lois de l'Empire français*, tome XXXI, p. 397.
146. Thérenty Marie-Ève, « Femme... », art. cit.

d'« acharnée », Eugénie Niboyet, rédactrice du *Journal pour Toutes* entre 1864 et 1867.

Un bastion masculin difficile à pénétrer

Si les femmes « de lettres » occupent depuis longtemps une place importante dans la presse destinée aux femmes, aux jeunes filles et aux enfants de la « bonne société », elles y subissent la concurrence croissante des hommes depuis que ce secteur apparaît comme un marché lucratif en pleine expansion. Pour autant, ces journaux pour dames ou pour demoiselles demeurent où les femmes possèdent une légitimité « naturelle [147] ». Il en va tout autrement de la presse d'opinion, territoire éminemment « masculin ». Même lorsqu'aucune loi ne s'oppose à ce que les femmes publient des articles politiques, ce sont les préjugés et les mœurs qui y font obstacle, privées de la citoyenneté, cantonnées aux responsabilités familiales et au registre sentimental, les femmes ne sont censées ni s'intéresser à la politique, ni avoir la capacité d'en parler [148]. Dans ces conditions, elles n'ont guère la possibilité de voir leur collaboration sollicitée ou acceptée par les journaux cautionnés. Rares sont celles qui y travaillent, et elles y publient généralement plutôt des articles non politiques.

Celles qui se tournent vers la presse « pour dire quelque chose » écrivent le plus souvent dans les périodiques non cautionnés, tenus d'éviter « les matières politiques ou d'économie sociale » selon l'expression consacrée par la loi. Elles s'y expriment la plupart du temps sur des questions dites sociales, et notamment sur la situation des femmes. À travers ces sujets – qui ne sont pas exclusifs – elles abordent cependant des questions d'intérêt général et peuvent toucher au politique. Il leur est toutefois très difficile de se servir de la presse pour poursuivre leurs engagements, que ce soit en tant que journalistes, rédactrices en chef, ou simples collaboratrices occasionnelles de journaux. Louise Otto expose bien les obstacles qui s'élèvent devant toute femme aspirant à publier dans la presse d'opinion :

> « J'étais suffisamment familière avec toute la littérature contemporaine, et en particulier avec la presse d'opinion, pour savoir que cette dernière [...] était uniquement dirigée par des hommes. Bien sûr, on trouvait des nouvelles, des poèmes écrits par des femmes, mais ne livrer que cela ne suffisait pas à mon aspiration ; on trouvait aussi des journaux dirigés par une rédaction féminine, mais ils restaient étrangers aux véritables intérêts du jour. Or c'étaient ceux-ci seuls qui me poussaient irrésistiblement à prendre la plume. Le fait d'être seule me faisait peur – je l'avoue. Si l'on voit un

147. Dans la France du second Empire, plusieurs journaux ou revues de divertissement ou d'éducation sont dirigés et rédigés par des femmes : par exemple *L'Ami des jeunes personnes* de Louise Garnier, *L'Ami du foyer* de Céline Lévy, *La Jeune fille* comme il la faut de Céline Lebas...

148. Une lettre adressée par une Toulonnaise à Auguste Nefftzer, le 30 mars 1851, commence ainsi, « Monsieur, je suis femme, c'est vous dire que la politique ne peut être ma principale occupation ; mais j'ai été élevée à l'école des libres penseurs et nous vivons en un temps qui ne permet à aucun l'indifférence [...]. » Elle propose un long article (que *La Presse* ne publiera pas) pour réagir aux insolences monarchistes de l'évêque de Chartre, mais demande à rester anonyme (Arch. nat., papiers Auguste Nefftzer, 133 AP1).

> nom de femme au bas d'un article consacré à un quelconque événement politique, on ne lira pas l'article; un auteur trouve-t-il son livre analysé par une femme, il écartera la critique avec mépris; lit-on des propositions littéraires, sociales ou politiques émanant d'une femme, on les ridiculisera et on les vilipendera – c'est ce que je me dis mille fois. Et pourtant, je ne pus faire autrement que de prendre la parole pour débattre précisément de ces sujets pour lesquels les autres femmes ne s'enthousiasmaient pas, ou dont les hommes ne leur avaient encore jamais permis de parler. Il ne me restait alors qu'une solution, je dus choisir un nom d'homme [149]. »

Cette analyse faite en 1845, deux ans après les débuts de la carrière journalistique de Louise Otto, conserve sa pertinence pour la presse des années 1850-1860. Certes les signatures féminines sont plus fréquentes depuis 1848, y compris dans les journaux « généralistes », mais elles demeurent rares en dehors des rubriques spécialisées évoquées plus haut. Si l'usage du pseudonyme et de l'anonymat par les femmes ne peut être véritablement quantifié, afin d'être comparé à celui des hommes, il est du moins toujours répandu, le constat fait précédemment au sujet des journaux des femmes de 1848 demeure valable pour les deux décennies suivantes.

Lorsque des femmes parviennent à s'imposer dans la presse sous leur identité véritable, à quel statut peuvent-elles prétendre? Peuvent-elles considérer le journalisme comme une identité professionnelle? La question est d'autant plus difficile qu'elle se pose aussi pour tous les hommes se déclarant journaliste/rédacteur (*Journalist/Redakteur*), publiciste (*Publizist*), littérateur (*Literat*), en l'absence de tout diplôme ou de toute organisation corporative [150]. L'historiographie apporte peu de réponses. Les journalistes sont souvent aux marges, voire oubliés, des études sur les professions libérales et la bourgeoisie cultivée, du moins en ce qui concerne les années 1800-1870 [151]. Seul un historien allemand, Jörg Requate, s'est penché de façon approfondie sur la question tout au long du siècle, en établissant une comparaison internationale, centrée principalement sur l'Allemagne et sur la France [152]. Étudiant la spécificité du travail, du profil et du rôle social des journalistes dans divers pays, il formule la thèse selon laquelle le journalisme politique ne peut se comprendre de façon autonome, mais est partie intégrante du processus politique. Selon lui, il ne s'agit pas d'une profession exigeant des compétences d'expert, mais davantage d'une fonction exercée par les citoyens

149. OTTO Louise, « Erklärung und Geständnis », *Der Wandelstern*, Heft 34, août 1845, p. 716.

150. Comme le demande un publiciste contemporain, « Enfin, qu'est-ce que le journalisme? Connaissez-vous beaucoup de personnes qui seraient capables de répondre précisément à cette question là? Ni les gens qui créent les journaux, ni ceux qui les rédigent, ni ceux qui les persécutent ne savent au juste ce qu'ils sont » (FRÉMY A., *La Révolution de la presse*, Paris, Librairie centrale, 1866, p. 10).

151. Voir par exemple CHARLE Christophe, *op. cit.*, qui ne traite véritablement des journalistes qu'à partir des années 1880-1900 (p. 143-155). La seule étude portant sur le second Empire est : BELLET Roger, *Presse et journalisme sous le Second Empire*, Paris, Armand Colin, 1967; voir les pages 137-152 sur la question de l'identité et du parcours professionnel des journalistes.

152. REQUATE Jörg, *Journalismus als Beruf. Enstehung und Entwicklung des Journalistenberufs im 19. Jahrhundert. Deutschland im internationalen Vergleich*, Göttingen, Vandenhoeck & Ruprecht, 1995.

comme une partie ou une variante de leur activité politique [153]. Cette thèse n'envisage nullement la présence des femmes dans la presse politique, ni d'ailleurs celle des hommes qui, en Allemagne, sont encore exclus des droits de citoyenneté locale (*Bürgerrecht*) et des systèmes de suffrage censitaire. Si on les prend en compte, il convient, me semble-t-il, de reformuler l'hypothèse de départ, la presse n'est pas seulement un champ ouvert à chaque citoyen dans la sphère publique, mais elle représente surtout une voie privilégiée d'accès à la Cité pour tous ceux/celles qui n'ont pas d'autre possibilité de jouer le rôle de citoyen-ne auquel ils/elles aspirent. C'est du moins ce que l'on constate avec l'exemple des femmes qui se servent de la presse d'opinion pour manifester leur attachement au Progrès et prendre position dans le domaine du politique.

Dans quelle mesure peut-on donc parler de femmes journalistes ? L'exemple de Jeanne Deroin déclinant cette identité professionnelle lors de son procès de 1851, semble unique. Il faut rappeler que le terme de « journaliste », du fait sans doute de son imprécision, et aussi d'une réputation parfois douteuse qui y est attachée [154], est encore relativement peu employé dans les années 1850-1860. Toutefois, les termes plus usuels de « publiciste » et « littérateur » ne sont pas non plus appliqués aux femmes, ni en français ni en allemand. Julie Daubié semble être la seule à mentionner – brièvement mais explicitement – la presse comme domaine où la « femme auteur » peut exercer ses talents [155]. Sans doute l'absence de féminisation (mentale) du mot journaliste ne reflète-t-elle pas un rejet, comme pour le mot « écrivain », mais correspond plutôt à la quasi invisibilité de l'activité des femmes dans la presse. Les rares qui aspirent à faire reconnaître leur professionnalisme dans ce domaine préfèrent se dire « collaboratrices » de tel journal, ou bien « rédactrices en chef », lorsqu'elles dirigent un périodique [156]. Si les intéressées ne se définissent pas elles-mêmes comme journalistes, il est difficile de fixer des critères décidant à qui l'on peut attribuer cette dénomination. Faut-il prendre en compte le nombre de textes publiés dans la presse, leur genre et leur style ? Un critère « objectif » pourrait être la rétribution provenant des journaux. Malheureusement, les sources ne permettent pas d'établir de tels comptes, ni même de savoir si les femmes échappent, dans le journalisme, à la règle commune d'un salaire inférieur à celui des hommes. *A priori*, l'absence de cursus et de critères professionnels précis pourrait permettre aux femmes d'être à égalité avec les hommes pour faire carrière dans la presse. En réalité, la grande majorité des journalistes sont au moins titulaires du baccalauréat, voire d'une licence, de lettres ou de droit pour la plupart [157]. Privées de ces diplômes, les femmes n'ont à faire valoir que d'éventuels brevets d'institutrices, ou des compétences littéraires, et notamment linguistiques, acquises dans des cours privés ou en autodidactes.

153. *Ibid.*, p. 23-24.

154. L'opinion commune représente souvent le journaliste comme un déclassé, ayant échoué dans des professions « convenables », ou comme un écrivain raté, prêt à vendre sa plume au plus offrant (Requate Jörg, *op. cit.*, p. 132-134).

155. Daubié Julie, *op. cit.*, réédition de 1993, p. 27.

156. Jörg Requate remarque de même que les hommes préfèrent s'intituler rédacteurs (Requate Jörg, *op. cit.*, p. 132-135.

157. *Ibid.*, p. 161.

Face à l'impossibilité d'une définition précise, j'adopterai donc l'approche de Jörg Requate, qui considère le journalisme comme une fonction politique, une manifestation « citoyenne ». Il souligne en effet que l'idée de neutralité est globalement étrangère à la presse, du moins jusque dans les années 1870-1880. Si on laisse de côté les « petits journaux » et la presse spécialisée – souvent destinée aussi à défendre les intérêts de certains entrepreneurs et/ou mise au service de l'idéologie « bourgeoise » – la plupart des revues et journaux sont les porte-paroles non dissimulés de divers courants politiques, et ont comme but de « former l'opinion ». La plupart des journalistes ne revendiquent nullement une déontologie d'observateur impartial, mais défendent ouvertement des idées. Je désignerai donc comme « journalistes » les femmes qui se sont servies fréquemment ou régulièrement – même sur un temps court – de la presse pour exprimer leur engagement sur des sujets d'intérêt général. Cette définition exclut d'emblée toute la presse « féminine », « enfantine », « littéraire » ou « mondaine », où le politique, même dans son sens le plus large, n'a normalement pas sa place. La notion de fréquence ou de régularité – si imprécise soit-elle – conduit aussi à limiter les sources, en excluant toutes les interventions ponctuelles et isolées.

Trois principales pistes permettent de retrouver de telles journalistes, les sources contemporaines raportant l'activité journalistique d'auteures connues; les inventaires d'archives concernant la presse, dans lesquels pouvaient apparaître des noms de femmes; des sondages semi-aléatoires dans la presse politique des années 1850-1860. Ce procédé s'est révélé relativement fructueux pour la France, et très décevant pour l'Allemagne. L'approche la plus méthodique, appuyée sur les archives, n'a pu être menée en Allemagne, faute d'inventaires centralisés équivalents à ceux constitués pour le Bureau de la Presse du ministère de l'Intérieur français. Des recherches ponctuelles dans les fonds des services de surveillance et de censure conservés dans diverses archives régionales n'ont pas livré de résultat. Par ailleurs, la dispersion des collections conservant les journaux de la période a aussi limité le nombre de titres sondés. Toutefois, le peu de « trouvailles » réalisées conforte le constat fait en étudiant la biographie et l'œuvre des principales auteures allemandes, publier dans la presse d'opinion est plutôt rare pour une femme en Allemagne, si ce n'est pour vendre des feuilletons. S'engager dans la presse semble presque aussi risqué que d'aborder la question des droits politiques, l'identité nationale combinée à l'identité de genre est de nouveau en jeu dans ce domaine. Ceci confirme d'ailleurs la signification de la presse d'opinion comme symbole de la sphère publique, du politique et de l'exercice de la citoyenneté.

Si l'on met de côté les Allemandes qui n'ont écrit que dans les journaux liés aux associations de femmes – dont il sera question dans le troisième chapitre – il n'en reste guère que cinq dont on retrouve des textes engagés dans la presse « généraliste » des années 1850-1860, Louise Otto, Fanny Lewald, Rosalie Schönwasser, Jenny Hirsch, Malwida von Meysenbug (mais celle-ci publie surtout à l'étranger). Ces femmes semblent être les seules à assumer plus ou moins publiquement leur activité journalistique, quoi que Jenny Hirsch signe souvent avec un nom masculin ou avec son seul prénom. Elles publient dans l'ensemble beaucoup moins d'articles que leurs « homologues » françaises. Le corpus français a été pareillement délimité en excluant les femmes qui ont seulement écrit pour le *Droit des Femmes.* Il ne sera pas non plus question de célébrités telles que George Sand, Daniel Stern et C. de Sault [158] qui servent de chroniqueuses occasionnelles ou régulières à de grands journaux : non seulement elles ne s'aventurent que rarement sur le terrain du politique, mais de plus, leur statut de « femmes d'exception » les place en dehors de l'analyse menée ici. Je retiendrai donc onze femmes journalistes françaises, Jenny P. d'Héricourt, Eugénie Niboyet, André Léo, Amélie Bosquet, Eugénie Poujade, Adèle Caldelar, Marie Chenu, Julie Daubié, Olympe Audouard, Paule Mink, Clémence Royer.

Qui sont ces seize femmes ? Leurs biographies, connues à quelques-unes près (Bosquet, Poujade, Caldelar, Chenu, Schönwasser), montrent qu'elles sont globalement issues des mêmes milieux que ceux de la majorité des hommes journalistes, à savoir la « bonne société » à la fois aisée et cultivée. Jenny d'Héricourt et Julie Daubié, dont les pères étaient respectivement artisan et employé, sont sans doute celles dont l'origine est la plus modeste. Malwida von Meysenbug et Paule Mink sont issues de l'aristocratie – récente dans le cas de la première, ou déclassée dans le cas de la seconde. Les autres proviennent de la bourgeoisie commerçante (Lewald), libérale (Otto, Léo, Niboyet, Audouard) ou militaire (Royer). Contrairement à 1848, on ne trouve plus d'ouvrières dans les rangs des femmes journalistes [159]. Une seule a un métier manuel, Maria Chenu, qui est graveuse, soit mi-artisane mi-artiste. Julie Daubié a été institutrice, et Adèle Caldelar inspectrice des écoles primaires de Vendée, mais toutes deux vivent de leur plume ou/et de leur rente au moment où elles écrivent dans la presse, de même que les autres femmes journalistes énumérées plus haut. Enfin il est à noter que seule une minorité de ces femmes sont mariées au moment où elles sont actives dans la presse, Louise Otto-Peters (mariée en 1858, est veuve en 1864), Fanny Lewald (mariée en 1855, après avoir vécu en union libre), Eugénie Poujade et Rosalie Schönwasser (mais peut-être sont-elles veuves ou séparées). Au moins trois sont séparées de leur époux, Eugénie Niboyet (séparée en 1836 et veuve en 1855), Paule Mink et Olympe Audouard. Adèle Caldelar et André Léo sont veuves. Les autres sont restées célibataires. Cette proportion de femmes seules (au moins 10 sur 16) n'a rien d'étonnant, il est pour le moins très difficile, en tant qu'épouse, de préserver l'autonomie qui est la condition indispensable à tout engagement politisé. En conclusion, hormis peut-être les cas inconnus d'Eugénie Poujade et Rosalie Schönwasser, aucune de ces femmes

158. C. de Sault est le nom de plume de Claire de Charnacé, fille de Marie d'Agoult (Daniel Stern). La mère et la fille, liées à Auguste Nefftzer et à Charles Dollfus, écrivent pour la *Revue germanique et française* puis pour *Le Temps*. C. de Salut signe régulièrement le feuilleton culturel de 1866 à 1869. Sa rubrique, « Courrier de Paris », est surtout une chronique mondaine, mais lui sert aussi parfois à défendre des personnes ou des idées, elle fait ainsi l'éloge de la nouvelle bachelière, Julie Daubié, et encourage à suivre son exemple (*Le Temps*, 25 août 1861).

159. Selon Jörg Requate, il en va de même parmi les hommes journalistes, même si quelques exceptions demeurent possibles.

n'est en situation de dépendance matérielle. Cette particularité, ajoutée à la dimension publique de leur activité, les distingue radicalement de l'idéal de la « femme bourgeoise », même si leur mode de vie et leurs fréquentations les désignent comme « bourgeoises » par bien des aspects. Dans bien des cas, leur statut social atypique, voire marginal, se traduit par une rupture plus ou moins radicale avec leur famille – compensée souvent par un fort attachement à l'identité et aux relations procurées par le « métier » des lettres.

Si aucune Allemande ne semble avoir fondé ou dirigé un journal d'opinion dans les années 1850-1860 (à l'exception des organes d'associations féminines, dont il sera question plus loin), cinq femmes se lancent dans cette entreprise à Paris, fondant au total six périodiques. Généralement propriétaires de leur journal, elles cumulent les fonctions de directrice et rédactrice en chef, ce qui est encore le cas de la plupart des « petits » journaux de l'époque. Le premier à paraître est *Le Papillon (Arts-Lettres-Industrie)*, qui signale Olympe Audouard comme « directrice ». Du 10 janvier 1861 au 22 décembre 1862, cette revue « du Monde, des Lettres, des Arts, de l'Industrie et de la Mode » est bimensuelle; elle devient hebdomadaire à partir du 18 janvier 1863 et cesse après le 13 décembre 1863. Dans ses mémoires, parues en 1884, Olympe Audouard raconte avec orgueil avoir fondé sa revue trois mois après être arrivée à Paris, seule et « sans protecteur dans le monde [160] ». Certes elle se retrouve alors à vingt-sept ans séparée de son mari, avec deux fils à charge, mais n'est pas sans ressources. D'une part elle dispose de quelques revenus à investir, d'autre part elle se fait introduire chez Lamartine [161], fréquente l'aristocratie, sollicite Théophile Gautier pour patronner son journal [162], et n'hésite pas à s'adresser directement à Jules Favre et au garde des sceaux Baroche pour connaître ses droits [163]. Si elle est néophyte dans le monde de la presse, elle reçoit l'appui de figures telles qu'Arsène Houssaye et Charles Monselet, attire des publicistes en vogue, tels que Louis Enault et Tony Révillon. Dans ses mémoires, Olympe Audouard légitime son entreprise par la nécessité de nourrir ses enfants – affirmant que leur père refuse de verser sa pension. Le *Papillon* s'adresse en effet aux lecteurs riches, avec un prix d'abonnement élevé, et peut sembler créé dans un but purement lucratif [164]. La directrice tient d'ailleurs à rassurer ses lecteurs :

> « Une femme faire un journal! N'est-ce point là une prétention tant soit peu ridicule? et nos amis ne vont-ils pas s'imaginer déjà nous voir une tache d'encre au bout des doigts? Que notre titre nous défende et les rassure! Notre journal s'appelle le *Papillon*. C'est assez dire que nous ne sommes point pédante et que nous aspirons avant tout à être chose légère, ailée,

160. Olympe Audouard, *Voyage à travers mes souvenirs*, Paris, E. Dentu, 1884, p. 120.
161. *Idem*, p. 82-86.
162. *Idem*, p. 122-128.
163. *Idem*, p. 76-77.
164. Dans ses mémoires, Olympe Audouard prétend avoir eu 500 abonnés dès le second numéro, et mille à la fin de janvier 1861 (*Idem*, p. 131). À partir du 10 mars 1862, le *Papillon* est de plus vendu dans les gares et les kiosques. Du fait de sa durée, on peut penser que le journal a été plutôt une bonne affaire pour Olympe Audouard, qui semble mener une vie aisée, prenant par exemple les eaux à Bade l'été.

voltigeante… effleurant, n'appuyant pas. Sérieux au fond, nous tâcherons que ce journal ne le soit pas trop dans sa forme ; nous ferons moins des articles que des causeries […] [165]. »

Cette mise au point rappelle qu'une femme n'a pas sa place dans le domaine de la presse, et qu'elle doit se prémunir des accusations de « bas-bleuisme » si elle prétend s'éloigner des revues de mode ou d'éducation. Malgré toutes ces justifications, Olympe Audouard dévoile progressivement des intentions peu conventionnelles. Sa chronique, intitulée « courriers de Paris », évolue peu à peu, à partir de 1862, elle intervient ainsi plusieurs fois pour dénoncer le statut social et légal des femmes [166]. Elle exprime aussi de plus en plus ouvertement ses idées, dans la limite d'un journal non cautionné et destiné avant tout aux dames « du monde », elle fait par exemple l'éloge de Victor Hugo [167], publie un extrait des *Misérables*, et déplore la mise à l'Index des romans d'Alexandre Dumas et des ouvrages de Marie Pape-Carpantier [168]. Enfin, elle se montre très tentée par des articles politiques auxquels elle n'a pas droit. L'arrêt du *Papillon* peut aussi être interprété comme un renoncement, suite à l'ambition frustrée de faire du journalisme politique.

Le deuxième journal rédigé par une femmes est *Le Journal pour toutes* d'Eugénie Niboyet, hebdomadaire qui paraît – avec plusieurs longues interruptions – d'octobre 1864 à décembre 1867. Depuis la fin de l'*Almanach des Femmes*, dix ans auparavant, c'est le premier périodique à s'adresser directement aux femmes, pour discuter de leur statut. Il fera l'objet d'un plus long développement par la suite. De mai à octobre 1865 paraît *La Parisienne*, une revue mensuelle dont la « rédactrice en chef et directrice » est Eugénie Poujade [169]. Celle-ci a peut-être déjà collaboré à plusieurs journaux ; on sait du moins qu'elle a, dans le passé, envoyé des articles à *La Presse* [170], et dans sa demande d'admission à la Société des Gens de Lettres en avril 1868, elle mentionne sa participation à quelques petits journaux des années 1860. *La Parisienne* se présente comme une « œuvre de conviction et de philanthropie », destinée à « populariser, sous une forme agréable, les grands principes qui ont pour base la conscience humaine [171] ». Elle a d'abord comme secrétaire de rédaction Paul Thouzery, ancien rédacteur d'un hebdomadaire satirique, *La Sentinelle parisienne*. Thouzery publie dans *La Parisienne* deux textes sur l'histoire de la chanson engagée, prétexte à faire pas-

165. AUDOUARD Olympe, « À nos lecteurs », *Le Papillon*, n° 1, 10 janvier 1861.
166. AUDOUARD Olympe, *Le Papillon*, n° 33, 1862. Elle fait ici l'éloge de George Sand, de Rosa Bonheur, de Mme de Girardin. Voir aussi les n° 31, 40, 44 de 1862, et les n° du 25 janvier, du 31 mai, du 25 octobre 1863. Dans le n° 25 et dans le n° 36 de 1862, son collaborateur Louis Enault fait l'éloge des *Idées antiproudhoniennes* de Juliette LAMBER.
167. *Le Papillon*, n° 28 et n° 32, 1862.
168. *Le Papillon*, n° du 5 juillet 1863.
169. D'après la demande d'admission d'Eugénie Poujade à la Société des Gens de Lettres, en 1868, La Parisienne serait devenue bimensuelle après les 6 premiers numéros, et aurait duré jusqu'au 20 janvier 1867. Les numéros postérieurs à celui d'octobre 1865 ont apparemment disparu (Arch. nat., 454 AP 338).
170. Voir la lettre d'Eugénie Poujade à Nefftzer, datée de 1856, dans laquelle elle attend avec impatience la parution de ses trois articles (Arch. nat., papiers Auguste Nefftzer, 113 AP 2).
171. Prospectus annonçant la parution de *La Parisienne*.

ser des attaques contre l'Empire [172]. Son éloge de la Marseillaise et d'autres chants révolutionnaires provoque sans doute une réaction immédiate des autorités, la suite de ces articles est ajournée, et le nom de Paul Thouzery disparaît ensuite du comité de rédaction. Cette probable censure change l'orientation que Eugénie Poujade semblait vouloir donner à sa feuille au départ. Son premier texte suggère qu'elle se range du côté de l'opposition. Sous couvert d'analyser les courants littéraires contemporains, elle prend la défense de ceux « qu'on cherche à évincer, ceux-là qui ne peuvent trouver place dans le grand banquet réactionnaire; ceux-là mêmes qui, prolétaires de nos somptueuses cités, préfèrent marcher tête haute avec des habits usés et la faim dans la poitrine plutôt que d'avoir recours à des expédients indignes en reniant leurs dieux [...] [173] ». Son deuxième grand article commence par une innocente citation de Marie Pape-Carpantier sur la différence entre l'homme et l'animal, mais dévie rapidement vers des considérations plus ambiguës, « s'il est fort, [l'homme] le sera plus encore s'il ose braver la tyrannie, s'il proclame hautement la vérité et soutient ses droits [...]. S'il n'ose penser librement c'est donc qu'il rougit d'être homme, qu'il abuse de ses droits d'homme [174] ». Malgré ces audaces, la rédactrice a peut-être pu bénéficier d'une certaine indulgence du fait de son statut de femme [175]. Sans doute l'a-t-on toutefois enjointe de cesser ses provocations, car elle se limite par la suite à faire l'éloge d'ouvrages mis à l'index par la commission du colportage [176]. Son seul engagement demeure un plaidoyer assez modéré en faveur de l'autonomie des femmes et de l'égalité des sexes [177].

Le quatrième journal fondé par une femme s'intitule *La Raison. Journal de littérature, de critique et de raison.* Il s'agit d'un hebdomadaire, qui paraît en 28 numéros, du 16 décembre 1866 à juin 1867. Sa directrice est Adèle Caldelar, qui se présente comme une ancienne inspectrice des écoles primaires et salles d'asile. Elle a effectivement exercé cette fonction en Vendée, « sous le ministère de Salvandy » (soit entre 1837 et 1839, soit entre 1845 et 1848), comme l'indique le rapport de la préfecture de police établi alors qu'elle demande une autorisation pour son journal [178]. Le même rapport la décrit comme ayant des « opinions libérales », sans préciser davantage. Elle a en tout cas manifesté des idées républicaines en 1848, en écrivant *Les Commandements de la République* et une *Marseillaise de la Paix*; en republiant ce dernier chant dans *La Raison* [179], elle ne semble pas craindre de rappeler son engagement passé et d'être étiquetée

172. Thouzery Paul, « La Chanson et les chansonniers », *La Parisienne*, n° 1 et 2 des 1er mai et 1er juin 1865.

173. Poujade Eugénie, « Une bouteille à la mer », *La Parisienne*, n° 1, 1er mai 1865.

174. Poujade Eugénie, « L'homme, sa force, sa faiblesse », *La Parisienne*, n° 2, 1er juin 1865.

175. L'absence de dossier consacré à *La Parisienne* ou à Eugénie Poujade dans les archives du Bureau de la Presse ne permet que des hypothèses.

176. Il s'agit d'un plaidoyer contre la peine de mort, *Les Martyres d'amour*, de M. Boué de Villiers, et de *Vierge et prêtre*, protestation contre le célibat sacerdotal, remarquée par G. Sand et V. Hugo.

177. Poujade Eugénie, « La femme, sa faiblesse, sa force », et « Les vieux garçons », *La Parisienne*, n° 3, 1er juillet 1865, et n° 4, 1er août 1865.

178. Voir le dossier de *La Raison*, avec un rapport de la préfecture de police du 17 septembre 1866, Arch. nat., F/18/407.

179. Caldelar Adèle, « Marseillaise de la paix », *La Raison*, n° 22 du 15 mai 1867.

comme républicaine, à un moment où parler de la « Marseillaise » peut être jugé subversif. Elle raconte également avoir assisté aux cours de Legouvé en 1848/49, et accuse ce dernier de trahir ses convictions passées concernant le rôle des femmes [180]. Adèle Caldelar est par ailleurs auteures de fables [181] et en publie plusieurs dans son journal. La tonalité générale de celui-ci est très moralisatrice. Comme le titre l'indique, il s'agit de servir la cause de la raison. Adèle Caldelar entend concilier religion, philosophie et progrès, combattre à la fois la superstition et la morale indépendante. Elle publie surtout de courtes fictions, des poésies, des commentaires de l'actualité culturelle, des biographies historiques, et des leçons destinées aux enfants des deux sexes. Sans le déclarer ouvertement, elle vise aussi à promouvoir une meilleure reconnaissance des femmes et de leurs œuvres. Pour cela, elle fait appel essentiellement à des collaboratrices, parmi lesquelles Clémence Robert, Augustine Labey, Adèle Esquiros [182]... Le journal fait fréquemment l'éloge de livres de femmes, tels que *Des paysans et de l'agriculture en France* de Mme Romieu. Il signale et encourage les entreprises de celles qui interviennent publiquement pour plaider la cause de l'égalité, telles que Maria Deraismes. Adèle Caldelar, enfin, s'exprime en faveur du travail des femmes et de l'égalité dans le mariage [183]. On ignore les raisons pour lesquelles le journal disparaît.

En juin 1867 aussi cesse de paraître *La Revue Cosmopolite*, le nouveau périodique qu'Olympe Audouard avait fondé six mois auparavant. Il s'agit d'un hebdomadaire que madame le « rédacteur en chef » consacrait aux « arts, sciences, littérature, industrie, commerce, courrier de Paris, critique théâtrale, nouvelles et voyages [184] ». Ayant sans doute pris de l'assurance depuis l'expérience du *Papillon*, Olympe Audouard ne cherche plus à minimiser sa transgression en présentant sa feuille, même si elle utilise l'humour pour affirmer ses ambitions :

> « [...] Le Français est si intimement persuadé que le cerveau d'une femme n'est pas apte à enfanter une idée sérieuse et utile, qu'en voyant un journal qui a pour rédacteur en chef une femme, il se dira cela n'est pas sérieux, cela ne saurait l'être ! Et il s'entêtera à prendre ma *Revue* pour une feuille traitant de mode et de futilités. L'évidence même ne saurait le convaincre. Mais comme "à vaincre sans péril on triomphe sans gloire", j'entre résolûment [*sic*] en lice. Non, nous ne nous occuperons ni de modes ni de futilités, et cela par trois bonnes raisons, la première, c'est qu'un de nos écrivains distingués, un homme d'esprit et de savoir, chiffonne, dans sa Gazette, avec tant de grâce, d'élégance et de bon goût, que nous ne nous sentons pas de force à lutter avec lui. La seconde est plus importante encore. Nous nous sommes dit, puisque les hommes chiffonnent si bien, pourquoi

180. Caldelar Adèle, « Éditorial », *La Raison*, n° 15 du 24 mars 1867.
181. Caldelar Adèle, *Fables religieuses et morales*, Paris, 1844, et *Nouvelles fables morales et religieuses*, Paris, Élie Gauguet, 1862.
182. Elle aurait aussi publié des vers anonymes de Louise Michel, selon cette dernière, *Mémoires de Louise Michel par elle-même*, Paris, F. Roy libraire éditeur, 1886, deuxième partie, VII.
183. Voir par exemple *La Raison*, n° 7 du 21 janvier, n° 15 du 24 mars, n° 21 du 6 mai 1867.
184. Selon le sous-titre précisé dès le 1er numéro, paru le 17 janvier 1867.

> les femmes ne parleraient-elles pas aussi bien des choses utiles et sérieuses ? La troisième enfin, me semble la meilleure ; je ne suis qu'une femme, et malgré cela je trouve que les dentelles et les rubans ne sont que d'un intérêt secondaire [...] [185]. »

La qualification de « rédacteur en chef » que s'applique Olympe Audouard manifeste sans doute aussi son désir d'être prise au sérieux, de ne pas être assimilée aux rédactrices de feuilles futiles. Si la mode n'occupe qu'une place mineure dans le journal, l'essentiel des textes a tout de même pour but de divertir, malgré des articles sur des découvertes scientifiques et industrielles, et un bulletin financier, emblème de « l'utile » et du « sérieux » annoncé. Il semble qu'Olympe Audouard ait cherché à faire évoluer son journal, mais sans succès. Le numéro du 19 juin 1867 paraît entièrement en blanc pour signaler l'arrêt de la publication. Adèle Caldelar en donne l'explication, l'imprimeur de la *Revue cosmopolite* ayant refusé un article comme traitant de politique et d'économie sociale, Olympe Audouard a voulu soumettre son journal au cautionnement. Le ministre lui a alors refusé l'autorisation en se fondant sur la loi sur la presse de 1852 [186].

Il semble qu'après la loi de 1868, si ambiguë, plus aucune femme ne se risque à fonder un journal en tant que gérante et rédactrice en chef. La seule qui tente sa chance, la journaliste et conférencière socialiste Paule Mink, s'entoure de précautions, du moins d'un point de vue administratif. Le 20 novembre 1869 elle fait la démarche de déclaration préalable en attribuant la propriété du futur journal à Antoine Bohdanovicz (son mari, dont elle est par ailleurs séparée), et la gérance à un certain M. Paris, dont le dossier du ministère dit qu'il est un ouvrier tailleur « aux opinions avancées [187] ». Il s'agit d'un hebdomadaire, intitulé *Les Mouches et les Araignées*, « par Mme Paule Mink ». Il n'a que deux numéros, les 17 et 24 décembre 1869 [188]. Paule Mink en rédige l'essentiel, en affichant ses opinions à chaque ligne, y compris dans les dates affichées, respectivement le 26 frimaire et le 3 nivôse an 78. Le titre symbolise la lutte des classes. Ces proclamations révolutionnaires ont sans doute vite indisposé les autorités, toutefois aucun document connu n'éclaire la disparition de cette feuille, première et dernière tentative d'un journal vraiment politique fait par une femme sous le second Empire.

D'autres femmes enfin, et parfois aussi celles qui ont fondé et rédigé leur propre journal, écrivent en tant que collaboratrices régulières ou occasionnelles de journaux, et sous des formes très variées. Certaines d'entre elles peuvent espérer toucher un large public – et percevoir une rémunération intéressante [189] – au

185. AUDOUARD Olympe, « À mes lecteurs », *Revue cosmopolite*, n° 1, 17 janvier 1867.

186. « Il paraîtrait donc que le mot Français ne serait pas assimilable en ce sens au mot homme, lequel ainsi que chacun sait, comprend les individus des deux sexes » commente Adèle CALDELAR, « Les droits de la femme », *La Raison*, n° 28 du 23 juin 1867.

187. Dossier du journal *Les Mouches et les Araignées*, Arch. nat., F/18/389.

188. Voir *Paule Minck, communarde et féministe. 1839-1901. Les mouches et les araignées, Le travail des femmes et autres textes*, préface, notes et commentaires d'Alain Dalotel, Paris, Édition Syros, 1981, p. 46-54.

189. L'aperçu financier du journal *Le Temps*, joint au numéro du 25 avril 1861, indique qu'un roman feuilleton est payé en moyenne cent francs par épisode.

moyen des feuilletons. Ainsi Fanny Lewald n'écrit presque plus que sous cette forme à partir de 1857, donnant la primeur de ses romans et nouvelles à quelques grands journaux d'opinion (*National-Zeitung*, *Kölnische Zeitung*) ou revues familiales (*Hausblätter*, *Gartenlaube*, *Westermann's Jahrbuch*) au tirage important. Selon un procédé proche du roman feuilleton, certaines auteures proposent aussi des extraits de futurs essais encore à l'état de projet ou de manuscrit. C'est le cas des articles publiés par Louise Otto dans le *Leipziger Sonntagsblatt* en 1860 et 1861 [190], et dans le *Deutsches Wochenblatt* en 1865 [191], qui correspondent à des passages de son livre *Das Recht der Frauen auf Erwerb*, paru en 1866. De même Julie Daubié publie dans *Le Journal des Économistes* plusieurs extraits de son mémoire de 1859, avant que celui-ci soit publié en 1866 [192].

Enfin, si l'on considère les textes conçus exclusivement pour paraître dans un périodique, il apparaît qu'ils sont de natures très diverses. Ce sont par exemple des recensions de livres, qui peuvent être un moyen de faire passer des idées personnelles, comme le montrent les longs articles consacrés par Jenny d'Héricourt dans *La Ragione* à l'*Histoire morale des Femmes* de Legouvé. Beaucoup d'auteures présentent leurs textes comme des correspondances – de province, de l'étranger – ou comme des lettres de lectrices, ou adoptent la forme épistolaire pour rédiger des « articles de fonds ». L'exemple le plus frappant est celui de Fanny Lewald, dont tous les articles thématiques sont rédigés comme des lettres, par lesquelles elle s'adresse soit à tous les lecteurs, soit à certaines catégories de population, soit à une personne à laquelle elle répond. Ses « lettres de Pâques » (« *Osterbriefe* »), parues dans le *National-Zeitung* au printemps 1863, semblent d'ailleurs avoir eu un certain écho dans son lectorat, lorsqu'elle commence une nouvelle série de textes en juillet 1869, elle raconte avoir reçu une centaine de lettres de toutes les parties de l'Allemagne, dans lesquelles des filles et des femmes la remerciaient de s'occuper de leur cause, et lui demandaient des conseils concernant leur propre existence [193].

Ambitions et limites du journalisme pour des femmes

Même si elles parviennent à assumer une transgression significative en s'imposant tant bien que mal comme journalistes, ces femmes qui fondent leur propre feuille ou publient dans la presse d'opinion subissent encore bien des contraintes. Il est difficile de savoir si ce sont les normes intériorisées du « féminin », les attentes implicites du lectorat, les demandes explicites des rédacteurs

190. OTTO Louise, « Erzieherinnen – Weibliche Erziehung » et « Selbstständigkeit », *Leipziger Sonntagsblatt*, n° 25, 17 juin 1860, p. 220-223, et n° 10, 10 mars 1861, p. 78-80.

191. K. [Louise OTTO], « Ein Blick auf die Bestrebungen unserer deutschen Frauen zur Hebung ihres Geschlechts (aus der Feder einer Frau) », *Deutsches Wochenblatt*, n° 39, 24 septembre 1865.

192. Voir les articles de Julie DAUBIÉ dans *Le Journal des Économistes*, juin 1862, mai 1863, juillet 1863, juillet 1864, septembre 1864.

193. LEWALD Fanny, « Für die Gewerbthätigkeit der Frauen. Erster Brief », *Westermann's Jachbuch der Illustrirten Deutschen Monatshefte*, n° 154, juillet 1869, p. 436. Malheureusement, cette correspondance ne semble pas avoir été conservée.

en chef, ou bien les interdits législatifs qui ont le plus d'influence. Si la plupart d'entre elles renoncent – bon gré, mal gré – à parler ouvertement de la politique, elles manifestent néanmoins leur volonté de s'impliquer pour le bien commun en revendiquant la notion de Progrès. La déclaration d'Eugénie Poujade, présentant *La Parisienne*, est typique de cette démarche qui mêle frustration et ambition, « Nous ne pourrons soumettre à l'examen dans nos articles ni la politique, ni la religion, ni l'économie sociale; mais nos efforts tendront toujours à aplanir la route du progrès [194]. » Toutes les rédactrices en chef – à l'exception de Paule Mink – mettent en avant ce terme de « progrès », proclamant ainsi qu'elles sont de leur temps, voire en avance sur leur temps puisqu'en osant fonder, diriger et rédiger un journal, symbole de la modernité, elles font acte de pionnières. Enfin, pour les rédactrices comme pour les simples journalistes, utiliser la presse c'est aussi implicitement faire progresser la cause des femmes, que ce soit par le contenu des articles ou par le seul fait d'accéder à ce type de publicité. Elles présentent leur propre exemple comme une preuve de progrès, qui doit encourager les autres femmes à prendre la parole et à s'emparer de responsabilités citoyennes. On peut donc résumer l'une des ambitions des femmes journalistes par cette formule d'Olympe Audouard, « signaler la grande marche du progrès moderne [195] ».

La notion de « progrès » permet de compter sur un large consensus, d'une part, le mot est suffisamment vague pour rallier tous types de lecteurs, quelque soit leurs opinions; d'autre part, ce mot recouvre tellement de domaines et s'impose comme une telle évidence de l'époque, que nul ne refuse aux femmes le droit de s'intéresser au « progrès » et d'y participer. Olympe Audouard répond sans doute implicitement à tous ceux qui pensent que les femmes sont indifférentes, voire hostiles, à tout ce qui incarne le progrès. Dans une autre tonalité, mais en se plaçant sur le même registre, Eugénie Poujade fait une apologie du Progrès dans son premier article – en apparence dans le domaine de la littérature. Elle en profite pour faire l'éloge de ceux qui « ont tenté de créer une ère nouvelle », « ils essayent de retirer la lumière de dessous le boisseau, ils réclament leur part du rayon régénérateur de l'émancipation par le mérite, si ce n'est par le droit. On les a traités de fous parce qu'ils refusent d'encenser le veau d'or, parce qu'ils admettent la femme au vaste concours de l'intelligence. [...] Apôtres d'une cause dont les bases reposent sur la philanthropie, ah! laissons-les prêcher leur doctrine [...] car si le présent leur est fermé, leurs préceptes seront inscrits dans le grand livre de la postérité [196] ». Sans doute faut-il voir ici une allusion aux héritiers des saint-simoniens ou des fouriéristes, et, plus généralement, une prise de position qui place la rédactrice du côté des « progressistes », voire des démocrates.

Pour celles qui écrivent dans leurs propres journaux ou dans ceux des autres, il s'agit aussi d'inscrire la cause des femmes dans le progrès général. La majo-

194. Prospectus annonçant la parution de *La Parisienne*.

195. « [...] La *Revue Cosmopolite* [...] signalera la grande marche du progrès moderne; son titre, du reste, indique suffisamment qu'elle tient à avoir un vaste horizon. [...] » (*Revue cosmopolite*, n° 1, 17 janvier 1867).

196. Poujade Eugénie, « Une bouteille... », art. cit.

rité de leurs articles prônent plus ou moins directement une amélioration du statut des femmes qui soit en accord avec l'évolution de l'époque. Le terme de « progrès » (*Fortschritt*) apparaît moins fréquemment dans les textes publiés par les Allemandes dans la presse, mais il est remplacé par l'idée récurrente que les femmes doivent être dignes de leur temps, et donc changer leurs habitudes pour s'éveiller aux nouveaux principes que sont la raison et la liberté. Louise Otto veut amener les femmes à prendre part « à l'œuvre du siècle [197] ». Fanny Lewald appelle ses concitoyennes privilégiées à prouver qu'elles méritent « de vivre dans une époque qui commence enfin à réaliser ces grandes idées civilisatrices dont le développement et la propagation ont été trop longtemps retardés à cause de l'étroitesse d'esprit et de préjugés aveugles. [...] Alors, allons de l'avant, avec confiance [198] ! ».

Enfin, la contribution des femmes au progrès général, notamment par leur activité dans la presse, constitue un argument important dans les protestations émises contre la nouvelle loi française sur la presse annoncée par l'empereur en janvier 1867 et votée en 1868. La première à réagir est Olympe Audouard, alors que la loi n'est encore qu'à l'état de projet. S'adressant directement aux députés dans une brochure qu'elle fait imprimer, elle s'étonne qu'aucun n'ait songé à un amendement « qui établisse clairement la situation de la femme dans le journalisme » et met en cause le manque de modernité de la France et son retard vis-à-vis des autres nations :

> « Ayez donc le courage de réclamer pour la Française une position en harmonie avec les idées de l'époque et qui réponde à ce grand principe d'égalité que vous avez inscrit dans vos lois. Suivez en cela l'exemple que vous donne la jeune Amérique, et soyez persuadés que nous saurons aussi dignement porter le poids de notre majorité que nos sœurs des États-Unis. N'oubliez pas aussi qu'il s'est trouvé dans la vieille Albion un orateur éminent pour défendre nos droits ; et que même en Russie, dans ce pays que bon nombre d'entre vous croient encore barbare, la femme est si bien majeure qu'elle peut disposer librement de sa fortune sans que son mari ait le droit de s'y opposer [199]. »

De même, après le vote en 1868, Julie Daubié semble vouloir devancer toute utilisation de la loi contre les femmes journalistes. *L'Opinion nationale* publie une lettre qu'elle a adressée au ministre de l'Intérieur et où elle estime qu'il n'y a aucune raison pour comprendre cette loi comme une exclusion des femmes de la presse :

> « L'interprétation libérale qui a été faite de la loi ressort du reste, de la discussion même, pendant laquelle aucune voix ne s'est élevée en faveur des femmes. Quoique notre mode actuel de votation ne donne pas encore de représentation à leurs droits, s'ils eussent paru compromis par les articles

197. Otto Louise, correspondance de Leizpig, *Deutsches Wochenblatt*, n° 50, 1865.
198. Lewald Fanny, « Für die Gewerbtätigkeit der Frauen. Sechster Brief », *Westermann's Jachbuch*, 28. Band, n° 67, avril 1870, p. 103.
199. Audouard Olympe, Lettre aux députés, bureau de la *Revue Cosmopolite*, p. 10-11.

précités, nous avons assez de confiance dans le progrès des notions de droit individuel et social pour être assurées que cette proposition eût, tout au moins, motivé les protestations de quelques membres du Corps législatif et du Sénat[200]. »

Une année plus tard, elle réitère ces propos dans le *Journal des femmes*[201]. Sans aller jusqu'à revendiquer clairement l'exercice des droits politiques pour les femmes, elle s'appuie à nouveau sur l'incohérence de la loi pour aborder la question de leur représentation. Elle cherche ainsi à montrer l'absurdité du statut des femmes en expliquant aux hommes politiques l'illogisme de leurs loi, et aux rédacteurs en chef l'illégalité de leurs collaboratrices. La présence des femmes dans la presse, en contradiction avec leur statut symbolique et légal, pose bel et bien le problème de leur accès à la citoyenneté. On le constate particulièrement au sujet du journalisme politique, qui constitue bel et bien le fruit défendu pour les femmes[202].

Sous le second Empire, deux Françaises au moins demandent à fonder un journal politique, et se voient refuser ce droit. Il s'agit d'abord d'une certaine Adèle Barre, une Niçoise qui, en 1863, annonce à l'administration son intention de créer un journal impérialiste et reçoit une réponse négative[203]. De même en juin 1867, le ministère de l'Intérieur se réfère au décret de 1852 pour empêcher Olympe Audouard de transformer sa *Revue cosmopolite* en périodique politique[204]. Suite à cette réponse, Olympe Audouard cesse de faire paraître *Revue cosmopolite*, preuve que son but était bien de faire du journalisme politique[205], et proteste en publiant sa *Lettre aux députés*. Elle y raconte l'expérience de son précédent journal, *Le Papillon*, et en profite pour dénoncer la perpétuelle autocensure à laquelle les périodiques non cautionnés sont contraints[206]. On pouvait en effet lire dans ledit *Papillon* son envie permanente d'aborder franchement les questions politiques, de plus en plus flagrante à partir de la deuxième année. Elle en parle d'abord d'un ton badin, « Ah! Si mon journal avait le droit d'aborder la politique... », et demande avec une fausse naïveté, « ... puisqu'on nous considère comme des enfants, pourquoi nous interdire de causer sur tout, politique,

200. Lettre de Mlle Julie Daubié, *L'Opinion nationale*, 21 août 1868.
201. Lettre de Julie Daubié, *Journal des femmes*, n° 7, 5 juin 1869.
202. Selon l'expression d'Olympe Audouard, « Quel dommage que la politique me soit interdite [...]. Mais au fruit défendu ne touchons pas... » (« Courrier de Paris », *Le Papillon*, 16 août 1863).
203. Arch. nat., F/18/267.
204. Voir la lettre adressée par Olympe Audouard le 25 mai 1867 au ministère de l'Intérieur et la réponse de l'administration, Arch. nat., F/18/266.
205. Elle explique d'ailleurs, « La lettre impériale du 19 janvier semblait nous promettre des horizons nouveaux, tout Français se trouvait libre de fonder un journal politique. Je crus comprendre que ce mot Français voulait dire tout être intelligent des deux sexes, et, forte de cette croyance, je rentrai dans le journalisme en fondant la Revue Cosmopolite » (Audouard Olympe, *Lettre...*, *op. cit.*, p. 8).
206. « J'ai eu un journal pendant quatre ans, de 1860 à 1864; il n'était pas politique. Eh bien j'ai été mandée 17 fois au Ministère de l'Intérieur et 17 fois j'ai été à la veille d'être supprimée. Pourquoi? Parce que, lorsque je disais que la nouvelle du jour était la prise de Mexico, on m'accusait de parler politique; lorsque je me rejetais sur la récolte des pommes de terre, on me reprochais de me mêler d'économie politique, enfin lorsque je parlais de la femme, par exemple, on me disait que je tombais dans l'économie sociale!... Cette épée de Damoclès suspendue sur la tête du journalisme manque de charme, surtout lorsque vous risquez d'être ruinée, sans pouvoir, comme femme, vous défendre » (*Idem*, p. 7).

finances, économie... ? Les enfants ne peuvent-ils pas dire impunément ce qu'ils pensent[207] ? ». En janvier 1863, elle ne peut s'empêcher d'évoquer l'« affreuse guerre civile » américaine, l'ouverture des Chambres et le discours de l'Empereur, mais sans oser rien en dire[208]. Les numéros suivants laissent deviner qu'Olympe Audouard suit ce qui se passe en Pologne, en Grèce et au Mexique. En mai 1863 elle aborde les élections qui se préparent, en parlant de l'influence des femmes en ce domaine[209]. Le mois suivant, elle annonce à ses lecteurs que cet article lui a valu un « un petit avertissement officieux », dont elle feint de s'étonner, « Je suis comme M. Jourdain qui faisait de la prose sans le savoir ; moi je fais de la politique sans m'en douter[210]. » Elle révèle ensuite où elle veut en venir, tout en continuant – tant bien que mal – de masquer ses ambitions derrière un respect affiché des normes du féminin :

> « Quel vilain métier que celui de chroniqueur d'un journal non politique ! Me voilà en vérité, la femme la plus malheureuse du monde, prenant avec grand plaisir la plume pour causer une heure avec vous autres, chers lecteurs, et m'exposant, sans m'en douter, à avoir peut-être un jour un vrai avertissement, et cela à propos de bottines, de chiffons. Ce serait dur, convenez-en. Il y aurait un moyen de trancher la difficulté, ce serait que mon Papillon devînt politique. Moi qui ai horreur de la politique, je n'en ferais pas ; mais au moins, lorsque j'en ferais sans m'en douter, je n'aurais rien à craindre. Mais il coûte cher, le droit d'aborder ce chapitre [...][211]. »

En 1867, Olympe Audouard se montre plus prudente, son premier numéro de la *Revue Cosmopolite* précise bien que la politique lui est interdite et qu'elle ne s'en plaint pas, feignant de mépriser les « querelles des partis » et de préférer entretenir ses lecteurs de ce qu'il y a de plus profond dans « le mouvement moderne[212] ». Le contenu de la revue reste de fait étranger à la politique, jusqu'au numéro du 25 avril 1867, où il est question de la loi sur les coalitions et de la vague de grèves du moment[213]. Cet article a dû provoquer une réaction officieuse des autorités, et Olympe Audouard explique qu'elle a ensuite cherché à obtenir le cautionnement dans le seul but de se protéger de l'illégalité[214]. Désabusée par la réponse négative du ministère, révoltée par l'inégalité de statut entre hommes et femmes jusque dans le journalisme, elle laisse aller ses sarcasmes envers le gouvernement, les députés et l'ensemble de la presse politique :

> « Que pourrait redouter le Gouvernement en laissant aux Françaises le droit de traiter de la politique et de l'économie sociale dans les journaux ? [...] Le Gouvernement a fait depuis longtemps l'expérience de la façon dont les hommes entendent et remplissent le sacerdoce de la presse, com-

207. AUDOUARD Olympe, « Chronique », *Le Papillon*, n° 44, 1862.
208. AUDOUARD Olympe, « Courrier de Paris », *Le Papillon*, n° du 18 janvier 1863.
209. AUDOUARD Olympe, « Courrier de Paris », *Le Papillon*, n° du 31 mai 1863.
210. AUDOUARD Olympe, « Courrier de Paris », *Le Papillon*, n° du 21 juin 1863.
211. *Ibid.*
212. AUDOUARD Olympe, « À mes lecteurs », *Revue cosmopolite*, n° 1, 17 janvier 1867.
213. AUDOUARD Olympe, « Causerie », *Revue cosmopolite*, n° 15, 25 avril 1867.
214. AUDOUARD Olympe, Lettre..., *op. cit.*, p. 8.

> ment ils s'acquittent de la noble mission qu'ils ont d'éclairer et de guider l'opinion publique. Il a pu s'assurer de ce que vaut le patriotisme des uns et le désintéressement des autres... [...] Et c'est pourquoi sans doute, il veut laisser aux hommes le droit exclusif de traiter des intérêts les plus sacrés de la patrie, dans la crainte que les femmes ne sachent pas arriver à ces hauteurs, qui sont cependant si accessibles. [...] si nous ne sommes pas à la hauteur de nos confrères, si nous sommes plus mauvaises têtes que beaucoup d'entre eux, si nous nous trouvions, par hasard, moins zélées ou moins maladroitement dévouées, si, en un mot, nous disions blanc quand il faudrait dire noir, le Gouvernement aurait toujours le moyen de nous faire taire en usant du droit qu'il possède de nous faire condamner à 5 000 francs d'amende, avec quelques mois de prison par dessus le marché, sans parler de la suppression, qui est *l'ultima ratio* de l'administration. Notre conclusion, comme on le voit, n'est pas basée sur une exception en notre faveur. – Le droit commun, l'égalité devant la loi, avec toutes ses conséquences, rien de plus mais aussi rien de moins. Tout est préférable à une exclusion systématique, aussi blessante qu'humiliante pour notre sexe[215]. »

Malgré ces dernières protestations, Olympe Audouard achève sa carrière journalistique sur cet échec, et se consacre ensuite à ses livres et à ses conférences. Après la disparition de sa revue, aucune femme ne tente de faire un journal d'opinion – à l'exception de Paule Mink, dont la brève expérience passe par le concours de prête-noms. De même, lorsque se fonde *Le Droit des Femmes* en avril 1869, c'est un homme, Léon Richer, qui assure la fonction de gérant responsable et rédacteur en chef. La loi de 1868 semble donc avoir bien constitué un obstacle pour les rédactrices en chef de journaux d'opinion, qui disparaissent dans les dernières années du régime. Pourtant, la loi est interprétée libéralement concernant les femmes journalistes, bien que non citoyennes, elles peuvent continuer de signer des articles en tous genres. Les articles politiques dus à des femmes se multiplient d'ailleurs à partir de 1866-1867, reflétant sans doute le relatif assouplissement du contrôle auquel la presse est soumise. La fondation de nouveaux journaux d'opposition, en quête de collaborateurs motivés et peu exigeants pour leur rétribution, est aussi certainement propice aux auteures qui affichent des opinions « libérales », « progressistes », voire « démocrates ». Cependant, comme nous l'avons déjà dit, seule une infime minorité d'entre elles s'adonnent véritablement au journalisme politique. La plupart des articles de femmes que l'on peut ranger dans cette catégorie sont des correspondances de province ou de l'étranger. C'est ainsi que Louise Otto et Rosalie Schönwasser abordent des questions politiques dans *Deutsches Wochenblatt*, dans des lettres provenant respectivement de Leipzig et de Düsseldorf[216]. Signalons aussi la correspondance que Jenny d'Héricourt envoie en 1868-1870, depuis Chicago, au nouveau journal de son ami Charles Fauvety, *La Solidarité*, dans une lon-

215. Audouard Olympe, *Lettre...*, *op. cit.*, p. 14-15.

216. L.[ouise] O.[tto], correspondances de Leipzig, parues dans *Deutsches Wochenblatt*, n° 50 du 10 décembre 1865, n° 11 du 11 mars 1866 ; R.[osalie] S.[chönwasser], correspondances de Düsseldorf, parues dans *Deutsches Wochenblatt*, n° 3 du 14 janvier et n° 7 du 11 février 1866.

gue lettre datée du 1er mai 1870, elle se livre à une réflexion approfondie sur la réalité et l'avenir de la république aux États-Unis[217]. D'ailleurs, dans les cas exceptionnels où une femme signe un véritable article d'analyse politique, il s'agit toujours de politique étrangère. Citons les articles de Paule Mink pour *La Démocratie*, portant sur l'Europe centrale et orientale[218], et ceux d'André Léo pour *La Situation*, portant sur les États-Unis[219]. La première reprend une rubrique auparavant tenue par Gustave Flourens s'était auparavant occupé, en faisant peut-être valoir la maîtrise de langues slaves, et probablement un intérêt spécial pour ces pays – liées à ses origines polonaises. Paule Mink profite de ces articles pour exprimer son attachement aux libertés politiques; de même, André Léo profite de ses analyses de la situation américaine pour faire des allusions au régime impérial et faire l'éloge de la démocratie[220]. André Léo démissionne assez rapidement de *La Situation*, sans doute pour incompatibilité politique avec le rédacteur, mais elle évoque alors la difficulté pour une femme d'être rédactrice politique. Ainsi que le commente son correspondant de la Société des Gens de Lettres, qui a servi d'intermédiaire lors de sa démission, « il est vrai de dire que la camaraderie des cercles, des coulisses et des cafés facilite singulièrement aux hommes les relations nécessaires pour ce genre de travail[221] ».

On peut donc ajouter deux raisons à toutes celles précédemment évoquées pour expliquer la très faible implication des femmes dans le journalisme politique. D'une part les rédacteurs semblent les avoir écartées d'emblée des analyses de la politique nationale – trop sérieuse pour être confiée à une femme, et surtout trop convoitée par des concurrents masculins. D'autre part, la sociabilité professionnelle des journalistes – qui passent une partie de leur temps dans les cafés et les restaurants où ils commentent les articles des confrères, échangent les nouvelles, rencontrent des politiciens – est exclusivement masculine[222]. En France comme en Allemagne, il est impossible à une femme respectable de fréquenter de tels lieux et de s'y mêler aux « confrères ». On comprend donc pourquoi les femmes journalistes s'en tiennent à des sujets où de telles pratiques ne sont pas nécessaires, notamment ces fameux articles « de femmes écrivant sur des femmes ». Toutefois, même dans ce dernier genre d'articles, elles peuvent réussir à aborder *le* politique, à défaut de pouvoir traiter de la politique. C'est ce que montre entre autres le cas du *Journal pour Toutes*, fondé et dirigé par Eugénie Niboyet entre 1864 et 1867, bien représentatif des contraintes destinées à éloigner les femmes de la politique, il n'en est pas question dans ses colonnes, la rédactrice se soumettant scrupuleusement aux règles qui lui sont imposées.

217. D'Héricourt Jenny P., « De l'avenir de la grande République américaine », *La Solidarité*, n° 6, 1er juin 1870.
218. Ces quinze articles qui ont pour sujet la Roumanie, la Dalmatie, l'empire autrichien, la Russie et les pays slaves, sont publiés dans *La Démocratie*, dirigée par Ch.-L. Chassin, d'octobre 1869 à juin 1870.
219. *La Situation, journal politique du soir*, fondée en juin 1867, proclame d'entrée ses convictions libérales et impériales. Deux articles d'André Léo y paraissent, dans les numéros 83 et 114, 2 septembre et 1er octobre 1867.
220. Léo André, « La situation aux États-Unis. Le président », *La Situation*, n° 83 du 2 septembre 1867.
221. Lettre d'Emmanuel Gonzales à André Léo, le 3 octobre 1867 (Arch. nat., 454 AP 77).
222. Bellet Roger, *op. cit.*, p. 159-177.

Toutefois, elle affiche son intention de rallier les femmes au Progrès et à une certaine conception de la citoyenneté, et, par les thèmes qu'elle aborde, elle touche nécessairement au politique.

Eugénie Niboyet et son *Journal Pour Toutes* (1864-1867)

Parmi toutes les rédactrices en chef de l'époque, Eugénie Niboyet est celle qui dispose de la plus grande expérience. Dès son premier journal, le *Conseiller des Femmes* (novembre 1833-septembre 1834), elle a cherché à transmettre ses convictions et ses revendications, concernant l'amélioration du sort des femmes, et ces thèmes reviennent dans tous les journaux qu'elle fonde[223]. Eugénie Niboyet a elle-même déclaré qu'elle se sentait destinée à « agir sur les masses[224] ». Elle a pu le découvrir lors de son expérience saint-simonienne à Paris, où elle avait participé à la diffusion de la doctrine auprès des ouvriers. Il semble que, par la suite, diriger et rédiger un journal ait toujours représenté pour elle le meilleur moyen de reprendre cette mission de « moralisation », selon une conception qui n'évolue guère au fil de ses divers périodiques. *La Voix des Femmes* se distingue car Eugénie Niboyet peut alors y afficher son engagement « socialiste », et sa volonté d'amener les femmes à s'intéresser à la politique[225].

Réduite au silence et privée de sa pension littéraire après juin 1848, elle se trouve dans de graves difficultés financières. On ignore si son mari – qui meurt en 1855 – subvient à ses besoins. Elle est probablement aidée par son fils Paulin, né en 1825, qui mène de pair des travaux littéraires et une carrière dans l'administration diplomatique[226]. Ses propres revenus semblent provenir de traductions et de collaborations plus ou moins anonymes à divers journaux[227]. Faute de moyens, elle doit ajourner longtemps son projet de *Journal pour toutes*, dont elle a annoncé en août 1862 la fondation[228]. En 1864 finalement, le journal peut paraître, et sa rédactrice demande de nouveau un soutien[229]. En janvier 1865, le Comité des Souscriptions du Ministère de l'Instruction publique déclare que *Le Journal pour Toutes* ne semble pas mériter de faveur de l'État, car « il ne répond nullement à l'idée que l'on peut se faire d'un journal destiné à

223. Outre *La Mosaïque lyonnaise* (octobre 1834-janvier 1835), la *Paix des Deux Mondes* (février 1844-février 1845) puis *La Voix des Femmes* (19 mars-29 avril 1848, puis 29 mai-10 juin 1848), elle tente de fonder dans les années 1830 *Le Citateur des Femmes* et *L'Ami des Familles* (Voir Riot-Sarcey Michèle, *op. cit.*). En 1837 elle propose à George Sand de fonder un quotidien pour les femmes, qui œuvrerait au progrès de la société (lettre publiée dans Bertelà Maddalena, *op. cit.*, p. 245).

224. « J'aime à agir sur les masses, parce que c'est là que je sens toute ma puissance » écrit-elle aux pères saint-simoniens (Rapport d'Eugénie Niboyet, 2 décembre 1831, cité dans Riot-Sarcey Michèle, *op. cit.*, p. 63).

225. Voir le 1er numéro de *La Voix des femmes*, 19 mars 1848.

226. En 1853, Paulin Niboyet est en poste à Leipzig, où il collabore au *Glaneur français*, et écrit des livres (voir la lettre d'Eugénie Niboyet du 3 avril 1853, BHVP, fonds Bouglé).

227. Voir les lettres conservées à la BHVP (C. P. 4922 et fonds Bouglé).

228. Dossier du *Journal pour toutes*, année 1862, Arch. nat., F/18/395.

229. Dossier du *Journal pour toutes*, année 1864, Arch. nat., F/18/395.

instruire ou à distraire les femmes sérieuses[230] ». Le Comité fonde son jugement sur les deux premiers numéros, parus le 29 octobre et le 5 novembre 1864, et sa sévérité surprend quelque peu. En effet, Eugénie Niboyet prend soin de donner tous les gages nécessaires aux gardiens de l'ordre et des traditions. Elle émaille ainsi sa première adresse aux lectrices de phrases telles que « La famille est le sanctuaire où le *Journal pour Toutes* place la femme », « À chaque sexe, Dieu a marqué sa voie[231]. » Son programme est le suivant, « Instruire sans pédanterie, moraliser sans rudesse, s'amuser sans frivolité » et elle s'y tient en faisant alterner des articles sérieux et des textes distrayants, les premiers portent sur la mission moralisatrice des femmes, vulgarisent la science et l'hygiène, et expliquent le droit aux lectrices ; les seconds vont de la nouvelle en feuilleton à des gravures de mode, en passant par une chronique et une rubrique de bibliographie. Peut-être le Comité n'a-t-il pas apprécié les noms de certains collaborateurs, tels que ceux de Victor Meunier ou d'Alphonse Morellet[232], ni l'idée d'entretenir les lectrices de notions législatives et scientifiques plutôt que de chiffons et d'histoire sainte. La démarche volontariste d'Eugénie Niboyet distingue également son projet de tous les journaux « féminins » ordinaire, la rédactrice valorise son implication personnelle, « réclame le concours des amis de l'humanité », et appelle régulièrement ses lectrices à participer à l'entreprise du journal, et à « travailler à l'amélioration et au bien être de toutes », pour « travailler au bonheur de tous[233] ».

Le journal compte de nombreux hommes parmi ses collaborateurs. Outre son beau-frère Morellet, Eugénie Niboyet sollicite son fils, qui écrit sous le pseudonyme de Fortunio. Elle utilise aussi le réseau de la Société des Écoles professionnelles, dans laquelle elles-mêmes et ses deux sœurs – Élisa Morellet et Aline Juif – sont impliquées, le *Journal* est soutenu par quelques membres de cette Société, dont le Docteur Bertillon, qui écrit sur l'hygiène et les sciences, Charles Sauvestre et Jules Simon[234]. Eugénie Niboyet dispose aussi de relations dans les milieux littéraires et ouvre son journal à de jeunes publicistes, tel Félix Jahyer, comme à des auteurs confirmés, tel le poète Émile Deschamps. Elle-même est membre de l'Union des poètes, où elle recrute quelques collaboratrices, Nelly Lieutier, Eugénie Poujade, Jenny Sabatier[235]. Enfin, après une longue interruption de juillet 1866 à mars 1867, le *Journal pour Toutes* reparaît sous la responsabilité d'un administrateur-directeur, M. Richer[236]. Dans ce même numéro, on remarque la signature de Louis Jourdan, qui publie quelques articles jusqu'en

230. Note du Comité consultatif des Souscriptions scientifiques et littéraires, datée du 25 janvier 1865. Dossier du *Journal pour toutes*, année 1865, Arch. nat., F/18/395.
231. NIBOYET Eugénie, « À nos lectrices », *Journal pour toutes*, n° 1, 29 octobre 1864.
232. Victor Meunier (1817-1903), publiciste fouriériste, a écrit dans *La Démocratie Pacifique*, puis devient vulgarisateur scientifique après le coup d'État. Il crée en 1865 le journal *l'Ami des Sciences*. Alphonse Morellet, beau-frère d'Eugénie Niboyet, a été député sous la Deuxième République ; avocat, il a défendu des socialistes à Lyon.
233. Annonce, *Journal pour toutes*, n° 1, 29 octobre 1864.
234. Les noms de ces deux personnalités sont dans la liste des collaborateurs publiée le 30 juin 1867, mais il est plus probable qu'ils soutiennent financièrement le journal.
235. Ces femmes sont citées comme membres de l'Union des Poètes par THOUZERY Paul, *La Femme au XIXe siècle*, Paris, Achille Faure, 1866, p. 161.
236. Peut-être s'agit-il de Léon Richer ?

juin 1867, peut-être fait-il partie des relations conservées par Eugénie Niboyet dans le milieu saint-simonien ; il se peut aussi qu'il ait été introduit par (Léon ?) Richer afin de rehausser le niveau du journal.

Le Journal pour Toutes est intéressant notamment parce qu'il est traversé par de nombreuses tensions, il est partagé entre la fascination pour le progrès et le conservatisme, entre la volonté d'agir sur la société et la crainte de toucher à la politique, entre le désir de transformer la manière d'être des femmes et celui de préserver un idéal féminin immuable, entre l'objectif d'améliorer le sort des femmes pour elles-mêmes et leur instrumentalisation au service des hommes et de la collectivité. Ces paradoxes reflètent sans doute tout autant les contraintes des normes sociales et genrées, que la complexité du parcours de la rédactrice, passée par le saint-simonisme, le fouriérisme et les œuvres charitables. Eugénie Niboyet place d'emblée son œuvre sous la double invocation de l'identité de genre et de l'identité de classe. Elle proclame d'ailleurs à maintes reprises qu'elle ne demande pas à changer la répartition sexuée des rôles sociaux telle qu'elle est établie dans les classes dominantes :

> « Aux hommes la politique, les lois, la défense du pays, les hasards de la navigation ; les risques du commerce, les affaires étrangères. Aux femmes le sacerdoce de la morale, le culte de la famille, le maintien du devoir, l'égalité par le mérite[237]. »

Pourtant, le *Journal pour Toutes* déplore l'assujettissement et l'inaction des femmes contemporaines, et veut en faire d'intelligents agents de progrès. C'est ainsi que la série d'articles sur le Code civil, qui perdure de 1864 à 1867, doit encourager les lectrices à se saisir d'une relative autonomie, voire à protester pour transformer la loi. Beaucoup d'articles sont destinés à sensibiliser les femmes aux innovations scientifiques et techniques de l'époque[238], afin de les rallier au mouvement du siècle[239]. Enfin, la rédaction fait appel à des femmes « savantes » pour signer des articles spécialisés et prouver ainsi les capacités du cerveau féminin à s'intéresser aussi bien à l'astronomie qu'à la médecine. Le journal recense aussi toutes sortes de succès remportés par des femmes, et célèbre les pionnières dans tous domaines et tous les pays[240], « de tous côtés enfin, l'élément féminin s'associe au progrès du siècle, c'est bon signe pour l'avenir[241] ! ». Toujours dans cet ordre d'idée, Eugénie Niboyet joint sa voix à celle de tous les journalistes qui se passionnent d'avance pour l'Exposition universelle de Paris. Elle y voit

237. Niboyet Eugénie, « Aux femmes », *Journal pour Toutes*, n° 65, 24 mars 1866.

238. Par exemple « Science pour toutes, des aérostats », *Le Journal pour Toutes*, n° 34, 17 juin 1865 (l'article signale que plusieurs membres de la rédaction font partie de la Société d'aviation aérienne).

239. Le conservatisme réapparaît dès qu'il s'agit d'art, ainsi, le compte-rendu du salon de 1865, signé par Félix Jahyer, constate la « nullité » de M. Courbet et l'absence de talent de MM. Manet, Fantin-Latour et Whissfer [Whistler] qui « persistent à se croire artistes » ! (*Le Journal pour Toutes*, n° 34, 17 juin 1865).

240. Par exemple la quatrième bachelière française, Antonia Cellarie (*Le Journal pour Toutes*, n° 58, 2 décembre 1865), la « négresse américaine », Miss Edmonia Lewis, établie à Rome comme statuaire (n° 67, 7 avril 1866), les femmes peintres au salon de 1866 (série signée Hélène B.[ertaux ?] à partir du n° 71, 5 mai 1866).

241. Dubois Marceline, « Un peu de tout », art. cit.

une manifestation grandiose de la modernité et l'occasion pour les femmes de se montrer dignes de leur temps :

> « Ne croyez pas que les femmes restent étrangères à ce grand labeur, s'il en est d'oisives par l'insouciance que donne la fortune, il en est d'autres jalouses de payer leur tribut au progrès par un travail actif et intelligent [...]. Oui, le siècle est tourmenté, un malaise général le travaille, mais au sein de ce flux et reflux, un principe moral se maintient qui triomphera de l'égoïsme et régénèrera la société. Voici que déjà les ténèbres se dégagent, l'horizon s'éclaircit, un monde nouveau se fait pressentir qui ne laissera rien en dehors de ses prévisions et dans lequel l'activité féminine trouvera à se manifester utilement. Nous voudrions, pour notre part, qu'une place spéciale fût réservée aux travaux des femmes à l'exposition universelle de 1867. [...] Depuis 1830, époque que les disciples de Saint-Simon ont marquée de leur brillant passage, combien de théories nouvelles se sont fait jour ! Wilhem puis Chevé ont popularisé la musique. La Boulaye, Sainte-Beuve, Jules Simon, Pelletan, Michelet, Quinet et tant d'autres ont vulgarisé la science. La Sorbonne a eu ses conférences où les femmes sont accourues. Les écoles professionnelles, dirigées par des femmes d'un talent incontesté, sont devenues des pépinières industrielles d'un ordre élevé, et l'Impératrice, après avoir constaté en Rosa Bonheur le droit des femmes aux récompenses honorifiques, résout la question du droit au travail en faisant admettre, selon leurs capacités, les femmes dans le service de la télégraphie électrique. [...] Les signes des temps sont manifestes ; l'élément féminin tend à intervenir efficacement. L'excès d'égoïsme nous conduira à une réaction morale, sans laquelle un cataclysme social achèverait notre ruine[242]. »

Comme le souligne la référence élogieuse au saint-simonisme, ce texte est très imprégné par les idées qui ont marqué Eugénie Niboyet trente-cinq ans auparavant, l'opposition entre le constat d'un monde menacé et la foi dans un progrès matériel et moral, où les femmes ont leur part, apparaît ici comme un reliquat stéréotypé des idées en vogue autour de 1830, la part de subversion en moins. Plus généralement, le *Journal pour Toutes* reflète bien la façon dont une certaine bourgeoisie a assimilé une partie de la doctrine saint-simonienne et/ou des théories fouriéristes, celles-ci étant épurées de toute référence à « la femme libre ». On retrouve dans ses colonnes des expressions caractéristiques – concernant notamment l'apostolat des femmes, l'unité complémentaire du couple humain, la nécessité de fonder l'harmonie sociale – mais qui sont désormais pleinement adaptées à l'idéologie familiale dominante, il n'est plus question de liberté amoureuse, ni d'indépendance des femmes.

Plusieurs des textes d'Eugénie Niboyet qui font le lien entre le passé et le présent laissent paraître une certaine amertume de leur auteure qui, parce que femme, n'a pu suivre de parcours similaire à celui de ses anciens compagnons saint-simoniens, beaucoup d'entre eux ont en effet pu assouvir leur désir d'ac-

242. NIBOYET Eugénie, « Les signes du temps », art. cit.

tion sous le second Empire[243]. La presse est finalement le seul domaine de la « modernité » auquel elle puisse prétendre accéder et, grâce à son journal, c'est la seule des anciennes saint-simoniennes à reprendre une parole publique, avec des objectifs proches de ceux qu'elle poursuivait dans sa jeunesse. Elle reste en particulier convaincue que c'est à la bourgeoisie de porter la bonne parole à la classe prolétaire, et aux femmes de convertir les hommes au Bien[244]. Finalement, cette tension que l'on remarque dans le *Journal pour Toutes* entre une attirance pour « la modernité », et la volonté de fixer les rapports entre les sexes, condense toute la complexité de l'idéologie bourgeoise. Celle-ci érige en effet les catégories de genre en rempart contre la menace potentielle contenue dans les bouleversements économiques et dans les évolutions symboliques qui les accompagnent, alors que ces bouleversements sont aussi source de prospérité pour la bourgeoisie et incarnent les progrès dont elle se veut la porte-parole[245].

L'originalité d'Eugénie Niboyet est d'essayer d'ouvrir aux femmes le monde du Progrès, sans leur faire pour autant quitter le monde du Foyer. Il s'agit en quelque sorte de féminiser le Progrès, en donnant aux femmes la possibilité de jouer plus efficacement leur rôle moralisateur, au service de l'harmonisation sociale. On reconnaît ici un mélange entre le modèle des dames patronnesses, chargées de pacifier la société, et l'idée saint-simonienne et fouriériste d'une nécessaire « libération » du féminin au profit du bien commun[246]. Au terme de la première année du journal, Eugénie Niboyet rappelle, « Nous prêchons l'harmonie, non la révolte, en enseignant la pratique des devoirs sociaux[247]. » Refusant tout autant la lutte des classes que la confusion des sexes, Eugénie Niboyet cherche à réformer progressivement la société. C'est en ce sens qu'on peut attribuer une dimension « politique » au journal. Celui-ci met en scène une solidarité féminine qui transcenderait les divisions de classes – mais serait initiée par les bourgeoises – et permettrait ainsi de pacifier et moraliser l'ensemble de la société, grâce à l'éducation et à l'instruction.

Reprenant à destination des femmes des classes moyennes le modèle de l'instruction populaire organisée pour les hommes des classes ouvrières, le journal propose de nombreux articles pédagogiques, censés donner quelques clés du monde contemporain. Par ailleurs, la rédactrice et ses collaborateurs discutent de façon récurrentes des thèmes de l'éducation et de l'instruction. L'instruction n'est pas vraiment envisagée comme un accès à une carrière professionnelle, à l'autonomie, mais est surtout conçue comme un pilier de l'éducation morale, et

243. Elle rappelle avec admiration l'histoire de ces saint-simoniens, « Il y a trente-cinq ans de cela, des hommes jeunes, pleins d'ardeur et de foi, consacraient le principe de l'égalité des sexes et le droit au travail pour les femmes. [...] Ces hommes ont aujourd'hui dans leurs mains la richesse sociale ; ils l'ont mobilisée, ils en ont fait une force au profit de la science, des arts, de l'industrie. » (NIBOYET Eugénie, « Société mutuelle de protection pour les femmes », *Journal pour Toutes*, n° 47 du 16 septembre 1865).

244. *Ibid.*, ou « Aux femmes », *Le Journal pour Toutes*, n° 68, 14 avril 1866 et n° 74, 26 mai 1866.

245. BLUNDEN Katherine, *op. cit.*, et THOMPSON Victoria E., *op. cit.*

246. Toutefois, l'expression d'« émancipation de la femme » est évincée de la rhétorique du Journal pour toutes, le terme « émancipation » n'apparaît qu'une fois, sous une signature masculine, LABBÉ E., « Comment on doit parler aux femmes », *Journal pour Toutes*, n° 54 du 4 novembre 1865.

247. NIBOYET Eugénie, « À nos lectrices et lecteurs », *Journal pour Toutes*, n° 49 du 30 septembre 1865.

comme un moyen de rapprocher les femmes des hommes. Il s'agit d'un moyen de gouverner les esprits, ceux des femmes des classes moyennes d'abord, puis, par leur intermédiaire, ceux de l'ensemble de la société. Eugénie Niboyet et ses collaborateurs en parlent comme d'un levier d'action à la fois politique et dépolitisé. D'une part il s'agit de refonder l'ensemble des rapports sociaux, en partant du principe que les rapports entre individus dans la famille ont une répercussion sur le fonctionnement global de la Cité. D'autre part, l'éducation et l'instruction sont présentées comme un thème uniquement moral et social, donc sans risque pour un journal non cautionné[248]. À l'occasion, Eugénie Niboyet fait aussi allégeance au régime, félicitant par exemple l'empereur et l'impératrice d'encourager le progrès. En réalité, elle exprime surtout ses sympathies pour des personnalités telles que Victor Duruy, Jules Simon, Louis Jourdan, Charles Sauvestre, Jules Michelet, sans se placer dans un courant politique défini, elle se situe du côté des élites « libérales », dont le spectre va des antibonapartistes conciliants avec le régime jusqu'aux républicains modérés.

La conception du rôle de la Femme comme agent de progrès moral et social est alors largement répandue parmi la bourgeoisie « libérale », en témoigne par exemple le livre de Jules Simon[249], *L'Ouvrière*, qui se présente comme un ouvrage de morale destiné à rétablir l'harmonie familiale et sociale. On retrouve aussi dans le *Journal pour Toutes* les idées de Victor Duruy, qui président à la fondation des cours supérieurs pour jeunes filles à l'hiver 1867. Comme le ministre, qui veut former des épouses et des mères toujours pieuses mais auxiliaires du progrès, le journal concilie une tonalité religieuse avec la critique des congrégations et des couvents. Très proche donc des personnalités libérales de son temps, Eugénie Niboyet a comme particularité de « féminiser » le discours de ces hommes qui, d'ordinaire, s'adressent aux pères et aux maris. Elle prend en effet la plume « en tant que femme », et pour diffuser ces conceptions en priorité parmi ses « sœurs » de la bourgeoisie. Tout en sollicitant l'appui des hommes, elle appelle ses lectrices à prendre elles-mêmes en charge l'amélioration de leur propre sort, pour servir « l'intérêt général ».

À deux reprises seulement le journal s'éloigne un peu de son extrême prudence, en effleurant le sujet du vote des femmes. Un « petit courrier de Normandie », signé Maria H. de V., évoque à mot couvert les pressions exercées sur les paysans lors des élections municipales, et déplore que les femmes – plus courageuses et incorruptibles – ne puissent y participer[250]. Enfin Eugénie Niboyet elle-même, faisant l'éloge de « la femme industrielle et industrieuse », interpelle les autorités,

248. Même pour rendre hommage à la veuve de Lincoln, des précautions oratoires sont de mise pour assurer que le journal ne fait pas de politique (« À Madame Lincoln », *Le Journal pour Toutes*, n° 28 du 6 mai 1865).

249. Jules Simon (1814-1896), figure de l'opposition libérale et anticléricale, député en 1863, se consacre notamment à la question de l'instruction primaire et à celle du travail; son livre L'Ouvrière connaît un grand succès, avec trois éditions dès sa parution en 1861. Voir Scott Joan W., « "L'ouvrière, mot impie, sordide". Le discours de l'économie politique française sur les ouvrières 1840-1860 », *Actes de la Recherche en Sciences Sociales*, n° 83, juin 1990, p. 2-15.

250. V. Maria H. de, « Petit courrier de Normandie », *Le Journal pour Toutes*, n° 43 du 19 août 1865.

> « Vous admettez en droit la marchande ? acceptez en fait son intervention, associez-la publiquement aux progrès de l'industrie, recueillez sa voix, et, si l'époux vote pour lui et pour l'épouse sa compagne, que, célibataire ou veuve, la femme puisse exprimer librement son opinion[251]. »

Ces quelques phrases, qui s'éloignent de la ligne habituelle du journal, semblent révéler une certaine impatience de la rédactrice, peut-être laisse-t-elle là apparaître brièvement un peu de sa subjectivité, dissimulée d'ordinaire derrière l'identité de genre et l'identité de classe qu'elle revendique. Lui a-t-on reproché d'aborder ainsi les « matières politiques », ou bien est-ce une coïncidence, le *Journal pour Toutes* cesse alors de paraître, de juillet 1866 à mars 1867[252]. En septembre 1867, Eugénie Niboyet exprime ses regrets de ne pouvoir diriger un journal politique, surtout faute de pouvoir payer un cautionnement, car elle semble prête à utiliser l'intermédiaire d'un gérant pour contourner l'interdiction faite aux femmes[253]. La question n'est plus évoquée par la suite, à l'exception d'une chronique de Marceline Dubois, qui mentionne l'ouverture des Chambres en novembre, ajoutant aussitôt, « la politique est pour nous le fruit défendu, n'y touchons pas[254] ».

Malgré cette prudence, et malgré les appels répétés de la rédactrice en direction des abonnées, le journal reste en difficulté. Il est impossible de savoir quelle audience il a eue, ni le tirage ni le nombre d'abonnés n'étant connus[255]. Il cesse finalement après le numéro du 21 décembre 1867. À cette date, Eugénie Niboyet n'est pourtant nullement résignée à le voir disparaître, le 24 décembre 1867, elle déclare en effet au ministère de l'Intérieur vouloir transformer le *Journal pour Toutes* en *Omnibus du Travailleur*, « journal hebdomadaire, destiné à la moralisation de la classe ouvrière [...], entièrement étranger à la politique ainsi qu'à l'économie sociale[256] ». Cette publication ne voit cependant jamais le jour, faute sans doute de moyens suffisants.

Des femmes engagées sur des questions d'actualité

Au fil des années 1860 se perçoit une « libération » générale de la parole, sensible en France comme en Allemagne, malgré la persistance de diverses formes de censure et de répression. Cette évolution bénéficie aux femmes d'une manière spécifique, les auteures engagées de la période s'aventurent de plus en plus dans des domaines non réservés à leur « sexe », et paraissent moins contraintes de s'exprimer « en tant que femmes ». Certaines peuvent même afficher une appartenance politique qui prime sur l'appartenance de genre, voire effacer

251. Niboyet Eugénie, « Aux femmes. La femme industrielle et industrieuse », *Journal pour Toutes*, n° 79 du 13 juin 1866.
252. Les numéros 80 et 81 sont manquants, ce qui empêche de vérifier s'il s'agit d'une sanction du journal. Rien n'est reporté dans le dossier administratif du Bureau de la Presse.
253. Niboyet Eugénie, « À une abonnée », *Le Journal pour Toutes*, n° 110 du 14 septembre 1867.
254. Dubois Marceline, « Un peu de Tout », *Le Journal pour Toutes*, n° 120, 23 novembre 1867.
255. Très peu de courrier atribué aux lectrices est publié, ce qui ne permet pas de commenter la réception.
256. Dossier du *Journal pour Toutes*, Arch. nat., F/18/395.

totalement cette dernière identité. Il est intéressant de constater que ce sont les mêmes thèmes qui reviennent le plus fréquemment en Allemagne et en France, à savoir la « question des femmes », la « question religieuse », et la « question nationale ». En dépit des apparences, la « question des femmes » (« *Frauenfrage* ») n'est nullement un sujet « de femmes » mais correspond à un débat collectif, largement initié et mené par des hommes. Ainsi, en parlant des femmes dans la société, mais aussi du rôle de la religion et de l'avenir de la nation, les auteures engagées des années 1860 traitent de sujets d'ordre général, vivement débattus par une grande partie de leurs contemporains. Bien que touchant directement au politique, ces sujets peuvent être présentés de manière apolitique, ils offrent donc une certaine liberté d'expression, d'autant qu'ils peuvent être discutés sans avoir à arguer d'une légitimité qui serait réservée aux spécialistes ou aux citoyens.

La « question des femmes » n'est pas (que) la question des femmes

> « Dans le calme politique où nous vivons présentement, la question des femmes est passée au premier plan, et domine d'une façon qui était auparavant presque impensable. Dans chaque journal, dans chaque association, dans chaque assemblée populaire, on discute de cette question – que ce soit dans un esprit de progrès, ou bien d'immobilisme, ou avec l'esprit le plus réactionnaire. Personne n'ose plus l'écarter, l'ignorer comme ce fut le cas si longtemps – à demi consciemment, à demi inconsciemment – et il arrive même que ceux qui le faisaient autrefois prétendent maintenant avoir toujours été convaincus de la nécessité d'une solution à cette question[257]. »

Certes, Louise Otto souhaite souligner l'aspect actuel et urgent de son propre engagement, mais sa description se trouve corroborée par les sources contemporaines, qui montrent que ladite question des femmes n'émane pas en premier lieu des auteurs de sexe féminin. Elle englobe en effet avant tout les questions que les hommes – plus précisément ceux des milieux « libéraux » et « progressistes » – se posent sur les femmes. D'ailleurs l'expression même de « question des femmes », traduisant un point de vue androcentré, suggère que celles-ci représentent un corps étranger, ou du moins mal intégré à la société actuelle, donc un facteur de troubles potentiels ou avérés, qu'il s'agit de neutraliser de toute urgence. Les contemporains traduisent ainsi la conscience plus ou moins claire qu'ils ont du décalage croissant entre trois données, l'idéologie genrée dominante, issue d'un passé en partie révolu ; la participation réelle des femmes de tous les milieux à la vie économique, sociale et intellectuelle ; le regain des valeurs libérales qui, dans tous les domaines, exigent la disparition des contraintes arbitraires entravant le Progrès. Toute discussion sur la question des femmes porte donc sur la définition de ce que doit être la place des femmes et l'utilisation du « féminin » dans une société moderne, adaptée aux diverses évolutions en cours.

257. Otto Louise, « Altes und Neues aus der Frauenwelt », *Deutsches Wochenblatt*, n° 8, 18 février 1866, p. 60.

De tels sujets avaient déjà été débattus autour de 1830 et en 1848, soit à chaque fois que se produisaient des transformations particulièrement rapides ou profondes. Le fait que cette « question des femmes » ressurgisse dans la décennie 1860 révèle à quel point la période paraît instable à beaucoup de contemporains. Ni la France ni l'Allemagne ne connaissent alors de révolution, mais les bouleversements dus à l'industrialisation s'accélèrent, jusque dans une Prusse où l'économie est encore largement agricole et artisanale. Les cadres politiques semblent promis à d'importantes évolutions, que ce soit en Allemagne – où la question nationale, en suspens, pèse de plus en plus – ou en France – où la vie parlementaire s'anime et ouvre de nouvelles perspectives. Pour autant, le caractère toujours très autoritaire des gouvernements en place ne permet pas de discuter librement de sujets politiques trop brûlants, comme le laisse entendre Louise Otto dans la citation ci-dessus, la « question des femmes » peut être aussi une alternative dans ces circonstances, en offrant un terrain de débat moins risqué que d'autres. Il ne faut pas non plus négliger l'aspect utilitariste de la notion de Progrès qui a cours alors, les théoriciens contemporains cherchent à répertorier, organiser et exploiter le plus rationnellement possible toutes les forces en présence dans la société. Or la part allouée aux femmes et au « féminin » n'est peut-être plus aussi évidente que lors de la décennie précédente, où la réaction politique imposait le respect d'un ordre moral et social traditionnel. Force est de constater que nombre de femmes sortent des cadres prévus par l'idéologie genrée, beaucoup restent célibataires, et davantage encore se sont intégrées aux nouvelles structures du travail salarié. En outre, certaines se saisissent d'une parole publique, et trouvent parfois une relative audience, pour réclamer une amélioration de leur statut et le droit d'intervenir dans les enjeux du moment[258].

C'est pourquoi beaucoup d'hommes estiment nécessaire d'aborder la « question des femmes », souvent d'ailleurs pour « canaliser » les revendications émises, en posant des limites à ne pas franchir. Ce dernier cas de figure est bien illustré par l'exemple du publiciste Joseph Heinrichs, qui aide Louise Otto à faire éditer *Das Recht der Frauen auf Erwerb* et y ajoute une préface très modérée[259]. Il y précise que l'agitation présente pour le droit des femmes n'a rien à voir avec les idéaux confus des années 1840, et qu'il s'agit à présent d'une libération du travail des femmes et non de l'émancipation des femmes par le travail. Il insiste également sur la nécessité d'apporter une solution « allemande » à la question des femmes, en distinguant de ce qui se produit en Angleterre et surtout en France[260], une fois de plus, le projet de construction nationale conditionne ce qui est envisageable concernant le statut des femmes. Rares sont de toutes façon

258. Voir les ouvrages de Minna Pinoff, directrice d'une institution pour jeunes filles à Breslau. Par exemple, *Zur Frauenfrage*, *op. cit.*, ou *Reform der weiblichen Erziehung als Grundbedingung zur Lösung der sozialen Frage der Frauen*, Breslau, 1867.

259. Racontant 26 ans plus tard la naissance de ce livre, Louise Otto explique que tous les éditeurs refusaient le manuscrit ; c'est pourquoi elle a accepté cette préface, bien plus prudente que ce qu'elle souhaitait, dit-elle. Elle a aussi dû transformer le titre initial, qui était « das Recht der Frauen » (« le droit des femmes »), en ajoutant « auf Erwerb » (« à gagner leur vie »), OTTO Louise, « Das Recht der Frauen », *Neue Bahnen*, n° 19 et n° 20, octobre 1892, reproduit dans OTTO-PETERS Louise, *Das Recht…*, *op. cit.*, édition de 1997, p. 9-14.

260. *Ibid.*, p. 121-126, préface de Joseph Heinrichs.

les hommes qui acceptent de soutenir les efforts des femmes pour conquérir des droits, tout en restant eux-même à l'arrière-plan[261]. La plupart de ceux qui s'emparent de la question des femmes le font à leur profit, pour contrôler l'intégration des femmes à la société de l'avenir, dans un sens conforme à leurs conceptions politiques, ils réfléchissent plus globalement à la possibilité de concilier modernité et tradition, libéralisme et autorité, droits individuels et hiérarchie, dans la perspective d'une république capable de réunir la majorité des courants politiques. C'est le cas par exemple de Jules Michelet et de Jules Simon en France[262], dont les livres ont aussi un grand écho outre-Rhin, et ne sont pas étrangers à la construction identitaire de la Femme Allemande, comme nous le verrons plus loin. L'une des principales préoccupations de ces hommes est de combattre l'influence cléricale dont les femmes seraient à la fois les victimes et les instruments. Les auteurs allemands sont, eux, moins sensibles à ce problème, mais eux aussi s'intéressent aux femmes avant tout comme à des agents sociaux qu'il est important de contrôler, fusse en leur accordant quelques nouveaux droits. Citons comme exemples Adolf Lette, Franz Holtzendorf et P. A. Korn, que nous retrouverons plus loin. S'il est, selon eux, inévitable d'intégrer les femmes aux évolutions économiques en cours, il faut en même temps préserver les rapports de pouvoir traditionnels entre les sexes, afin de contrer les menaces de déstabilisation sociale issues, notamment, de la révolution industrielle.

Les débats portent majoritairement sur deux grands thèmes, où se révèlent l'intrication entre ordre social et ordre sexué, le travail et la place des femmes dans la Cité. La question du travail des femmes reprend la plupart des problématiques déjà posées par les enquêtes sociales de la première moitié du XIXe siècle, qui ont une postérité jusque dans les années 1860. Elle est souvent présentée comme de nature purement économique, toutefois, la plupart du temps, les arguments moraux se mêlent aux considérations rationnelles et pragmatiques. En effet, l'idéologie dominante – aussi bien en Allemagne qu'en France – donne un rôle crucial au travail, considéré comme un instrument privilégié du Progrès et un pilier de la morale. L'un des enjeux de l'époque est donc d'appliquer aux femmes cette « religion » du travail[263], qui apparaît comme un moyen de réunir tous les membres de la société moderne dans un même idéal. Toutefois, cette

261. On peut évoquer en France d'anciens saint-simoniens, tels que Louis Jourdan et Adolphe Géroult qui, dans leurs journaux respectifs, laissent de temps en temps la parole aux femmes engagées, ou bien Arlès-Dufour, qui fournit de l'argent et des relations. Citons pour l'Allemagne quelques personnalités prohes de Louise Otto, telles que Ludiwg Eckardt, membre du *Demokratische Volkspartei* et rédacteur du *Deutsches Wochenblatt*, ou bien Robert Rössler, alias Julius Mühlfeld, libraire et publiciste à Leipzig.

262. Jules Simon est devenu l'une des principales références des contemporains sur la « question des femmes ». Après *L'Ouvrière* (1861), il publie un autre livre à succès, *L'École* (Paris, A. Lacroix, 1865). Il y plaide pour une scolarité obligatoire, incluant un enseignement « féminin ». Il en profite pour déplorer le renoncement de l'homme – éclairé mais indifférent – face à sa femme – fanatisée par le clergé, et explique qu'il est urgent de sauver « le principe sacré de l'autorité paternelle » (*Ibid.*, p. 159).

263. « Le XIXe siècle prêche un nouvel Évangile – l'Évangile du travail. [...] L'humanité toute entière, donc non seulement les hommes mais aussi les femmes, a sa part dans cette grande et inestimable conquête du travail libéré et honoré » (HIRSCH Jenny, « Die Bestrebungen zur Förderung der Erwerbsfähigkeit des weiblichen Geschlechts », *Der Arbeiterfreund*, 1868, 2. Heft, p. 188-212).

intégration par le travail a certaines limites, comme le montrent les résistances des organisations de travailleurs. La question du travail des femmes revêt également une dimension politique puisqu'elle pose – avec le salariat – le problème de l'autonomie. Le lien peut alors se faire avec la réflexion sur la place que les femmes peuvent et doivent occuper dans la Cité, en dehors de leur fonction familiale traditionnelle[264].

L'expression « travail des femmes » – qui désigne en fait leur emploi salarié, par opposition aux « devoirs naturels » qui leur incombent au foyer – recouvre plusieurs réalités, selon que les auteur-e-s parlent du secteur industriel, de la domesticité, de l'administration, du commerce ou bien de professions libérales. Généralement, c'est contre l'embauche des femmes dans les manufactures – même si elle reste minoritaire – que se déchaînent les défenseurs de la femme reproductrice et dépendante. D'une part ce phénomène a été très tôt érigé en symbole de la révolution industrielle et de ses bouleversements néfastes[265] ; d'autre part, la figure – largement caricaturée et fantasmée[266] – de l'Ouvrière, cette réalité « antiféminine » par excellence[267], est utilisée pour valoriser l'idéologie bourgeoise de la mère au foyer[268] et la diffuser parmi les travailleurs. Ces derniers se réapproprient d'ailleurs le discours catastrophiste sur l'ouvrière pour dénoncer l'immoralisme et la brutalité du capitalisme industriel, mais aussi pour valoriser/viriliser l'identité prolétaire et s'affirmer face à la classe bourgeoise en se posant comme protecteurs de leurs femmes et de leurs filles[269]. Une fois de plus, les femmes – en l'occurrence celles de la classe ouvrière – se retrouvent placées, en tant qu'objets de représentations, au cœur des affrontements idéologiques et politiques du moment[270]. Elles mêmes restent silencieuses – ou du moins inaudibles – à de rares exceptions près. Ce sont les hommes ou, dans une moindre mesure, les femmes issues des élites sociales, qui parlent d'elles et pour elles. On le voit de façon typique dans la « Lettre d'une femme aux ouvriers

264. Stone Judith F., « Republicain Ideology, Gender and Class, France, 1860s-1914 », dans Frader Laura, Rose Sonya (ed.), *op. cit.*, p. 241 et suivantes. Elle montre que de plus en plus de républicains sont conscients – même s'ils refusent de l'assumer – d'un hiatus existant entre l'idéologie des sphères genrées et les exigences théoriques et concrètes posées par leurs principes politiques.

265. Scott Joan W., « La travailleuse », Duby Georges, Perrot Michelle, *op. cit.*, tome IV, p. 479-511.

266. Thibault Marie-Noëlle, « À propos des femmes dans le rapport Villermé », Duclert Vincent, Fabre Rémi, Fridenson Patrick (dir.), *Avenirs et avant-gardes en France. XIXe-XXe siècles*, Paris, La Découverte, 1999 p. 106-112. Cet article montre que ce rapport de 1840 a été utilisé de façon abusive par ceux qui associent le travail féminin en usine à la prostitution, le docteur Villermé n'évoque qu'un seul cas, qu'il n'a pas lui-même observé ; il ne remet jamais en question la légitimité du travail des femmes dans les manufactures.

267. Du moins selon Jules Michelet (*La Femme*, Paris, Hachette, 1859, Introduction, titre II), Jules Simon (*L'Ouvrière*, Paris, Hachette, 1861, p. vi et viii) ou Adolf Lette (« Denkschrift über die Eröffnung neuer und die Verbesserung bisheriger Erwerbsquellen für das weibliche Geschlecht », *Der Arbeiterfreund*, 1865, 4. Heft).

268. Blunden Katherine, *op. cit.*

269. Voir Thompson Victoria E., *op. cit.*

270. Une des preuves de la dimension idéologique du discours sur l'ouvrière est qu'il n'existe pas d'équivalent concernant la bonne à tout faire ou la servante de ferme, bien que celles-ci (qui représentent une part importante de la population active féminine) soient pourtant soumises aux mêmes maux, travaux pénibles, bas salaires, absence de qualification, isolement familial et professionnel, exploitation sexuelle, promiscuité…

typographes », dans laquelle Olivia de Rocourt prend la parole pour défendre le droit des ouvrières à travailler dans l'imprimerie :

> « Quels ont été vos raisonnements contre cette entrée des femmes dans une carrière nouvelle, celle de la composition ? Examinons-les. [...] Vous craignez l'abaissement du salaire, insuffisant pour les hommes. Au lieu d'exclure les femmes, faites-les participer aux bénéfices de la révision de vos tarifs ; demandez que dans les manufactures, la journée ne soit plus payée 40, 50, 60, 75 centimes. [...] Vous croyez encore que le travail débiliterait la femme. Pensez-vous donc que les privations et le vice ne lui sont pas de plus terribles ennemis ? [...] En vérité, si c'est au nom de la tradition que vous agissez ainsi, vous êtes dans l'erreur et vous ne consolidez qu'un préjugé incapable de progrès. Non, le remède n'est pas là, et Nous, Femmes aimantes, qui sentons notre avenir, qui connaissons nos forces et dont le cœur a des aspirations sincères, nous voulons et nous demandons autre chose. [...] Vous-mêmes, si fiers de vos privilèges d'hommes libres, voulez-vous effacer de la carte de vos libertés l'année 1789, et, remontant plus haut, reprocher à l'ombre de Louis XI l'affranchissement des serfs ? Non, il faut régénérer la femme, lui révéler sa grandeur, sa force véritable, la rendre capable de comprendre ses intérêts, de les défendre, l'instruire en un mot[271]. »

Il faut noter que le discours hostile à l'ouvrière est beaucoup moins présent en Allemagne qu'en France, du fait sans doute d'une industrialisation plus lente, et très inégale selon les régions. En Prusse, où l'industrialisation est particulièrement faible, 41 % des travailleuses sont des domestiques en 1861, et 4,7 % sont employées dans l'industrie[272] ; tandis qu'en 1866, 22,5% des travailleuses françaises sont domestiques et 27,3 % ouvrières[273]. Même si ces chiffres sont loin d'être fiables, ils indiquent des disparités importantes qu'il faut prendre en compte. Ils permettent peut-être d'expliquer pourquoi les essais que les auteures allemandes ont consacrés au travail des femmes évoquent souvent le cas des domestiques, ou bien celui des couturières et ouvrières qui travaillent le textile à domicile, et quasiment jamais le sort des ouvrières en manufacture. Toutefois, on constate que les auteures françaises favorables au « travail des femmes » évitent également d'aborder de façon précise le sujet des ouvrières. Même l'étude de Julie Daubié sur « la femme pauvre » passe très rapidement sur les femmes du prolétariat

---

271. ROCOURT Olivia de, *Lettre d'une femme aux ouvriers typographe*, Paris, E. Dentu, 1862, p. 8-10. Olivia de Rocourt, par ailleurs correspondante d'Enfantin, réagit ici à une révolte de typographes suite à l'emploi de six femmes par l'imprimeur Paul Dupont à Clichy.

272. *Jahrbuch für die amtliche Statistik des Preußischen Staats*, II, Berlin, 1867, p. 251, cité par FREVERT Ute, *Frauen-Geschichte...*, *op. cit.*, p. 82. Voir aussi DICKMANN Elisabeth (Hg.), *Arbeiterinnengeschichte im 19. Jahrhundert*, Hamburg, Lit, 1993 ; SCHILDT Gerhard, *Frauenarbeit im 19. Jahrhundert*, Pfaffenweiler, Centaurus-Verl.-Ges. 1993.

273. SCHWEITZER Sylvie, *Les femmes ont toujours travaillé. Une histoire du travail des femmes aux XIXe et XXe siècles*, Paris, Odile Jacob, 2002 ; TILLY Louise A., SCOTT Joan W., *Les femmes, le travail et la famille*, 1978, réédition Paris, Payot, 2002.

et les multiples métiers qu'elles exercent[274]. Il faut dire que ces femmes des classes moyennes qui monopolisent la parole sur la question dans les années 1860 se retrouvent dans une position inconfortable lorsqu'elles se distancient du propos dominant condamnant le travail (industriel) des femmes, elles ne peuvent bien sûr que déplorer les conditions misérables faites aux ouvrières, mais elles doivent prendre garde à ne pas adhérer à un discours qui, mené à son terme, refuse de reconnaître aux femmes un droit au travail qu'elles-mêmes réclament. Enfin, elles ont surtout la préoccupation de leur propre milieu[275], leur objectif premier est de modifier l'idéologie interdisant aux femmes « respectables » de gagner leur vie, et de répertorier les emplois qui leur permettraient de demeurer respectables – excluant donc tout travail en manufacture. Il n'est alors guère étonnant qu'elles s'abstiennent de parler des femmes dans l'industrie, leur intérêt est de déplacer la question du « travail des femmes » vers des domaines moins salissants, en donnant un nouveau contenu possible à l'expression. « Ouvrière » est définitivement devenu un mot « impie[276] », preuve du triomphe de l'idéologie bourgeoise jusque dans les milieux prolétaires.

Il est intéressant d'observer l'évolution de Louise Otto et Eugénie Niboyet qui, en 1848, s'adressaient au moins autant aux ouvrières qu'aux bourgeoises, et s'impliquaient beaucoup dans la défense des premières. Dans les années 1860, même si elles prétendent encore vouloir unir les femmes des deux classes, il est manifeste qu'elles parlent avant tout des classes moyennes, aux classes moyennes, et s'incluent dans cette catégorie, elles adhèrent pleinement à l'évolution sociale et idéologique en cours, n'opposant aucune résistance au sens donné à l'histoire par la classe dominante. Toutes deux suggèrent que c'est la bourgeoisie qui détient la clé du progrès général, seule l'évolution de cette classe permettra de changer progressivement les lois en faveur d'une plus grande égalité[277].

Les écrits des femmes des années 1860 évoquent donc principalement les emplois de types nouveaux qui se multiplient dans les communications publiques, les transports et le commerce, autant de secteurs nouveaux ou en expansion. Ces emplois requièrent souvent des qualifications supérieures à celles répandues dans la classe ouvrière, mais inférieures à celles des hommes des classes moyennes et bourgeoises, et sont présentés comme le moyen de résoudre la paupérisation des célibataires et des veuves éduquées, voire même de remédier à l'appauvrissement de certains ménages des classes moyennes. Cette vision est d'ailleurs soutenue par de nombreux hommes de la bourgeoisie libérale, qui

274. DAUBIÉ Julie, *La Femme pauvre...*, *op. cit.*, édition de 1992, tome I, p. 55-75. Ce court passage est assez misérabiliste, l'auteure veut surtout démontrer qu'il faut développer l'apprentissage et l'instruction pour les filles.

275. Dans ses lettres consacrées à défendre l'activité salariée des femmes, Fanny Lewald ne se préoccupe que des filles des classes moyennes ou de la bourgeoisie désargentée, dont elle estime que le sort est le pire de tous... (LEWALD Fanny, « Für die Gewerbtätigkeit der Frauen », *Illustrierte Deutsche Monatshefte, juillet et août 1869*, particulièrement p. 444 et 548).

276. SCOTT Joan W., « "L'ouvrière..."... », art. cit.

277. OTTO Louise, *Das Recht...*, *op. cit.*, p. 29 et p. 41. Louise Otto est cependant plus nuancée qu'Eugénie Niboyet à ce sujet. Elle préconise même que les « classes supérieures » prennent modèle sur les « classes dites inférieures » en laissant plus de liberté à leurs filles et admettant le travail salarié des femmes comme normal (*Ibid.*, p. 48).

finalement encouragent le travail des femmes au nom du développement économique[278]. Ainsi, alors qu'il vilipendait en 1861 le travail de la femme prolétaire, Jules Simon est devenu en 1864, avec sa femme, l'un des protecteurs de la Société des Écoles professionnelles pour filles, laquelle s'adresse surtout aux milieux d'artisans aisés, de commerçants ou d'employés. De même Adolf Lette répète que le bien-être familial doit rester la priorité, mais il juge toutefois nécessaire de fonder une association visant à l'élargissement des possibilités d'emplois pour les jeunes filles et les femmes seules[279]. L'évolution est très importante au niveau symbolique, puisque c'est l'idéal de « l'ange du foyer » qui peut paraître de la sorte menacé. Pour mieux plaider leur cause, les auteures de la période montrent généralement qu'elles entendent préserver l'Épouse et la Mère, le mariage et la maternité retireraient les femmes du marché du travail. Elles insistent sur le cas des veuves et des célibataires qui, selon elles, seraient de plus en plus nombreuses du fait de la crise économique et de l'égoïsme masculin. Comme le fait remarquer Agnès Thiercé[280], la femme pauvre dont parle Julie Daubié est avant tout la femme seule, bien plus que la femme prolétaire, et il en va de même dans la plupart des écrits des Françaises et des Allemandes sur le sujet. En mettant en avant l'existence de la solitude féminine et ses conséquences économiques, les auteures pointent l'abstraction du modèle idéal de l'épouse qui passe de la protection du père à celle du mari. En s'appuyant sur la réalité, elles peuvent mieux contrer l'habituelle argumentation qui légitime la tutelle juridique et politique des femmes, ainsi que la notion de « salaire d'appoint ». Certaines, toutefois, vont plus loin encore, et n'hésitent pas à justifier – implicitement ou clairement – le travail salarié des épouses, voire des mères[281]. Pour rendre acceptable l'activité professionnelle des femmes des classes moyennes, elles établissent surtout une distinction entre les métiers « féminins » et « masculins », qui correspondraient aux facultés « naturelles » et aux convenances…

Enfin, la plupart des auteures engagées reprennent aussi à leur compte l'idéologie développée par les hommes de leur propre milieu, en France comme en Allemagne, en faisant référence au libéralisme et à la valorisation morale du travail. Il s'agit de promouvoir un modèle concurrent de la traditionnelle gardienne du foyer, et qui serait l'équivalent féminin du « fils de ses œuvres ». Ainsi, les essais, articles ou romans de nombreuses auteures font l'éloge de femmes autodidactes, qui garantissent leur bien-être matériel, voire connaissent une ascension sociale grâce à leur talent et à leurs efforts. Le travail (salarié) des femmes est

278. Cette position est bien représentée dans les journaux suivants, *L'Économiste français. Journal de la Science Sociale*, fondé par Jules Duval en novembre 1861 ; *Der Arbeitgeber*, dirigé à Francfort par Franz et Max Wirth depuis 1855 ; *Der Arbeiterfreund*, fondé à Berlin par Karl Brämer en 1863.

279. Voir *Der Arbeiterfreund*, 4. Heft, 1865, numéro spécial intitulé « Die Erwerbsgebiete des weiblichen Geschlechts », où Lette explique que « l'élargissement du champ d'activité des femmes et de leur formation est naturellement délimité par la différence des capacités respectives du sexe masculin et du sexe féminin ».

280. Thiercé Agnès, « La pauvreté laborieuse au xixe siècle vue par Julie Daubié », *Travail, Genre et Société*, n° 1, 1999, p. 119-128.

281. Par exemple Otto Louise, *Das Recht…*, *op. cit.*, 1997, p. 29, elle fait l'éloge de la femme qui, au lieu d'une dot, apporte des compétences et une force de travail, et qui pourra aider l'homme à subvenir aux besoins de la famille.

présenté comme le seul rempart efficace contre la prostitution, « Ouvrir aux femmes les carrières d'un travail libre et convenablement rémunéré, c'est fermer les portes du lupanar », affirme Juliette Lamber[282]. C'est aussi présenté comme le moyen de rendre les femmes conscientes de leurs responsabilités sociales, et d'augmenter leur utilité en les rendant productrices en plus d'être reproductrices. Ces auteures sollicitent le fonds commun de la pensée libérale, hostile aux privilèges de naissance et à l'oisiveté, et qui prône l'émancipation individuelle. Elles expliquent également que les femmes enfermées au foyer ne peuvent comprendre ni accompagner le Progrès, censé être l'incarnation de cette pensée libérale, une fois de plus, elles font entendre leur désir de participer et faire participer leurs « sœurs » au mouvement du siècle[283].

La question du « travail des femmes » – avec ses multiples significations – et celle de la formation professionnelle des filles paraissent donc avoir la même actualité en Allemagne qu'en France, au même moment. Elles sont toutes deux traitées par les mêmes milieux, et dans des termes assez identiques, si l'on met de côté la virulente dénonciation de l'ouvrière, plus spécifique aux Français. Les auteures engagées allemandes et françaises semblent buter sur les mêmes difficultés concrètes et symboliques. En particulier, elles sont amenées à combattre l'idée d'une moralité différenciée selon le sexe, soit en démontrant la supériorité de la morale du travail (qui implique l'autonomie) sur celle de la famille (qui implique la dépendance[284]), soit en disant que les femmes doivent concilier les deux[285]. Certaines empruntent une troisième voie en expliquant que, grâce à l'autonomie intellectuelle et matérielle procurée par le travail salarié, les femmes pourront aussi avoir une nouvelle place dans la Cité, et de nouveaux moyens pour y jouer leur rôle de régénération morale et de pacification sociale.

Si de réelles discussions peuvent avoir lieu sur le « travail des femmes », il en va autrement de la question de leurs droits civils et civiques. On remarque également une nette différence dans la manière dont Allemandes et Françaises évoquent le rôle des femmes dans la Cité. Si toutes – y compris les plus modérées – se rebellent contre leur annihilation en tant qu'épouses et mères, et démontrent l'urgence d'une réforme du mariage, les Allemandes ne se permettent guère

282. Cet argument succède à d'autres, tous aussi représentatifs des écrits sur la question, « Il faut donner aux femmes une éducation sérieuse, et, autant que possible, une éducation professionnelle. Il faut qu'elles deviennent productrices. Le travail seul a émancipé les hommes, le travail seul peut émanciper les femmes » (LAMBER Juliette, *Idées…*, *op. cit.*, édition de 1861, p. 76-78).

283. Louise Otto ironise sur les mères de famille entièrement happées par leurs soucis quotidiens, et incapables de s'intéresser à ce qui se passe au-delà de ce cercle (OTTO Louise, *Das Recht…*, *op. cit.*, p. 70).

284. Fanny Lewald explique ainsi que le travail est un honneur pour tout être humain, et s'indigne que l'on condamne les filles à la dépendance (LEWALD Fanny, « Für die Gewerbtätigkeit der Frauen. Vierter Brief », *Illustrierte Deutsche Monatshefte*, n° 59, août 1869, p. 551).

285. « Nous ne désertons point nos foyers en réclamant l'instruction pure et solide pour nos jeunes années ; […] Nous demandons des devoirs nouveaux en conservant nos devoirs passés. […] N'étant plus nulles et méprisées, nous ne mettrons plus au monde des êtres nuls et méprisables […] », ROCOURT Olivia de, *Lettre…*, *op. cit.*, p. 14-15.

que de suggérer des changements dans les mœurs[286], tandis que la plupart des Françaises demandent de surcroît des réformes légales plus ou moins précises, et se réfèrent généralement au droit commun[287]. Elles se distinguent en cela des rares hommes qui, à l'instar d'Ernest Legouvé et Jules Michelet, proposent de moderniser les relations entre époux mais nient la dimension politique de la domination conjugale[288]. Il s'agit pour elles d'imaginer une structure familiale et sociale égalitaire, qui n'impliquerait plus le sacrifice de l'individualité féminine. Certaines, comme Jenny d'Héricourt et André Léo, en arrivent à nier les fondements mêmes des catégories de genre, dans le cadre d'une analyse éminemnt politique[289]. Quelques auteures allemandes esquissent une démarche similaire, Fanny Lewald, par exemple, utilise la comparaison avec la race et le racisme pour faire saisir l'injustice et l'arbitraire de la destinée imposée aux femmes au nom de leur « féminité[290] ». Notons qu'après de tels propos, elle nie immédiatement être une « émancipée[291] », la crainte de perdre sa réputation continue de peser tout particulièrement sur les Allemandes...

Enfin, si la question des droits politiques n'est plus si brûlante qu'elle a pu l'être en 1848, elle n'est pas oubliée, comme en témoignent les nombreux textes qui l'abordent. Là encore, les Allemandes demeurent en retrait par rapport aux Françaises. Ces dernières expriment les points de vue les plus divers, depuis le ralliement avec la majorité des hommes républicains, jusqu'à une critique franche des soit-disant démocrates. Ainsi Marie-Louise Gagneur, décrivant l'intervention des dévotes dans *Un Drame électoral*, reprend le point de vue dominant dans la gauche anticléricale, qui justifie l'exclusion politique des femmes. Au contraire, Julie Daubié prend très clairement position dans son mémoire sur la femme pauvre, où elle n'hésite pas à consacrer une sous-partie aux « Droits politiques[292] ». Elle y dénonce le « règne de la bourgeoisie » et la « royauté du capital », qui ont faussé les grands principes de 1789. Elle appelle les femmes à repousser « tout pouvoir discrétionnaire », « qu'elles invoquent leur droit particulier et l'intérêt général en allant réclamer leur carte d'électeur[293] ». Citant la lettre d'une jeune femme qui déplorait de ne pouvoir participer aux élections de 1863, elle reproduit sa réponse, « Dans une société où l'individu compte seul, j'espère que le sens commun décidera avant cinq ans que le mot électeur doit

286. À de rares exceptions près, telle Mina Pinoff, qui estime que seule l'égalité civile permettra aux femmes de se faire respecter et d'envisager un statut public égal à celui des hommes (Pinoff Minna, *Reform...*, *op. cit.*, édition de 1998, p. 167-168).

287. Voir la série d'articles publiés par Jenny d'Héricourt dans *La Ragione* sur l'émancipation civile, notamment « Le mariage au point de vue du progrès », *La Ragione*, n° 87, 14 juin 1856.

288. Voir, outre les articles de Jenny d'Héricourt, André Léo, *La Femme...*, *op. cit.*, édition de 1999, p. 89-120, ou Julie Daubié, *La Femme pauvre...*, *op. cit.*, édition de 1993, tome 3, p. 65-92.

289. Voir, sur l'essai d'André Léo, Primi Alice, « André Léo, une voix critique de la démocratie française à la fin du Second Empire », *Revue européenne d'histoire sociale*, n° 12, octobre 2004, p. 104-120.

290. Lewald Fanny, « Für die Gewerbtätigkeit der Frauen. Zweiter Brief », *Illustrierte Deutsche Monatshefte*, n° 58, juillet 1859, p. 439.

291. *Ibid.*, p. 440.

292. Daubié Julie, *La Femme pauvre...*, *op. cit.*, édition de 1866, p. 234-253. Dans la réédition de 1869-1870, ce sous-titre disparaît du plan, mais un passage analogue est préservé dans la partie sur les fonctions publiques.

293. *Ibid.*, p. 252.

avoir une acception aussi large que le mot contribuable[294]. » De telles déclarations ne sont pourtant pas bien accueillies dans le milieu intellectuel et politique qu'elle fréquente. Ainsi, Jules Duval, le rédacteur en chef de *l'Économiste français*, refuse en juin 1867 de publier un article qu'elle propose sur la question du droit électoral des femmes[295], et se justifie notamment par la crainte du ridicule. Cet épisode révèle bien que l'opposition démocrate a peur d'être discréditée si elle discute sérieusement de l'égalité politique des sexes, à un moment où elle cherche à rallier le plus de soutiens possible.

Plus théorique, mais tout aussi déterminée que Julie Daubié, André Léo suggère aussi l'inachèvement de la Révolution dans son essai de 1869. Elle cite longuement un extrait de Condorcet qui s'achève ainsi, « Ou aucun individu de l'espèce humaine n'a de véritables droits, ou tous ont les mêmes, et celui qui vote contre le droit d'un autre, quels que soient sa religion, sa couleur ou son sexe, a dès lors abjuré les siens[296]... ». Appelant les Françaises à s'organiser, elle montre que dans tous les pays d'Europe – sauf l'Allemagne, remarque-t-elle sans l'expliquer – des femmes réclament le droit de vote, « comme l'instrument d'action le plus naturel et le plus simple, et qui, du premier coup, remet leur cause en leurs propres mains[297] ». Enfin Olympe Audouard aborde très franchement le sujet dans sa *Lettre aux députés*. Révoltée de devoir renoncer à son journal, elle réfute les arguments les plus couramment opposés à la citoyenneté des femmes, et en profite pour critiquer les représentants et leurs pratiques :

> « En réclamant pour la Française la jouissance de ses droits civils et politiques, que pouvez-vous craindre ? Qu'elle soit électrice et éligible ? Quel préjudice cela porterait-il à la grandeur de la France et à la sécurité du pays ? Craindriez-vous par hasard, messieurs les Députés, que votre dignité et celle de la Chambre fussent compromises si des femmes venaient y siéger à côté de vous ? Non, n'est-ce pas, car elles pourraient être vos mères ou vos filles, deux êtres qui pour tout homme sont les plus dignes d'estime et de respect. Craindriez-vous qu'avec l'élément féminin, la Chambre ne perdît de son sérieux et de sa gravité ? Mais, si j'ai bonne mémoire, l'an passé vous y avez parlé crinoline, vous y avez fait quelques spirituelles allusions à la famille Benoiton, voire même au fameux sapeur, trois graves questions peut-être, mais qui n'ont rien de commun avec la discussion du budget, la paix ou la guerre. Et pourtant vous n'étiez qu'entre hommes[298] ! »

Je n'ai pas rencontré une telle liberté de ton dans les écrits des auteures allemandes, dont très peu parlent ouvertement du droit de vote, comme en 1848,

294. *Ibid.*, p. 253.

295. Lettre de Jules Duval du 4 juin 1867, reproduite par BULGER Raymonde, *Lettres...*, *op. cit.*, p. 106-107. Julie Daubié doit attendre encore une année avant de pouvoir exprimer son opinion dans la presse: voir sa lettre au Ministre de l'Intérieur, publiée dans *L'Opinion nationale* du 21 août 1868, au sujet de la nouvelle loi sur la presse.

296. CONDORCET, « Sur l'admission des femmes au droit de cité », *Journal de la société de 1789*, n° 5, 2 juillet 1790, cité par LÉO André, *La Femme...*, *op. cit.*, édition de 1990, p. 37-38.

297. *Ibid.*, p. 125.

298. AUDOUARD Olympe, *Lettre...*, *op. cit.*, p. 12-13.

il est impossible à une « Vraie Femme Allemande » de s'intéresser à la politique. Elles adoptent généralement deux stratégies – simultanées ou alternatives – que l'on retrouve aussi dans plusieurs textes français. La première consiste à mettre en avant les bienfaits spécifiques que la Femme électrice – voire éligible – apporterait à la société en complément des valeurs « masculines ». C'est ainsi que Minna Pinoff commence par suggérer de donner des responsabilités publiques aux femmes à l'échelle communale[299], elles pourraient s'occuper des pauvres et des malades, et jouer leur rôle de gardiennes des mœurs dans diverses administrations municipales[300]. Tout en précisant qu'elle laisse ouverte la question de l'égalité politique, pour laquelle il faut laisser le temps faire son œuvre, elle estime que les femmes doivent d'une manière ou d'une autre œuvrer pour le bien de la patrie. D'ailleurs dit-elle, leur présence dans l'espace public pourrait mettre fin aux guerres, et déplacer l'affrontement entre nations dans le domaine culturel et intellectuel, habituées à résoudre les conflits familiaux, elles transposeraient leurs compétences dans la sphère politique. Minna Pinoff revient alors à la question qu'elle prétendait laisser de côté, mais l'aborde d'abord par le biais d'un exemple étranger, citant le discours de Stuart Mill en faveur du droit de vote des femmes, elle se projette dans un avenir où la transformation du statut social et familial des femmes permettra d'en venir à une réforme politique :

> « Enfin on ne pourra plus refuser à la femme non plus ce que l'on a déjà accordé à chaque travailleur de 24 ans, ce que l'on a déjà accordé au Nègre en Amérique. Même si les femmes n'ont pas exigé impétueusement l'égalité politique et l'égalité devant la loi, cela arrivera de soi-même, par une nécessité naturelle. Nous avons beau nous quereller pour légitimer d'être pour ou contre cela, l'Histoire, elle, suit sans dévier son chemin nécessaire[301]... »

La deuxième stratégie consiste à approuver la logique des idées égalitaires, mais à en différer l'application, au nom du principe de réalité. C'est la position défendue par exemple par Fanny Lewald, dans un long article de 1870 entièrement consacré à la question du droit de vote des femmes[302]. Elle propose une expérience destinée à faire évoluter progressivement la société, il reviendrait aux représentants élus de désigner des femmes dignes d'être à la fois électrices et éligibles. La mise en valeur de ces personnalités assez cultivées et motivées pour comprendre les enjeux politique et se dévouer au bien commun inciterait

299. Pinoff Minna, *op. cit.*, p. 165-167.
300. On retrouve la même idée par exemple chez Juliette Lamber, qui affirme que « dans une société bien organisée, il est des fonctions mâles et des fonctions femelles » ; elle propose donc l'institution d'une « "mairesse" aux côté du maire de chaque commune, qui "aurait la haute direction des crèches, des salles d'asile, des institutions de bienfaisance" [...] » (Lamber Juliette, *Idées...*, *op. cit.*, édition de 1861, p. 70 et p. 74).
301. Pinoff Minna, *op. cit.*, p. 170.
302. Lewald Fanny, « Die Frauen und das allgemeine Wahlrecht », *Westermanns Jahrbuch der Illustrirten Deutschen Monatshefte*, 28. Bd, n° 67, avril 1870, p. 97-103. Elle estime que seule une infime minorité de femmes demandent le droit de vote et l'exerceraient, se basant sur le faible taux de participation des hommes eux-mêmes aux élections. Effectivement, durant les années 1860, l'implication politique demeure relativement élitiste en Allemagne, et particulièrement en Prusse, où le taux de participation ne dépasse jamais le tiers des électeurs potentiels.

le reste des femmes à s'instruire et à s'intéresser à la chose publique, afin d'être à leur tour reconnues comme citoyennes. Fanny Lewald conclut en conseillant aux femmes d'attendre paisiblement que les hommes fassent appel à elles, ce qui, selon elle, ne saurait tarder... Une fois de plus, nous avons ici l'exemple d'un discours élitiste, où la distinction entre classes sociales l'emporte sur l'idée de solidarité de genre. Il n'est pas question d'appeler toutes les femmes à s'unir pour conquérir ensemble l'égalité mais au contraire, c'est aux femmes des classes moyennes et bourgeoises, aux « capacités », qu'est confié le progrès social. On retrouve des propos assez similaires sous la plume de Jenny d'Héricourt, qui fait à plusieurs reprises l'éloge de la classe moyenne, « cette classe positive, vivace, énergique », qui devrait la première réaliser l'émancipation des femmes. Comme Fanny Lewald, elle juge encore inopportun l'attribution de l'égalité civique, même si, en principe, « toute Française majeure a le droit de réclamer sa 36 millionième part du vote général, elle est serve politique tant qu'elle en est dépouillée, parce qu'elle subit des lois qu'elle n'a pas concouru à faire, et paie des impôts qu'elle n'a pas concouru à fixer[303] ». Cependant, selon elle, la lutte pour l'égalité civile est prioritaire et il serait dangereux pour le progrès d'accorder l'égalité politique à des femmes non préparées. Alors que Jenny d'Héricourt hésitait, dans ses articles de 1856-1857, à donner raison à ses amis républicains qui refusaient la citoyenneté aux femmes dans l'immédiat, elle s'est finalement ralliée à l'idée dominante. Cette évolution fait comprendre, à l'échelle individuelle, le triomphe général d'une conception « pragmatique » de la République, ce qui compte désormais, c'est l'instauration d'un régime républicain, fusse au prix de l'ajournement des promesses de la démocratie. Jenny d'Héricourt conserve cette opinion dans ses écrits ultérieurs, tout en affirmant le principe de l'égalité des sexes dans tous les domaines, et en espérant que les femmes seront bientôt aptes à user de leurs droits civiques. Ce faisant, elle montre, malgré tout, une singularité par rapport à la majorité des démocrates, mais elle a renoncé à une critique radicale de leur discours.

La question religieuse, pour une approche critique du pouvoir

Comme nous venons de le voir, de nombreuses auteures profitent de la discussion sur la « question des femmes » en ses divers aspects pour dénoncer l'injustice, l'arbitraire et l'autoritarisme. À travers ces thèmes, elles émettent, plus ou moins ouvertement, une critique des pouvoirs en place et des modes de gouvernement en vigueur. Toutefois, en France comme en Allemagne, l'indulgence des autorités reste limitée, et la prudence est de rigueur. S'il est délicat de s'attaquer de front au pouvoir, il peut être plus facile de se livrer à une dénonciation des institutions religieuses – en tant que piliers d'un ordre politique dépassé. Il s'agit là d'un thème assez récurrent dans les milieux libéraux français et allemands au

303. Héricourt Jenny P. d', *La Femme affranchie...*, *op. cit.*, tome 2, p. 63. Voir également p. 64-65 et p. 184-190, où elle essaie de justifier de façon logique l'ajournement de la citoyenneté légale des femmes.

cours des années 1850 et surtout 1860, et quelques femmes s'en emparent, au même titre que les hommes.

Toutefois, aucune ne paraît s'être alors dite athée, et très peu d'entre elles osent critiquer la religion elle-même, alors que de nombreux hommes parviennent à assumer publiquement leur rejet de toute croyance[304]. La piété est une caractéristique fondamentale de l'identité féminine et représente un gage de respectabilité des femmes. Celles qui s'expriment sur le sujet déclarent donc que la foi est nécessaire, même si elle doit être adaptée aux progrès du siècle[305]. Même Jenny d'Héricourt, qui ose appeler les femmes à se détacher du christianisme, éprouve le besoin de se justifier, lorsqu'elle présente une conception rationaliste du Droit et du Devoir :

> « Quoi ! diront quelques personnes timorées, vous, une femme, vous osez éliminer Dieu des questions de Droit et de Devoir !... [...] Il est vrai que j'élimine Dieu des questions de Droit et de Devoir ; mais c'est parce qu'au point de vue rationnel, il n'est pas le fondement de ces notions ; et que, les rattacher à la divinité, c'est les livrer à toutes les chances de mort que subit nécessairement le dogme religieux. [...] Si Dieu parle, c'est dans les lois de l'univers physique, intellectuel et moral. Son verbe sur la terre, c'est l'humanité se révélant à elle-même, non pas la vérité absolue, mais la vérité indéfiniment progressive. [...] Le Matérialisme et l'Athéisme ne sont point des crimes, mais, à mon sentiment, de tristes erreurs, et je ne les partage pas. J'appartiens à ce petit nombre qui, ne pouvant s'arrêter dans la négation stérile, cherchent une affirmation supérieure et féconde. [...] J'appartiens à ce petit nombre vraiment religieux, qui appellent de toutes les aspirations du cœur, la nouvelle doctrine générale, seule capable de nous relier dans l'amour et la communauté de but[306]. »

Une fois ces préalables posés, il n'en reste pas moins possible à une femme de critiquer la religion, et plusieurs auteures engagées réfléchissent aux débats contemporains suivants, jusqu'à quel point la société doit-elle être encadrée par le clergé, et dans quelle mesure l'existence individuelle et collective doit-elle être conditionnée par les dogmes religieux ? Comment concilier la nécessité sociale d'une religion, le progrès de la raison, et les exigences de la démocratie ? Toutes ces interrogations, qui concernent indirectement le pouvoir, la liberté et le bien commun, revêtent bien sûr une dimension politique. Elles cristallisent aussi très concrètement des oppositions entre les partis « progressistes » et les partis

304. Voir les milieux de la libre pensée matérialiste et athée en France, qui s'expriment notamment dans *La Libre Pensée* et *La Pensée Nouvelle*, et qui sont en contact avec les théoriciens du matérialisme allemand tels que Carl Vogt, Rudolf Virschow et Ludwig Büchner (LALOUETTE Jacqueline, *op. cit.*, p. 152-162).

305. Par exemple SAND George, « Théosophie et philosophie », *La Presse*, 1er août 1863, reproduit dans SAND George, *Questions d'art et de littérature*, 1878, réédition présentée par Henriette Bessis et Janis Glasgow, Paris, Édition des femmes, 1991, p. 285-302. Sand espère qu'un jour il sera possible de se dire « parfaitement religieux sans cesser d'être parfaitement raisonnable » (p. 299).

306. HÉRICOURT Jenny P. d', *op. cit.*, tome 2, p. 8-11.

« conservateurs », et permettent de prendre position dans les conflits opposant les Églises aux autorités laïques.

C'est en France que le problème de la papauté est le plus débattu, non seulement en raison du poids considérable de l'Église catholique, mais aussi en raison de la politique italienne de l'Empire. En 1859-1860, le thème de la papauté et de l'Église catholique devient ainsi l'un des premiers sujets brûlants sur lesquels la censure impériale se relâche, permettant enfin à des voix contestataires de s'exprimer publiquement. Il s'agit d'une sorte de soupape, dont profite par exemple Juliette La Messine (Juliette Lamber) avec sa brochure de 1860, *La Papauté*[307]. Ces quinze pages extrêmement virulentes révèlent surtout le désir d'attaquer l'un des piliers de l'ordre établi, bien plus que de chercher à convaincre ou à proposer des analyses politiques[308]. L'année même où paraît le feuilleton anticlérical de Marie-Louise Gagneur, *La Croisade Noire*, la romancière Clémence Robert, publie *Les Victimes du fanatisme*[309], où elle reprend l'histoire de Jean Calas. Le roman s'achève sur une méditation du père dominicain vaincu, qui voit s'annoncer la fin de l'empire de l'Église sur la société. Du côté allemand, on peut citer Malwida von Meysenbug, qui s'en prend autant à l'Autriche concordataire qu'à la Prusse néopiétiste. Dans un article de 1858, destiné à présenter la situation allemande aux Italiens, elle donne à la religion un rôle prépondérant pour expliquer le conservatisme politique, et la régression intellectuelle par rapport aux années 1830-1840[310]. Selon elle, le clergé possèderait de véritables réseaux d'espionnage destinés à surveiller les fonctionnaires, soumis à une permanente inquisition sur leurs pratiques religieuses et leurs opinions politiques. De tels propos ne peuvent être toutefois tenus qu'à l'étranger, en l'occurrence en Italie, où Malwida von Meysenbug s'est installée. En Allemagne même, c'est sans doute Louise Otto qui traite ce thème avec le plus de vigueur, à des moments où elle ne peut aborder des sujets plus directement politiques. Outre son roman *Nürnberg*, évoqué plus haut, il faudrait citer *Cäcilie Telville*, paru en 1852 et réédité en 1870, qui dénoncent les extrémismes que sont l'ultramontanisme et le piétisme. Toutefois, le livre rappelle que l'éternel féminin – incarné par l'héroïne – est indissociable de la « vraie » piété. On observe une position assez similaire dans le *Journal pour Toutes* d'Eugénie Niboyet, où les témoignages de piété se mêlent à la critique des congrégations.

D'autres auteures engagées cherchent à proposer des solutions au problème de l'influence du clergé. Ainsi, la libre penseuse Rosalie Schönwasser ne se contente pas de dénoncer les institutions cléricales, qui, selon elle, sont après tout dans

307. La Messine Juliette, *La Papauté*, Amsterdam, R. C. Meijer, 1860.

308. Sa brochure se conclut par ces lignes : « Luther, applaudis, le saint-siège commence à s'ébranler! L'infâme va être écrasé, Voltaire, lève-toi! Victimes de tous les Torquemada – martyrs de la librepensée – torturés de toutes les causes, redressez vos corps mutilés! [...] Assez de concessions faites à de faux dévots, à de faux prêtres, aux faux vicaires d'un faux Dieu! Juliette La Messine » (*Ibid.*, p. 15-16).

309. Robert Clémence, *Les victimes du fanatisme*, Paris, À de Vresse, 1864.

310. Meysenbug Malwida von, « La Germania », *L'Italia del Popolo*, 18 février 1858, reproduit dans Just Barbara, Malwida von Meysenbug, *Die Journalistin*, München, Univ. Hausarbeit, 1993, p. 141-145.

leur rôle. Prenant la parole dans le journal démocrate *Deutsches Wochenblatt*[311], elle s'en prend plutôt aux progressistes qui prétendent instruire le peuple, mais refusent de s'en prendre aux dogmes et à la superstition. Elle commence par remettre en cause leur statut autoproclamé d'élites, en ironisant sur leur manière de se dissocier du « peuple[312] ». Puis elle les accuse de se donner trop facilement bonne conscience en allant faire quelques conférences scientifiques dans les associations ouvrières, alors qu'ils refusent d'éclairer les esprits dans le domaine religieux. Elle s'indigne de les entendre dire que « le peuple » deviendrait incontrôlable s'il ne croyait plus au paradis et à l'enfer et montre le conservatisme politique qui se cache derrière une telle attitude. Elle en appelle donc à la responsabilité des véritables hommes de progrès :

> « En réalité, il est profondément regrettable que ceux qui agissent pour le peuple traitent avec autant d'indifférence, et pour des raisons si peu valables, l'aspect de l'éducation et de la formation, que l'on devrait justement prendre en considération avant tout autre. [...] Comment ce qui se passe actuellement dans notre Allemagne déchirée serait-il possible, si les curés n'étaient pas là pour aider à étouffer chez le peuple allemand toute conscience de sa propre valeur, et s'ils ne se prêtaient pas à façonner, au profit de la réaction, de dociles instruments et des serviteurs soumis ? [...] C'est pourquoi, vous, les hommes de progrès, ne vous fermez pas plus longtemps à cette considération et libérez le peuple des entraves du préjugé religieux. Apprenez aux hommes à toujours penser, même dans le domaine de la religion[313]. »

On remarque que Rosalie Schönwasser ne distingue pas entre les hommes et les femmes du peuple. Elle n'impute pas la persistance d'une foi aveugle et soumise à l'influence des femmes dans les familles, ni à une infériorité « naturelle » des classes populaires, au contraire, elle déclare que l'ignorance est le résultat direct de la pauvreté, de la domination économique et politique, suggérant que de véritables démocrates devraient être convaincus de pouvoir et devoir changer cet état de fait.

Enfin, citons les propos de Julie Daubié, dont les propositions sont plus concrètes, mais les critiques tout aussi virulentes. Dans son étude sur l'enseignement primaire[314], elle s'élève fermement contre les privilèges accordés aux congrégations enseignantes, contre la concurrence déloyale et la faible instruction des religieuses, qui n'ont besoin que d'une lettre d'obédience pour l'emporter sur une institutrice laïque munie de plusieurs brevets. Elle dénonce la toute-puissance du clergé local, qui contrôle l'institutrice laïque et l'enrôle de force au

311. SCHÖNWASSER Rosalie, correspondance de Düsseldorf, *Deutsches Wochenblatt*, n° 3, 1866, p. 22-23.

312. « Vraiment, si l'on ne savait pas qu'avec l'expression "le peuple" on désigne la masse, les non-possédants, la classe laborieuse, si l'on ne savait pas qu'il y a réellement des gens qui considèrent – qui sait de quel droit ? – qu'ils n'appartiennent pas au peuple, on se sentirait presque tenté de demander si la nature a tracé une démarcation entre "peuple" et "non-peuple" », *Ibid.*, p. 22.

313. *Ibid.*, p. 22-23.

314. [Julie DAUBIÉ], *Du Progrès...*, *op. cit.*

service de la paroisse. En même temps, elle se défend de tout anticléricalisme de principe, et se refuse à exclure le prêtre de la société à construire, afin de ne pas en faire un ennemi intérieur. Elle cherche donc un juste milieu qui permettrait de concilier la légitime influence religieuse du curé paroissial avec la non moins légitime influence éducative de l'instituteur/trice, afin de préparer « l'accord et l'alliance nécessaire de la démocratie avec l'idée et le sentiment religieux[315] » :

> « On devrait comprendre enfin pourquoi une telle démocratie ne pousse pas de racines dans notre sol et tout l'avenir de notre société consiste, je crois, dans la pondération équitable des droits et des devoirs de tous, qui nous donnera le bonheur de faire concorder la loi civile avec la loi morale. Rapprochons-les assez pour qu'elles puissent se confondre, car le christianisme renferme le germe de tous les progrès ; s'il endort les douleurs des peuples opprimés, il peut éveiller aussi les aspirations généreuses de ceux qui cherchent à secouer leurs fers. [...] Notre démocratie a été jusqu'à présent un torrent qui inonde et ravage sans pouvoir trouver son lit, parce qu'elle fut toujours une menace et une vengeance, et qu'une classe, un parti faisant des lois à leur profit, se superposèrent pour jouir des privilèges d'une autre classe dépossédée. Nos lois, nos mœurs, les convulsions sociales qui en résultent, en sont la vivante attestation, et quoique nous ayons été occupés sans cesse à étendre ou à limiter les droits du clergé dans l'enseignement secondaire, nous n'avons pas songé à confier la moindre portion de l'enseignement populaire au desservant des campagnes, pendant que l'Allemagne prospère par ses universités exclusivement laïques et ses curés instituteurs. Chez nous, ces prêtres croiraient peut-être eux mêmes déroger en se faisant les précepteurs du pauvre, ici encore, nous mourons de bourgeoisie sans en convenir, ou plutôt sans le savoir, et c'est notre plus grand châtiment[316]. »

Julie Daubié n'explique pas dans son ouvrage comment elle entend limiter l'influence cléricale sur l'enseignement primaire, et les libres penseurs/ses allemand-e-s seraient sans doute surpris de la façon dont elle présente ce « modèle » allemand de l'instruction populaire, contre lequel eux-mêmes luttent. Toutefois, son commentaire, comme les autres exemples cités plus haut, témoigne qu'il est alors possible à quelques femmes – certes bien minoritaires – de s'emparer de la question religieuse dans une perspective politique. Elles s'expriment sur le sujet de la même manière que les hommes – à ceci près qu'il leur est quasiment impossible d'exprimer des positions athées. Ceci mis à part, leur identité genrée n'intervient pas dans leur critique des Églises et du fanatisme, ni dans les propositions d'évolution qu'elles formulent. Il me semble percevoir ici un changement important par rapport à la première moitié du siècle – y compris 1848 – où, comme nous l'avons vu, les discours des femmes engagées sont presque toujours très imprégnés d'une religiosité liée à l'identité « féminine ». Cette évolution témoigne de la sécularisation générale en cours dans les années 1860, à laquelle les femmes « de progrès » se rattachent de plus en plus ouvertement.

315. *Ibid.*, p. 138.
316. *Ibid.*, p. 138-139. Il faut préciser ici qu'un frère de Julie Daubié est prêtre.

La question nationale, entre démocratie et nationalisme

Sévèrement réprimée dans la décennie qui a suivi le « printemps des peuples », la question des nationalités resurgit avec vigueur en Europe à la fin des années 1850. Plusieurs des auteures engagées de la période s'emparent de ce thème, qui rejoint la question de la souveraineté populaire, de la liberté, et donc de la démocratie. Leur simple appartenance nationale peut leur suffire à légitimer leur intervention publique, toutefois certaines abordent le sujet « en tant que femmes ». Fidèles à un mode de pensée développé depuis le début du siècle, elles estiment en effet que les femmes – en tant qu'épouses et surtout mères – ont un rôle spécifique à jouer dans la définition et la préservation de l'identité nationale. C'est ainsi que Louise Otto, reprenant partiellement son argumentation de la période 1848, légitime les réformes qu'elle demande par la nécessité d'éveiller la conscience patriotique des femmes, selon elle, « la femme » doit être « la prêtresse de la flamme sacrée et sanctifiante de l'enthousiasme », « non seulement au foyer mais aussi à l'autel du temple de la patrie[317] ».

La question de la nation se pose bien sûr différemment en France et en Allemagne, et nous avons déjà vu comment le poids de l'imaginaire germanique conditionnait l'identité de genre des Allemandes ainsi que leur possibilités d'expression. Toutefois, la distinction n'est pas toujours nette entre la façon dont Françaises et Allemandes traitent de ce sujet. En France, l'opinion est surtout sensibilisée aux revendications des nations opprimées et divisées dont Napoléon III prétend se faire le champion. Ses ambitions politiques et diplomatiques amènent les Français à s'intéresser tout particulièrement au problème italien, et beaucoup d'opposants de gauche reportent sur l'Italie leurs rêves révolutionnaires. Grâce aux récits des soldats de l'armée impériale, Garibaldi devient un héros populaire dès 1859[318]. Cette année-là, six auteurs français – dont deux femmes, Juliette La Messine et Louise Goethe[319] – lui consacrent une brochure ou un ouvrage[320]. Il peut paraître étonnant que des femmes se mêlent de célébrer un combattant révolutionnaire. Leurs écrits montrent qu'elles n'éprouvent pas le besoin de légitimer ce choix, et qu'elles n'écrivent pas non plus particulièrement « en tant que femme ». Elles présentent le héros chacune à leur manière, en véhiculant leurs idées propres. C'est ainsi que Juliette La Messine en profite pour condamner la papauté et faire l'éloge de la souveraineté nationale, tout en passant complètement

317. ... « Car la capacité à l'enthousiasme est cet éternel féminin que nous considérons comme le plus beau don accordé au sexe féminin » (OTTO Louise, *Das Recht...*, *op. cit.*, p. 71).

318. AGULHON Maurice, « Le mythe de Garibaldi en France de 1882 à nos jours », *Histoire vagabonde II. Idéologie et politique dans la France du XIXe siècle*, Paris, Gallimard, 1988, p. 85-131.

319. La Messine Juliette, *Garibaldi, sa vie d'après des documents inédits*, Paris, E. Dentu, 1859, 69 p. ; GOETHE Louise, *Garibaldi, sa vie, son enfance, ses mœurs, ses exploits militaires*, Paris, 1859, 132 p. En 1860, trois écrivaines connues ajoutent leur contribution, ROBERT Clémence, *Appel aux amis de l'indépendance italienne*, Paris, A. Fayard, 1860 ; SAND George, *Garibaldi*, Paris, A. Bourdilliat, 1860, 36 p. ; COLET Louise, *Naples sous Garibaldi, souvenirs de la guerre de l'indépendance*, Paris, E. Dentu, 1860, 131 p.

320. Sans tenir compte des chansons et poèmes à sa gloire, parus aussi en 1859, et dont certains sont écrits aussi par des femmes.

sous silence le rôle de Napoléon III. Au contraire, Louise Goethe s'avère être une fervente de l'empereur, présenté comme le protecteur de Garibaldi. Pour les auteures républicaines, traiter ce thème est bien sûr un moyen d'exprimer entre les lignes leur aspiration de voir le peuple français se libérer de son propre joug. C'est ce que laisse clairement entendre le héros d'un roman de Marie-Louise Gagneur, qui s'exclame lors d'un banquet :

> « Je porte un toste [*sic*] à l'Italie [...]. Ô Italie, viens verser encore la flamme de ton enthousiasme sur le sceptique et froid Occident, viens ranimer par ton exemple chez les nations souffrantes et humiliées l'orgueil patriotique et l'amour de l'indépendance[321] ! »

En Allemagne, on ne dénote pas d'enthousiasme particulier pour Garibaldi si l'on se fie aux publications des années 1859-1861. Ce qui préoccupe les Allemands, ce sont bien plutôt les nouvelles perspectives géopolitiques issues de la guerre d'Italie, la défaite de l'Autriche laisse entrevoir son possible affaiblissement, et pose le problème de la sécurité, de la stabilité et de l'unité des États allemands. À ce titre, 1859 représente donc pour eux également un tournant, la question nationale revient alors sur le devant de la scène, aussi bien dans le cadre de manifestations culturelles que dans les débats politiques. Des commémorations de Schiller – poète de la liberté et du génie allemand – sont organisées dans tous les États, mobilisant toutes les classes sociales. Des projets de monuments nationaux sont mis à l'ordre du jour. Comme dans les années 1840, les chorales, les associations de gymnastes et de tireurs s'engagent de nouveau en faveur d'une patrie unifiée. Si la question nationale fait l'objet d'un engouement généralisé, elle est toutefois posée dans le cadre de projets politiques divergents[322]. Nommé ministre-président de la Prusse en 1862, Otto von Bismarck met tout en œuvre pour faire du royaume de Guillaume Ier la puissance capable de réaliser l'unité allemande, autour d'un idéal nationaliste concurrent projet démocrate d'unification. À partir de sa défaite de juillet 1866 à Sadowa, l'Autriche est désormais écartée de tout projet d'unification, et la Confédération de l'Allemagne du Nord (*Norddeutscher Bund*) voit le jour en septembre 1866, avec vingt-trois États membres. Ces éléments permettent de comprendre l'importance que prend le thème de la nation dans les écrits des auteures engagées allemandes durant les années 1860.

Cette importance se mesure au développement fulgurant du roman historique[323], auquel de nombreux/ses auteur-e-s assignent la mission de renforcer le patriotisme et le désir d'unification chez les lecteurs. Cette idée semble avoir particulièrement motivé Clara Mundt[324] qui, sous le pseudonyme de Luise Mühlbach, est l'auteure de plus de 150 romans historiques, couvrant

321. Gagneur Marie-Louise, *Un Drame...*, *op. cit.*, p. 257.
322. Nipperdey Thomas, *op. cit.*, p. 704 et suivantes.
323. Eggert Hartmut, *op. cit.*
324. Clara Müller (1814-1873) commence dans les années 1830 à publier des romans empreints de critique sociale, dénonçant en particulier le sort des prolétaires et l'oppression des femmes. Elle épouse en 1839 l'écrivain Theodor Mundt, du courant littéraire Jeune Allemagne. Jusqu'en 1870, elle tient à Berlin un salon fréquenté par des écrivains et par des personnalités politiques et dynastiques.

presque la totalité de l'histoire allemande. Dans une lettre adressée en 1861 à son éditeur von Cotta, elle présente un nouveau manuscrit, en se disant fière de rester fidèle à sa promesse de ne livrer que de l'histoire allemande à son public allemand[325]. Luise Mühlbach légitime en partie son œuvre en s'appuyant sur son identité de genre, elle laisse en effet entendre dans certaines préfaces qu'elle est particulièrement à même, en tant que femme, d'explorer la vie privée de ses personnages, pour les rendre plus vivants aux lecteurs[326]. À l'occasion, elle insiste également sur le rôle décisif joué par certaines femmes, à l'exemple de Marianne Meier, protagoniste du premier tome de *Napoleon in Deutschland*[327]. Elle n'est pas seulement représentée en femme fatale de la cour de Berlin, mais aussi et surtout comme une patriote intelligente et courageuse, qui aurait conspiré contre Napoléon. Les guerres napoléoniennes sont d'ailleurs l'une des périodes de prédilection des auteurs contemporains, qui peuvent ainsi célébrer à loisir les patriotes ayant combattu pour l'indépendance et l'unité[328]. Louise Otto cherche également à valoriser quelques femmes de cette époque, en les mettant en scène auprès de son héros favori, Theodor Körner. Celui-ci est un jeune poète saxon, mort en 1913 en combattant contre l'armée napoléonienne. Après avoir écrit divers textes sur lui, Louise Otto se lance dans l'écriture d'un opéra en cinq actes[329] – un genre où les auteurs féminins sont particulièrement rares. Elle y dépeint trois femmes héroïques, la fiancée de Körner, qui sacrifie son bonheur à la patrie ; l'épouse du chef des volontaires, qui exhorte les hommes au combat, et une femme qui soigne Körner blessé. C'est donc en incarnant chacune une qualité typiquement « féminine » qu'elles manifestent leur patriotisme.

On peut souvent interpréter les propos patriotiques des Allemandes comme l'expression de leurs aspirations libérales, voire démocratiques, dans la mesure où ces courants politiques sont, au moins jusqu'en 1866, les principaux défenseurs du projet d'unification. Toutefois, certains de leurs propos peuvent aussi avoir une résonance chauvine, voire nationaliste, c'est particulièrement le cas lorsque ces auteures estiment nécessaire de définir une féminité « bien germanique », en dénigrant ouvertement ou par allusion les femmes étrangères. Ainsi que nous l'avons déjà vu, le stéréotype de la « Femme allemande » s'oppose principalement à celui de la « Femme française ». Cette construction binaire est explicitement ou implicitement mobilisée sur divers thèmes, notamment celui du travail des femmes. La réputation des Françaises à ce sujet a été en partie construite avec la

325. « Voyez, il s'agit de nouveau d'histoire allemande, et je reste à peu près fidèle à mon serment de ne donner que de l'histoire allemande à mon lectorat allemand » (Lettre du 13 juin 1861 au Baron Georg von Cotta, citée par Eggert HARTMUT, *op. cit.*, p. 76). L'auteure expose ses intentions pédagogiques et patriotiques dans la préface de *Deutschland in Sturm und Drang*, Jena, 1867.
326. Eggert Hartmut, *op. cit.*, p. 130-145.
327. MÜHLBACH Luise, *Napoleon in Deutschland*, Bd. 1, Berlin, Janke, 1858.
328. Dans sa nouvelle « Die Tante », Fanny Lewald glorifie le temps des guerres de libération comme « une époque sacrée », et idéalise le monarque prussien qu'elle oppose à la barbarie française (LEWALD Fanny, « Die Tante », dans *Deutsche Lebensbilder*, tome IV, Braunschweig, Vieweg, 1866, p. 318).
329. OTTO Louise, *Theodor Körner, vaterländische Dichtung*, 1863, réédition à Munich, Wolf, 1871.

réception de *L'Ouvrière* de Jules Simon, traduite en allemand en 1862 [330]. Dès la préface, Simon dépeint en effet – en le présentant comme la règle – le ménage ouvrier où « le père et la mère sont absents, chacun de leur côté, quatorze heures par jour [331] ». « Donc il n'y a plus de famille [332] », conclut-il, et il consacre une large partie de son ouvrage de morale à exposer tous les maux engendrés par ce phénomène. C'est sur cette représentation de la France que s'appuie la publiciste Nahida Sturmhöfel pour démontrer que le travail des mères hors du foyer signifie la ruine de la famille [333]. Dans les articles sur le travail des femmes publiés dans *Der Arbeiterfreund*, elle affirme que la presse française dénonce depuis longtemps la mise en nourrice des enfants et donne en exemple le dévouement maternel des Allemandes [334]. Elle oppose les Parisiennes, détournées par le salariat de leur vocation maternelle, aux ouvrières saxonnes qui réussissent à concilier leur travail avec leurs devoirs familiaux et savent qu'« une mère allemande ne doit pas confier son enfant à des étrangers [335] ». Elle ajoute que l'éducation trop superficielle donnée par les Françaises à leurs enfants est responsable de la futilité des Français :

> « Il manque au peuple français cette profondeur du sentiment qui forme un lien entre la terre et les Cieux. L'esprit étincelant des Français, son enjouement confinant à la frivolité n'équivalent pas, et de loin, à la profondeur de la sensibilité allemande. [...] Si les Français avaient de meilleures mères, ils seraient des hommes meilleurs et plus heureux [336]. »

On constate donc que le repoussoir français continue de jouer son rôle dans la l'expression du sentiment national chez les Allemandes. Celles-ci entendent bien profiter de l'imminente fondation de l'État-nation pour proposer à cette occasion une renégociation des rapports sociaux entre les sexes. Leurs proclamations patriotiques montrent bien leur désir de reconnaissance et d'intégration, mais révèlent aussi les craintes contemporaines. En effet, la perspective de l'unification allemande, qui doit advenir selon des modalités politiques et géographiques encore imprécises, suscite la peur d'un épisode révolutionnaire peut-être, d'une grande déstabilisation sociale sans doute. C'est pourquoi les Allemandes prennent tant soin de lier les termes de féminité et de germanité, les notions de famille et de patrie. Il leur faut assurer aux contemporains que rien, dans leurs revendications, ne conduira à la dislocation de la famille, et pour cela elles insistent sur l'équivalence entre être une « bonne Allemande », être une épouse et une mère exemplaire, être l'incarnation de la « féminité » même.

---

330. SIMON Julius, *Die Arbeiterin*, Zürich, Kiesling, 1862. Qu'il soit lu en allemand ou en français, Jules Simon est une référence récurrente dans la plupart des écrits et journaux allemands traitant du travail et de l'instruction des femmes. Il est par exemple cité par Jospeh Heinrichs (« Vorwort », dans OTTO Louise, *op. cit.*, p. 122) et par Jenny Hirsch (HIRSCH Jenny, « Die Bestrebungen... », art. cit.).
331. SIMON Jules, *op. cit.*, p. VI.
332. *Ibid.*
333. Nahida St[urmhöfel], « Die Arbeit der Frauen », *Der Arbeiterfreund*, 1865, Erstes Heft, p. 42-46.
334. Nahida St[urmhöfel], « Blicke auf die Arbeit der Frauen im Süden und Norden », *Der Arbeiterfreund*, 1867, 2. Heft, p. 190-201.
335. *Ibid*, p. 199.
336. *Ibid.*

Ce processus montre également de nombreuses similitudes dans la façon dont l'identité de genre et l'identité nationale sont construites et intériorisées. On voit notamment la nécessité d'un Autre dont il faut à tout prix se distinguer, pour les femmes allemandes, il est donc tout aussi important de se différencier des hommes que des Françaises, afin de parvenir à une reconnaissance auprès de leurs compatriotes.

La rivalité franco-allemande n'est pas symétrique dans les années 1860, étant donné que la nation française n'a alors pas de problème d'identité et de définition. Même si les ambitions de la Prusse et le projet d'unification allemande suscitent parfois des inquiétudes dans l'opinion à partir de 1866, les auteures françaises n'accordent pas d'intérêt spécifique aux Allemandes. Certaines d'entre elles sont convaincues de la supériorité de la « Femme française », mais elles éprouvent rarement le besoin de « confirmer » cette image en recourant à une comparaison explicite avec une autre nationalité[337]. Toutefois, le chauvinisme ou le nationalisme ne sont pas pour autant absents des débats publics. Quelques-unes des auteures étudiées ici s'en font l'écho, estimant par exemple que la France a une mission particulière à remplir auprès des autres peuples. Elles partagent là une conviction très largement répandue – notamment dans les milieux « de gauche », qui restent attachés à l'image de la « Grande Nation » chargée de guider les autres vers la liberté[338]. Si Julie Daubié ironise sur la mode de venir en aide aux nationalités opprimées – pour qui l'on dépense ce que l'on refuse aux femmes pauvres[339] – elle n'en reste pas moins persuadée que, depuis les Lumières, la France « patrie mère des idées généreuses, reste le fanal qui tour à tour illumine ou incendie le monde[340] ». De même, Jenny d'Héricourt affirme que « la France a son rôle dans l'Humanité, elle représente le génie de l'unité[341] ». Cependant, un autre passage de *La Femme affranchie*, témoigne autant des contradictions personnelles de son auteure que de la complexité de la pensée nationale en France[342]. Alors que Jenny d'Héricourt s'applique à nier les catégories préconçues, à se référer à la raison et à l'histoire, elle achève son ouvrage par un appel aux Françaises qui joue sur une représentation raciale du peuple français, incluant quelques accents xénophobes à l'égard des influences « étrangères » :

> « Femmes françaises, plus particulièrement mes sœurs, à vous mes dernières paroles. Le génie de la Gaule, mis dans les fers par l'épée de Rome et la foi de l'Asie, s'est réveillé en 1789. Pourquoi, filles de la Gaule, laissez-vous pâlir le divin flambeau de la Résurrection ? Parmi nos peuplades héroïques qui ne croyaient pas à la mort et adoraient la gloire et la liberté, vous étiez prêtresses ; vous occupiez le sommet de la hiérarchie religieuse ;

337. Voir Anaïs, « Souvenir d'une Française », *Journal pour Toutes*, n° 2, 5 novembre 1864.
338. Cabanel Patrick, « La gauche et l'idée nationale », Becker Jean-Jacques et Candar Gilles (dir.), *op. cit.*, volume 1, p. 506-521.
339. Daubié Julie, *La Femme pauvre…*, *op. cit.*, 1992, tome 1, p. 140.
340. *Ibid.*, édition de 1866, p. 422.
341. Héricourt Jenny P. d', « Émancipation de la femme. Conclusion », *La Ragione*, n° 111, 29 novembre 1856.
342. Sur ce sujet voir Thiesse Anne-Marie, *La création des identités nationales. Europe XVIIIe-XXe siècle*, Paris, Le Seuil, 1999, 2001.

> [...] Femmes françaises, mes sœurs, vous avez à choisir entre le génie de notre race qui dit, respect à la dignité de la femme, place pour elle dans la Cité, dans l'État, dans le Sacerdoce, et le vieux génie étranger qui nous exclut et nous dégrade. Vous avez à choisir et il faut vous décider pour que le monde moderne n'avorte pas en bouton[343]. »

Jenny d'Héricourt. semble avoir soudain douté que l'argumentation fondée sur le droit, la justice et la raison suffise à convaincre celles qu'elle qualifie de « mineures par l'intelligence[344] ». En présentant l'autonomie et l'implication publique des femmes comme une tradition nationale, et même raciale, elle utilise là une démarche exactement similaire à celle des Allemandes qui se réfèrent aux propos de Tacite sur les Germaines pour légitimer l'intérêt des femmes pour la chose publique, voire leur ardeur guerrière[345]. Ce parallèle témoigne d'un même nécessité, celle de parler le langage du temps pour tenter d'être entendue des contemporains. Face à la difficulté de persuader par des arguments rationnels qui contredisent le mode de pensée dominant, le registre du sentiment patriotique peut paraître une solution pour convaincre de la nécessité d'intégrer les femmes à la communauté nationale.

343. Héricourt Jenny P. d', *op. cit.*, tome 2, p. 286-287.

344. *Ibid.*, p. 285.

345. Une référence utilisée par exemple au moment des guerres napoléonienens, et reprise, entre autres, dans *Die Frauen-Zeitung*.

Chapitre III

Le retour à l'engagement collectif

À partir du milieu des années 1860, certaines femmes commencent à s'approprier des formes d'engagement collectif qui étaient redevenues l'apanage des hommes après 1848. En Allemagne, l'année décisive est 1865, qui marque le retour de Louise Otto à l'engagement associatif, aussi bien au niveau local – avec l'Association culturelle féminine (*Frauenbildungsverein*) de Leipzig – que national, avec la fondation de l'Association générale allemande des femmes (*Allgemeiner Deutscher Frauen-Verein*/ADF). En France, c'est surtout 1868 qui représente un tournant, l'instauration des réunions publiques offre une tribune aux femmes les plus audacieuses, et donne l'impulsion d'une première Association pour la revendication des droits des femmes. Le fait que des femmes parviennent à s'organiser de la sorte signale une libéralisation politique, mais aussi une certaine ouverture dans le domaine des mœurs et de la culture, en lien avec les préoccupations des contemporains. La phase contre-révolutionnaire a cessé, les évolutions économiques accélèrent la recomposition des sociétés, et il est urgent de réfléchir à des projets d'avenir concrets, réunissant la communauté nationale dans un même objectif. Dans cette perspective, on envisage un réaménagement du rôle social des femmes conformément aux enjeux censés incarner le Progrès, tels que la valorisation du travail, la lutte contre l'emprise cléricale, la construction nationale (pour l'Allemagne). C'est pourquoi les femmes sont, dans une certaine mesure, mieux tolérées dans l'espace public, voire écoutées et parfois même sollicitées au sujet de la place qu'elles pourraient occuper dans l'avenir. Cela signifie-t-il qu'elles ont désormais la possibilité de se faire réellement entendre ?

Pour comprendre la teneur des débats, il faut souligner la résurgence similaire des courants libéraux et démocrates en France et en Allemagne, et l'organisation d'un nombre croissant de travailleurs dans ces deux pays, au cours des années 1860. L'essor du libéralisme politique se traduit en Allemagne par la fondation en juin 1861 du Parti allemand du progrès (*Deutsche Fortschrittspartei*). Ce tout premier parti fondé sur un programme réunit aussi bien d'anciens députés républicains de 1848 que des libéraux partisans d'une monarchie constitutionnelle ; tous se réunissent pour demander de profondes réformes, notamment en Prusse, où le parti obtient 109 sièges en décembre 1861. Relativement unis dans leur rôle d'opposants, les membres de ce parti se divisent cependant face à la question nationale. Hostiles aux projets de Bismarck, les démocrates se détachent des libéraux en de nombreux endroits, notamment en Saxe et en Rhénanie. Une partie d'entre eux tentent de se rassembler dans un Parti populaire (*Volkspartei*), lequel demeure confiné à quelques aires d'influence des démocrates, dont la Saxe et Francfort, et ne parvient pas à imposer un véritable programme commun. Libéraux « de droite » et « de gauche » se divisent, eux, sur la question sociale. Les premiers souhaitent à la fois encadrer la classe ouvrière et la tenir à distance de la vie politique. Les seconds – approuvés par une bonne partie des démocrates – veulent accélérer l'intégration des travailleurs à la société civile. Ils patronnent ainsi diverses associations d'artisans et ouvriers, notamment les associations culturelles de travailleurs (*Arbeiterbildungsvereine*), qui se multiplient dans tous les États allemands. Elles sont censées stimuler et faciliter la formation professionnelle, mais aussi la diffusion de la culture générale bourgeoise parmi les hommes des classes moyennes et populaires. Il s'agit d'inciter ces derniers à prendre eux-mêmes en main leur ascension sociale et leur intégration citoyenne, selon le principe de « *Selbsthilfe* » (s'aider soi-même), mais le plus souvent sous la tutelle des élites bourgeoises, pour éviter toute évolution des travailleurs vers l'auto-organisation. C'est ainsi que Hermann Schulze-Delitzsch, grand adepte du concept de « *Selbsthilfe* » et grand promoteur des associations ouvrières de consommation et de production, est sollicité par ses amis libéraux à partir de 1862 afin de faire rempart à l'influence de Ferdinand Lassalle. Ce dernier, engagé en 1848-1849 avec les démocrates socialistes, cherche à développer un autre type d'associations ouvrières, qui combattraient le capitalisme et fonderaient un État-Nation démocratique. Il rédige en mars 1863 un « programme des travailleurs », à la demande d'ouvriers de retour de l'exposition universelle de Londres en 1862. Suite à ce programme, Lassalle est élu président de l'Association générale allemande des travailleurs (*Allgemeiner Deutscher Arbeiter-Verein*/ADAV), fondée à Leipzig le 23 mai 1863. Cette organisation, qui fonctionne comme un parti politique, rassemble en 1864 3 000 membres, autour d'une revendication principale, le suffrage universel (masculin), et dans la perspective de l'abolition du capitalisme. Après 1866, elle joue un rôle important dans le soutien à Bismarck et à la solution prussienne ; très attachés à l'idée nationale et en désaccord profond avec Marx, les lassalléens restent à l'écart de l'Association internationale des travailleurs fondée à Londres en 1864. Quant aux socialistes allemands qui sont hostiles à la Prusse et plus proches du marxisme, ils s'organisent lors du Congrès d'Eisenach, en août 1869. Autour de figures telles que August Bebel et Wilhelm Liebknecht est fondé le parti social-démocrate des travailleurs (*Sozialdemokratische Arbeiterpartei*), qui affirme sa vocation nationale en complétant son nom lors du congrès de Stuttgart de 1870 (devenant le *Sozialdemokratische Arbeiterpartei Deutschlands*).

En France, on ne peut encore parler de véritables partis politique, mais le réveil de l'opposition libérale au début des années 1860 conduit à la création de l'Union libérale, destinée à rassembler les voix des monarchistes parlementaires, des catholiques libéraux et des républicains modérés pour les élections législatives de 1863. L'Union n'a que dix élus (dont Adolphe Thiers et Jules Simon), mais l'opposition a retrouvé une relative vigueur durant la campagne. C'est également l'occasion pour les nouvelles organisations ouvrières de tenter de se faire entendre.

Comme en Allemagne, les délégués ouvriers envoyés à Londres en 1862 désirent continuer d'agir comme représentants de leurs corporations et de leur classe. Trois d'entre eux – dont le bronzier Henri Tolain – se déclarent candidats en 1863, appelant à un vote solidaire des travailleurs ; ils échouent à se faire élire mais réitèrent leurs déclarations de principe dans le « Manifeste des Soixante », paru au moment des élections complémentaires de 1864. Cette même année est promulguée la loi sur les coalitions, qui permet – dans une certaine mesure – aux ouvriers de s'organiser pour défendre leurs intérêts. Napoléon III cherche en effet à concurrencer les républicains auprès de l'électorat populaire. Le nombre de grèves augmente fortement à partir de 1864, et les coopératives et mutuelles ouvrières, également encouragées par le régime, connaissent un succès croissant. Enfin, les travailleurs socialistes se rassemblent dans des sections de l'Internationale rattachées à la branche française de l'AIT, fondée à Paris en 1865 ; bien que cette branche soit dissoute par les autorités à la fin de l'année 1867, la plupart des sections locales perdurent dans une semi-clandestinité, et restent des lieux importants de la radicalisation ouvrière. Une fraction du mouvement républicain évolue également vers la gauche. Au moment des législatives de 1869, Léon Gambetta cherche à incarner ce renouveau ; il innove en invitant les électeurs de sa circonscription à lui soumettre leur mandat, rédigé et publié sous la forme du « Programme de Belleville ». Il est élu au premier tour, avec une trentaine d'autres républicains dont certains, tel Henri Rochefort, siègent à l'extrême gauche.

Ce panorama très sommaire permet de voir qu'il se produit en France et en Allemagne une effervescence politique et sociale comparable – même si les enjeux diffèrent sur de nombreux points. L'heure n'est plus à la contestation isolée et clandestine, même si les régimes en place demeurent encore largement répressifs, il s'agit de faire front publiquement, en profitant des tolérances accrues ou des libertés accordées, pour protester et exprimer une soif de changement. La participation des femmes à ce processus montre l'ampleur de cette reconfiguration collective des luttes, essentiellement impulsée par les travailleurs en quête d'émancipation. L'analyse de l'engagement des femmes dans la deuxième moitié des années 1860 amène à reconstituer les réseaux dans lesquels elles pouvaient être insérées, ce qui permet d'examiner les milieux démocrates et socialistes de la période dans une perspective genrée. Enfin, l'étude simultanée des Françaises et Allemandes permet de continuer à comparer les contraintes qu'elles subissent et les réponses qu'elles y apportent. Tous ces éléments contribuent à éclairer cette période pleine de promesses de changements, qui s'achève avec le conflit franco-allemand de 1870. Celui-ci sera l'occasion d'approfondir divers aspects de l'engagement de femmes confrontées d'abord à la menace puis à la réalité de la guerre et de ses enjeux politiques.

Des femmes rompent leur isolement

> « Concernant la place des femmes, leurs droits et devoirs, maintes choses ont déjà été écrites – écrites par quelques individus, et lues aussi seulement par quelques individus en retour. Mais les résultats atteints de la sorte ne furent qu'extrêmement minces, si l'on considère les répercussions sur les conditions de vie présentes. Ce que quelques individus écrivent assis à leur bureau et que d'autres lisent tout seuls, dans leur chambre silencieuse, ou même dans le cercle familial, et accueillent avec approbation, cela doit passer par une autre voie que celle de la presse afin d'avoir vraiment un effet concret, afin d'amener vraiment une transformation des conditions existantes. Dans chaque progrès, la presse n'est que le premier pionnier, n'est que le guide et le porte-drapeau – mais d'autres doivent suivre celui qui va devant, d'autres qui agissent et s'impliquent activement au service de l'idée, faute de quoi elle ne peut triompher, elle ne peut trouver sa réalisation dans la vie[1]. »

En pointant ainsi les limites de l'écriture, y compris de la presse dont elle est pourtant une grande adepte, Louise Otto suggère qu'il faut mettre à profit les nouvelles possibilités d'expression qui s'ouvrent aux femmes, et incite ses contemporaines à rejoindre son association. Un tel constat est partagé par bien d'autres femmes, en France comme en Allemagne. Celles qui ne veulent pas/plus rester cantonnées à l'écriture profitent de la relative libéralisation qui se manifeste dans les années 1860, pour expérimenter de « nouveaux » modes d'intervention, tels que la prise de parole en public ou l'action associative. Certes, il suffit de remonter à la révolution de 1848 pour trouver des femmes oratrices et membres d'associations. Toutefois, ce qui se produit dans les années 1860 prend un caractère différent. Il s'agit tout d'abord d'une phase de « renouveau » pour l'ensemble de la société, après plus d'une décennie d'isolement et de silence imposé aux contestataires en tous genres. Cette décennie a constitué une véritable coupure avec les expériences des années 1848-1850, on ne se situe pas dans le prolongement de la période révolutionnaire, mais on cherche au contraire à trouver de nouvelles voies pour dépasser les échecs de 1848. Enfin, des « innovations » telles que des femmes « orateurs » ou bien des associations de femmes n'ont pas la même résonance en période révolutionnaire – où toutes les « extravagances » peuvent être essayées – et dans une période où l'on privilégie les réformes progressives, qui sont censées être des étapes rationnelles sur la voie du Progrès. Pour toutes ces raisons, les femmes engagées dans les années 1860 se présentent, pour la plupart, comme des pionnières et non comme des héritières des femmes de 1848. Pourtant, comme beaucoup des quarante-huitardes le faisaient déjà, elles conçoivent leur action surtout comme un élargissement du champ d'activité approprié pour les femmes, en tentant de redéfinir elles-mêmes les normes du

1. OTTO Louise, *Das Recht…*, *op. cit.*, p. 96.

« féminin » et non en rejetant en soi le principe de l'assujettissement à ce même « féminin ».

À la conquête de la « parole libre »

Comme le rappelle Michelle Perrot, la parole des femmes appartient en principe « au versant privé des choses [2] ». La tradition chrétienne – toujours présente dans les esprits [3] – mais aussi le monopole masculin de la citoyenneté, leur interdisent doublement de prétendre à une parole publique. La voix des femmes de 1848 a été couverte par le chahut, avant d'être finalement réprimée et interdite. Les femmes se sont donc de nouveau tues, du moins jusque dans les années 1860. Progressivement alors, en France comme en Allemagne, quelques-unes osent monter sur une estrade pour faire connaître leurs idées. Cet apprentissage de la parole publique implique de s'exposer et de s'imposer physiquement, ce qui contrevient aux normes « féminines » inculquées – du moins dans les classes moyennes et bourgeoises – dès le plus jeune âge. Il faut non seulement transgresser l'image de la femme humble et discrète, mais aussi affirmer la légitimité de sa parole sur toutes sortes de sujets. Il s'agit là d'une étape importante de l'accès des femmes à la sphère publique, étape jusqu'ici peu étudiée, bien qu'elle ait frappé nombre de contemporains [4].

Qu'ils blâment ou approuvent cette minorité de pionnières, les contemporains trahissent leur perplexité en hésitant sur la dénomination appropriée. En Allemagne, le terme de « *Rednerin* » (oratrice) est fréquemment employé ; en France, si le mot « conférencière » s'impose assez vite, ce n'est pas le cas d'« oratrice ». Le couple « orateur/conférencière » peut d'ailleurs être comparé à celui formé par « écrivain/romancière », le mot d'orateur détient une connotation beaucoup plus prestigieuse qui impose à la plupart des commentateurs de conserver la forme masculine [5]. André Léo tente de faire progresser les mentalités, en donnant une dimension politique à la nécessaire féminisation du langage :

> « ... Un vote est nécessaire pour assurer la parole à l'*oratrice*... Ne faudra-t-il pas, si cela continue, admettre le mot, qui n'est pas après tout, plus laid qu'un autre. Mais ce ne sont pas nos oreilles qui ont le moins de préjugés. [...] Les mots sont conservateurs. Tout le bataillon des choses

2. Michelle Perrot, « La parole publique des femmes », dans *Nationalismes, Féminismes, Exclusions. Mélanges en l'honneur de Rita Thalmann*, Berlin/Paris, Peter Lang, p. 461-470.
3. Ainsi, le Dr. Lette – fondateur de l'Association pour la promotion de l'emploi féminin – déclare, « L'ancienne phrase de l'Église chrétienne, "*mulier taceat in ecclesia*", vaut pour tous les temps et pas seulement pour l'assemblée ecclésiale mais aussi pour l'assemblée politique. C'est pourquoi l'élargissement du champ professionnel et de la formation des femmes rencontre une limite naturelle dans la disparité des aptitudes masculines et féminines » (Dr. Lette, « Denkschrift... », art. cit.).
4. Barbey d'Aurevilly, grand détracteur des conférences parisiennes des années 1860, se moque, « ni hommes ni femmes, tous orateurs ! [...] » (« Ridicules du Temps. Les Conférences », *Le Nain Jaune*, 10 janvier 1866).
5. Qualifier une femme d'orateur est même un compliment, « Mlle Deraismes n'a point lu son discours, et a montré qu'il y a en elle l'étoffe d'un orateur » écrit Eugène Garcin (« Conférences au grand Orient », *La Solidarité*, n° 3, février 1867). L'emploi d'oratrice peut en revanche être une réaction ironique face aux « extravagances » de l'époque (*Le Progrès de Lyon*, 20 août 1868).

> formulées, des idées acquises, se range invariablement du côté gouvernemental, en vertu du même principe qui fait des gens en place les satisfaits du système et ses soutiens, tandis que l'avenir, qui déjà, si péniblement, avec une poignée de braves, lutte contre l'effort de cette masse compacte, énorme, se voit obligé de forger lui-même de toutes pièces son arsenal. L'oratrice donc, dont je regrette de n'avoir pu saisir le nom, eut la parole, et il eût été dommage qu'elle ne l'eût pas[6]... »

Malgré ces difficultés à se faire entièrement reconnaître, il semble que celles qui sont parvenues jusqu'à une tribune quelconque aient réussi à se faire écouter. Je n'ai pas rencontré d'exemple de conférencière ou d'oratrices qui aient dû affronter des réactions hostiles du public parce qu'elles étaient des femmes. Par ailleurs, femmes et hommes sont traités à égalité par la législation et soumis à une même surveillance par les autorités.

Conférencières françaises et allemandes des années 1860

En France, au début des années 1860, les autorisations de conférences sont délivrées parcimonieusement, et peuvent être retirées si les orateurs sont soupçonnés d'hostilité au régime[7]. Il s'agit pourtant de causeries scientifiques et littéraires payantes, qui font partie des événements culturels et mondains organisés dans les grandes villes – et notamment à Paris – durant la saison d'hiver. Toutefois, l'origine même de ces conférences leur donne une connotation politique, ce sont en effet quelques proscrits revenus après l'amnistie de 1859 qui ont repris à Paris les cours publics qu'ils donnaient en exil, inspirés des cours du Collège de France sous la Deuxième République[8]. Ce sont donc des démocrates de 1848, Albert Leroy, Prosper Lissagaray et Émile Deschanels, qui organisent à partir de 1860 les « conférences de la rue de la Paix », où des personnalités telles que Ernest Legouvé, Eugène Pelletan, Louis Jourdan, viennent faire des « prédications laïques[9] ». L'objectif déclaré est de stimuler la vie intellectuelle et morale, mais les organisateurs veulent entretenir un ferment de contestation[10], beaucoup d'orateurs glissent des attaques verbales contre le régime, sous forme d'allusions plus ou moins directes. Le pouvoir tente donc de surveiller les conférences, qui se multiplient. Ainsi, lorsqu'au début de l'année 1863 Clémence Royer et Julie Daubié demandent une autorisation, seule la seconde l'obtient. Clémence

6. André Léo, « Quatrième séance du Vauxhall. Travail des Femmes », *L'Opinion Nationale*, 23 juillet 1868.
7. Voir *L'Economiste français*, n° 104, janvier 1863.
8. Émile Deschanel, *Les Conférences à Paris et en France*, Paris, Librairie Pagnerre, 1870. L'auteur s'attribue un rôle central dans ce phénomène, tant en Belgique qu'en France.
9. *Idem*, p. 32. Deschanel parle des conférenciers « répandant eux aussi la bonne nouvelle, celle de la recherche universelle, de l'étude, de la moralisation, de l'affranchissement ; [...]. C'est le libre-échange des idées ; c'est le self-government de la pensée, en attendant l'autre » (*Idem*, p. 64).
10. Même si tous les conférenciers n'ont sans doute pas partagé sa vision, Émile Deschanel affirme en 1869 que « les Conférences se font l'honneur de participer à cette grande œuvre, l'avènement et l'organisation définitive de la démocratie et de la liberté par l'instruction et le travail ! » (*Idem*, p. 73).

Royer, qui a déjà donné des cours en Belgique et en Hollande, se voit refuser le droit de parler d'économie politique à Paris [11], sans doute parce que ses idées sont jugées trop politisées. Julie Daubié peut, elle, faire ses lectures publiques sur l'amélioration du salaire des femmes [12], peut-être grâce à ses appuis – elle est une protégée de l'influent Arlès-Dufour – mais sans doute aussi parce que son sujet paraît plus inoffensif.

L'organisation de conférences et cours publics se libéralise en France durant les années suivantes, avec un enjeu politique de plus en plus marqué. Devenu ministre de l'Instruction publique en juin 1863, Victor Duruy favorise ce mouvement afin de combattre l'influence des courants conservateurs et cléricaux; il crée lui-même les cours du soir de la Sorbonne, mélange entre conférences privées et enseignement public. La saison 1864-1865 voit l'offre se diversifier. À Paris, signalons par exemple les conférences organisées par les francs-maçons à l'Hôtel du Grand Orient de France, ou bien celles du Quai Malaquais, organisées par le scientifique Félix Hément, avec le concours de personnalités telles que Charles Sauvestre et Louis Jourdan[13]. Le public, souvent composé de couples de la bourgeoisie cultivée, vient écouter des « spécialistes » qui proposent des relectures modernes de la culture classique, expliquent des découvertes scientifiques et leurs applications, ou bien exposent leurs théories sociales et économiques. Par ailleurs, il semble que plusieurs organisateurs aient cherché à attirer les femmes de la bourgeoisie, encouragés en cela par Victor Duruy [14]. Sans qu'il soit clairement formulé à l'origine, l'objectif est de familiariser les femmes avec une culture moderne jugée « masculine », afin de les gagner à la science et au progrès – ce qui signifie implicitement les détacher de l'influence cléricale [15]. Les entretiens du Quai Malaquais sont ainsi spécialement adressés aux dames, qui peuvent y découvrir les sciences sous un aspect simplifié et attrayant [16]. Par ailleurs, les autorités confirment que les conférencières ont leur place dans ces cours [17]. Au mois de décembre 1864, Esther Sezzi [18] est autorisée à participer aux lectures et conférences de la rue de la Paix, et commence ses interventions par un entretien sur les femmes pauvres [19]. C'est l'une des rares femmes de la période à se spécialiser comme conférencière, elle effectue même des tournées en province, parlant le plus souvent de sujets ayant trait aux mœurs générales

11. Voir *L'Économiste français*, 10 février 1863.
12. *Idem.* Julie Daubié résume dans ces lectures son mémoire sur la femme pauvre.
13. Voir *L'Économiste français*, 9 février 1865.
14. Celui-ci fait réserver à la Sorbonne des places pour les dames, afin de les inciter à venir le soir (voir le *Journal pour Toutes*, n° 7, 10 décembre 1864). C'est la première fois que les femmes sont admises dans cette enceinte – mais les cours ordinaires leur restent fermés. Victor Duruy continue dans cette voie en fondant en 1867 l'enseignement supérieur pour jeunes filles.
15. Emile Deschanel s'exclame, « songez qu'avant nos libres conférences, le femmes, dans la plupart des villes, non seulement en Belgique mais en France, ne connaissaient d'autre parole que la parole cléricale. Elles entendent à présent la parole laïque, animée de l'esprit moderne, de l'esprit rationnel, historique et scientifique, de l'esprit de vraie Vérité enfin ! » (*Les Conférences…*, *op. cit.*, p. 67).
16. *L'Économiste français*, 9 février 1865.
17. *Le Journal pour Toutes*, n° 6 du 3 décembre 1864.
18. Esther Sezzi, femme de lettre, est l'auteure de fables et de poésies.
19. *Le Journal pour Toutes*, n° 9 du 24 décembre 1864.

et à la place des femmes dans la société[20]. Le ton de ses discours semble avoir été très moralisateur et le contenu assez conventionnel[21], ce qui explique qu'elle n'ait pas soulevé un intérêt particulier parmi les commentateurs. Marie Pape-Carpantier suscite davantage de curiosité, car c'est la seule femme à aborder des sujets scientifiques. Elle donne sa première série de cours publics de mars à mai 1866, expliquant l'anatomie humaine à un auditoire essentiellement composé d'institutrices ou futures institutrices[22]. À l'été 1867, elle est la première femme à s'exprimer publiquement à la Sorbonne[23].

Les conférencières ne sont donc déjà plus une incongruité absolue pour le public parisien lorsque Maria Deraismes commence sa carrière. Elle se distingue cependant de celles qui l'ont précédée par sa grande liberté de ton sur des sujets « de société », en les traitant de plus en plus politiquement au fur et à mesure que s'accroît la tolérance des autorités. Elle-même présente d'ailleurs la « parole libre » comme l'un des symptômes et des instruments des transformations politiques et sociales en cours :

> « Si, comme je l'ai dit tout à l'heure, l'objet des conférences, leur but principal, est d'ouvrir un accès à l'initiative personnelle, de fournir une voix aux intérêts lésés, nous pouvons ajouter que cette tribune appartient à la femme, car de tous les intérêts lésés c'est le sien qui est le plus lésé, et de tous les droits méconnus, c'est son droit qui est le plus méconnu. [...] Il est question de parole libre, eh bien ! Je constate que la femme n'a jamais joui de ce privilège ; elle n'a jamais parlé en public. [...] J'appuie, la femme n'a été représentée nulle part ; elle n'a jamais eu d'organe ; elle n'a jamais eu le droit de choisir des mandataires... Qui aurait-elle choisi du reste ? Un homme ? À dire vrai, les garanties que peut donner un mandataire consistent surtout dans l'identité ou l'analogie de ses intérêts avec les intérêts de celui qu'il représente. Mais vous autres, MM., vous avez des intérêts contraires aux nôtres, des intérêts opposés. Vous tirez profit de la négation de notre droit, vous n'êtes donc pas dans de très bonnes conditions pour le défendre, n'est-il pas vrai[24] ? »

Libérée du monopole des dirigeants et du contrôle du pouvoir, la parole doit révéler la vérité sur tout – y compris sur les rapports entre les sexes – et déstabiliser ainsi l'ordre imposé autoritairement, afin de servir le progrès. Maria Deraismes appelle donc toutes celles qui sont d'ordinaire réduites au silence, à s'emparer de cette nouvelle opportunité, autant pour se faire entendre sur « la chose publique », sur « les intérêts collectifs », que pour obtenir leurs

20. On la retrouve ainsi active à Paris durant la saison 1865-1866 (le *Journal pour Toutes*, n° 54, 4 novembre 1865, *Le Nain Jaune*, 3 avril 1866), à Mâcon puis à Lyon en décembre 1868 (*L'Opinion nationale*, 13 décembre 1868), à Toulon l'hiver suivant (*Le Droit des Femmes*, 18 décembre 1869)...
21. Eugénie Niboyet, « Les femmes s'élèvent », *Journal pour Toutes*, n°54, 4 novembre 1865.
22. Eugénie Niboyet, « Causerie de Mme Pape-Carpentier [*sic*] », *Journal pour Toutes*, n° 64, 17 mars 1866.
23. Jules Duval, « Une conférence de femme en Sorbonne », *La Science Sociale*, 16 septembre 1867, p. 198.
24. Maria Deraismes, « La Parole libre », conférence du 4 novembre 1869, manuscrit inédit cité plus haut.

droits. Elle-même a commencé par écrire des textes critiques des mœurs de son temps, avant de mettre progressivement son éloquence au service des droits des femmes, cause qu'elle défend comme une condition indispensable à la démocratie. Recrutée à l'hiver 1866 par Léon Richer[25] pour faire des conférences au Grand Orient, elle commence par des causeries de philosophie morale, faisant l'éloge de la libre-pensée, de l'autonomie individuelle, du progrès fondé sur la la liberté et l'égalité. Si elle se prononce aussi en faveur d'une instruction complète pour les filles[26], elle reste d'abord assez consensuelle sur ce sujet; ses premières audaces consistent plutôt à défendre les idées démocratiques et laïques, et à commenter l'actualité[27].

Il faut souligner qu'elle ne s'exprime pas alors « en tant que femme ». Elle veut être reconnue comme un individu critique dans un espace public contrôlé à la fois par les autorités politiques et par les hommes. Ceci indispose sans doute d'autant plus les contemporains hostiles à la parole publique des femmes. Face aux attaques de certains publicistes, Léon Richer prend sa défense, d'une façon qui témoigne de ses propres difficultés à contrevenir aux normes. Dans un article de décembre 1868[28], il explique que c'est par un souci de bienfaisance que Mlle Deraismes s'est risquée à parler en public, puisque le produit de ses premières conférences était destiné aux pauvres. Cette version – bien différente de celle fournie par l'intéressée elle-même[29] – donne d'elle une image conforme au rôle social de la femme bourgeoise et écarte l'idée qu'elle ait pu vouloir propager ses opinions, poursuivre une ambition personnelle, ou prouver les capacités des femmes[30]. Peut-être les attaques contre Maria Deraismes se sont-elles multipliées lorsqu'elle s'est mise à user de sa notoriété pour défendre les intérêts des femmes. C'est en novembre 1868[31] qu'elle commence d'aborder ce thème de front, avec une série intitulée « Les Ouvrières de l'Avenir ». Au cours des deux années suivantes, elle se consacre presque exclusivement à dénoncer le statut inférieur des femmes et à démontrer l'égalité des sexes[32]. Dans sa conférence sur la parole libre, citée plus haut, elle dénonce l'ingratitude des révolutionnaires de 1789 et de 1848 envers les femmes, et met en garde contre les modèles de Sparte, Athènes et Rome, qui n'ont jamais été de véritables démocraties[33]. Elle

25. Léon Richer (1824-1911), démocrate et libre penseur, est rédacteur à *L'Opinion Nationale*, et Vénérable de la Loge Mars et les Arts au Grand Orient de France.

26. Maria Deraismes, « L'éducation », conférence du 10 février 1867, *Nos principes et nos mœurs*, Paris, Michel Lévy frères, 1868, p. 144-181.

27. Voir *L'Opinion Nationale* du 24 mars 1868, Maria Deraismes évoque par exemple la loi sur l'armée. Voir aussi Maria Deraismes, *L'Ancien devant le Nouveau*, Paris, Librairie internationale, 1869.

28. Léon Richer, « Les conférences. Mlle Deraismes », *L'Opinion Nationale*, 29 décembre 1868.

29. Voir l'avant-propos de *Nos principes et nos mœurs*, ouv. cité, p. 1-11.

30. Léon Richer explique aussi que c'est lui qui a découvert son talent, qu'il l'a encouragée, et l'assure qu'elle « agit bien puisqu'elle accomplit un devoir ». On trouve là réunit tous les éléments qui permettent d'atténuer la transgression accomplie par Maria Deraismes, en diminuant sa propre responsabilité et en déguisant ses objectifs.

31. Soit quelques mois après le début des réunions publiques, où les thèmes du travail des femmes et de la famille ont remporté un grand succès, ce qui a dû encourager Maria Deraismes.

32. La plupart de ces conférences de 1868-1870, ainsi que d'autres prononcées ultérieurement, ont été reproduites dans *Ce que veulent les femmes*, préfaces et notes par Odile Krakovitch, Paris, Syros, 1980, et dans *Ève dans l'Humanité*, préface de Laurence Klejman, Paris, Côté-femmes Éditions, 1990.

33. Maria Deraismes, « La parole libre », conférence citée plus haut.

interpelle fréquemment les prétendus démocrates, « Vous croyez pouvoir être justes au forum et injustes au foyer. Détrompez-vous[34] ! ». Enfin, elle profite de sa tribune pour égratigner le régime. Ainsi, dans une causerie dénonçant la misogynie d'Alexandre Dumas fils, elle se moque de l'Empereur par des allusions qui font « trépigner de joie le public[35] ». Maria Deraismes prouve donc qu'il est possible pour une femme non seulement de devenir un « orateur » reconnu[36], mais aussi de s'emparer d'une parole vraiment libre, sans concession, au service d'un engagement politique.

L'engouement que l'on constate pour les cours publics en France, et surtout à Paris, se manifeste différemment outre-Rhin. La soif de culture et de débats, tout aussi grande dans ces années de changements, s'exprime plutôt dans le cadre associatif. Les associations culturelles de travailleurs (*Arbeiterbildungsvereine*) organisent ainsi conférences et cours du soir pour leurs membres, parmi lesquels se mêlent entrepreneurs, artisans et ouvriers qualifiés. Sur ce modèle se créent dans plusieurs villes des associations culturelles de femmes (*Frauenbildungsvereine*), qui deviennent le lieu par excellence où des femmes peuvent expérimenter la parole libre en public. La mieux connue de ces associations est la première d'entre elle, fondée à Leipzig le 7 mars 1865, à l'initiative notamment de Louise Otto-Peters, Auguste Schmidt[37] et Henriette Goldschmidt[38]. Celles-ci auraient suivi les encouragements prodigués par un certain capitaine Korn, rédacteur d'un journal pour femmes, *Die Allgemeine Frauenzeitung*, venu faire à Leipzig des conférences sur la question des femmes. Elles ont été probablement aussi soutenues par leurs amis des milieux réformateurs de Leipzig qui, en février 1865, fondent eux-mêmes un *Arbeiterbildungsverein*[39]. Débutant avec trente-cinq adhérentes – pour la plupart des femmes de lettres, des enseignantes, des épouses ou veuves de notables – l'association passe à une centaine de membres durant l'année suivante[40]. Elle bénéficie de la publicité que lui assure le journal *Neue Bahnen*, rédigé par Louise Otto-Peters et Auguste Schmidt à partir de décembre 1865. L'association se donne comme mission première de favoriser la culture (*Bildung*) et l'élévation (*Veredelung*) des femmes[41]. Comme pour les associations de travailleurs, il s'agit de diffuser la culture des élites parmi les femmes peu instruites, afin de favoriser leur intégration aux classes dominantes et leur permettre d'ambitionner

34. André Léo, « Les conférences de Mlle Deraismes », *Le Siècle*, 22 janvier 1870.
35. Conférence du18 avril 1870, résumée par Amélie Bosquet, « Conférence de la Société des Gens de Lettres », *Le Droit des Femmes*, n° 52, 24 avril 1870.
36. D'après certains témoignages dans la presse – dus à ses amis – ses conférences pouvaient attirer plusieurs centaines de personnes. D'après André Léo, c'est la première conférencière à quitter le cadre des salles à l'accès réservé (rue de la Paix ou Boulevard des Capucines) et à affronter un public nombreux et hétérogène comme au théâtre du Châtelet (« La conférence du Châtelet et Mlle Deraismes », *Le Siècle*, 30 mars 1870).
37. Auguste Schmidt, enseignante à Leipzig, propose depuis 1863 des causeries pour les dames qui s'intéressent à l'histoire et à la littérature allemandes.
38. Henriette Goldschmidt, épouse d'un rabbin de Leipzig, organise des soirées littéraires pour la bourgeoisie cultivée.
39. Beate Klemm, « Zufall oder Gesetzemässikeit ? Leizpig als Ausgangspunkt der organisierten Frauenbewegung », dans Irina Hundt, Ilse Kischlat, *Topographie…*, *op. cit.*, p. 34-35.
40. Herrad U. Bussemer, *Frauenemanzipation…*, *op. cit.*, p. 136.
41. Voir le §1 des statuts, *Neue Bahnen*, 1866, n° 6, p. 47.

une participation à la vie de la Cité. Les membres du *Frauenbildungsverein* de Leipzig s'engagent à convier des ouvrières ou des femmes pauvres[42], une mesure qui semble n'avoir guère été efficace[43]. L'association est en revanche fermée aux hommes, une décision difficile à assumer, les rédactrices de *Neue Bahnen* doivent à plusieurs reprises justifier cette position[44], et plusieurs associations créées dans d'autres villes préfèrent la mixité[45]. Le *Frauenbildungsverein* de Leipzig est donc l'un des rares endroits en Allemagne où des femmes ont l'opportunité de prendre la parole, dans des conditions supposées favorables.

Il est intéressant d'examiner de plus près le programme des conférences proposé par cette association, il montre en effet comment la culture (*Bildung*) est conçue comme un instrument décisif d'intégration à la société civile, voire le principal instrument dont disposent les femmes. La quasi totalité des conférences s'inscrivent dans trois perspectives, la valorisation du rôle des femmes ou de célébrités féminines; l'exploration de l'histoire et de la culture allemandes; le commentaire des événements contemporains qui ont trait au devenir de la nation. La plupart des figures féminines étudiées par les conférencières sont des Allemandes[46], ce qui permet une approche originale de la culture et de l'histoire nationales. Il faut rappeler que même les femmes qui ont été scolarisées n'ont généralement pas eu accès au savoir masculin, les conférences sont le moyen de leur présenter une version « féminisée » de la culture dominante. Toutefois, l'un des objectifs principaux consiste à familiariser les femmes avec un patrimoine national attestant l'existence et la grandeur de l'Allemagne, depuis l'épopée des Niebelungen jusqu'aux batailles antinapoléoniennes. Par ailleurs, les événements présents sont souvent abordés d'un point de vue « féminin », c'est ainsi que le conflit de 1866 donne lieu à plusieurs causeries sur le rôle des femmes dans les guerres et sur leur devoir dans la situation présente[47]. L'accent est mis sur leur mission de réconciliatrices, et sur leur nécessaire participation à la construction imminente d'un État-nation. Les conférences sont ainsi un moyen de politiser les auditrices, elles sont invitées à se concevoir comme des citoyennes de la patrie allemande, à s'impliquer personnellement, voire publiquement, dans le devenir de la nation – conformément à une vocation « féminine » redéfinie dans ce sens. On a là un nouveau témoignage du triomphe de la figure de la Femme Allemande, à laquelle les individues doivent se conformer si elles veulent prétendre à une reconnaissance sociale en dehors de leur seule fonction d'épouse et mère.

42. Voir Louise Otto, *Das Recht ...*, *op. cit.*, p. 80.
43. Quelques articles de *Neue Bahnen* mentionnent la présence de travailleuses, sans que l'on sache dans quelle proportion elles figurent. Elles restent anonymes et ne sont jamais oratrices ni membres du bureau.
44. Par exemple *Neue Bahnen*, n° 4, février 1867.
45. Certaines témoignent d'ailleurs que la présence des hommes pose souvent problème, comme à Breslau (*Neue Bahnen*, n° 12, juin 1866).
46. Il est par exemple question de Louise de Prusse, de Charlotte von Schiller, de la mère de Goethe.
47. *Neue Bahnen*, n° 13 et n° 16, 1866. À cette occasion, le *Frauenbildungsverein* se transforme aussi en organisation de bienfaisance (Voir *Neue Bahnen*, 1867, n° 10).

Les réunions publiques à Paris (1868-1870)

L'apparition de conférencières représente donc un nouveau mode d'accès à l'espace public pour les femmes, un nouveau moyen pour elles de toucher l'opinion[48]. Par ailleurs, une autre tribune s'ouvre pour les Françaises – plus précisément pour les Parisiennes – à partir de l'été 1868, celle des réunions publiques[49]. Cherchant à encourager les sociétés coopératives d'ouvriers, artisans et commerçants, le gouvernement promulgue en juin 1868 une loi facilitant les réunions à caractère non politique et non religieux, il suffit de déposer une simple déclaration signée par sept personnes jouissant de leurs droits civils et politiques[50]. Bien que cette dernière mesure empêche d'emblée les femmes d'organiser ces réunions, elles forment souvent une partie importante du public et, fait plus surprenant pour les contemporains, certaines d'entre elles n'hésitent pas à prendre la parole. En dehors des commentaires de la presse, deux sources fournissent de nombreux renseignement sur la participation des femmes : les procès verbaux de 1868 recopiés à destination du ministre Rouher[51], et un manuscrit de 800 pages, intitulé *Réunions publiques à Paris 1868-1870*, compilant également des rapports établis par des observateurs de police[52]. Ces deux sources doivent être maniées avec une précaution particulière, étant des copies de copies, et émanant d'autorités méfiantes, voire hostiles. Elles contiennent non seulement des erreurs ou incohérences flagrantes, mais aussi sans doute des exagérations ou des données délibérément biaisées. Ceci étant, et en prenant soin d'opérer des recoupements avec la presse de l'époque[53], ces sources permettent de retrouver les noms des principales oratrices, de savoir à quelles réunions elles ont participé,

48. Maria Deraismes décrit ce pouvoir nouveau, « J'ai compris, par l'expérimentation, combien l'influence de la parole parlée est supérieure à celle de la parole écrite. Le genre oratoire a été de tout temps le plus puissant auxiliaire des transformations sociales. [...] Puis, quel avantage immense pour le penseur quand il parle ; entre le public et lui ne se trouve aucun intermédiaire ; il est instruit immédiatement de l'impression et de l'opinion de ceux qui l'écoutent ; il sent spontanément quelle valeur lui accorde son auditoire. [...] il agit sur l'esprit et sur le cœur de l'assemblée qui, elle-même, est son guide et son régulateur » (Maria DERAISMES, *Nos principes..., op. cit.*, p. 8).

49. Alain DALOTEL, Alain FAURE, Jean-Claude FREIERMUTH, *Aux origines de la Commune. Le mouvement des réunions publiques à Paris 1868-1870*, Paris, Maspero, 1980. Comme eux, je ne parlerai ici que de Paris, car je n'ai pas retrouvé la mention de femmes oratrices dans des réunions publiques organisées dans d'autres villes.

50. Toutefois les réunions se tiennent en présence d'un policier, qui s'assure que les orateurs s'en tiennent au sujet annoncé. Il peut donner des avertissements, dissoudre la réunion et dresser des contraventions aux membres du bureau. À partir de janvier 1869, plusieurs procès ont lieu contre des orateurs. Les réunions publiques sont suspendues en juin-juillet 1869, puis à partir de mai 1870.

51. Papiers Rouher, Arch. nat. 45 AP 6.

52. Ce manuscrit, conservé à la BHVP, Ms Na 155, est la copie d'un rapport intitulé *Observations sur la pratique de la loi du 6 juin 1868*, daté du 25 septembre 1875 et conservé aux Archives historiques de la préfecture. L'introduction du manuscrit affirme que « les excès de la Commune ont été préparés dans les réunions publiques ».

53. Quelques journaux rendent compte des réunions publiques de manière suivie. Je me suis principalement référée à *L'Opinion Nationale* (de tendance démocratique, favorable aux réunions publiques et plutôt favorable à la participation des femmes), au *Progrès de Lyon* (de même tendance, mais avec des avis plus partagés sur les femmes), au *Figaro* (de tendance royaliste, ironique quant aux réunions publiques et encore plus au sujet des oratrices), et au *Français* (de tendance catholique libérale, intéressé par les réunions sur le travail des femmes, et alternant les articles neutres et les articles critiques).

sur quel sujet et dans quelles conditions elles se sont exprimées, et, parfois, de reconstituer quelques bribes de leurs discours.

La loi de 1868 est principalement mise à profit par les opposants de tendance libérale, des républicains et des socialistes de divers courants, qui cherchent à diffuser leurs idées, principalement parmi les classes populaires. Ces réunions permettent souvent de prolonger certaines des réflexions menées les années précédentes dans le cadre des conférences, on y parle aussi de l'organisation du travail, de la coopération ou de l'instruction obligatoire, mais désormais le monologue fait place au débat, et l'auditoire est socialement beaucoup plus hétérogène, parfois majoritairement populaire, du fait de la gratuité de l'entrée. Les thèmes annoncés par les organisateurs doivent paraître apolitiques, mais la loi autorise à parler « d'économie sociale », au cours des premiers mois, il est donc surtout question du travail, de la famille, de la propriété, autant de sujets qui permettent d'exposer des conceptions politiques. Au fil des mois, les meneurs socialistes affichent de plus en plus clairement leur intention, avec des titres tels que « voies et moyens du socialisme », « socialisme et paupérisme » ou « l'organisation de la Commune sociale ». La présence de femmes à ces réunions publiques me semble donc doublement significative, d'une part elles montrent leur volonté de participer à l'effervescence du moment, en s'appropriant le mode d'intervention le plus en vogue; d'autre part, elles témoignent de leur politisation et de leur désir de contribuer à de nouveaux modèles d'organisation sociale, dont l'opportunité semble désormais imminente.

L'implication de femmes dans les réunions publiques a été sans doute été favorisée par le choix du thème du travail des femmes, dès la troisième réunion publique parisienne, le 29 juin 1868. L'organisateur, J. E. Horn, un économiste libéral et journaliste républicain modéré, fait annoncer dans la presse que « les dames sont spécialement invitées à assister à la réunion et à prendre part à la discussion [54] ». Le succès est tel que le débat se poursuit chaque semaine jusqu'au 7 septembre à la salle du Vauxhall, puis est repris salle de la Redoute à partir du 12 septembre et jusqu'au 6 décembre. La salle du Vauxhall aurait accueilli à chaque fois de mille à mille cinq cents « personnes des deux sexes appartenant à toutes les classes de la société [55] ». On ne sait pas si « les dames » ont été nombreuses dès le 29 juin, mais lors de la réunion suivante, quelques-unes répondent à l'appel. Elles hésitent d'abord à prendre elles-mêmes la parole, une institutrice, présente la semaine précédente, fait lire sa lettre et André Léo donne aussi à lire le manifeste qu'elle a rédigé avec d'autres femmes présentes. Seule une certaine Mme ou Mlle Brugerolles monte elle-même à la tribune – mais le contenu de son discours n'est pas connu [56]. Par la suite, il devient habituel d'entendre des oratrices, au moins deux femmes se font entendre par réunion. Elles sont encouragées

54. André Rousselle, « Les Pionniers », *Le Progrès de Lyon*, 21 juin 1868.
55. Papiers Rouher.
56. Voir *L'Opinion nationale* du 9 juillet 1868, ainsi que le rapport du commissaire Léon Benoist, Papiers Rouher. Ce dernier indique seulement que la demoiselle Brugerolles « lit d'une voix trop basse un factum empreint d'une sentimentalité mystique, qui ne trouve pas d'échos et donne même lieu à des murmures. Le fonds de sa pensée c'est que la femme doit secouer le joug de l'homme et marcher son égale ».

par le règlement qu'a adopté l'assemblée, qui donne priorité aux femmes pour s'inscrire à la tribune[57]. Au total, on dénombre dix oratrices différentes en juillet et août 1868, dont quelques-unes, comme Amélie Bosquet, Maxime Breuil et Paule Mink, interviennent à plusieurs reprises. Ce nombre est bien faible, comparé aux dizaines d'orateurs, ce qui rappelle l'importance de la transgression à accomplir pour parvenir à haranguer la foule. Les oratrices du Vauxhall sont d'ailleurs l'objet de vives attaques de la part de journalistes du *Figaro*, qui réutilisent tout le corpus d'insultes traditionnellement destiné aux « bas-bleus[58] », ainsi que les références aux « femmes libres » de 1848 et aux saint-simoniennes[59]. Il leur faut de surcroît affronter l'hostilité d'une partie des organisateurs et du public masculin, membres ou proches du courant proudhonien de l'Internationale. Ainsi, lorsque Paule Mink tente de convaincre l'assemblée que la femme n'est pas que mère, elle suscite de nombreuses protestations[60].

Qui sont ces femmes qui s'exposent ainsi, au Vauxhall puis dans d'autres réunions publiques? On retrouve parmi elles trois femmes de lettres déjà connues pour leurs livres et leurs articles, Amélie Bosquet, André Léo et Adèle Caldelar. Peut-être déjà présente aux séances précédentes, Amélie Bosquet intervient le 20 juillet depuis la salle, pour défendre les droits politiques des femmes, discrédités par l'orateur Tartaret[61] ; invitée à la tribune, elle s'étonne « de tant de vaines discussions sur ce qu'est ou n'est point la femme, disant que la liberté seule pouvait prononcer en pareille question, et qu'il n'appartenait point à des démocrates de la marchander et de la nier[62] ». Lors de la réunion suivante, elle fait un discours sur le droit des femmes au travail et à l'instruction et reproche aux hommes leur despotisme, ce qui suscite le mécontentement ouvert d'une partie du public[63]. La présence d'André Léo est attestée de la deuxième à la cinquième réunion du Vauxhall; elle y prend la parole à deux reprises, et rend compte des séances dans *L'Opinion Nationale*. Par la suite, découragée par la tournure conservatrice que prend le débat, elle ne se déplace plus et se contente de commenter dans ses articles le clivage entre les démocrates respectueux de la liberté individuelle et ceux qui restent adeptes de l'autorité arbitraire. Quant à Adèle Caldelar, l'ancienne directrice du journal *La Raison*, elle est signalée dans une réunion sur l'enfant né hors mariage, salle du Pré-aux-Clercs, et intervient

---

57. André Léo légitime ainsi cette mesure, « c'est une justice car la femme, si longtemps comprimée, si dénuée de forces dans l'ordre actuel, a besoin d'être encouragée dans sa timidité, dans son insuffisance, et doit être entendue dans sa propre cause » (André Léo, « Les séances du Vauxhall sur le travail des femmes », *L'Opinion Nationale*, 18 juillet 1868).

58. Jules Richard, « Chronique », *Le Figaro*, 20 septembre 1868.

59. Par exemple *Le Figaro* du 8 septembre 1868 et du 24 septembre 1868 où les oratrices sont comparées « avec les saint-simoniennes, les volcaniennes, les vésuviennes, et toutes les demoiselles libres qui ne se contentent plus de lancer leurs bonnets par-dessus les moulins mais qui font de leurs jupons un drapeau ».

60. Rapport du 24 août, Papiers Rouher.

61. Rapport du 20 juillet 1868, Papiers Rouher.

62. Selon la version d'André Léo, « Quatrième séance du Vauxhall. Travail des Femmes », *L'Opinion Nationale*, n° 201, 23 juillet 1868.

63. Rapport du 27 juillet 1868, Papiers Rouher.

en janvier 1869 dans une réunion sur l'hérédité (c'est-à-dire l'héritage) pour proposer « un fonds social qui permettrait de retraiter les ouvriers vieux[64] ».

Les réunions du Vauxhall ont aussi permis à deux femmes, jusqu'alors inconnues, de se faire un nom et de commencer à jouer le rôle public auquel elles aspirent. La première, Maxime Breuil, est une célibataire que les journalistes disent âgée d'une trentaine d'années. Elle se présente comme une ouvrière, sans plus de précision, la première fois qu'elle prend la parole. Elle ne dit pas qu'elle est aussi l'auteure de quelques textes de fiction, dont un roman paru en 1867[65]. Ses deux discours prononcés au Vauxhall témoignent d'une très bonne instruction et sont d'ailleurs publiés en septembre 1868, en raison du succès qu'ils ont remporté[66]. Peu après, Maxime Breuil est nommée membre d'une commission chargée d'éditer les discours sur le travail des femmes. Au début de l'année 1869, elle fait des conférences sur la condition des femmes, qui semblent n'avoir eu guère d'écho dans l'opinion[67], puis elle disparaît de la scène publique. La seconde de ces femmes « révélées » par les réunions est Paule Mink, alias Paulina Mekarski, dont le rôle public est beaucoup plus durable[68]. Dès sa première intervention, le 13 juillet 1868, elle plaide avec véhémence pour l'égalité des sexes[69], puis se fait remarquer par plusieurs attaques directes contre la religion et le régime. Elle incite aussi l'assemblée à agir, proposant de fonder une société de travail coopératif pour les ouvrières, puis la création d'un journal qui propagerait les idées débattues[70]. Par la suite, elle participe avec Maxime Breuil et trois autres femmes à une commission d'enquête sur le travail des femmes fondée à l'initiative de Gustave Lefrançais[71] ; elle participe également à la création d'une Société coopérative d'enseignement indépendant, et devient l'une des trois femmes membres du comité d'administration[72]. Jusqu'en avril 1870, Paule Mink fréquente de nombreuses autres réunions et, de février à avril 1869, elle organise ses propres conférences sur la famille et sur le rôle des femmes. Par le nombre et la véhémence de ses interventions, elle se fait donc connaître comme l'une des personnalités marquantes du mouvement des réunions; elle est d'ailleurs la seule femme à figurer dans le compte-rendu des séances publiques publié fin 1869 par « une société de citoyens communistes et socialistes ».

---

64. BHVP, Ms Na 155, p. 176-177.
65. Maxime Breuil, *On meurt parfois d'amour*, Paris, A. Lacroix, Verboeckhoven et Cie, 1867.
66. Maxime Breuil, *Deux Discours sur le Travail des Femmes prononcés aux réunions de la salle du Vauxhall et suivis de quelques réflexions sur le même sujet*, Paris, Armand Le Chevalier éditeur, 1868.
67. *Observations sur la pratique...*, BHVP, Ms Na 155, p. 233.
68. *Paule Minck, communarde ..., op. cit.*
69. À la différence de nombreuses oratrices, Paule Mink insiste sur l'idée d'égalité dans la différence. Voir *Le Travail des femmes. Discours prononcé par Mme Paul Mink*, Paris, imprimerie A. Levy, 1868, reproduit dans *Paule Minck, communarde..., op. cit.*, p. 114-139.
70. Rapport du 10 août 1868, Papiers Rouher.
71. Rapport du 12 septembre 1868, Papiers Rouher. Les trois autres femmes sont Mmes Ranvier, Baud (orthographe incertaine) et Michon.
72. *L'Opinion Nationale*, 8 octobre 1868. Le comité d'administration compte quinze hommes – dont Lefrançais. Les deux autres femmes sont Mmes Cotta et Sertin (ou Certain); on retrouve la première parmi les membres de la « Société démocratique de moralisation ayant pour but d'aider les ouvrières à vivre dans le devoir par le travail ou à y rentrer », à laquelle appartiennent aussi M. Francolin et Adèle Esquiros, et dont Louise Michel est la secrétaire (*La Démocratie*, 19 décembre 1869).

On sait assez peu de choses enfin sur les autres oratrices actives entre juillet 1868 et avril 1870. Mme Ranvier se présente comme « ouvrière[73] », il s'agit probablement de l'épouse de Gabriel Ranvier, un ouvrier peintre connu par ailleurs pour ses activités de franc-maçon libre penseur, proche du mouvement blanquiste et membre de l'Internationale[74]. Le 20 juillet 1868 au Vauxhall, elle s'attire l'approbation d'André Léo en combattant « les idées émises au nom de l'Association Internationale, demandant si la liberté était vraiment chère à ceux qui prétendaient renfermer la femme dans le cadre étroit des soins domestiques, et comment, réduite à cet état de sujétion et de non-développement, elle pourrait produire et élever des êtres libres ? Elle affirma qu'aucun intérêt prétendu ne pouvait légitimer l'injustice, que tous les arguments invoqués contre la liberté de la femme l'avaient été déjà contre la liberté de l'homme, et traita nettement de réactionnaires les soi-disant démocrates qui n'ont foi pour l'ordre qu'en l'autorité[75] ». Elle fait ici allusion aux résolutions hostiles au travail des femmes prises lors des congrès de l'AIT en 1866 et 1867, sur lesquelles s'appuient une bonne partie des membres des sections parisiennes de l'Internationale afin de justifier le maintien de la « protection » patriarcale. Mme Michon, citée plus haut, pourrait être l'épouse du gérant de la Société de Crédit mutuel des ouvriers tisseurs à Paris[76]. Enfin, Mme Désiré, qui intervient une fois au Vauxhall et fréquente de nombreuses autres salles jusqu'en avril 1870, serait une veuve, fille d'un magistrat de province, qui vivrait de ses rentes à Passy[77]. Souvent à la tribune lors des réunions socialistes, elle aurait même été sollicitée par Benoît Malon pour animer les réunions qu'il organise à Puteaux avec sa section de l'Internationale[78]. Elle semble avoir été très radicale, s'attirant des avertissements et suscitant plusieurs dissolutions[79]. Le rapport de 1875 en fait une agitatrice aux mœurs suspectes – lui prêtant une liaison avec Gustave Flourens – et reproduit surtout ses diatribes anticléricales[80]. Une autre femme, Mme Piré ou Pirée, est présentée sous des traits à peu près similaires, même si elle apparaît moins souvent. Elle semble avoir été une oratrice importante de la salle Molière, où radicaux et jacobins discutent notamment de la Commune sociale à l'automne 1869[81]. Les autres oratrices dont les noms apparaissent dans les rapports ou dans la presse,

73. *Les orateurs des réunions publiques de Paris en 1869*, par Louis ALBERT, avec le concours d'une société de citoyens communistes et socialistes, en vente chez Plataut, rue du Croissant 13. C'est Gaillard fils, adversaire des droits des femmes, qui se charge de la biographie de Paule Mink…

74. Alain DALOTEL, *Gabriel Ranvier (1828-1879). Le Christ de Belleville*, Paris, Éditions Dittmar, 2005.

75. André LÉO, « Quatrième séance… », art. cit.

76. Ce M. Michon est signataire en juillet 1868 – avec plusieurs organisateurs de réunions publiques tels que Rousselle et Horn – de la souscription pour un journal qui serait l'organe de la coopération (*La Réforme. Journal du progrès politique et social*, n° prospectus, juillet 1868).

77. *Observations sur la pratique…*, p. 71. En novembre 1869, on retrouve effectivement une Mme veuve Désiré, habitant Passy, parmi les souscripteurs du *Droit des Femmes* (*Le Droit des Femmes*, 27 novembre 1869).

78. *Observations sur la pratique…*, p. 404.

79. Ses propos sur l'armée et la religion ou ses allusions au régime impérial entraînent par exemple la dissolution de la réunion du 13 avril 1869 sur « Droits et devoirs de la société dans l'éducation des enfants ».

80. Voir *Le Français*, 3 septembre 1868, 21 janvier et 1er février 1869.

81. *Observations sur la pratique…*, p. 550.

sont beaucoup plus occasionnelles et l'on ne sait rien d'elles hormis les quelques bribes de leurs discours qui peuvent être reproduites [82].

Après un commencement très ouvert, lors duquel les idées les plus progressistes semblent pouvoir être discutées et admises, la première série de réunions publiques est reprise en main par les portes-paroles du courant proudhonien, tels que MM. Héligon, Tartaret, Fribourg et Tolain, dont les vues triomphent lors du vote final de dix résolutions sur le travail des femmes, le 31 août 1868. Le débat n'est cependant pas clos et d'autres réunions restent ouvertes aux femmes désireuses de préparer l'avènement d'une démocratie sociale. Quelques femmes particulièrement engagées – telles que Paule Mink, Mmes Désiré et Piré – fréquentent ainsi les réunions socialistes. Leur langage véhément s'explique sans doute par la volonté de faire oublier leur sexe et de trouver l'approbation d'un auditoire largement acquis aux thèses proudhoniennes. D'autre part, nous connaissons surtout leurs interventions par le manuscrit de 1875, qui leur attribue *a posteriori* le caractère le plus extrémiste possible puisque les oratrices sont censées annoncer les pétroleuses de la Commune [83]. On ne peut pour autant sous-estimer la radicalité de leur engagement, confirmé par quelques autres sources [84]. Mme Désiré et Paule Mink expliquent ainsi ce que signifie pour elles d'être socialiste. La première insiste sur la nécessité de distinguer la propriété issue du travail de celle issue du capital et déclare l'immoralité de la transmission héréditaire des biens [85]. La seconde démontre que « le grand mot de la rénovation sociale doit être la pondération, l'union de ces deux grands termes, Liberté, Égalité, et, bien entendu, leur pratique intégrale, et non l'exclusion de l'une de ces deux forces au profit [...] de l'autre [86] » ; elle demande aussi l'abolition de l'héritage [87]. En avril 1870, elle aurait appelé ses auditeurs à s'engager dans l'Association Internationale des Travailleurs [88]. Enfin, de même que leurs homologues masculins, les oratrices saisissent la moindre occasion pour mettre en cause la politique impériale et se livrer au plaisir de la provocation, au risque de recevoir des avertissements ou de

82. Leurs noms sont, Mme Lanquet, une ouvrière et mère de famille, qui intervient pour protester contre le divorce ; Mme Lacour ou Delacour, qui intervient dans trois réunions sur « Capital et Travail », puis sur « le travail des enfants et des femmes » ; Mme Hardoin ou Hardouin, qui intervient en avril 1870 sur « le travail des enfants et des femmes ». Il s'agit probablement de Céleste Hardouin (1832-1904), une institutrice du dix-huitième arrondissement, sympathisante de l'AIT, arrêtée en juillet 1871 pour avoir participé à la Commune (Mme C. Hardouin, *La Détenue de Versailles en 1871*, Paris, 1879, réédition par les Amis de la Commune, 2005). Au total on connaît donc les noms de quinze femmes dont les prises de parole – uniques ou régulières – sont attestées lors des réunions qui ont lieu entre juillet 1868 et avril 1870.

83. *Observations sur la pratique...*, p. 230, p. 302, p. 390, p. 407, p. 414, p. 758, p. 777.

84. Voir les écrits de Paule Mink, ainsi que *Le Français* (21 janvier et 1er février 1869).

85. Voir le rapport fait sur la réunion du 12 janvier 1869 sur « l'hérédité » (*Observations sur la pratique...*, p. 172-173).

86. Discours de Paule Mink prononcé à La Redoute en janvier 1869,« La liberté, condition du socialisme », reproduit dans *Paule Minck..., op. cit.*

87. Rapport sur la réunion du 31 octobre 1868, intitulée « le Capital et l'Intérêt au point de vue du travail » (Papiers Rouher). Paule Mink y fait l'éloge de la pensée de Proudhon sur la propriété.

88. Voir le compte-rendu de la réunion tenue salle de la Marseillaise le 14 avril 1870 sur « Travail et misère », *La Marseillaise*, 17 avril 1870.

faire suspendre la séance[89]. Paule Mink semble avoir été une grande spécialiste des allusions politiques, la plupart du temps tout à fait directes et limpides. Elle dénonce ainsi la sujétion de Paris « au Baron je ne sais qui », multiplie les attaques contre la religion, le clergé et l'armée, proclame son aspiration à la démocratie[90]. Si les femmes que l'on entend dans ce type de réunions sont extrêmement minoritaires, elles ne semblent donc pas s'être différenciées des hommes dans le contenu de leurs interventions.

Toutefois, la distinction entre les sexes reprend toute son importance au moment des réunions publiques électorales organisées en mai puis en octobre 1869 et réservées aux seuls électeurs. De plus, des réunions ordinaires semblent aussi avoir été fermées aux femmes, les organisateurs les ayant visiblement considérées comme facteurs de désordres, ainsi, après les troubles survenus à Belleville, la réunion socialiste qui se tient le 12 octobre 1869 dans la même salle n'admet pas les femmes[91]. À partir de janvier 1869, quelques oratrices – telles que Maxime Breuil et Paule Mink – expérimentent une forme mixte de « conférences-réunions », innovante mais toujours légale. Il leur faut certes disposer du soutien de sept citoyens prêts à faire la déclaration et à composer un bureau fictif, mais elles sont ensuite maîtresses de la parole, il s'agit de monologues sans interruptions ni débats, ce qui évite toute contestation. Cela permet aussi d'atteindre un public bourgeois effarouché par l'atmosphère de plus en plus animée des réunions publiques. Contrairement aux conférences ordinaires, il n'est pas besoin d'obtenir une autorisation, ce qui permet par exemple à Olympe Audouard de contourner les refus qui lui sont régulièrement opposés[92]. Elle doit certes parler sous le contrôle d'un commissaire, mais cela ne l'empêche pas de se livrer à des allusions politiques, ses conférences sur ses voyages ou bien sur la condition féminine sont « agrémentées » de piques contre l'Empire et de réquisitoires en faveur de la République[93]. Maxime Breuil et Paule Mink font de même dans leurs « conférences-réunions », qui leur permettent aussi – voire surtout – de revenir sur la question des femmes alors que celle-ci n'est plus à l'ordre du jour des réunions publiques, et de développer en toute tranquillité leurs idées sur ce thème[94].

---

89. Mme Désiré aurait comparé deux fois Napoléon III à Néron, le 28 mars 1869, elle ne s'attire qu'un avertissement, tandis que le 19 avril 1870 – quelques jours avant l'interdiction des réunions publiques, devenues incontrôlables – elle provoque la dissolution par le commissaire (*Observations sur la pratique*..., p. 407 et p. 451).

90. Par exemple, « J'espère que le vent qui souffle en Espagne ne s'arrêtera pas à la frontière (tonnerre d'applaudissements) » (réunion du 18 octobre 1868, Papiers Rouher).

91. Voir *L'Opinion Nationale*, 14 octobre 1869. Cette réunion sur « Socialisme et pauvreté » est présidée par Abel Peyrouton, un jeune avocat de tendance blanquiste.

92. Selon les *Observations sur la pratique*..., p. 232, Olympe Audouard aurait été la première personne à inventer cette forme de prise de parole. Plusieurs de ses conférences sont présidées par Alexandre Dumas père, entouré de figures de la presse parisienne. Sa stratégie est rapportée par *Le Droit des Femmes*, n° 35, 25 décembre 1869 et n° 45, 5 mars 1870.

93. *Observations sur la pratique*..., p. 316-317, p. 626.

94. Maxime Breuil commence le 31 janvier 1869 une série de conférences-réunions sur « la femme dans la société actuelle » ; parmi les conférences réunions de Paule Mink, citons, « la famille » (7 février 1869), « de la famille et du mariage » (21 février 1869), « la famille et le Code civil » (7 mars 1869), « la famille et les unions libres » (21 mars 1869).

Témoignage intéressant de la politisation des femmes, les réunions publiques ont aussi comme particularité d'avoir mobilisé des femmes des milieux ouvriers – alors que la quasi totalité des femmes qui interviennent sur des sujets politiques depuis 1851 sont issues de la bourgeoisie. Non seulement quelques ouvrières prennent la parole, mais d'autres réagissent aussi dans la presse, revendiquant leur identité de classe pour appuyer leurs propos. C'est ainsi que le *Figaro* publie en septembre 1868 une lettre signée Amélie G., qui a manifestement participé aux réunions du Vauxhall, raconte la dureté de son métier de couturière en atelier et dit placer son espoir « dans l'association, dont Mme Paule Minck a pris l'initiative et qui détruira partiellement l'abusive industrie des entrepreneuses[95] ». Quelques jours avant, une autre femme qui se présente comme une ouvrière, Adèle Desmars, a publié dans *Le Français* le discours qu'elle comptait prononcer au Vauxhall, si les séances avaient été prolongées. Elle condamne les orateurs socialistes qui se sont opposés aux droits des femmes, et se dit communiste, en expliquant qu'elle s'inscrit dans la lignée de Pierre Leroux, qui défendait l'égalité et la liberté des femmes[96]. Elle aussi met son espoir dans l'association, qu'elle distingue bien de la coopération ou mutualité, et conclut en revendiquant implicitement sa fidélité à l'héritage saint-simonien, « c'est donc à cet avènement qu'il faut nous préparer; ce temps venu, tous les membres de la société, égaux en droits et en devoirs, dans le travail comme dans la famille et dans la cité, au sein d'un bien-être sans cesse augmentant, contribueront à l'œuvre commune, pratiquant de plus en plus la formule de toute justice, *Chacun suivant ses forces et suivant ses facultés*[97] ».

L'association, la voie du progrès?

> « Le premier pas que doit donc faire chaque femme allemande qui, jusque ici, aspirait en vain à agir pour le bien commun, c'est d'entrer dans cette association. [...] Toutes les femmes et jeunes filles allemandes qui se plaignent si souvent de leur destin, qui gémissent et soupirent qu'il leur manque, au milieu de cette époque si active dans tous les domaines, un cercle d'action pour œuvrer, elles aussi, au progrès de l'humanité et participer, elles aussi, au travail du siècle, toutes celles-ci trouveront maintenant, pour réaliser leurs aspirations, la base qu'elles cherchaient en vain jusque là[98]. »

En présentant ainsi son Association générale allemande des femmes, nouvellement fondée à Leipzig, Louise Otto-Peters suggère que c'est le seul cadre où les

95. Lettre d'Amélie G., présentée par Francis Magnard, *Le Figaro*, 16 septembre 1868.
96. Adèle Desmars, lettre et discours publiés dans *Le Français*, 4 septembre 1868. S'agit-il d'Adèle-Marie Pinson, femme Desmars, née en 1818, polisseuse à Paris, transportée par contumace suite à décembre 1851, et graciée en 1855? (Arch. nat., BB/22/185/1, GP Seine). Elle est mentionnée sous le nom de « Desmars Petit » dans le manuscrit autobiographique de la communarde Eliska Vincent (Bib. M. D., Ms 168). Celle-ci la présente comme l'une des personnalités du courant communiste, avec Gabriel Ranvier. Elle serait l'épouse du citoyen Petit, membre de la commission chargée de publier les débats sur le travail des femmes (voir *Le Français*, 9 septembre 1868).
97. *Ibidem.*
98. Louise Otto, *Das Recht...*, *op. cit.*, édition de 1997, p. 96-97.

Allemandes auront la possibilité d'exercer réellement un rôle public, comme si tous les autres moyens qu'elle-même a expérimentés – de la presse aux pétitions, en passant par la littérature engagée – étaient inefficaces ou caducs. Elle veut en effet inciter les femmes à rejoindre le mouvement contemporain qui s'opère en faveur des associations, et qui est particulièrement sensible en Saxe. Comptant parmi les États allemands les plus industrialisés, la Saxe connaît également des transformations du fait d'une libéralisation assez précoce, en 1861 le gouvernement introduit la liberté de commerce, et lève l'interdiction de coalition pour les travailleurs, encore en vigueur dans tous les autres États. Les premières organisations ouvrières ont donc trouvé en Saxe un terrain de prédilection, notamment à Leipzig, centre commercial et intellectuel de grande importance[99]. Rappelons enfin le rôle du journal *Mitteldeutsche-Volkszeitung*, fondé par August Peters en 1861. Il a servi d'organe à plusieurs réseaux de travailleurs libéraux et démocrates de Leipzig, réseaux dans lesquels Louise Otto-Peters s'est donc rapidement insérée après son arrivée dans cette ville. Toutes ces conditions expliquent que les plus importantes associations de femmes allemandes ont, elles aussi, pris leurs racines à Leipzig[100].

En Allemagne comme en France, de plus en plus de femmes désireuses d'intervenir dans l'espace public privilégient donc l'association au cours des années 1860. Les premières associations de femmes qui voient le jour sont d'inspiration traditionnelle, dans la mesure où elles reprennent en grande partie les principes et les pratiques de la bienfaisance et de la philanthropie et/ou des systèmes d'entraide corporatistes. Si leurs formes et leurs objectifs diffèrent, elles ont en commun un respect marqué pour l'identité féminine, même si elles réclament un assouplissement des normes sociales imposées aux femmes. L'exemple allemand le plus significatif est celui de l'Association Féminine Badoise (*Badischer Frauenverein*), fondée en 1859 par la grande-duchesse de Bade afin d'organiser des soins pour les blessés de la guerre d'Italie. Elle prend en charge des activités de bienfaisance, mais s'engage aussi dans la promotion du travail professionnel des femmes. Profitant de ses relations avec la Cour, l'association obtient l'ouverture aux femmes de divers emplois dans les services publics qui, dans les autres États allemands, sont réservés aux hommes. En France, aussi, les premières associations ont pour but de venir concrètement en aide aux femmes recherchant des ressources. Après le projet non réalisé d'une « Société Mère-Protectrice de la Femme[101] », citons la « Société mutuelle de protection pour les femmes » fondée par Eugénie Niboyet à l'automne 1865. Soutenue par deux députés – Émile Ollivier et Jules Favre – ainsi que par Charles Lemonnier et Émile de Girardin, cette Société compte parmi les premiers membres titulaires

99. Leipzig, lieu de grandes foires industrielles et commerçantes, est réputée à l'échelle européenne comme ville de l'imprimerie et de la librairie ; ville universitaire, elle offre une vie culturelle et intellectuelle propice à la diffusion des idées novatrices.

100. Voir Beate Klemm, « Zufall oder Gesetzemässikeit ?... », art. cit.

101. Ce projet, formé par Olivia de Rocourt, prévoit à la fois une association et un journal (Arch. nat., F/18/288).

Mmes Jules Simon et Jules Favre, MM. Louis Jourdan et Ernest Feydeau [102]. Elle semble avoir surtout servi de bureau de placement pour les dames et demoiselles désireuses de travailler comme institutrices privées, dames de compagnies, interprètes et traductrices, parfois employées [103]. Eugénie Niboyet adapte donc au profit des femmes des classes moyennes et bourgeoises un modèle mutualiste ordinairement réservé aux œuvres philanthropiques et aux sociétés d'ouvriers.

D'autres fondatrices d'association vont plus loin, en suivant les formes nouvelles que prennent les mouvements de travailleurs, en Allemagne comme en France. Le lien entre émancipation du prolétariat et émancipation des femmes est réactualisé, même si le terme d'émancipation n'est plus vraiment de mise, surtout en Allemagne. Les perspectives sont très différentes de celles des années 1830 ou de 1848 : il n'est plus question que d'une émancipation économique, par un travail justement salarié, exactement comme les travailleurs. C'est ce qu'explique par exemple Fanny Lewald en 1863, lorsqu'elle dédie ses « Lettres de Pâques pour les femmes » aux associations d'ouvriers et artisans allemands [104]. Dans une longue introduction adressée à ces hommes « du peuple » qui se sont élevés eux-mêmes par leur travail et leur formation autodidacte, elle explique qu'ils représentent des intermédiaires incontournables entre leurs femmes et les femmes de la bourgeoisie qui, comme elle-même, cherchent à améliorer le sort de leurs « sœurs » prolétaires. Elle appelle les membres des associations ouvrières à faire bénéficier leurs épouses et leurs filles de leurs propres avancées, et de les encourager sur la voie de l'organisation, de l'instruction, du travail.

Les cercles culturels féminins qui, comme celui de Leipzig, refusent la mixité, revendiquent le principe de *Selbsthilfe* développé par les associations « ouvrières » allemandes. Soutenues par le tout récent *Arbeiterbildungsverein* de Leipzig, alors codirigé par le jeune August Bebel [105], les fondatrices de l'association de Leipzig expriment aussi dès le début leur foi dans le travail et leur intérêt pour les expériences des travailleurs. Ainsi, le 7 mars 1865, Auguste Schmidt termine ainsi son discours inaugural, consacré à la question des femmes :

> « Nous exigeons seulement que l'arène du travail soit aussi ouverte à nous et à nos sœurs, la liberté du développement de la femme est une exigence de justice. Toute liberté de travailler doit être accordée à la femme,

102. *Le Journal pour Toutes*, n° 47 du 16 septembre 1865. Au total, à la mi-octobre 1865, la Société mutuelle de protection pour les femmes possède huit membres fondateurs, cinquante-six membres titulaires, cinquante-sept souscripteurs. Elle est dirigée par quatorze femmes élues, ce qui est alors un fait encore assez rare, même si la Société des Écoles professionnelles, fondée par Élisa Lemonnier et dirigée par plusieurs enseignantes, constitue un précédent important (et d'ailleurs souvent mentionné dans le *Journal pour Toutes*).

103. *Le Journal pour Toutes*, n° 99, 29 juin 1867. En octobre 1867, les sociétaires forment le projet d'acquérir en commun une machine à coudre (*Le Journal pour Toutes*, n° 116, 26 octobre 1867).

104. Fanny LEWALD, *Osterbriefe...*, *op. cit.*, reproduit dans Fanny LEWALD, *Politische Schriften...*, 1989, *op. cit.*, p. 17-19.

105. Voir Anneliese BESKE, « August Bebel als Theoretiker und Förderer der Fraubewegung – eingeschlossen die Beziehungen zu Louise O P », *Louiseum 8. Was Frauen bewegte, was Frauen bewegt. Berichte vom 5. LOPT 1997*, p. 46-53.

pour son propre perfectionnement moral et en raison de la valeur éducative du travail[106]. »

Pour répondre à ces objectifs, l'association utilise une partie de ses fonds à soutenir une école du dimanche pour des jeunes filles qui n'ont eu qu'une courte scolarité: des cours théoriques (langues, calcul) et pratiques (dessin, couture, comptabilité) doivent leur permettre de trouver de meilleurs emplois. Toutefois les moyens de l'association culturelle restent limités : désireuses d'agir davantage, Louise Otto-Peters et Auguste Schmidt fondent l'Association générale allemande des femmes, qui repose également sur le principe de *Selbsthilfe*.

L'Association générale allemande des femmes

Conformément à ses statuts, le *Frauenbildungsverein* de Leipzig convoque une assemblée générale du 16 au 18 octobre 1865, à laquelle sont conviées diverses personnalités de toute l'Allemagne, connues pour leurs idées progressistes sur la condition des femmes[107]. La date choisie correspond à l'anniversaire de la « Bataille des Peuples de Leipzig » de 1813, à l'issue de laquelle l'armée napoléonienne a dû fuir devant une coalition allemande. Deux ans auparavant, le cinquantième anniversaire de cet événement avait donné lieu à Leipzig à de grandioses manifestations, censées représenter une véritable « fête allemande[108] ». Les organisatrices de la « conférence des femmes » de 1865, elles-mêmes imprégnées de ce sentiment national si sensible à Leipzig, veulent donc donner une dimension historique et politique à leur initiative. Elles établissent d'une part un parallèle implicite entre l'émancipation des peuples et celle des femmes, dans le but de légitimer cette dernière[109]; d'autre part, elles montrent une fois de plus leur volonté d'intégrer les femmes à la nation en devenir, dans la fidélité au passé allemand.

Quelques hommes et plus d'une cinquantaine de femmes répondent à l'appel, lancé également par voie de presse. Dans son allocution d'ouverture, Louise Otto-Peters félicite les femmes pour leur courage et approuve les hommes présents de vouloir le progrès de l'humanité entière. Enfin, elle remercie les membres de l'Association culturelle des travailleurs, qui a accueilli les participants avec sa chorale, « Les travailleurs étant les premiers piliers de la nation, cela nous comble d'une fierté légitime de pouvoir agir de concert avec eux[110]. » Auguste

106. Cité par Johanna WAESCHER, *Wegbereiter der deutschen Frau, 18 Lebensbilder aus der Frühzeit der deutschen Frauenbewegung*, Kassel, 1931, p. 9-10.
107. Parmi elles, citons la femme du pasteur dissident Dur-Uhlich de Magdebourg, le professeur Ludwig Eckhardt de Mannheim, Jenny Hirsch de Berlin. Des femmes seraient aussi venues de Altenburg, Braunschweig, Dresde, Düsseldorf, Gera, Halle, Jena, Cologne, Munich, Prague, Weimar, etc. (Selon Louise OTTO, *Das Recht...*, *op. cit.*, édition de 1997, p. 89).
108. Voir Beate KLEMM, « Zufall oder Gesetzemässikeit?... », art. cit., p. 29.
109. Voir à ce sujet Ute PLANERT, « Die Nation als "Reich der Freiheit" für Staatsbürgerinnen, Louise Otto zwischen Vormärz und Reichsgründung », Ute PLANERT (Hg.), *Nation, Politik und Geschlecht. Frauenbewegungen und Nationalismus in der Moderne*, Frankfurt am Main, Campus Verlag, 2000, p. 113-131.
110. Discours de Louise Otto-Peters, reproduit dans le journal de son ami Julius Mühlfeld, *Mitteldeutsche Volks-Zeitung*, et repris dans Louise OTTO, *Das Recht...*, *op. cit.*, édition de 1997, p. 90.

Schmidt tient ensuite un discours rassurant, où elle se défend de vouloir éloigner les femmes du foyer, mais démontre l'intérêt de leur instruction pour la famille et pour société. Elle rappelle également que c'est parce que toutes les femmes n'ont pas le bonheur de devenir épouses et mères, qu'elles ont droit à une existence rendue digne et utile par le travail [111]. Dès la première séance, présidé par Louise Otto-Peters et Rosalie Schönwasser, un comité composé de quatre femmes et trois hommes est élu pour rédiger les statuts d'une association de femmes qui couvrirait l'ensemble de l'Allemagne. Finalement, l'assemblée vote une déclaration selon laquelle « le travail, qui doit être la base de la nouvelle société, [est] un devoir et un honneur pour le sexe féminin ». Le 17 octobre sont exposés les statuts [112] de l'Association Générale Allemande des Femmes (*Allgemeiner Deutscher Frauenverein*/ADF), le nom choisi indique clairement une référence à l'Association Générale Allemande des Travailleurs, fondée deux ans plus tôt par Lassalle, également à Leipzig [113]. Le premier article des statuts stipule que l'association se donne pour tâche « d'agir pour élever l'instruction (*Bildung*) du sexe féminin, et pour libérer le travail féminin de tous les obstacles opposés à son développement ». Les hommes qui s'intéressent aux objectifs de l'association peuvent devenir membres honoraires, avec une voix consultative seulement. Les membres sont invités à fonder des branches locales dans leurs villes respectives et il est prévu d'organiser chaque année une rencontre nationale. Le premier bureau directeur élu est composé de cinq femmes, dont Louise Otto-Peters, Auguste Schmidt et Ottilie von Steyber.

On constate donc que la fondation de l'ADF se place à la fois sous le signe de la nation et sous celui du travail. Pour acquérir une légitimité dans l'espace public et dans l'ordre politique, les femmes cherchent à suivre l'exemple des travailleurs qui prônent une organisation à l'échelle de l'Allemagne. Comme eux, elles veulent faire reconnaître leur place dans la nation, en démontrant qu'elles sont non seulement aptes à contribuer à son avènement, mais que leur participation est même indispensable. Lors du deuxième congrès de l'ADF, qui a lieu en juin 1867 à Leipzig de nouveau, Louise Otto-Peters souligne bien cet aspect dans son discours, en présentant la nation comme le seul cadre qui offrira la possibilité de fonder une société plus libre et plus égalitaire,

> « Ce n'est pas par hasard que nous avons nommé notre association "générale" et "allemande" ! Pour nous il n'y a qu'une seule patrie, que nous nous proposons de soutenir du mieux possible – avec notre faible force –

111. *Idem.*, p. 91.
112. Voir Louise Otto, *Das Recht…*, *op. cit.*, édition de 1997, p. 93-94. Si plusieurs journaux reproduisent les statuts, d'autres journaux rendent compte du « congrès des femmes » sur un ton ironique. Le *National-Zeitung* souligne l'incongruité de l'événement, « C'est une apparition frappante, et convenant peu au goût allemand, que de voir des femmes sur un si haut piédestal, et de les entendre discourir d'une voix si retentissante » (n° du 17 octobre 1865, cité dans Herrad Bussemer, *Frauen emanzipation…*, *op. cit.*).
113. Nous n'avons toutefois pas la trace de contacts des fondatrices de l'ADF avec l'ADAV de Lassalle. En revanche, les organisations de travailleurs, et notamment le *Arbeiterbildungsverein* de Leipzig, avec lesquelles l'ADF est liée, sont plutôt en désaccord avec l'ADAV. Très rapidement, l'ADF va aussi exprimer sa désapprobation envers les lassalléens, suite à leurs prises de positions hostiles au travail des femmes (voir *Neue Bahnen*, n° 2, [janvier] 1866).

> dans sa lutte pour une existence libre et digne, en cherchant à éveiller toute une moitié de la population – la moitié féminine – au travail, à la culture, à l'enthousiasme envers les plus hauts intérêts de l'humanité et en aspirant aussi pour cette moitié féminine du peuple allemand à une place humainement digne [114]. »

Comme on le lit dans cet extrait, mais aussi dans son livre *Das Recht der Frauen* ou bien dans ses articles pour *Neue Bahnen*, Louise Otto ne se réfère pas au droit de « tous les individus » composant le peuple allemand, mais insiste sur sa répartition en deux moitiés, elle rappelle ainsi implicitement l'idée de complémentarité entre féminin et masculin toujours latente dans ses propos. Elle ne se situe pas dans une logique universaliste mais dans une logique paritaire, la seule sans doute qu'elle estime pouvoir être acceptée par ses contemporains. La singularité de l'ADF est de concilier ce principe de complémentarité – jamais remis en cause – avec la stratégie de *Selbsthilfe.* Louise Otto déclare ainsi que la véritable solution à la « question des femmes » « ne peut être trouvée que par les femmes elles-mêmes, par leur propre volonté et leur propre force » et qu'il est inepte de penser que cette autodétermination [*Selbstbestimmung*] serait antiféminine [*unweiblich*], « ce qui est le plus contraire à la féminité, c'est lorsque les femmes laissent les hommes décider dans ce qui les concerne elles-mêmes [115] ».

On voit que Louise Otto joue sur la notion de « féminin » pour remettre à leur place les hommes tentés d'entraver la marche des femmes vers l'autonomie. Le concept de *Selbsthilfe* sert à promouvoir une solidarité féminine toute nouvelle, qui permet d'ébranler la domination masculine, mais n'a pas tout à fait les mêmes conséquences pour les femmes que pour les travailleurs, ceux-ci peuvent en effet aspirer à devenir des citoyens ordinaires, voire des individus délivrés de l'exploitation de classe, alors que les femmes ne s'imaginent pas hors du cadre du « féminin », même si – comme Louise Otto ici – elles tentent de redéfinir les normes de la « féminité ». Le principe de *Selbsthilfe* n'est d'ailleurs pas si facile à assumer, la non mixité des membres titulaires et des instances dirigeantes semble à beaucoup contradictoire avec l'indispensable complémentarité entre « féminin » et « masculin [116] ».

La volonté d'autonomie conduit l'association à se doter, dès le mois de décembre 1865, d'un journal bimensuel, *Neue Bahnen*, dirigé par Louise Otto et Auguste Schmidt. Il constitue presque l'unique source que nous ayons sur l'ADF – à l'exception des témoignages épars de la presse contemporaine – car les archives ont disparu. D'après le journal, l'ADF aurait compté, à la fin de l'année 1866, 95 membres – dont une douzaine d'hommes – répartis dans quarante-huit villes « allemandes [117] ». Faute de sources, il n'est pas possible

114. « Vereinsnachrichten », *Neue Bahnen*, n° 16, [août] 1867.

115. Louise Otto, *Das Recht…, op. cit.*, édition de 1997, p. 99.

116. Selon Auguste Schmidt, Hugo Rösch, *Louise Otto-Peters…, op. cit.*, seules dix-neuf des participantes auraient signé les statuts dès le premier jour, pour cette raison. Par la suite, l'inégalité entre hommes et femmes est régulièrement remise en cause.

117. Les villes autrichiennes de Vienne et Graz font partie du compte. Les groupes les plus importants sont situés à Leipzig, Dresde et Hambourg. Voir *Neue Bahnen*, n° 22, [novembre] 1866.

d'établir une véritable typologie des adhérentes. Beaucoup seraient des femmes nées entre 1805 et 1825, dont l'adhésion s'inscrirait dans le prolongement des idées du *Vormärz* ou/et de 1848 [118], qu'il s'agisse de sympathisantes ou membres des paroisses dissidentes, telles que Rosalie Schönwasser, ou bien de démocrates déclarées, telles que Luise Büchner, cette minorité agissante donne une perspective politique au fonctionnement de l'ADF. Il ne faut pas non plus négliger l'influence des rares adhérents, tels que Ludwig Eckhardt, Julius Mühlfeld et Emile-Adolf Rossmässler [119], qui appartiennent au réseau formé à Leipzig autour du journal *Mitteldeutsche VolksZeitung*. Par ailleurs, les informations dont nous disposons sur les femmes de l'ADF indiquent une assez grande homogénéité sociale, la plupart sont issues de la bourgeoisie diplômée ou commerçante. On note la présence de nombreuses célibataires ou veuves, non seulement elles possèdent une certaine liberté pour se consacrer à l'association mais, de plus, celle-ci s'adresse explicitement aux femmes privées de soutien familial. La plupart d'entre elles exercent le métier d'enseignantes ; quelques-unes sont artistes [120]. Plusieurs, mariées ou célibataires, peuvent être considérées comme des femmes de lettres, même si leurs œuvres sont de dimensions très diverses, outre Louise Otto-Peters, citons Jenny Hirsch, Luise Büchner, Luise Gutbier, Adele Volckhausen, Marie Mindermann, qui presque toutes apportent leurs contributions à *Neue Bahnen*.

Avant 1870, l'ADF ne parvient que moyennement à fédérer un réel réseau « national », malgré les injonctions formulées dans les statuts, et réitérées dans *Neue Bahnen* [121], peu d'adhérentes se réunissent en associations locales vraiment reliées à l'ADF. Néanmoins, l'ADF parvient à rassembler chaque année ses membres, qu'ils soient isolés ou rattachés à des groupes locaux, les assemblées générales se tiennent en 1867 à Leipzig, en 1868 à Braunschweig, en 1869 à Cassel [122]. Cette manifestation itinérante, qui assure la façade médiatique de l'association, permet de confirmer – au moins formellement – l'ambition nationale exprimée dès les débuts. En même temps, l'ADF s'en tient à des positions officielles apolitiques, ce qui contribue certainement à sa longévité, non seulement elle survit sans difficulté à la guerre de 1870-1871, mais elle prospère ensuite dans le cadre

118. Herrad U. Bussemer, « Bürgerliche Frauenbewegung und männliches Bildungsbürgertum 1860-1880 », dans Ute Frevert, *Bürgerinnen und Bürger*, *op. cit.*, p. 190-202. Voir aussi aussi Beate Klemm, « Der Leipziger Frauenbildungsverein und der Allgemeine Deutsche Frauenverein », dans Manfred Hettling, Uwe Schirmer, Susanne Schötz (Hg.), *Figuren und Strukturen. Historische Essays für Hartmut Zwahr*, München, 2002, p. 391-411, ainsi que Susanne Schötz, « Zur Gründung des AdF vor 135 Jahren in Leipzig », *Louiseum 14. wie gedacht – so vollbracht? Berichte vom 8. LOPT 2000*, p. 14-26.

119. Emil-Adolf Rossmässler (1806-1867), ancien député à Francfort en 1848, dirigeant d'une paroisse Catholique-Allemande, participe à la fondation du *Arbeiterbildungsverein* de Leipzig en février 1865. Lié à Henriette Goldschmidt et à Louise Otto-Peters, c'est probablement lui qui les a mises en contact avec le capitaine Korn.

120. Anna Löhn de Dresde est comédienne ; Elisabeth Brendel, de Leipzig, est pianiste ; Lina Ramann, à Nürnberg, dirige une école de musique pour filles.

121. Par exemple « Ansprache des allgemeinen deutschen Frauenvereins an die Lokal-Vereine », *Neue Bahnen*, n° 18, [juillet] 1867.

122. *Neue Bahnen*, n° 15 et 16, [juillet et août] 1867 ; n° 21 et 22, [octobre] 1868 ; n° 22, [novembre] 1869.

du Deuxième Empire allemand – au prix toutefois de certains compromis et renoncements.

La Société de la revendication des droits de la femme

L'histoire de la Société de la revendication des droits de la femme, également nommée Ligue en faveur des droits des femmes, remonte aux débuts du mouvement des réunions publiques à Paris. C'est André Léo, la seule personne que l'on retrouve présente tout au long de ce projet, qui semble en avoir été la principale instigatrice. Sa première initiative collective se traduit par un Manifeste pour les droits des femmes, produit sans doute entre le 29 juin et le 6 juillet 1868 – soit entre la première et la deuxième séance du Vauxhall sur le travail des femmes. Ce texte est signé par dix-neuf femmes, dont huit habitantes de Puteaux qui sont probablement membres de la section locale de l'Internationale ou/et de la Société coopérative de Puteaux, dirigée alors par Benoît Malon [123]. Parmi les signataires parisiennes, signalons Clarisse Reclus, l'épouse d'Élisée Reclus, et Mme Lacombe, sans doute l'épouse de Paul Lacombe, écrivain libre-penseur, rédacteur de *La pensée nouvelle.* Ce Manifeste, vraisemblablement écrit pour être lu lors de la deuxième réunion publique sur le travail des femmes, a comme objectif « de faire comprendre à la démocratie encore divisée sur ce point, combien la liberté et l'égalité, nécessaires à la dignité et au développement de l'être humain sont, par conséquent, nécessaires à la femme et par elle à l'amélioration de nos mœurs, à la sécurité de nos institutions [124] ». Les auteures se réfèrent d'abord à la Révolution, puis invoquent l'exemple des travailleurs « ligués pour la revendication de leurs droits ». Elles prennent donc modèle sur l'Association Internationale, pour former – en compagnie d'hommes de bonne volonté – « une ligue pour une nouvelle déclaration des droits, non plus seulement ceux de l'homme, mais ceux de l'humanité, et pour leur réalisation sociale [125] », dans la perspective de la démocratie. Enfin le texte établit un parallèle entre l'oppression de classe, et l'oppression de genre. « La femme » est ici évoquée non comme une catégorie naturelle mais comme une catégorie sociale, définie par la domination masculine, riche ou pauvre, elle subit le même assujettissement fondamental, dans le déni de son individualité. Même si elles insistent sur la question du travail, montrant qu'elles s'intéressent particulièrement aux femmes soumises à la double exploitation de genre et de classe, les auteures témoignent avant tout de cette « conscience » et de cette « solidarité de genre » que l'on retrouve dans les écrits d'André Léo. Celle-ci publie le Manifeste et la liste des signataires dans *L'Opinion Nationale* du 20 juillet 1868, ce qui suscite

123. Benoît Malon, membre de l'AIT, commence en juillet 1868 une correspondance suivie avec André Léo . Il a alors fait récemment sa connaissance, sans que l'on sache si c'est par l'intermédiaire de ces femmes de Puteaux ou bien si c'est lui qui les a mises en contact avec André Léo (Alain DALOTEL, *André Léo, la Junon de la Commune*, Cahiers du Pays Chauvinois n° 29, 2004, p. 41-42).

124. André LÉO, « Les séances du Vauxhall sur le travail des femmes », *L'Opinion Nationale*, 18 juillet 1868.

125. Texte du manifeste, publié dans *L'Opinion Nationale*, 20 juillet 1868.

quelques nouvelles adhésions. Trois petits groupes de Lyonnaises, dont l'un est affilié à l'Internationale [126] – soit vingt-trois femmes au total [127] – rejoignent la protestation des Parisiennes et le font savoir dans la presse. Enfin, le Manifeste a même eu un écho en Allemagne, puisqu'un certain Dr Karl Lanz de Stuttgart, qui se présente comme un historien et pédagogue, demande à André Léo l'autorisation de diffuser son manifeste pour « un congrès général de dames qui doit se tenir ici » (sans doute celui de l'ADF [128]). Avant même de connaître ces réactions favorables, les signataires du Manifeste poursuivent leur campagne au Vauxhall, lors de la quatrième séance, le 20 juillet, André Léo présente la Ligue pour les droits des femmes qui, « pour première œuvre, se propose de fonder au sein de chaque groupe démocratique, une école primaire de filles sans catéchisme [129] ».

Cette Ligue ne parvient pas à se faire reconnaître dans le cadre des réunions publiques, trop radicale par son rejet de la Femme, trop critique envers les soit-disants démocrates, elle s'attire l'hostilité des courants majoritaires. Le mouvement renaît toutefois quelques mois plus tard, comme l'atteste une première réunion de la Ligue, tenue le 24 janvier 1869 [130]. Après une discussion qui a mis en minorité les partisans de la citoyenneté immédiate des femmes, l'unanimité se fait sur la question de l'égalité civile. L'assemblée se donne donc deux objectifs, éclairer et convaincre l'opinion, au moyen d'un nouveau manifeste revendiquant seulement les droits civils ; fonder une « école primaire de filles, où les principes de l'ordre nouveau serviront de bases à l'éducation nouvelle [131] ». André Léo aurait évoqué dès la réunion publique du 20 juillet 1868, la nécessité – mais aussi la difficulté – d'avoir un journal hebdomadaire qui se ferait porte-parole des aspirations des femmes [132]. Aussi répond-elle positivement lorsque Léon Richer lui demande sa collaboration pour le journal qu'il est en train de concevoir, en mars 1869 [133]. Elle essaie en même temps de le rallier à sa propre entreprise et lui envoie le manifeste sur les droits civils, en lui demandant des signatures, notamment celle de sa collaboratrice Maria Deraismes [134]. Ce texte

126. Parmi les dix femmes qui signent « pour un groupe des Brotteaux », on relève le nom de Virginie Barbet et de Mme Richard, la mère de l'un des responsables de la section lyonnaise de l'AIT. Leur lettre paraît dans *Le Progrès de Lyon*, 28 juillet 1868. La deuxième lettre de Lyonnaises est publiée dans *Le Progrès* du 29 juillet 1868. Le 26 août 1868, *L'Opinion nationale* les reprend, en y ajoutant une troisième déclaration.

127. Il faudrait rajouter les noms de quatre autres femmes, qui signent une lettre d'un « collectif de femmes lyonnaises » (conservée à l'IISH d'Amsterdam, fonds Lucien Descaves, communiquée par Alain Dalotel).

128. Lettre du 10 septembre 1868, qui suit une lettre du 25 juillet dans laquelle il lui proposait de faire traduire deux de ses romans, le *Divorce* et l'*Idéal* (IISH d'Amsterdam, fonds Lucien Descaves, lettres communiquées par Alain Dalotel). On ignore la réponse d'André Léo ; ni ses romans ni son manifeste ne semblent avoir été traduits en allemand.

129. André Léo, « Quatrième séance du Vauxhall. Travail des Femmes », *L'Opinion Nationale*, 23 juillet 1868.

130. *L'Opinion Nationale*, 30 janvier 1869.

131. *Ibidem*.

132. Rapport de la réunion du 20 juillet 1868, Papiers Rouher.

133. « Monsieur, [...] je suis tout naturellement avec vous dans l'œuvre que vous m'annoncez et qui se trouve établie sur les mêmes bases que la nôtre. » (Lettre de Léodile Champseix à Léon Richer, s. d. [février ? 1869], BHVP, Fonds Bouglé).

134. Lettre de Léodile Champseix à Léon Richer, s. d. [10 mars ? 1869].

est publié dans le *Droit des Femmes* du 18 avril 1869, soit dès le deuxième numéro [135]. Intitulé « Revendication des droits civils refusés à une moitié de la nation », il s'adresse à un large public. Le but en effet est de sensibiliser l'opinion à l'iniquité du Code civil. En outre, le texte lance un appel particulier aux ouvriers – en leur signifiant que l'infériorisation du travail féminin leur est préjudiciable – et à l'ensemble des démocrates – en leur rappelant que la fonction maternelle et éducatrice des femmes leur donne le pouvoir de retarder les progrès de la société. Le texte joue donc sur divers types d'arguments et incite les hommes à se joindre à un mouvement qui se veut mixte, tout en préservant la part d'initiative des premières intéressées. Parmi les trente-huit premières signataires, apparaissent les noms de quatre femmes dont André Léo a dû faire la connaissance au Vauxhall – Adèle Desmars, Maxime Breuil, Clara Ranvier et Mme Cotta – ainsi que ceux de quatre collaboratrices du *Droit des Femmes* – Maria Deraismes, Stella Blandy, Nelly Lieutier, Amélie Bosquet. Les premières signataires semblent être d'appartenances politiques variées, les collaboratrices du *Droit des Femmes*, plutôt représentantes de la bourgeoisie républicaine et démocrates modérées, y côtoient en effet des internationalistes – sans doute des ouvrières – de Puteaux, ainsi que Noémie Reclus et Louise Michel, appartenant aux milieux socialistes. La Revendication fonctionne dans une certaine mesure comme une pétition, les signatures sont publiées par le *Droit des Femmes* jusqu'au numéro du 3 septembre 1869. S'ajoutent ainsi les noms de 128 autres femmes et de 122 hommes, provenant en majorité de Paris et de sa banlieue, mais aussi de Lyon, Bordeaux, de plus petites villes, et même d'Algérie. Divers cercles se sont mobilisés, correspondant aux réseaux respectifs de Léon Richer, Maria Deraismes et André Léo, on trouve des franc-maçons tels que Léon Richer [136], Charles Fauvety, Jean-Claude Colfavru, Augustin Verdure ; d'anciens saint-simoniens, tels que Charles Lemonnier, Claire Bazard, Suzanne Voilquin ; des libres penseurs tels que Marie-Louise et Wladimir Gagneur, Mme Brack (Lyon), la famille Doudeau [137] ; mais aussi des représentants de la minorité internationaliste favorable à l'égalité des sexes, tels que Élie et Élisée Reclus, Benoît Malon, Eugène Varlin, Gaspar Sentinon. La Revendication n'a pas été ensuite adressée aux autorités mais a servi à la Ligue – qui se nomme désormais Société pour la revendication des droits civils de la femme – à diffuser ses idées et à collecter des adhésions, lors de l'assemblée générale du 19 juillet 1869, une circulaire est rédigée, qui invite tous les signataires à devenir membres de la société et souscripteurs de l'école qui va être fondée [138].

135. « Revendication des droits civils refusés à une moitié de la nation », *Le Droit des Femmes*, n° 2 du 18 avril 1869.

136. On note parmi les signataires les couples Ansel et Hardou, dont les hommes – respectivement un peintre sur porcelaine et un tailleur – sont membres de la Loge dont Léon Richer était Vénérable entre 1860 et 1867, et à laquelle Charles Fauvety a aussi appartenu en 1865-1867 (tableaux de la Loge, Bib. Nat., FM2, 629).

137. Le journal *La Démocratie* évoque à plusieurs reprises cette famille Doudeau qui adhère en juillet 1869 à la Société civile des Familles (voir *La Démocratie* des 10 février et 25 juillet 1869) ; l'un d'eux est membre de l'AIT et signataire d'un programme socialiste (voir *La Démocratie* du 25 avril 1869).

138. « Fondation d'une école », *Le Droit des Femmes*, n° 17, 31 juillet 1869.

Si le plaidoyer en faveur des droits civils reste sans effet – la Revendication semble abandonnée après cinq mois de signatures – le projet d'école primaire de filles demeure bien vivant, et André Léo profite du *Droit des Femmes* pour en faire la publicité [139]. Même après son retrait de la rédaction fin août 1869 – dû en partie aux ambitions concurrentes de Léon Richer et Maria Deraismes, qui se targuent de représenter seuls le renouveau du mouvement des femmes, en privilégiant les classes moyennes et bourgeoises [140] – le journal continue d'informer sur les activités de la Société. Il publie ainsi le programme et le règlement de l'École primaire démocratique projetée [141]. Cette dernière, destinée aux filles de six à douze ans, est fondée sur des principes extrêmement novateurs. La méthode, qui rappelle les idées développées en Allemagne par Fröbel et ses adeptes, préconise d'étudier « les besoins de l'enfant et ses facultés naturelles afin de s'y conformer, au lieu de les violenter par des systèmes préconçus », d'exercer l'enfant « à l'observation et au raisonnement » grâce à un enseignement concret. L'école, bien sûr laïque, amènera les fillettes à formuler une « morale démocratique ». Le règlement, « composé de prescriptions, les moins nombreuses qu'il soit possible, ayant pour objet le respect du droit de tous et de chacun », devra être expliqué à chaque élève et accepté par elle. Enfin l'école veut donner aux filles une instruction complète, incluant des matières ordinairement réservées aux garçons, telles que les sciences naturelles et la gymnastique. La leçon d'économie domestique mentionnée dans le programme ne contient ni couture ni ménage, mais de la comptabilité et du droit usuel [142], ce qui prépare les élèves bien plus à un avenir professionnel qu'à un enfermement domestique. Au total, rien ne prédispose les élèves à une quelconque mission éternelle de la Femme, au service du foyer et de l'humanité. Il s'agit au contraire d'« élever des citoyennes – comme il faudrait élever des citoyens [143] ».

Le projet semble porté par un petit groupe bien précis, composé de Noémie Reclus, André Léo et Marie David, ainsi que de Gustave Francolin et Hippolyte Leval. On retrouve leurs noms parmi ceux des quatorze personnes qui signent les statuts officiels de la Société de la revendication des droits de la

139. Voir André Léo, « L'école primaire démocratique », *Le Droit des Femmes*, n° 14, 10 juillet 1869. Elle publie aussi des articles à ce sujet dans *Le Siècle*, *La Démocratie*, *L'Almanach de la coopération pour 1870*.

140. Ainsi, lors du banquet de propagande du 11 juillet 1869, il n'est pas question de la Société pour la revendication des droits. Dans son discours, Maria Deraismes fait allusion à la Revendication comme étant une émanation du journal (voir *Le Droit des Femmes*, n° 15 et n° 16 des 17 et 24 juillet 1869), puis un article de Marie Goegg présente le banquet comme étant la première affirmation du droit des femmes. André Léo proteste dans divers courriers adressés en août 1869 à Léon Richer, où elle lui reproche notamment de négliger « l'élément populaire » (Fonds Bouglé, BHVP).

141. « École primaire démocratique », *Le Droit des Femmes*, n° 23, 11 septembre 1869 ; voir également *L'Opinion Nationale* du 15 septembre 1869.

142. Avec ce dernier point, le projet se démarque définitivement des autres projets d'écoles laïques et démocratiques qui se forment au même moment. Voir par exemple le comité des écoles laïques qui se crée en mai 1870 à l'initiative de libres penseurs – rejoints notamment par Paule Mink et Louise Michel – et qui prévoit des classes non mixtes et des cours spécifiques pour les filles, portant sur la couture et le ménage (*La Libre pensée*, 25 juin 1870).

143. André Léo, *Le Siècle*, 15 juillet 1870.

Femme, datés du 30 septembre 1869 et imprimés sous forme de brochure [144]. Ces quatorze fondateurs – sept hommes et sept femmes – attestent d'une certaine mixité sociale, on compte deux ouvrières [145], deux ouvriers-artisans qualifiés [146], trois femmes sans profession [147], une institutrice [148], une femme et un homme de lettres [149], et quatre hommes de profession libérale [150]. Parmi eux, Jean-Claude Colfavru, Vénérable de la Loge Le Travail, a fait preuve de ses réelles convictions en faveur de l'égalité des sexes, lorsqu'il a tenté, en mai 1868, d'ébranler les plus vieilles traditions maçonniques, il a alors déclaré aux responsables du Grand Orient que sa Loge, « considérant que rien dans la Constitution ni les statuts n'excluant les dames du droit de participer à la vie maçonnique, a décidé que toute femme qui réunirait les conditions de liberté et de moralité exigibles pourrait être admise aux épreuves maçonniques ». Il a bien sûr dû renoncer à cette entreprise subversive, face aux réactions immédiates du Grand-Orient [151].

La Société déclare se former dans le but « d'instituer des écoles destinées aux filles des membres de la Société et de mettre en pratique toutes autres méthodes générales de propagande, devant faciliter et hâter la reconnaissance légale des droits de la Femme [152] ». Les associés redoublent d'efforts pour rassembler des fonds et se tournent vers les conférences, annoncées dans *L'Opinion Nationale* ou dans *Le Droit des Femmes*. En décembre 1869, au Grand Orient, Maxime Breuil parle de Thomas Moore, et Jean-Claude Colfavru du Prométhée d'Eschyle [153] – des sujets littéraires propres à des lectures démocratiques. D'autres conférences sont faites par Maria Deraismes, Pauline Beauchet [154], Gustave Francolin, Camille

144. *Statuts de la Société de la Revendication des Droits de la Femme*, brochure conservée à la BHVP, fonds Bouglé, Liasse « Société pour l'Amélioration du Sort de la Femme et la Revendication de ses Droits ».
145. Mlle Caroline Desmars, piqueuse-mécanicienne (peut-être la fille d'Adèle Desmars ?), et Mme Joséphine Leval, piqueuse de bottines.
146. Hippolyte Leval est monteur en bronze ; Augustin Verdure est directeur de l'Union des ébénistes et secrétaire de la commission consultative des Sociétés coopératives.
147. Mmes Noémie Reclus, Caroline Verdure et Mlle Julie Toussaint. Cette dernière serait la fille de l'ancien saint-simonien Marie-Antoine Toussaint. Elle a été proche d'Élisa Lemonnier et enseigne dans les Écoles Professionnelles de filles ; en septembre 1865, elle était membre titulaire de la Société mutuelle de protection des femmes d'Eugénie Niboyet.
148. Mlle Marie (ou Maria) David. Elle signe en 1867 quelques articles dans *Le Journal pour Toutes* (dont « Le proscrit », n° 117, 2 novembre 1867). Elle publie ensuite des textes dans *Le Droit des Femmes*. Elle est en 1870 la secrétaire de la Société, dont le siège officiel est installé à son domicile, à Montmartre.
149. Mme Léodile Béra (André Léo), qui n'indique d'ailleurs aucune profession, et Elie Reclus.
150. MM. Gustave Francolin (professeur), Ernest Hendlé (avocat), Pierre-Antide Martin (ancien notaire, ancien conseiller général de la Loire, partisan du mouvement coopératif), Jean-Claude Colfavru (avocat).
151. Voir les archives de la Loge Le Travail, Bib. nat., FM 642. Malheureusement, le dossier a été vidé de son contenu. Il ne reste que la copie des lignes de Colfavru citées ci-dessus, et l'extrait d'une lettre lui enjoignant d'annuler cette décision propre « à dénaturer le caractère de la franc-maçonnerie ».
152. *Statuts de la Société de la Revendication*..., brochure citée.
153. *La Démocratie*, n° du 12 décembre 1869.
154. Pauline Beauchet enseigne l'histoire de l'art et le dessin dans des cours professionnels pour femmes organisés par la Société pour l'instruction élémentaire (*L'Économiste français*, n° 277, 5 novembre 1868, p. 173). Depuis 1866 elle collabore épisodiquement à *L'Économiste français*. Elle fait des conférences sur des thèmes littéraires et artistiques (*Le Journal des Femmes*, 5 juin 1869).

Flammarion. Sans doute ces initiatives ont-elles connu un succès suffisant, à la mi-juillet 1870, André Léo affirme qu'une directrice a été recrutée par concours, et annonce les noms des sociétaires qui se portent volontaires pour assurer des cours [155]. L'ouverture de l'école est prévue pour octobre [156]. L'entrée en guerre balaie cependant le projet et fait disparaître la Société pour la Revendication des droits. Aucune des associations féministes qui se formeront dans les années 1870-1880 n'aura sa radicalité, l'intégration à la Troisième République passe alors par la soumission aux normes du « féminin », qui perpétuent l'exclusion de la citoyenneté.

L'Association internationale des femmes

Françaises et Allemandes engagées ont également la possibilité de se rencontrer et d'œuvrer ensemble dans une perspective européenne, au sein de l'Association internationale des femmes pour la paix et la liberté (AIF [157]). Celle-ci est une émanation de la Ligue internationale de la paix et de la liberté créée à Genève en septembre 1867, sous la présidence d'honneur de Garibaldi [158]. Or le comité fondateur de la Ligue entretient une attitude ambiguë vis à vis des femmes, due notamment à l'influence de membres appartenant au courant majoritaire de l'AIT, si les femmes peuvent adhérer, la question de leur droit à la parole et de leur droit de vote reste d'abord problématique [159]. Malgré ses grandes déclarations démocratiques, la Ligue Internationale n'est donc pas un cadre où les femmes peuvent militer de la même manière que les hommes. La seule qui le tente est André Léo, en tant que collaboratrice des *États-Unis de l'Europe*, dès le premier numéro du journal, organe de la Ligue, elle publie des articles dénonçant la conscription, l'armée et les systèmes politiques actuels, sans évoquer un quelconque point de vue « féminin ». Les autres collaboratrices du journal [160] se consacrent à la question des femmes, sujet sur lequel leur légitimité ne saurait être remise en cause.

C'est en prétendant mieux traiter cette question des femmes que la Genevoise Marie Goegg [161], épouse du vice-président du Comité permanent de la Ligue,

155. M. Francolin (musique), M. [Henri ?] Regnault (dessin), M. Paul Lacombe (histoire) ; M. A[ristide ?] Rey (histoire naturelle) ; M. Élisée Reclus (géographie) ; Mlle David (comptabilité)... (André Léo, *Le Siècle*, 15 juillet 1870).
156. Selon le manuscrit d'Eliska Vincent, la Société a réussi à collecter 11 000 francs, qui ont été déposés à la banque d'Arlès-Dufour, et deux institutrices parisiennes – Mmes Pottier et Vivien – ont été recrutées par concours (Bib. M. D., Ms 168).
157. Sur cette association, voir Alice Primi, « Du féminin universel au féminisme européen, l'Association Internationale des Femmes pour la Paix et la Liberté (1868-1870) », à paraître dans les Actes du colloque *Femmes et stratégies transnationales*, tenu à Cergy du 18 au 20 septembre 2008.
158. Voir les *Annales du Congrès de Genève (9-12 septembre 1867)*, Genève, chez Vérésoff & Garrigues, 1868.
159. *Annales... op. cit.*, p. 16.
160. À l'exception aussi de Rosalie Schönwasser, auteure d'un article sur « L'Émancipation religieuse, condition de tout progrès » (*Les États-Unis de l'Europe*, n° 23, 9 juin 1868).
161. Marie Goegg (1826-1899), divorcée de son premier mari, a épousé en 1849 Armand Goegg, avant que celui-ci ne soit expulsé de Genève pour ses activités politiques. Le couple vit en exil à Londres puis en Allemagne, puis revient en Suisse.

propose, dès mars 1868, la fondation d'une Association internationale de femmes[162]. Elle encouragée par certains hommes de la Ligue qui estiment que les femmes peuvent apporter une contribution spécifique du fait de leurs dispositions « naturelles » à l'amour et à l'harmonie[163]. Ils espèrent peut-être que le problème de la participation des femmes à la Ligue sera résolu par l'existence d'une organisation purement féminine, à la fois complémentaire et subordonnée. Marie Goegg semble abonder en ce sens, en expliquant que les femmes ont intérêt à se regrouper, pour favoriser les « progrès de l'humanité en général » et les « principes de la Ligue de la paix et de la liberté en particulier », et pour aider « la mère » à exercer « la saine et heureuse influence à laquelle elle est destinée par la nature[164] ». Cette argumentation apparaît bien consensuelle, mais s'oppose en réalité à une vision très condescendante du rôle des femmes, proposée en particulier par Clémence Royer dans le premier numéro des *États-Unis de l'Europe*[165]. Cette dernière suggère en effet aux fondateurs de la Ligue de solliciter « le concours muet, passif, mais non moins efficace » des femmes, dont la pitié viendra seconder la parole, la plume, les actes des hommes... Il est frappant de constater à quel point cette auteure se dissocie là des autres femmes, qu'elle présente selon tous les stéréotypes de l'idéologie patriarcale. Marie Goegg réagit donc en insistant sur l'« offrande intellectuelle » que les femmes ont aussi à apporter et veut leur donner les moyens de jouer un rôle actif.

L'Association Internationale des Femmes voit officiellement le jour le 26 juillet 1868, en tant que Section de la Ligue de la paix et de la liberté, destinée d'abord à « seconder » les efforts des hommes, « puis [à] travailler à l'amélioration intellectuelle et sociale de la femme[166] ». Les femmes de tous les pays sont invitées à former des comités locaux et nationaux, rapportant chaque semestre au comité central de l'AIF, basé à Genève sous la présidence de Marie Goegg. L'AIF semble donc s'inspirer dans sa forme de l'expérience allemande de l'ADF, et adopte également des modes d'action comparables. Ainsi, l'association se consacre à l'envoi de pétitions destinées à améliorer le statut des femmes. Les premières pétitions sont adressées aux dirigeants de l'AIT et à ceux de la Ligue internationale, pour réclamer l'admission des femmes à égalité avec les hommes[167]. Le Comité des travailleurs déclare la demande intempestive, tandis que

162. Marie Goegg, « Proposition de créer une association internationale des femmes », *Les États-Unis de l'Europe*, n° 10, 8 mars 1868. Voir Bertha Rahm, *Marie Goegg*, Schaffhausen, ALA Verlag, 1993 et Franca Pieroni Bortolotti, *La Donna, La Pace, L'Europa. L'Associazione internazionale delle donne dalle origini alla prima guerra mondiale*, Milano, Franco Angeli, 1985.

163. Ainsi parle par exemple Jules Barni (*Les États-Unis de l'Europe*, n° 14, 5 avril 1868). Très peu d'hommes de la Ligue Internationale envisagent les femmes comme des individus; parmi eux, citons l'Espagnol Gaspar Sentinon, qui estime que c'est aux femmes de dire ce qu'elles veulent (*Les États-Unis de l'Europe*, n° 9, 28 février 1869).

164. Marie Goegg, « Proposition... », art. cit.

165. Clémence Royer, « La Ligue et les Femmes », *Les États-Unis de l'Europe*, n° 1, 5 janvier 1868.

166. « Association Internationale des Femmes », *Les États-Unis de l'Europe*, n° 26, 28 juin 1868.

167. *L'Association Internationale des Femmes. Compte-rendu de la première assemblée générale annuelle, le 27 mars 1870*, Genève, Pfeiffer et Puky, 1870.

la Ligue confirme sa décision d'accorder aux femmes les mêmes droits qu'aux hommes lors du congrès de Berne[168].

Ce deuxième congrès de la Ligue, qui se tient du 22 au 26 septembre 1868, est ainsi la première assemblée délibérative admettant hommes et femmes avec les mêmes droits. Cependant, elle réserve encore un traitement distinct selon le sexe, les deux seules oratrices que l'on entend, Marie Goegg et Virginie Barbet, s'expriment lors d'un après-midi dédié à l'émancipation des femmes. Marie Goegg demande « l'abolition des lois qui soumettent la femme à l'homme », « l'égalité dans l'instruction et devant la loi[169] ». Elle n'ignore pas les divisions de la Ligue sur la « question des femmes » et recourt donc à un thème censé faire l'unanimité, la nécessaire émancipation des femmes de l'emprise cléricale. Virginie Barbet se montre plus véhémente. Cette Lyonnaise membre de l'AIT[170], qui vient de signer le Manifeste d'André Léo, réclame pour les femmes « leurs droits moraux, sociaux, et politiques, qui seuls sont appropriés pour faire de la femme [...] un être libre qui participe à la construction de la civilisation, et une citoyenne égale en droits qui prend part avec zèle à la réalisation du bien-être des peuples[171] ». Plaçant ses espoirs dans la future république démocratique universelle, elle en appelle à la logique des démocrates pour qu'ils reconnaissent la femme comme individue dans la société. Enfin, elle aussi développe le thème consensuel de la religion[172], « si vous voulez enfin annuler l'influence cléricale, si désastreuse pour le progrès, [...] alors faites tout votre possible pour que les femmes accèdent à toutes les écoles et que les portes de la sciences leur soient ouvertes, [...], alors agissez vite pour que les femmes, égales à l'homme dans la nature, le deviennent aussi dans la société[173] ». Les discours des deux oratrices ne soulèvent apparemment aucun débat, même si un orateur fait remarquer que la réclamation des droits politiques par Mme Barbet est évidemment à repousser dans l'avenir[174]. Malgré cette restriction, le congrès approuve la résolution proposée par Marie Goegg et reconnaît « qu'en principe tous les droits humaines, économiques, civiles, sociaux et politiques appartiennent aux femmes » ; « il met à l'étude la recherche des moyens les plus propres à hâter le jour où les femmes pourront avoir le plein exercice de ces droits[175] ». Si la relative modération de

168. Voir *Les États-Unis de l'Europe*, n° 22, 2 juin 1868, qui publie le programme du deuxième Congrès de la Paix et de la Liberté, prévu pour septembre. L'évolution concernant l'égalité des sexes ne va pas de soi et doit être argumentée dans le journal. Par exemple : « Pour et contre le droit des femmes », *Les États-Unis de l'Europe*, n° 31, 2 août 1868.

169. *Ibidem.*

170. La biographie de Virgnie Barbet est encore très mal connue. Voir Antje Schrupp, *Nicht Marxistin und auch nicht Anarchistin. Frauen in der ersten Internationale*, Königstein, Ulrike Helmer Verlag, 1999, p. 50-99.

171. Voir son discours publié en allemand dans *Die Bund*, 30 septembre 1868, reproduit dans Bertha Rahm, *Marie Goegg*, *op. cit.*, p. 101-104. *L'Opinion Nationale* et *Le Progrès de Lyon* du 29 septembre 1868 en publient aussi des extraits.

172. Les journaux qui rendent compte des discours de Goegg et de Barbet reproduisent le plus volontiers les passages consacrés à la religion, escamotant les autres...

173. Voir son discours reproduit dans Bertha Rahm, *Marie Goegg*, *op. cit.*, p. 101-104.

174. *Le Progrès de Lyon*, 29 septembre 1868.

175. Voir les résolutions finales du deuxième congrès de la Paix, *Les États-Unis de l'Europe*, n° 39, 30 septembre 1868.

Marie Goegg lui a permis d'être entendue dans une certaine mesure au sein de la Ligue, la question des femmes demeure bien à part. Les femmes ne sont finalement reconnues qu'en tant que membres de l'AIF, n'ayant de légitimité qu'en tant que spécialistes de leur propre cause. Dans ces conditions, il n'est pas étonnant que – passée d'actualité – la question de l'égalité des sexes ne soit plus abordée dans les résolutions du congrès de Lausanne en 1869. Marie Goegg s'y retrouve la seule femme à faire un discours – toujours sur le sujet de l'émancipation [176].

Aucune source ne permet d'établir la liste des membres de l'AIF [177], seuls quelques noms – sans doute les membres les plus actives – reviennent de temps à autre dans les comptes-rendus [178]. Les Suissesses sont les plus nombreuses. Citons parmi les quelques Allemandes les noms de Rosalie Schönwasser et de Julie Kühne (de Stettin), membres de l'ADF. Les Françaises mentionnées sont Désirée Gay (installée à Genève puis à Turin), Julie Daubié [179] et Louise Bader – qui n'ont peut-être été que de simples sympathisantes, et Mmes Léon Richer et Charles Guillon, qui sont des correspondantes officielles de l'AIF. Françaises et Allemandes ne semblent pas avoir entretenu de liens, et le réseau de l'AIF a globalement fonctionné en étoile convergeant vers Genève. Toutes les membres de l'AIF n'appartiennent pas à la Ligue internationale, ainsi Désirée Gay fait partie du groupe qui se retire de la Ligue après le congrès de 1868, pour fonder autour de Bakounine l'Alliance internationale de la démocratie socialiste, qui devient ensuite une section de l'AIT [180]. La présence de personnes extérieures et de dissidentes a dû aider l'AIF à obtenir une certaine indépendance. C'est sans doute pour renforcer cette indépendance que Marie Goegg fait le projet d'un journal. Le 1er mars 1869 paraît ainsi le premier numéro du *Journal des Femmes. Politique, Économie sociale, Arts et Littérature*, édité à la fois à Genève par Marie Goegg et à Paris par un certain Louis Bouyon [181]. La collaboration avec un homme permet à Marie Goegg de rédiger un journal cautionné et pouvoir donc parler politique. Cependant, leur déclaration de principes montre d'emblée que le compromis sera difficile entre les positions conservatrices de Bouyon et les aspirations émancipatrices et socialistes de Goegg [182]. Cette dernière a sollicité l'appui de

176. Marie Goegg explique le faible nombre de femmes présentes à Lausanne par la préparation de l'Assemblée Générale de l'ADF à Cassel, qui mobilise les Allemandes. Ceci n'explique pas la désaffection des autres nationalités…

177. Le compte-rendu de l'assemblée générale de mars 1870 indique seulement qu'il existe à cette date « une quinzaine de comités locaux » (Bertha Rahm, *Marie Goegg…*, *op. cit.*, p. 117).

178. *Ibid.*

179. Julie Daubié envoie une lettre à l'assemblée de l'AIF du 27 mars 1870, demandant que l'AIF se donne pour objectif la recherche en paternité (Bertha Rahm, *Marie Goegg…*, *op. cit.*, p. 125).

180. Jules et Désirée Gay sont parmi les 84 personnes qui signent le premier programme de l'Alliance internationale (Jacques Freymond [dir.], *Études et documents sur la Première Internationale en Suisse*, Genève, librairie Droz, 1964, p. 205). En mars 1870, Désirée Gay envoie une lettre à l'AIF, suggérant que les sociétaires proposent des solutions concrètes pour l'émancipation des femmes, qui seraient publiées dans un bulletin mensuel (Bertha Rahm, *Marie Goegg…*, *op. cit.*, p. 125-126).

181. Louis Bouyon avait tenté en 1868 de lancer un journal pour les femmes, mais seul le numéro prospectus est paru (15 mai 1868). Il s'agit alors d'un journal hebdomadaire, non politique, dont le rédacteur – inconnu par ailleurs – semble poursuivre un objectif essentiellement lucratif, en proposant une publication très moralisante et normative.

182. *Le Journal des Femmes*, n° 1, 1er mars 1869. Le rythme de parution est bimensuel.

Louis Blanc, de Paule Mink et Maria Deraismes, dont des lettres sont publiées, mais peu de femmes participent en définitive au journal [183]. Dès le quatrième numéro, la mention « s'adresser à Mme Goegg » disparaît, signalant l'échec de la collaboration avec Bouyon. Celui-ci ne parvient d'ailleurs à maintenir le journal que quelques semaines de plus [184], tandis que Marie Goegg trouve asile dans le *Droit des Femmes*, fondé en avril 1869, où elle se montre l'une des collaboratrices les plus revendicatives, notamment concernant le droit de vote.

L'assemblée générale de l'AIF, tenue le 27 mars 1870 à Genève, fournit un bilan rétrospectif des activités de l'association [185]. Elle s'est consacrée à envoyer des requêtes à divers gouvernements concernant le statut légal des femmes, et à éditer des circulaires et des brochures afin de rassembler des fonds pour la fondation d'un collège de filles. Le discours fait par Marie Goegg lors de cette assemblée permet aussi de mesurer le chemin qu'elle a personnellement parcouru depuis sa première intervention dans *Les États-Unis de l'Europe,* deux ans auparavant. La présidente de l'AIF revendique désormais une égalité totale, sans plus éluder ni reporter la question des droits politiques :

> « ... c'est grâce au vote politique, autrement dit "suffrage universel", mot illusoire aussi longtemps que les femmes n'y participeront pas, qu'ont eu lieu les progrès et les améliorations sociales qui nous réjouissent, mais qui, nous le répétons, sont très insuffisantes. La conclusion naturelle est donc celle-ci, nous réclamons le doit de vote parce que toute amélioration est sortie de l'exercice de ce droit ; parce qu'il est temps aussi pour nous de n'être plus une classe ; parce que nous sentons la nécessité d'avoir nos idées présentées dans les Conseils, dans les Commissions, partout où il y a une discussion humanitaire ; parce que nous aussi nous voulons être des citoyennes et partager la tâche des citoyens, nos frères ! Voilà Mesdames et Messieurs, l'exposé des principes pour lesquels nous travaillons. Nous défendons l'autonomie de la femme ; nous voulons faire reconnaître et respecter son individualité, nous le faisons au nom de l'équité et de la morale [...] [186]. »

Les sources dont nous disposons ne nous permettent pas de savoir si ces positions font l'unanimité au sein de l'AIF. Quoi qu'il en soit, l'association semble être demeurée de dimensions modestes et d'une efficacité peu probante. Affectée par la guerre franco-allemande de 1870-1871, elle périclite ensuite, même si elle perdure officiellement encore durant quelques années.

183. Julie d'Herment, qui signe la rubrique politique en début de journal, est vraisemblablement un pseudonyme de Louis Bouyon. Au fil des numéros, ce dernier finit par émettre des réflexions de plus en plus acerbes sur les idées de Paule Mink, Maria Deraismes, Julie Daubié.
184. Le dernier numéro paru est le n° 7, du 5 juin 1869.
185. Voir Bertha Rahm, *Marie Goegg..., op. cit.*, p. 107-130.
186. Discours de Marie Goegg le 27 mars 1870 à Genève, publié dans *Les États-Unis de l'Europe*, n° 4, avril 1870 et dans *Le Droit des Femmes*, n° 49, 3 avril 1870.

Les associations patronées par des hommes

Comme l'explique Louise Otto-Peters pour justifier le principe de *Selbsthilfe*, la présence des hommes dans une association mixte représente toujours un danger potentiel. En France, la Société pour la revendication des droits de la femme ne parvient sans doute à concilier mixité et égalité qu'en sélectionnant des membres masculins particulièrement scrupuleux. Enfin, l'AIF parvient à fonctionner sans recourir aux hommes, et même à combattre victorieusement l'initiative concurrente d'un certain Jean Gay qui, le 18 septembre 1868, annonce la création à Genève d'un Congrès permanent ayant pour objet l'étude de la question des droits de la femme [187]. Dès le mois de novembre, Marie Goegg a réussi à mettre ce projet sous tutelle, ce « Congrès permanent » est transformé en section suisse de l'AIF [188]. Ces succès demeurent minoritaires et les organisations dirigées par des hommes ou exclusivement masculines demeurent la norme. Rien d'étonnant donc à ce que quelques hommes cherchent à prendre en main des structures dévolues à la « question des femmes » et prétendent contribuer à leur affranchissement, selon ce qu'eux-mêmes estiment juste et raisonnable. L'association fondée à Berlin par Adolf Lette, comme l'association fondée à Paris par Léon Richer, illustre cette volonté de contrôle par des hommes qui admettent la nécessité d'intégrer les femmes aux évolutions modernes, tout en préservant les fondements d'un ordre social qui leur paraît indépassable. Il est intéressant d'examiner dans quelle mesure de telles structures peuvent être malgré tout un lieu d'expression et d'engagement pou des femmes.

L'Association pour la promotion de l'emploi des femmes (*Verein zur Förderung der Erwerbsfähigkeit des weiblichen Geschlecht*) est plus connue sous le nom d'Association Lette (*Lette-Verein*), du nom de son fondateur, le Dr. Adolf Lette [189]. Ce dernier, ancien représentant prussien à Francfort en 1848, et ancien député au parlement prussien, est un partisan du libéralisme économique en même temps qu'un « philanthrope ». Dans les années 1860, il préside l'Association centrale prussienne pour le bien-être des classes laborieuses, dont l'objectif est de résoudre la « question sociale », tout en combattant le socialisme et le communisme [190]. Préoccupé par le problème posé à la bourgeoisie par ses filles sans dot, ses veuves appauvries, et ses femmes restées célibataires, il envisage d'ouvrir de nouvelles carrières aux femmes, et améliorer les conditions de travail dans les branches où elles sont déjà présentes [191]. Ces idées sont débattues dans le cadre du *Preussischer Centralverein*, entre hommes convaincus que la destinée normale

187. Lettre de Jean Gay, *Les États-Unis d'Europe*, n° 39, 30 septembre 1868, p. 156. Il s'agit probablement du fils de Jules et Désirée Gay.

188. *Les États-Unis d'Europe*, n° 48, 29 novembre 1868. Par la suite, on n'entend plus parler de cette section.

189. Ute Gerhard, *Unerhört. Die Geschichte der deutschen Frauenbewegung*, Hamburg, Rowohlt, 1990, p. 83-90.

190. Voir l'organe de cette association, *Der Arbeiterfreund*, 1. Jg 1863, n° 1.

191. Adolf Lette, *Denkschrift über die Eröffnung neuer und die Verbesserung der bisherigen Erwerbsquellen für das weibliche Geschlecht*, Berlin, 1865.

des femmes reste le mariage et la maternité [192]. Le 27 février 1866, à Berlin, environ trois cents personnes – majoritairement des hommes de professions libérales et commerçantes – fondent l'association conçue et présidée par Adolf Lette. Si les femmes adhérentes peuvent voter, elles ne sont pas éligibles au bureau directeur, composé de vingt hommes. L'administration de l'association est théoriquement mixte, mais seul le poste de secrétaire est confié à une femme.

C'est Jenny Hirsch, la seule femme à jouer un rôle important dans l'Association Lette, qui obtient ce poste de secrétaire. Après avoir participé à la fondation de l'ADF à Leizpig en octobre 1865, et commencé de codiriger le journal *Neue Bahnen*, elle préfère s'engager dans l'association berlinoise. Peut-être y a-t-elle trouvé des idées plus conformes aux siennes, peut-être a-t-elle surtout recherché une place rémunérée. Jenny Hirsch, qui dispose de nombreux contacts dans la presse, assure la publicité du Lette-Verein [193]. En donnant de nombreux gages de modération, elle parvient peu à peu à s'imposer parmi les dirigeants de l'association. Elle en devient l'une des principales porte-paroles, par ses articles dans la presse, puis par son discours lors de l'assemblée générale de 1868. Première femme à prendre la parole à la tribune, deux ans après la fondation de l'association, elle fait alors l'éloge du Lette-Verein par opposition à l'ADF, dont elle condamne le principe de *Selbsthilfe* [194]. Elle soutient cependant l'évolution ultérieure du Lette-Verein sous la houlette d'un nouveau président, Franz von Holtzendorf, à partir de 1869, hommes et femmes sont élus à parité au bureau de l'association.

Le Lette-Verein sert principalement à placer les « filles des classes moyennes et instruites » (« *Töchter der mittleren und gebildeten Stände* ») qui cherchent un emploi. L'association se consacre aussi à diverses campagnes de propagande au profit du travail salarié des femmes des classes moyennes, gère une sorte de coopérative commercialisant des objets faits par des femmes, et soutient la création de formations professionnelles dans les métiers du commerce et de l'industrie. Inspiré à la fois de la *Society for promoting the employment of Women de Londres* et de la Société parisienne pour l'enseignement professionnel des filles, le Lette Verein ambitionne de démontrer que la Prusse, et même l'Allemagne, tient son rang face aux efforts européens pour résoudre la « question des femmes ». À l'issue d'un congrès réuni les 5 et 6 novembre 1869 à Berlin, le Lette Verein prend ainsi la tête d'une Fédération des associations culturelles et professionnelles féminines (*Verband deutscher Frauenbildungs-und Erwerbsvereine*/VDF). Une assemblée générale bisannuelle est prévue, ainsi que la création d'un journal mensuel reliant toutes les associations.

192. « Protokoll der Sitzung des Centralvereines vom 8. November 1865 sowie Verhandlung der zur Berathung über die Erweiterung und Verbesserung der Erwerbsgebiete der Frauen niedergesetzen Special Kommission vom 15. November 1865 », *Der Arbeiterfreund*, 3. Jg, 1865, 4. Heft.

193. Jenny Hirsch, *Die Geschichte der 25jährigen Wirksamkeit des Lette Vereins*, Berlin, 1891. Les archives de l'association ayant disparu, les principales sources à son sujet sont les divers titres qui en rendent compte (*Der Arbeiterfreund*; le *Magazin für die Literatur des Auslandes*; le magazine *Bazar*, dont Jenny Hirsch a été collaboratrice; l'hebdomadaire *Grenzboten*; le journal berlinois *Vossische Zeitung*).

194. Jenny Hirsch, « Die Bestrebungen zur Förderung der Erwerbsfähigkeit des weiblichen Geschlechts », *Der Arbeiterfreund*, 5. Jg, 1868, p. 188-212.

Ce journal, *Der Frauen-Anwalt* (« L'Avocat des Femmes »), paraît pour la première fois le 1er avril 1870. La rédactrice en chef est Jenny Hirsch, et de nombreuses femmes y apportent leurs contributions, ce qui reflète une certaine évolution du Lette-Verein: des femmes ont réussi à s'approprier en partie cette entreprise qui, dans ses débuts, était exemplaire de la domination masculine. Toujours implicitement présente, l'idée d'une spécificité des femmes est le plus souvent reléguée à l'arrière-plan, au profit d'une approche « humaniste » de la question, censée gagner l'intérêt des hommes autant que celui des femmes, puisque « le journal n'est pas destiné en priorité à un cercle de lectrices [195] ». Les rédactrices respectent toutefois certaines limites et ne se risquent jamais à aborder la question des droits civils et encore moins politiques. Le seul domaine où elles se sentent à l'aise est celui du travail – du moins celui qui concerne les femmes issues des classes moyennes – avec ce leitmotiv, « Dorénavant, la femme ne doit plus être exclue d'aucune sorte de travail pour lequel elle a réellement prouvé son aptitude, qu'il s'agisse d'un travail de nature manuelle ou intellectuelle [196]. » Elles se situent ainsi dans la droite ligne de l'idée contemporaine selon laquelle le travail – tel qu'il est idéalisé – permettra de fonder la société moderne dans une même communauté de valeurs, dans un projet d'avenir commun.

En France, c'est un projet très différent que poursuit Léon Richer, le rédacteur du *Droit des Femmes,* il semble en effet avoir cherché à concurrencer – voire remplacer – la Société pour la Revendication des Droits des Femmes fondée par André Léo et ses proches. Bien qu'il soit un temps le porte-parole de cette Société, *Le Droit des Femmes* tend en effet rapidement à en minimiser ou même en occulter les activités. L'intransigeance démocratique d'André Léo et ses proches, leurs convictions socialistes et leur réelle émancipation des catégories de genre ont probablement éloigné Léon Richer et ses collaborateurs/trices, sans doute convaincu-e-s de l'échec programmé d'une telle entreprise. En décembre 1869, Léon Richer finit par déclarer qu'il faut fonder une Ligue de femmes « sérieuse », en passant totalement sous silence qu'il en existe déjà une à Paris :

> « Nous engageons fortement, pour notre part, les femmes de toutes classes à s'entendre, à s'unir, à s'associer. C'est par ce moyen seulement qu'elles parviendront à s'affranchir des entraves que de vieilles habitudes, plus encore peut-être que nos lois, accumulent autour d'elles. Qu'elles fondent une Ligue de femmes, ligue sérieuse, entendue, sagement conduite. Il serait très facile de former en France, comme cela se pratique ailleurs, une association qui aurait pour but unique l'affranchissement moral, intellectuel et civil de la femme. [...] Mieux encore, habitant Paris, nous sommes prêts à faciliter la fondation d'un Groupe parisien. Dans chaque ville de France, des groupes semblables se formeraient. Le programme serait, "Revendication des droits de la femme" ; la devise, "toutes pour une, une pour toutes [197]". »

---

195. Luise BÜCHNER, « Der Frauen-Anwalt », *Der Frauen-Anwalt,* n° 1, avril 1870.
196. *Ibidem.*
197. Léon RICHER, « L'Action », *Le Droit des Femmes,* n° 35, 25 décembre 1869.

Alors qu'il a pris en exemple, au début de son article, les ouvriers organisés entre eux pour lutter contre le patronat, Léon Richer ne semble nullement gêné d'intervenir en tant qu'homme pour inciter les femmes à se mobiliser – de la façon que lui-même juge convenable. Bien éloigné du contenu militant et théorique des deux manifestes d'André Léo, son article est marqué par un ton très paternaliste et une présentation simpliste, par lesquels Léon Richer pense sans doute mieux toucher toutes les catégories de femmes, même les plus ignorantes de l'action collective[198]. Le 8 janvier 1870, il reprend son idée en proposant aux femmes qui n'osent s'exposer de former une sorte de « franc-maçonnerie » discrète[199]. En avril enfin, Léon Richer déclare que, « grâce à l'intelligent concours de quelques femmes dévouées, [s]on vœu le plus cher va enfin se réaliser ». D'emblée, l'association est donc présentée comme la chose du rédacteur – qui conserve dans son article son ton condescendant envers celles qu'il veut organiser presque malgré elles[200]. Il expose dans le même numéro les statuts de l'Association pour le droit des femmes, dont le but est « d'organiser l'agitation légale et faire une propagande active pour préparer les esprits, tant masculins que féminins, à comprendre la légitimité d'une revendication progressive des droits inhérents à toute personne humaine[201]... ».

Les principes énumérés semblent refléter des débats internes entre l'idée d'égalité et universalité des droits, et celle d'une différence des sexes qu'il faudrait impérativement reconnaître et préserver. On y lit en effet que « la femme, en tant que personne humaine, doit être libre et autonome », qu'elle « doit être considérée sinon comme *identique* à l'homme, du moins comme son *équivalente* dans l'humanité, c'est l'égalité dans la dissemblance ». Dans l'immédiat, les buts déclarés sont d'employer les ressources de l'Association à soutenir *Le Droit des Femmes* et à organiser des conférences. Pour l'avenir, il est envisagé de créer des bibliothèques, des écoles, des lycées pour les filles, de fonder une caisse de secours et des bourses d'études. Les adhésions pourraient ne pas avoir afflué selon les désirs de Léon Richer, s'il annonce le 19 juin que l'Association a reçu 793 francs de souscriptions annuelles, il se garde bien de dire à combien de membres ce chiffre correspond[202]. Ce n'est que début juillet qu'est élu le comité central de direction de l'association pour le droit des femmes. Celui-ci comporte neuf femmes – dont Mmes Léon Richer, Maria Deraismes, Amélie Bosquet, Nelly Lieutier, – et huit hommes – dont MM. Léon Richer, Louis Jourdan, Eugène Pelletan, Wladimir Gagneur, Charles Fauvety[203]. On le voit, Léon Richer a de nouveau réussi à faire jouer ses relations en s'adjoignant le soutien de deux députés (Pelletan et

198. Il entreprend de les rassurer, « La loi n'a rien à voir en ceci ; il ne s'agit pas de politique. C'est une pure question de morale, de justice. » Puis il leur explique, « Chaque adhérente, chaque associée paierait une cotisation. – Pourquoi ? Je vais vous le dire [...] » (*Ibidem*).

199. Léon RICHER, *Le Droit des Femmes*, n° 37, 8 janvier 1870.

200. Ainsi, il prévoit le cas de celles « qui trouveront longue et fatigante » la lecture des statuts et leur indique les articles les plus importants à comprendre (Léon RICHER, « À l'œuvre », *Le Droit des Femmes*, n° 52 du 24 avril 1870).

201. *Ibidem*.

202. Jeanne MERCŒUR [Léon Richer], « Association pour le droit des femmes », *Le Droit des Femmes*, n° 60, 19 juin 1870.

203. *Le Droit des femmes*, n° 64, 17 juillet 1870.

Gagneur) et de plusieurs journalistes. Toutefois, les numéros suivants du *Droit des Femmes* sont largement consacrés à la guerre déclarée à la Prusse, et l'Association disparaît quelques semaines plus tard, en même temps que le journal, sans avoir pu commencer à fonctionner.

Une presse au service de la lutte collective

Dans les années 1860, la presse joue de nouveau un rôle important pour les femmes qui souhaitent participer à la vie publique. Toutefois, si quelques Françaises se risquent à rédiger un journal d'opinion, elles restent isolées, comme le montrent les cas étudiés dans le chapitre précédent. Même le *Journal pour Toutes* d'Eugénie Niboyet, qui est censé rassembler et structurer, dépend essentiellement de la volonté de sa rédactrice en chef. Au contraire, les deux journaux d'opinion dirigés par des Allemandes, le bimensuel *Neue Bahnen* et le mensuel *Frauen-Anwalt*, sont des entreprises réellement collectives, dans la mesure où ils se créent en lien étroit avec des associations et s'insèrent dans des réseaux politiques. En France, le *Droit des Femmes* peut également être considéré comme un instrument au service d'un engagement collectif, même s'il n'est pas conçu comme l'organe d'une association et ne parvient jamais à le devenir, il joue un rôle central dans le mouvement de revendication des femmes qui s'organise en France, notamment à Paris, et cherche à s'imposer comme un élément du « parti démocrate ».

Souvent cités dans les ouvrages sur les origines du féminisme, *Neue Bahnen* et le *Droit des Femmes* n'ont pas été vraiment étudiés pour eux-mêmes[204], bien qu'ils renseignent sur de nombreux aspects des sociétés allemande et française de l'époque, avec la spécificité de situer la « question des femmes » au centre de leur analyse. Il est intéressant d'examiner de quelle manière s'expriment les femmes qui y écrivent, mobilisent-elles explicitement une identité de genre, une conscience de genre ? Quelle conception de la citoyenneté et du politique se dessine dans les deux périodiques, et de quelle manière évolue-t-elle, en fonction des rédactrices, mais aussi des enjeux du moment ? Il semble également instructif d'esquisser une comparaison avec les journaux des femmes de 1848, notamment *Die Frauen-Zeitung* et l'*Almanach des Femmes*, afin de repérer prolongements et évolutions, héritages du passé et innovations, d'autant plus que l'on retrouve d'anciennes quarante-huitardes aussi bien dans *Neue Bahnen* – à commencer par la rédactrice Louise Otto – que dans *Le Droit des Femmes*. Tous ces éléments sont à prendre en compte pour analyser le contenu et l'orientation de ces journaux, et déterminer en quoi *Neue Bahnen* et *Le Droit des Femmes* proposent des voies réellement nouvelles pour l'engagement des femmes.

204. Il faut cependant signaler quelques articles concernant *Neue Bahnen*, publiés par le groupe de recherches lié à l'Association Louise Otto-Peters. Par exemple Susanne SCHÖTZ, « "Blicke in die Runde" von Leipzig aus. Regionales und Internationales in den *Neuen Bahnen* », dans Irina HUNDT, Ilse KISCHLAT (Hg.), *Topographie und Mobilität…*, *op. cit.*, p. 42-61.

Neue Bahnen, les nouvelles voies de la « véritable » émancipation

> « Une nouvelle année commence et, avec elle, nous commençons, nous aussi, une nouvelle œuvre, une œuvre que nous dédions à toutes les femmes allemandes, une œuvre pour laquelle nous sollicitons la participations de toutes, une œuvre que nous accomplissons en étant guidées par le solide espoir que beaucoup de lectrices accueilleront les "Nouvelles Voies" avec joie et qu'elles seront décidées avec tout autant de joie à cheminer avec nous. [...] Ce que sont ces nouvelles voies, il n'est pas possible de le dire en une seule formule et c'est justement pourquoi nous avons fondé cette feuille, afin de pouvoir présenter ouvertement aux yeux de tous la grande question du nouveau mouvement des femmes, sa justification, ses traits principaux, ses efforts et ses résultats, afin de corriger des erreurs, d'éclairer des idées confuses et pouvoir développer nos opinions sur la place des femmes, sur leurs droits et leurs devoirs. C'est cela le but principal de notre feuille, mais il ne doit pas en être l'unique. Nous offrons à nos lectrices non seulement des articles de fond dans l'intention susmentionnée, mais nous leur offrons également de la distraction et de l'instruction dans tous les domaines pour lesquels les femmes ont un intérêt particulier, récits, poèmes, biographies, sciences naturelles, comptes-rendus et notices sur tous les événements significatifs produits dans l'actuel monde des femmes, et il sera avant tout rendu compte de toutes les affaires de l'Association allemande générale des Femmes, dont *Neue Bahnen* est l'unique organe[205]. »

D'emblée, les rédactrices décrivent leur publication comme incarnant l'engagement moderne des « femmes allemandes », par opposition implicite avec le mouvement des femmes des années 1830-1840. Le terme « femmes » est envisagé ici aussi bien dans une signification « naturelle » que « culturelle ». Quant aux Allemandes, s'agit-il des habitantes de toute la confédération germanique ou bien de toutes les germanophones ? L'essentiel est de toucher toutes celles qui ont conscience de partager une double identité, fondée à la fois sur le genre et la nation, qui primerait sur toutes les autres appartenances, les différences de classe, de religion ou d'opinion politique sont ici passées sous silence. En tant qu'organe de l'ADF et principale source sur cette association, *Neue Bahnen* permet de comprendre quelles sont les idées et les stratégies qui forment les prémices du mouvement féministe allemand. Son intérêt va cependant au-delà, puisque, jusqu'en 1870, c'est le seul journal allemand qui soit dirigé et rédigé par des femmes, à l'intention d'un lectorat féminin. La forme et le contenu du journal renseigne donc sur la vision du « féminin » et de l'émancipation qui domine parmi les rédactrices, et reflète ce qu'il est possible de penser et d'exprimer à ce moment là. Par ailleurs, les Allemandes utilisant assez peu la presse générale, *Neue Bahnen* reste longtemps la principale publication où des femmes peuvent intervenir publiquement sur des débats d'actualité et essayer de toucher l'opinion. Le jour-

205. Les rédactrices, « An die Leserinnen », *Neue Bahnen,* n° 1 [décembre 1865], Bd. 1, 1866, p. 1.

nal permet enfin de cerner quelle est la place accordée par les contemporains à la « question des femmes », quelles sont les principales résistances aux changements en la matière, quels sont les facteurs d'évolution repérables.

Le numéro prospectus de *Neue Bahnen* paraît en décembre 1865 à Leipzig, avec un tirage de 600 exemplaires[206], grâce au financement de l'ADF. Louise Otto ne cherche plus à contourner la loi sur la presse de 1851, toujours en vigueur en Saxe. Non seulement la situation politique a changé – il ne s'agit plus de résister à la réaction – mais *Neue Bahnen* n'est pas « sa chose[207] », le but est d'en faire une œuvre collective, et le journal sera d'ailleurs toujours dirigé par deux rédactrices à la fois. Louise Otto travaille quelques mois avec la Berlinoise Jenny Hirsch, puis celle-ci est remplacée par Auguste Schmidt, qui participe aussi activement à l'Association culturelle féminine de Leipzig[208]. La responsabilité de la rédaction est confiée à un homme, d'abord Robert Rössler, un proche de Louise Otto, puis c'est l'éditeur, Moritz Schäfer, qui prend sa succession. Ni l'un ni l'autre ne semblent avoir profité de leur position pour infléchir le contenu du journal. Le journal, composé de huit pages, paraît 24 fois par an durant les années qui suivent, même si le rythme bimensuel n'est pas toujours très strict.

Fidèle au principe de « *Selbsthilfe* », *Neue Bahnen* n'accueille que très peu de textes signés par des hommes[209]. En revanche, entre 1866 et 1870, une trentaine de femmes écrivent pour le journal. En dehors des deux rédactrices en chef, sept sont particulièrement assidues, Luise Gutbier (de Leipzig), Anna Löhn (de Dresde), Louise Büchner (de Darmstadt), Marie Mindermann (de Brême), Marie Calm (de Kassel), Rosalie Schönwasser (de Düsseldorf) et Thekla Naveau (de Nordhausen). Toutes sont des membres de l'ADF, certaines mêmes sont au comité directeur. Quelques-unes peuvent être considérées comme des « femmes de 1848 », telles que Marie Mindermann, et Thekla Naveau, anciennes membres de paroisses libres. Rosalie Schönwasser et Luise Gutbier semblent liées à la dissidence religieuse qui réapparaît dans les années 1860, sans que l'on sache si elles ont déjà participé à ce mouvement dans les années 1840[210]. Quelques unes, comme Thekla Naveau et Marie Calm, sont enseignantes. Presque toutes sont des « femmes de lettres », qui publient de temps à autre des poèmes, des fictions, des articles, voire des essais[211]. Leurs lieux de résidence respectifs reflètent l'implantation de l'ADF, prédominante en Allemagne septentrionale et orientale.

Nous ne disposons d'aucune source sur le lectorat du journal, en dehors des correspondances publiées, qui émanent le plus souvent de membres de l'ADF.

---

206. Herrad-Ulrike Bussemer, *Frauenemanzipation…*, *op. cit.*, p. 133.

207. Même si le nom du journal reprend le titre d'un roman qu'elle a publié en 1864, et même si elle joue sans doute un rôle décisif dans la ligne éditoriale, étant celle qui publie le plus d'articles entre 1866 et 1870.

208. Johanna Ludwig, Ilse Nagelschmidt, Susanne Schötz (Hg.), *Leben ist Streben. Das erste Auguste-Schmidt-Buch*, Leipziger Studien zur Frauen-und Geschlechterforschung, 2003.

209. Notamment Julius Mühlfeld et Joseph Heinrichs. Celui-ci est le cofondateur du *Frauenverein* de Lissa, en avril 1866, et préface l'essai de Louise Otto, *Das Recht der Frauen auf Erwerb*.

210. Rosalie Schönwasser publie fin 1867 une brochure au profit d'un prêtre dissident (*Neue Bahnen*, n° 2, 1868) et écrit pour *Neue Bahnen* des articles très critiques sur le catholicisme. Luise Gutbier est l'épouse d'un inspecteur des écoles et des cultes de Leipzig.

211. Louise Büchner, Luise Gutbier, Anna Löhn publient des essais sur la « question des femmes ».

En l'absence de données sur le tirage, les abonnements et les ventes, il est impossible d'évaluer le nombre de lectrices et lecteurs touchés, ni d'en dresser un « portrait type ». Il est probable que ce sont en majorité des femmes qui lisent ce journal, conformément aux intentions des rédactrices, qui s'adressent toujours « aux lectrices », leur but est de créer un réseau féminin de contacts, d'entraide et d'encouragement. Comme le *Frauen-Zeitung*, le journal de l'ADF explore les moyens dont disposent les femmes pour se montrer « citoyennes », même si le mot n'a plus les mêmes implications qu'en 1848-1849. Le premier numéro de *Neue Bahnen* explique que la fondation de l'ADF permet aux Allemandes d'entrer « dans le cercle de l'action publique[212] », elles n'ont donc plus d'excuse pour persister dans leur isolement et dans leur coupable indifférence aux enjeux du temps[213]. Les rédactrices expliquent inlassablement que c'est à la fois un droit et un devoir d'œuvrer pour l'intérêt général, même s'il n'est pas question d'abandonner pour autant le cercle familial. Enfin, elles tentent d'élargir les intérêts de leurs lectrices en proposant des informations concernant l'Allemagne et le monde entier. La rubrique centrale du journal, intitulée « Regards alentours » (« *Blicke in die Runde* »), doit éveiller la curiosité des femmes sur ce qui se produit hors de leur ville et hors de leur État. Là encore, il s'agit de susciter en elle un sentiment d'appartenance à la fois à l'Allemagne en tant que nation, et à l'ensemble du monde « moderne ».

Neue Bahnen n'est donc pas seulement destiné à promouvoir l'autonomie matérielle des femmes, mais il a aussi la vocation d'élargir leur rôle social et de proposer de nouveaux champs d'action à la « féminité », de nouvelles voies pour une « véritable » émancipation :

> « Les femmes qui ne veulent pas penser à elles seules, mais aussi à leurs sœurs et à toute l'humanité agissante, et qui veulent prendre part au grand travail du siècle, sont sorties de leur isolement et se sont unies dans une grande ligue car ce n'est que par l'union que l'on peut atteindre un but commun. Nous ne voulons pas viser à ce but par le chemin qui, jadis, avait été choisi par des femmes trop courroucées contre leur destinée individuelle pour prendre à cœur leurs sœurs plus malheureuses, souffrant du manque de travail et de ressources; un chemin sur lequel le mot "émancipation" était davantage un avertissement qu'un cri de victoire. Nous ne voulons pas non plus entrer en lice pour nos droits en étant menées en laisse par un quelconque parti politique, sur des sentiers qui seraient déjà tout tracés. C'est seulement au service de l'humanité, au service de la vraie féminité, que nous voulons choisir les nouvelles voies qu'il est convenable de parcourir pour les femmes allemandes du dix-neuvième siècle[214]. »

Dès le premier numéro, les rédactrices estiment indispensable de se protéger contre tout malentendu en arborant l'étendard de la « vraie féminité ». Cette

212. L. O[tto], « Der allgemeine deutsche Frauenverein », *Neue Bahnen*, n° 1, 1866 [décembre 1865], p. 3.
213. Voir par exemple Ulrike Henschke, « Familien-Egoismus », *Neue Bahnen*, n° 6, mars 1867.
214. Les rédactrices, « An die Leserinnen », 1866, art. cit.

expression, qui demeure un leitmotiv du journal tout long des années suivante, est destinée à légitimer l'initiative de Louise Otto et de ses compagnes, et à situer les nouvelles voies qu'elles empruntent à distance de deux extrêmes, d'une part elles veulent quitter les ornières d'une « féminité » traditionnelle, incompatible avec la participation au Progrès ; d'autre part, elles ne veulent pas se fourvoyer comme celles qui ont pensé pouvoir s'identifier aux hommes. Elle font ici allusion aux « émancipées » des années 1840, dont l'image répulsive a gardé toute son efficacité. Depuis l'époque du *Frauen-Zeitung*, le terme d'« émancipation » n'a rien perdu de sa charge sulfureuse ; il n'est que rarement utilisé de façon positive dans le journal, et toujours en corrélation avec la notion de travail. Seule une collaboratrice ponctuelle ose s'en saisir comme d'un défi – tout en neutralisant sa dimension subversive :

> « Nous ne devons plus nous laisser effrayer par le mot d'émancipation, que les hommes jettent inlassablement comme un gant aux femmes qui aspirent à s'épanouir. Relevons-le avec assurance, et commençons la lutte – c'est-à-dire prouvons par le fait que la véritable féminité, “le génie de l'amour et de la douceur” ne va pas périr avec les efforts de réforme [...] [215]. »

Il est sans doute d'autant plus nécessaire aux rédactrices de *Neue Bahnen* de se protéger, que le rôle de Louise Otto durant la révolution a dû demeurer dans les mémoires, surtout en Saxe. Elle-même esquisse quelques parades, en évoquant par exemple le pouvoir de calomnie des journaux en 1848-1849 [216], ou en mentionnant sa collaboration avec le ministre Oberländer en faveur du travail des femmes [217]. Les agissements réels des « femmes de 48 » sont par ailleurs passés sous silence, alors que la figure monstrueuse des « émancipées » – notamment Louise Aston – resurgit de temps à autre, comme pour conjurer les craintes des contemporaines et cristalliser tout ce que le journal rejette [218]. Les quelques « femmes de 1848 » qui rédigent *Neue Bahnen*, à commencer par Louise Otto, préfèrent donc occulter leurs propres actes et leurs propres souvenirs plutôt que de risquer leur réputation et le crédit du journal. Elles n'expriment leur fidélité au passé qu'en rendant hommage à quelques libéraux et démocrates des années 1840 [219]. En tant qu'hommes, ceux-ci ont pu refaire ou poursuivre leur carrière depuis 1849. À la différence des femmes, il leur est possible d'assumer

215. Marie L., « Unsere Reform », *Neue Bahnen*, n° 24, 1866 [novembre], p. 186.

216. « Combien de fois les journaux de 1848 et 1849 n'ont-ils pas présentés des dames sur les barricades et portant les drapeaux, alors que ces dames n'ont participé au mouvement politique qu'avec leur âme, et jamais à travers de tels agissements ! » (« Blicke in die Runde », *Neue Bahnen*, n° 12, 1866 [juin], p. 93).

217. « Briefe. Leipzig », *Neue Bahnen*, n° 14, juin 1868. Il s'agit là du seul rappel positif de l'action d'une femme en 1848, du moins pour la période 1866-1870 de *Neue Bahnen*.

218. Par exemple « Blicke in die Runde », *Neue Bahnen*, n° 3, février 1866, *Neue Bahnen*, n° 10, mai 1867, et Rosalie Schönwasser, « Brief. Düsseldorf », *Neue Bahnen*, n° 16, juillet 1870.

219. Par exemple un promoteur de l'instruction populaire, Diesterweg, ancien collaborateur de *Frauen-Zeitung* (*Neue Bahnen*, n° 14, 1866), l'avocat Feodor Streit, ancien collaborateur de *Frauen-Zeitung* (*Neue Bahnen*, n° 3, 1867).

publiquement leurs idées politiques, sans que leur combat pour la liberté soit confondu avec de la licence.

Neue Bahnen affiche son caractère novateur au moyen de deux mots clés, « *Selbsthilfe* » et « travail ». L'importance prise par le terme de « *Selbsthilfe* » pourrait être due à l'impossibilité de parler d'émancipation. Il reprend la notion essentielle d'autonomie, et porte une radicalité qui ne peut être accusée d'immoralité. Enfin, contrairement au mot « *Emanzipation* », il a le double avantage d'être « moderne », non compromis par un passé douteux, et de ne pas avoir de racines françaises. Le travail (salarié) des femmes est présenté à la fois comme moyen et comme but de la « *Selbsthilfe* ». La revendication théorique du droit au travail porte plus spécialement sur l'ouverture d'emplois administratifs ou de professions libérales à destination des filles de la bourgeoisie. Fidèle porte-voix de l'ADF mais aussi des préoccupations contemporaines, le journal peut donc prétendre que le nouveau mouvement des femmes allemandes a pour but primordial de résoudre la question du travail des femmes, ce qui lui donne un contenu « utile ». En mai 1869, la rédaction explique qu'autrefois, c'était la question de la majorité politique des femmes qui était mise en avant, tandis qu'à présent le but est de conquérir le droit de gagner sa vie (« *Erwerbsberechtigung*[220] »). Cette distinction est avant tout une représentation, conforme aux exigences du présent, et mérite d'être nuancée. En effet, en 1848/49, Louise Otto avait déjà consacré beaucoup d'efforts à faire reconnaître le droit au travail des femmes (surtout des ouvrières) ; cette question apparaissait certes assez peu dans son *Frauen-Zeitung*, mais elle était tout de même plus fréquente que celle des droits politiques. En revanche, si *Neue Bahnen* accorde une place centrale au travail des femmes (surtout des classes moyennes), il aborde aussi d'autres sujets, y compris celui des droits politiques.

Neue Bahnen favorise une conception très large de la politique, assimilée « au » politique. La Femme Allemande moderne doit s'intéresser à la chose publique, c'est-à-dire à des entités aussi vastes et indéfinies que la nation, la société ou l'humanité, sans être pour autant destinée à un même rôle politique que celui des hommes, aux hommes *la* politique, aux femmes *le* politique. Les rédactrices de *Neue Bahnen* reprennent ainsi l'idée d'une privatisation du politique, conformément à la vision qui dominait déjà dans *Die Frauen-Zeitung*. Elles demandent aux femmes de servir la société de la même manière qu'elles servent leur famille et beaucoup d'articles suggèrent qu'être « citoyenne » consiste avant tout à entretenir la flamme nationale dans la famille[221]. En effet, c'est surtout la question nationale qui amène les rédactrices de *Neue Bahnen* à proclamer l'importance de la politique pour les femmes. Lors de la guerre austro-prussienne de 1866, de nombreux articles invitent les femmes à se faire « les gardiennes du sentiment de l'unité allemande, partout où l'occasion en est offerte, que ce soit

220. « Blicke », *Neue Bahnen*, n° 13, mai 1869.

221. Par exemple Auguste SCHMIDT, « Eine Aufgabe der Mutter », *Neue Bahnen*, n° 10, mai 1866. Elle exalte le rôle de la mère qui doit transmettre le patrimoine culturel allemand, l'amour de la langue et de la patrie, tout en inculquant les vertus nationales. Voir aussi Marie CALM, « Das weibliche Lesen », *Neue Bahnen*, n° 12, 1869.

dans des associations ou dans la famille[222] ». Ces manifestations ostentatoires du patriotisme féminin sont en partie destinées à être exploitées dans le cadre de revendications. Ainsi, Auguste Schmidt souligne que, durant la guerre, les femmes se sont montrées dignes à la fois de « l'éternel féminin » et des valeurs « germaniques », et méritent donc d'être davantage reconnues dans la sphère publique. Toutefois, elle semble résignée d'avance à l'échec d'une telle argumentation et se désole des résistances de ceux qui admirent les héroïnes de Goethe mais continuent d'accabler leurs contemporaines sous les préjugés[223].

En dehors de la guerre, le journal accorde très peu de place à l'actualité politique, dont il n'est de toute façon pas censé parler, étant enregistré comme l'organe d'une association. La plupart des commentaires politiques concernent l'étranger, probablement par prudence. Toutefois, les rédactrices ne dissimulent pas leur fidélité aux valeurs démocratiques : elles interviennent régulièrement en faveur de la liberté d'expression, des libertés individuelles, de la liberté religieuse, et tenten d'insérer l'ADF dans le réseau associatif et partisan qui réunit les démocrates allemands. Enfin, si le programme de *Neue Bahnen* n'inclut pas la revendication des droits civiques, ce sujet revient constamment. Il est toujours traité de manière indirecte, en commentant (souvent anonymement et avec de nombreuses précautions oratoires) soit des propos tenus par des hommes[224], soit des débats étrangers[225]. Plusieurs textes reprochent aux soit-disant démocrates de prétendre que le suffrage est « universel » sans les femmes, ou bien de refuser d'envisager l'égalité politique comme terme d'un véritable avènement démocratique[226]. On lit donc entre les lignes une brûlante envie de discuter de la minorité politique des femmes, mais aussi l'impossibilité de se libérer des contraintes pesant sur la parole des rédactrices. Un seul texte réclame directement l'émancipation politique des Allemandes[227], au moment de la victoire allemande de 1870. Le journal a précédemment donné des gages de nationalisme en proclamant son adhésion à la guerre, et le moment semble donc propice aux

222. L.[ouise] O.[tto], « Zur Kriegsbereitschaft », *Neue Bahnen*, n° 12, 1866, p. 90. Pour Marie C[alm?], les Allemandes, enfin sorties de leur indifférence par la guerre, doivent tenir leur rang face aux femmes des autres pays : « Les Françaises sont connues pour leur vif sentiment politique, qui ne les a que trop souvent engagées à mettre une main indésirable dans l'engrenage de la machine étatique ; les Américaines exercent une influence décidée sur les événements de leur patrie… » (« Die Aufgabe der Frauen in der Politik », *Neue Bahnen*, n° 16, 1866, p. 121).

223. Auguste Schmidt, « Für das Vaterland », *Neue Bahnen*, n° 19, septembre 1866, p. 147.

224. Par exemple la rubrique « Blicke in die Runde » du n° 7 de 1866, du n° 16 de 1867 et du n° 16 de 1869 se fait l'écho de propos favorables au droit de vote des femmes émis respectivement par *Die Allgemeine deutsche Arbeiterzeitung*, par Stuart Mill repris dans *Der Arbeitgeber*, et par Moritz Müller dans sa brochure *Das allgemeine Wahlrecht*.

225. Les discours de Stuart Mill et les pétitions des Anglaises, de même que les efforts et les succès des Américaines, suscitent un grand intérêt, même si celui-ci est déguisé sous un ton informatif, le plus neutre possible.

226. Voir « Blicke in die Runde », *Neue Bahnen*, n° 16, 1869, et L.[ouise] O.[tto], « Menschenwürdiges Dasein für Alle! », *Neue Bahnen*, n° 16, 1868, p. 121-124.

227. Minna K., « Die politische Stellung der Frauen », *Neue Bahnen*, n° 18, août 1870, p. 139-142. L'auteure éprouve toutefois le besoin de faire allégeance à la figure de la Femme Allemande et de rassurer les hommes sur ses intentions. Voir Alice Primi, *Construction nationale et construction des identités de genre en Allemagne (1848-1870)*, *Tr@jectoires*, revue en ligne des jeunes chercheurs du CIERA, n° 1, novembre 2007, p. 35-47.

rédactrices pour oser revendiquer le droit de suffrage alors que de grandes transformations politiques apparaissent envisageables. Les espérances sont cependant vite déçues et, si le journal perdure – toujours dirigé par Louise Otto jusqu'à sa mort en 1895 – il doit, dès 1871, adopter de nouveau un ton et un contenu très mesurés.

Le Droit des femmes, une voix mixte pour la démocratie

Fondé en avril 1869 en tant qu'hebdomadaire cautionné, le *Droit des Femmes* ne publie pas de réel programme mais un article du deuxième numéro renseigne bien sur les intentions du rédacteur en chef :

> « La politique enveloppe tout le monde, engage les intérêts de tout le monde, – donc elle intéresse les femmes aussi bien que nous. [...] L'épouse la plus soigneuse, la mère la plus attentive, ne vivent pas exclusivement de la vie étroite de la famille ; elles vivent aussi de la vie sociale. Est-ce que, par exemple, les questions de paix ou de guerre n'intéressent pas toutes les mères ? [...] À l'avenir, leur devoir il n'y a pas de droit sans devoir sera de chercher à bien connaître ce qui se passe dans les hautes sphères administratives et gouvernementales ; car, dans tout ce qui se passe, leurs intérêts sont en jeu. Une expédition du Mexique enlève leur fils ou ébrèche leur fortune ; une administration municipale *hausmanisée* crée des dettes qui rendent irréalisables, pour un demi-siècle peut-être, toute diminution sérieuse de l'impôt des villes. [...] Voici venir les élections générales. Bien que, personnellement, les femmes ne votent pas, elles exercent une influence considérable sur le résultat du scrutin, cela ne peut être nié. À elles donc de vouloir ; elles disposent d'une grande force, qu'elles en usent[228] ! »

Léon Richer proclame ici son animosité envers le gouvernement impérial et affirme qu'il veut rallier les femmes à l'opposition démocrate, dans la perspective des élections de mai-juin 1869. *Le Droit des Femmes* n'est cependant pas une simple feuille électorale, destinée à disparaître après le scrutin. Il doit, à beaucoup plus long terme, intégrer véritablement les femmes à la « vie sociale » de la nation. Convaincu, comme la plupart des contemporains, que les femmes sont trop livrées à l'influence de l'Église, et freinent donc le Progrès[229], Léon Richer ne réagit pas en les maudissant ni en prônant aux hommes une ferme reprise en main de leurs épouses et filles, ainsi que le font la majorité des « progressistes ». Il est au contraire l'un des rares à conclure à l'urgence d'une réelle émancipation des femmes. Pour la première fois depuis 1848/49, un « journal politique » – c'est le sous-titre – est donc proposé aux Françaises, pour leur permettre de

228. Léon Richer, « Les femmes et la politique », *Le Droit des femmes. Journal politique paraissant tous les samedi*, n° 2, 18 avril 1869.

229. « L'homme vit du présent ; il apporte au foyer des idées de progrès, de liberté, d'indépendance ; la femme au contraire, se renferme dans sa muette admiration du passé ; elle se complaît dans l'obéissance et la soumission aveugles. Sa conscience même ne lui appartient pas, elle la livre à un autre ! » (Léon Richer, « La part des femmes. II. », *Le Droit des Femmes*, n° 5, 8 mai 1869).

comprendre les enjeux du moment et les inciter à s'y impliquer. Le journal veut aussi aider les femmes à obtenir des droits civils, une meilleure instruction et de nouveaux types d'emplois, afin qu'elles puissent participer pleinement aux progrès de la société française. Il n'était sans doute pas aisé d'intituler un journal « *Le Droit des Femmes* », et le fait d'avoir une rédaction mixte, dirigée par un homme, a dû faciliter le choix d'un titre si radical. Celui-ci traduit aussi la relative libéralisation de la période[230]. Toutefois, le rédacteur en chef, on le voit dans l'extrait ci-dessus, éprouve le besoin de tempérer la force subversive du mot « droit », au moyen du mot « devoir ». Le *Droit des Femmes* est donc le témoin d'une époque de tensions, partagée entre les espoirs de transformations prochaines et le poids des contraintes héritées du passé. C'est aussi une source importante sur la situation des femmes et l'organisation d'un nouveau mouvement contestataire, ses collaboratrices comptent parmi les femmes les plus impliquées dans cette voie. C'est enfin un exemple permettant d'étudier les effets de la mixité dans la revendication des droits des femmes. Le journal est dirigé par un homme, mais celui-ci sollicite la collaboration d'une équipe où les femmes sont majoritaires et s'expriment avec fermeté[231]. Cette situation singulière incite à se demander si le fonctionnement du journal est en accord avec les principes égalitaires affichés, si l'on remarque une différence dans la manière dont hommes et femmes s'expriment sur diverses questions, enfin si le fait d'écrire sous la « protection » d'un rédacteur assure aux femmes une plus grande liberté ou bien augmente leurs contraintes.

Le journal profite pour commencer du réseau de relations du rédacteur en chef, fondateur et copropriétaire (avec l'éditeur). Journaliste expérimenté, franc-maçon, lié à des cercles d'anciens saint-simoniens et de libre-penseurs, Léon Richer bénéficie notamment de la sympathie du député Wladimir Gagneur, du banquier Arlès-Dufour, et de journalistes influents tels qu'Adolphe Guéroult. Il peut annoncer la participation au journal de plusieurs auteurs réputés, dont le célèbre Ernest Legouvé. En réalité très peu d'entre eux donnent des textes et les hommes restent minoritaires[232] par rapport aux femmes. Ce sont avant tout Richer et ses collaboratrices qui donnent le ton du journal. Les sept femmes annoncées dans le premier numéro par « ordre d'inscription » sont André Léo, Maria Deraismes, Marie-Louise Gagneur, Amélie Bosquet, Angélique Arnaud, Euphémie Garcin et Stella Blandy[233].

230. Le titre initial devient d'ailleurs impossible à reprendre durant la période de réaction qui suit la Commune, et le journal s'appelle *L'Avenir des Femmes* lorsqu'il reparaît en septembre 1871, après plus d'un an d'interruption.

231. Angélique Arnaud s'associe à Maria Deraismes pour rendre hommage au rédacteur, « La supériorité de M. Richer, sur tant d'autres hommes, est précisément d'avoir compris qu'en réclamant justice pour nous, et avec nous, il n'avait pas à nous faire le catéchisme. Il nous a donc laissé le soin de parler de nos devoirs tels que nous les entendons » (Angélique ARNAUD, « Conférence du Boulevard des Capucines. La Parole libre », *Le Droit des Femmes*, n° 29, 13 novembre 1869).

232. Parmi les plus réguliers, citons Arthur Arnould, Jules Levallois, Eugène Garcin.

233. Léon Richer a tenté d'obtenir aussi la collaboration de George Sand, mais celle-ci a argué de son contrat d'exclusivité avec la *Revue des Deux Mondes*; elle a aussi refusé de soutenir financièrement le journal (Lettre de George Sand datée du 14 octobre 1869, Fonds Bouglé, BHVP).

Maria Deraismes est la seule femme à signer un texte dans le premier numéro, et c'est elle qui rédige le premier article de fond, destiné à expliquer « ce que veulent les femmes [234] ». Ses textes ne paraissent plus ensuite que de façon très espacée. Marie-Louise Gagneur donne au journal deux extraits de la préface des *Forçats du Mariage*, qui plaide pour l'instauration d'un droit de divorce « sévèrement restreint [235] ». Ancienne collaboratrice de Léon Richer à *L'Opinion Nationale*, Amélie Bosquet est celle qui participe le plus activement au *Droit des Femmes,* durant presque toute l'existence du journal ; elle se consacre notamment à une longue série d'études du Code civil. Âgée de 72 ans, Angélique Arnaud trouve là une occasion de reprendre la plume. La plupart de ses textes portent sur la morale, ou bien rendent compte de livres et de conférences. Euphémie Garcin [236] fournit principalement au *Droit des Femmes* un feuilleton et des articles sur l'éducation des filles. Enfin la romancière Stella Blandy [237], rédige pour *Le Droit des Femmes* des comptes-rendus de conférences de Maria Deraismes, ainsi que des bibliographies.

D'autres femmes écrivent encore pour le journal: outre Marie Goegg et Julie Daubié, recrutées après leur déconvenue au *Journal des Femmes*, citons la romancière Nelly Lieutier, une ancienne collaboratrice du *Journal pour Toutes*, et Maria Chenu, à qui Léon Richer envisage un temps de confier le bulletin politique hebdomadaire [238]. Des lectrices envoient aussi des contributions, comme le font Jenny P. d'Héricourt [239] et Louise Michel [240]. Au total, la rédaction constituée reflète bien les intentions « progressistes » du fondateur. La quasi totalité des auteures ont déjà publié des écrits critiquant la condition sociale des femmes, déconstruisant les catégories de genre, et expriment ouvertement leurs idées démocrates et libre-penseuses. Léon Richer a enfin assuré une image radicale à son journal en chargeant Arthur Arnould de la « Causerie politique » hebdomadaire. Ce journaliste, qui a participé au lancement de *La Marseillaise,* est un habitué des condamnations pour délit de presse, en raison d'articles subversifs publiés dans les divers journaux d'opposition pour lesquels il travaille [241].

« Nous ne sommes pas dans l'utopie, nous sommes dans le fait », dit Léon Richer [242] en expliquant ses objectifs. Cette phrase, qui condense l'un

234. Maria Deraismes, « Ce que veulent les femmes », *Le Droit des Femmes*, n° 1, 10 avril 1869.
235. *Le Droit des Femmes*, n° 22 et 23, 3 et 10 septembre 1869.
236. Directrice d'un pensionnat près de Montmartre, elle a publié quelques ouvrages destinés l'éducation moderne des jeunes filles (Euphémie Vauthier [épouse Garcin], *Conseils aux jeunes filles*, Paris, Didot, 1858 ; *Léonie ou essai d'éducation par le roman*, Paris, Bourdilliat, 1860). Elle a participé au *Journal pour Toutes* et écrit parfois *La Solidarité*, de Charles Fauvety.
237. Elle est aussi l'auteur de deux recensions dans *Le Progrès de Lyon*, Stella Blandy, « Aline-Aly [*sic*] par André Léo » et « *Lettres d'un libre penseur* de Léon Richer, deuxième série », *Le Progrès de Lyon*, 16 décembre 1868 et 2 juillet 1869.
238. Voir la déclaration faite par dans *Le Droit des Femmes* n° 50, 10 avril 1870, non suivie des faits.
239. Par exemple « Une page d'Histoire », *Le Droit des Femmes* n° 7, 22 mai 1869, « Correspondance de Chicago », *Le Droit des Femmes* n° 13, 3 juillet 1869.
240. Elle offre un feuilleton, qui a été refusé ou bien adressé juste avant la disparition du journal (lettre à Léon Richer, s. d. [1870 ?], Fonds Bouglé, BHVP).
241. En juin 1869, membre de la rédaction du *Rappel*, il est accusé de complot politique et doit s'exiler. Il continue sa collaboration au *Droit des Femmes* jusqu'en octobre 1869
242. Léon Richer, « Le Denier de la Femme », *Le Droit des Femmes*, n° 21, 28 août 1869.

des principaux enjeux de la période 1850-1870, prend tout son sens quand on mesure l'importance de la référence saint-simonienne pour *Le Droit des Femmes*[243]. Léon Richer compte en effet plusieurs anciens saint-simoniens parmi ses fréquentations politiques et professionnelles, dont Adolphe Guéroult et Charles Lemonnier. L'une des principales collaboratrices du journal, Angélique Arnaud, a aussi été profondément marquée par la pensée saint-simonienne. Lors de la parution des mémoires de Susanne Voilquin – elle-même lectrice du *Droit des Femmes*[244] – elle publie d'ailleurs un long article destiné à réhabiliter l'apport du saint-simonisme[245]. Le journal estime important de faire le lien entre le passé et le présent, en montrant « la part qui revient, dans le mouvement actuel, au saint-simonisme[246] ». Toutefois, il entend bien se démarquer des entreprises du passé, si les prédécesseurs saint-simoniens ont défriché « la théorie », il est possible à présent d'« entrer de plein pied dans la pratique[247] ». *Le Droit des Femmes* est en cela représentatif d'une préoccupation fondamentale de la période, mettre en œuvre, de manière moderne et raisonnée, les promesses de refondation sociale et politiques qui ont été formulées d'abord par les « utopistes », puis par les révolutionnaires, jusque là en vain.

Cette forme de modernité que veut incarner le journal se traduit d'abord dans des initiatives concrètes et susceptibles de rallier les plus modérés. C'est ainsi que le 11 juillet 1869 les rédacteurs/trices du journal forment une commission chargée de résumer en un projet de loi les réformes du Code civil nécessaires aux femmes[248]. Un texte, signé par Amélie Bosquet et Léon Richer, est finalement remis en février 1870 à un député de la gauche[249]. Pour témoigner de son souci des « faits », Léon Richer lance aussi l'idée d'une grande enquête sur les femmes employées ou ouvrières[250], elles sont invitées à exprimer par elles-mêmes leurs problèmes et leurs revendications. Cependant, le questionnaire publié par le journal ne paraît avoir guère rencontré de succès, le lectorat du *Droit des Femmes* compte probablement trop peu de femmes qui travaillent, et les résultats ne

243. Dès le banquet du 11 juillet 1869, présidé par Adolphe Guéroult, le journal est explicitement placé dans la continuité du saint-simonisme, considéré comme ayant ouvert la voie des droits des femmes (G. Bath [Léon Richer], « Banquet du Droit des femmes », *Le Droit des Femmes*, n° 15, 17 juillet 1869). Les discours passent sous silence les actions des femmes saint-simoniennes. De même, dans le tout dernier numéro du *Droit des Femmes*, un ancien saint-simonien, Léon Brothier, rend hommage à Enfantin, et enjoint les femmes de lui être reconnaissantes (Léon Brothier, « La reconnaissance », *Le Droit des Femmes*, n° 68, 11 août 1870).

244. Susanne Voilquin figure parmi les souscripteurs du journal et a adhéré le 10 juillet 1869 à la Revendication pour les droits civils.

245. Angélique Arnaud, « Les disciples de Saint-Simon », *Le Droit des Femmes*, n° 60 et 62, 19 juin et 3 juillet 1870.

246. G. Bath, « Banquet … », art. cit. Voir aussi Léon Richer, *Le Droit des Femmes*, n° 19, 13 novembre 1869.

247. G. Bath, « Banquet … », art. cit.

248. Léon Richer, « Le Denier… », art. cit.

249. *Le Droit des Femmes*, n° 44, 26 février 1870. D'après Eliska Vincent, il s'agirait de Wladimir Gagneur (Bib. M. D., Ms 168). Le texte de ce projet de loi est publié dans *Le Droit des Femmes*, n° 45, 5 mars 1870. Toutefois, ledit député semble peu zélé. En avril, il dit attendre le moment opportun, puis la communication à la Chambre est reportée à l'automne 1870…

250. Voir *Le Droit des Femmes*, n° 41 du 5 février 1870, n° 44 du 26 février 1870, et n° 51 du 17 avril 1870.

sont jamais publiés. Par ailleurs, la rédaction cherche à donner une dimension ouvertement politique à la question de l'émancipation des femmes. *Le Droit des Femmes* suit donc la voie ouverte en 1848-1849 par *La Voix des Femmes*, *La Politique des Femmes*, et *L'Opinion des Femmes*[251]. Cependant, à la différence de ces journaux dirigés par des femmes, *Le Droit des Femmes* est conçu dans l'idée que c'est aux hommes de servir de médiateurs entre les femmes et la politique. La rubrique « causerie politique » reste ainsi toujours confiée à Arthur Arnould ou Léon Richer: sans doute celui-ci veut-il garder le contrôle de la ligne éditoriale, très critique envers le gouvernement[252]. Seuls deux événements amènent des femmes à réagir dans le journal. Il s'agit de la grève des ovalistes, à l'été 1869[253], et de l'assassinat de Victor Noir le 10 janvier 1870[254]. Mis à part ces deux exemples, les rédactrices restent plutôt silencieuses sur l'actualité, à l'exception de Maria Goegg, qui rapporte souvent les activités de la Ligue internationale pour la Paix. Même lorsque Maria Deraismes consacre un article à la « mascarade électorale », elle demeure – par prudence? – dans les généralités[255].

Pourtant, les rédactrices prennent position face aux grands enjeux politiques du moment et s'affichent comme opposantes au régime. Peu après les élections législatives, qui ont désavoué le gouvernement impérial, Maria Chenu incite les lecteurs et lectrices à rejoindre l'opposition républicaine. Suggérant que le désintérêt pour la politique n'est pas le propre des femmes, elle cherche à mobiliser les énergies en expliquant que « tout est politique », et que chacun subit les conséquences des décisions des gouvernants. Elle souhaite enfin que la nation prenne, « pendant la lutte avec le pouvoir actuel, l'habitude du *self-government* de façon à ne plus la perdre[256] ». André Léo profite, elle, de sa réflexion sur l'éducation des enfants pour faire une violente critique du régime :

> « La liberté de conscience est écrite dans la loi ; mais presque partout, surtout en province, non seulement faveurs, places, honneurs, ne vont qu'aux gens bien pensants [...]. L'égalité est reconnue toujours par écrit mais il n'en est tenu aucun compte. Chacun est responsable de ses actes, sauf l'autorité. Tous doivent respecter la loi, sauf le pouvoir, qui trop souvent ne l'observe guère. La liberté a le sort de l'égalité. La fraternité attend pour pouvoir exister des temps meilleurs. Et de tout ce grand élan d'il y a

251. D'ailleurs Léon Richer déclare qu'il a seulement « eu le courage de relever un drapeau abandonné » et rend brièvement hommage à Jeanne Deroin, à Pauline Roland, ainsi qu'à *La Tribune des Femmes* (1833-1834) (*Le Droit des Femmes*, n° 29, 13 novembre 1869).

252. Le journal est d'ailleurs à plusieurs reprises victime d'une censure indirecte (voir le n° 23 du 11 septembre 1869, le n° 58 du 5 juin 1870).

253. Lettre signée C. Sorgel, *Le Droit des Femmes*, n° 14, 10 juillet 1869. On retrouve son nom dans l'une des adhésions de Lyonnaises à la Revendication des Droits civils (*Le Droit des Femmes*, n° 11, 19 juin 1869), ce qui permet de l'identifier comme femme.

254. Maria Chenu, « Fondation à perpétuité », *Le Droit des Femmes*, n° 49, 3 avril 1870. Peut-être souhaite-t-elle raviver le souvenir du drame dans la perspective du plébiscite annoncé par l'empereur le 21 mars? Elle lance ici une souscription pour créer une « fondation Victor Noir », qui offrirait une bourse d'études à un fils d'ouvrier.

255. Maria Deraismes, « La mascarade électorale », *Le Droit des Femmes*, 29 mai 1869.

256. Maria Chenu, « Ce que c'est que la Politique », *Le Droit des Femmes*, n° 15, 17 juillet 1869.

quatre-vingts ans vers la liberté, la justice et la raison, il ne nous reste que despotisme, iniquité, superstition et misère[257]. »

Enfin, Maria David, proche d'André Léo, réagit dans le journal à des propos du républicain Crémieux, qui semble admettre l'idée d'inégalités naturelles. Elle lui oppose les principes de droit, de solidarité et de socialisme[258], ce qui déclenche un débat avec Amélie Bosquet, celle-ci se veut plus nuancée et dit espérer la réalisation du « dogme de la solidarité », qu'elle formule en référence au saint-simonisme, « À chacun suivant sa capacité, à chaque capacité suivant ses œuvres[259]. »

Le Droit des Femmes s'avère donc être une tribune possible pour celles qui souhaitent préciser leur appartenance politique. Elles s'expriment alors en tant qu'individues, au même titre que ceux qui disposent du droit de vote. Les rédactrices reprennent toutefois un point de vue de femmes lorsqu'elles examinent la conformité des paroles et des actes des démocrates avec les principes qu'ils professent. Plusieurs mettent en garde les lectrices contre l'hypocrisie de ces hommes, qui trahissent leurs idées pour ne pas renoncer à leurs propres privilèges. Ainsi, peu avant les élections de mai 1869, Jenny d'Héricourt envoie depuis Chicago un texte qui nuance fortement l'appel du journal à soutenir le camp démocrate, revenant sur 1848, elle y puise « des leçons de prudence et de défiance légitime[260] ». En février 1870, Maria Deraismes consacre toute une conférence à « La femme dans la démocratie », publiée intégralement par le journal[261]. Elle y ironise sur « les démocrates [qui] ont créé un universel à leur usage, [...] universel de poche, laissant de côté la moitié de l'humanité[262] », et dénonce « l'école d'autocratie » qu'ils maintiennent dans la famille. Toutefois, persuadée que la démocratie est la « seule voie du progrès », Maria Deraismes ne s'adresse pas tant aux femmes qu'aux hommes démocrates, qu'elle cherche à convaincre par la logique. Comme dans d'autres de ses textes, elle prône une perception politique du privé et l'abolition de la séparation privé/public[263]. Elle présente ainsi le foyer comme un lieu de lutte individuelle et collective, puisqu'il s'agit d'y faire triompher des principes universels[264].

Né pour convertir les femmes à la démocratie, *Le Droit des Femmes* devient donc aussi un journal destiné à gagner les démocrates à la cause des femmes. Cependant certaines réticences demeurent perceptibles, notamment au sujet de

257. André Léo, « L'école primaire démocratique », art. cit.

258. Lettre de Maria David, *Le Droit des Femmes*, n° 46, 12 mars 1870.

259. Amélie Bosquet, « Égalité, Solidarité, Fraternité », *Le Droit des Femmes*, n° 47, 19 mars 1870, *ibidem*.

260. Jenny P. d'Héricourt, « Une page d'histoire », art. cit.

261. Maria Deraismes, « La femme dans la démocratie », *Le Droit des Femmes*, n° 41 et 43, 5 et 19 février 1870.

262. *Ibidem*, n° 43.

263. « Nécessité est d'établir l'alliance de la vie privée et de la vie publique », *ibidem*.

264. « La femme doit y trouver le libre exercice de ses facultés, intervenir dans la gestion de ses affaires et veiller à ses intérêts », dit-elle lors du banquet du journal (*Le Droit des Femmes*, n° 16, 24 juillet 1869). De même, Amélie Bosquet estime que « la constitution de la famille démocratique ne peut être la même que celle de la famille monarchique. » (« Commentaires du Code civil », *Le Droit des Femmes*, n° 29, 13 novembre 1869).

l'égalité civique. Léon Richer déclare en effet à plusieurs reprises qu'il trouve « prématuré de soulever en ce moment chez nous la grave question des droits politiques de la femme[265] ». Convaincues ou contraintes, les rédactrices respectent cette ligne officielle du journal. Très peu s'expriment sur le sujet, qu'elles regardent peut-être comme secondaire, et la plupart pensent qu'il faut temporiser[266]. Seule Marie Goegg plaide explicitement pour l'égalité politique :

> « J'arrive maintenant au point brûlant, celui de savoir si la femme peut gouverner et diriger un État. Il me semble que les monarchies ont déjà répondu à cette question [...] Dans la vie plus modeste d'une république, où la volonté de l'un est soumise à celle de tous et où les lumières de tous éclairent chaque unité, le droit de la femme à coopérer à la discussion et à l'application des lois devient une chose toute naturelle. Les facultés diverses connues sous le nom de volonté, de fermeté de caractère, de clarté d'esprit, sont l'apanage des deux sexes [...] Justice pour *l'individu* à quelque sexe qu'il appartienne[267] ! »

Peut-être protégée par son statut d'étrangère, Marie Goegg semble être la seule vraiment libre de s'exprimer. Il est probable que les autres collaboratrices se sentent liées – ou soient censurées – par les positions du rédacteur en chef, soucieux de ne pas effrayer une partie de son lectorat potentiel et de ne pas brusquer les milieux démocrates français. Sa retenue confirme un changement fondamental par rapport à 1848, ni « l'utopie » ni la révolution ne sont plus d'actualité, et il faut désormais se montrer « raisonnable » pour participer efficacement à la marche du Progrès.

Une voie allemande, une voie française ?

La comparaison entre *Neue Bahnen* et *Le Droit des Femmes* révèle quelques différences intéressantes, notamment en ce qui concerne la conception du politique et les stratégies adoptées. Alors que le journal allemand est, de loin, le plus respectueux des normes genrées, c'est lui qui évoque le plus fréquemment la question des droits politiques, même si c'est avec prudence. Ce constat permet de nuancer les contraintes qui pèsent sur les Allemandes, même si la référence à la Femme Allemande conditionne fortement leurs discours, elles bénéficient peut-être d'une liberté d'expression plus grande que les rédactrices françaises, qui demeurent sous la tutelle d'un homme. Les Allemandes se sentent d'ailleurs peut-être plus libres d'évoquer les droits politiques, dans la mesure où elles réitèrent sans cesse leur allégeance au « féminin ». Se plaçant dans une perspective d'« égalité dans la différence », qu'elles présentent comme indissociable

265. Léon Richer, « La Part des femmes », *Le Droit des Femmes*, n° 4, 1er mai 1869. Voir aussi A. Arnould, « Causerie politique », *Le Droit des Femmes*, n° 6, 15 mai 1869.
266. Voir Angélique Arnaud, « Les petits journaux », *Le Droit des Femmes*, n° 10, 12 juin 1869, ou Jenny P. d'Héricourt, « La question des femmes en Amérique », *Le Droit des Femmes*, n° 37, 8 janvier 1870.
267. Maria Goegg, « Sur les raisons alléguées contre les droits des femmes », *Le Droit des Femmes*, n° 8, 29 mai 1869.

de « l'essence » germanique, elles minimisent ainsi leurs transgressions. Léon Richer cherche à développer une stratégie similaire, en se disant partisan de « l'égalité dans la dissemblance », mais la plupart des rédactrices refusent de le suivre, préférant revendiquer l'héritage universaliste de la Révolution et les droits de l'individu-e. Dans ces conditions, l'égalité politique incarne une radicalité absolue, difficile à assumer ouvertement.

La comparaison entre ces deux journaux de la fin des années 1860 et *Die Frauen-Zeitung* et *L'Almanach des Femmes* permet de mesurer la façon dont le passé proche pèse sur les représentations et les actions des contemporains. Les articles du *Droit des Femmes* montrent ainsi l'importance de l'héritage saint-simonien et la fascination encore ressentie par certains jeunes démocrates envers cette « utopie ».Toutefois, puisque l'ensemble de la société a gardé en mémoire le scandale de « la femme libre », il est nécessaire de rendre la référence au saint-simonisme présentable. Cette adaptation correspond aussi à la sécularisation qui touche l'ensemble de la société, et qui est très perceptible dans les propos sur le rôle des femmes, la « mystique du féminin » qui imprégnait *L'Almanach des Femmes* – dans la lignée des réformateurs des années 1830 – a totalement disparu du *Droit des Femmes*. Il ne s'agit plus pour les rédactrices de valoriser Ève face à Marie ou bien d'annoncer la Femme Messie, mais de développer une argumentation rationnelle, « moderne ». Enfin elles tiennent à manifester donc autant que possible leur attachement à la laïcité afin de convaincre les républicains de leurs capacités.

On observe dans *Neue Bahnen* un même renoncement à la religiosité, si la référence à la catégorie du « féminin » reste tout autant, voire davantage, présente que dans *Die Frauen-Zeitung*, elle est dépouillée de toute dimension religieuse. En revanche, la définition d'une « féminité germanique » est plus importante que jamais. La rivalité franco-allemande, déjà bien perceptible dans *Die Frauen-Zeitung*, devient dans *Neue Bahnen* d'autant plus tangible que les tensions se précisent puis culminent avec la guerre de 1870. Globalement, les tendances du *Frauen-Zeitung* s'accentuent dans *Neue Bahnen,* respect de l'institution familiale, rejet déclaré de l'émancipation, volonté d'assouplir les contraintes du « féminin » en exaltant la participation des femmes à la nation, légitimation de l'intervention publique des femmes en insistant sur la « privatisation du politique ». Tout ceci permet aux rédactrices d'affirmer qu'elles sont bien dignes de participer à l'avènement de la Nation qui paraît imminent.

Enfin, même si *Neue Bahnen* est assez attentif aux activités des associations de travailleurs, le journal s'adresse beaucoup moins aux ouvrières que *Die Frauen-Zeitung*. On observe la même évolution dans les journaux français, à la fin des années 1860, il semble qu'il n'y ait plus d'ouvrières ou d'anciennes ouvrières parmi les rédactrices. Ces dernières cherchent leur principal soutien auprès des démocrates « bourgeois », qui apparaissent les plus aptes à représenter le Progrès. Une révolution qui serait portée par les prolétaires et les « femmes libres » n'est désormais plus envisagée.

Les femmes, « ouvrières de l'avenir » ?

« Les ouvrières de l'avenir » est le titre choisi par Maria Deraismes en novembre 1868 pour annoncer sa première série de conférences consacrées aux femmes. Elle se réfère là à cette idée devenue presque un lieu commun depuis 1848, surtout au cours des années 1860, selon laquelle la question des femmes serait l'une des clés de l'avenir. Toutefois, si les femmes sont incluses dans le projet républicain français ou dans le projet national allemand, c'est essentiellement en tant que mères et éducatrices, et dans la conformité avec un « éternel féminin » formulé par et pour les hommes. En décalage avec ces discours dominants, certaines femmes tentent d'œuvrer à l'avènement d'une société où elles pourraient agir à leur guise, selon leurs aspirations personnelles. Elles cherchent à s'imposer notamment dans les débats menés autour du travail, enjeu central de la période, mais veulent aussi participer à la définition du Progrès politique et social, et aux discussions sur la paix, la nation et la guerre qui mobilisent les sociétés française et allemande contemporaines.

Les travailleuses en quête d'une introuvable solidarité

Dans les années 1860, la résurgence de mouvements ouvriers signifie aussi la reprise de la propagande hostile au travail salarié des femmes. Si une partie des élites bourgeoises commence d'envisager favorablement, dans certaines conditions, l'emploi des femmes des classes moyennes, la figure de l'ouvrière suscite toujours d'unanimes condamnations[268], les théoriciens lui imputent la dégénérescence des mœurs et de la « race », et les travailleurs se déchaînent contre celle qu'ils présentent à la fois comme une concurrente et une victime. Pour eux, la ménagère dépendante de son époux symbolise à la fois un âge d'or sans capitalisme et la promotion sociale espérée, l'intégration aux classes moyennes et bourgeoises. Les condamnations du travail des femmes par l'Association internationale des Travailleurs en 1866 et 1867 sont bien connues. Cette idéologie est reprise dans la quasi totalité des organisations ouvrières françaises et allemandes. Toutefois, non seulement une minorité d'hommes et de femmes ont tenté de fléchir de telles prises de position, mais la discussion sur le travail des femmes a toujours perduré, ne serait-ce que parce que les femmes travaillent et qu'il faut confronter les discours avec cette réalité. En témoignent la fréquence avec laquelle le thème revient dans la presse, dans les livres, et dans diverses assemblées[269]. Lorsque les organisateurs des premières réunions publiques parisiennes choisissent en priorité le thème du travail des femmes, ils révèlent que cette question n'est toujours pas tranchée

268. Katherine Blunden, *Le Travail et la Vertu…*, *op. cit.*

269. Ainsi, à Paris en 1867, la Commission ouvrière constituée en lien avec l'Exposition universelle choisit comme ordre du jour pour deux assemblées générales, « la question des femmes et tout ce qui se rattache à leur position sociale, du travail dans les ateliers et les manufactures » (voir *Les Révolutions au XIXe siècle*, *op. cit.*, tome 3). On y entend certes le point de vue majoritaire, hostile aux femmes, mais aussi des positions de compromis, représentées par exemple par Jules Simon et Charles Sauvestre, venus au nom de la Société des Écoles professionnelles des femmes. Quelques délégués sont résolument égalitaristes, tels qu'Eugène Varlin. On retrouve certains membres de cette Commission parmi les organisateurs des premières réunions publiques.

et demeure un enjeu dans l'affrontement des divers courants. En Allemagne, le troisième congrès des associations ouvrières a reconnu en 1865 la nécessité du travail salarié des femmes, et même sa valeur en tant qu'instrument d'émancipation[270]. Toutefois, ces résolutions suscitent immédiatement de vifs débats dans le journal des associations ouvrières[271] et provoquent, chez d'autres organisations ouvrières, des déclarations hostiles au travail des femmes. Les congrès suivants ne se risquent plus à traiter de la question des femmes.

Les femmes sont donc toujours sur la défensive lorsqu'elles interviennent au sujet du travail salarié, et ne peuvent que rarement envisager une collaboration avec les milieux prolétaires et socialistes. En Allemagne, la rupture entre l'ADF de Louise Otto et l'ADAV de Lassalle est consommée dès janvier 1866, alors que les lassalléens s'étaient jusque là désintéressés du travail des femmes, ils le condamnent avec vigueur lors d'une assemblée à Berlin, le 16 janvier 1866, concluant que la situation des femmes pauvres ne pourrait s'améliorer qu'après celle des travailleurs, si ceux-ci sont délivrés de la concurrence féminine. Faisant allusion à la récente fondation de l'ADF, ils en parlent comme d'une création des « libéraux » et des « bourgeois » qui voudraient se servir des femmes pour accroître encore la domination du capital. Louise Otto répond avec ironie dans le journal de Ludwig Eckardt, en s'étonnant qu'un parti qui prétend émanciper le le prolétariat puisse, en même temps, encourager une oppression – celle des femmes[272]. Louise Otto revient encore sur ce sujet dans son livre *Das Recht der Frauen*, montrant qu'il lui est impossible de négliger le point de vue de l'ADAV. En février 1868, c'est Rosalie Schönwasser qui réagit à de nouvelles déclarations des sociaux-démocrates estimant que « l'emploi des femmes dans les ateliers industriels est l'un des abus les plus révoltants de notre époque[273] ». Rosalie Schönwasser attaque l'ADAV sur ses principes politiques, « Il est d'ailleurs très caractéristique que justement ceux-là qui s'écartent des chemins naturels de la *Selbtshilfe*, ceux-là qui se fient si peu à leur propre force d'action qu'ils cherchent à soulager la misère des travailleurs en recourant à l'État, au lieu d'appeler les travailleurs à l'effort et à l'épargne – en éveillant ainsi leur autonomie, il est très caractéristique que justement ceux-là cherchent à rendre leur revenu plus

---

270. Ces conclusions sont largement dues à un vibrant discours égalitariste du fabriquant Moritz Müller, soutenu par quelques orateurs influents, tels que Ludwig Eckhardt, Adolf Rossmässler et August Bebel. Un long extrait du discours est reproduit dans *Bericht über die Verhandlungen des 3. Vereinstages deutscher Arbeitervereine zu Stuttgart, 3-5 Sept. 1865*, Nürnberg, 1865, p. 47-48.

271. Voir les débats reproduits dans *Die Allgemeiner deutscher Arbeiter-Zeitung*, Coburg, n° 130-132, 139-140, 143-144, 148-155, 161 et 167 de 1865 et 1866.

272. Louise Otto, « Altes und Neues aus der Frauenwelt », *Deutsches Wochenblatt*, n° 8, 18 février 1866, p. 60. Dans *Neue Bahnen*, un entrefilet anonyme accuse les lassalléens de révéler leur caractère tyrannique en refusant ses droits naturels à la moitié de l'humanité (« Blicke in die Runde », *Neue Bahnen*, n° 2, 1866).

273. Extrait paru dans *Die Rheinische Zeitung*, reproduit dans la lettre de Rosalie Schönwasser, correspondance de Düsseldorf, *Neue Bahnen*, n° 4, 1868. Selon l'ADAV, le travail des femmes conduit à la destruction de la famille, ce qui fait perdre à la classe laborieuse « le dernier reste des biens idéaux qu'elle a jamais véritablement possédé ». La résolution finale ajoute, « Il est d'autant plus nécessaire de réprouver l'effort actuel visant à étendre le marché de l'emploi pour les femmes. Seule la suppression de la domination capitaliste apportera un remède en élevant la condition salariale et en garantissant à chaque travailleur le produit entier de son travail. »

confortable et plus facile aux dépens de la population laborieuse féminine, déjà pourtant suffisamment opprimée par ailleurs[274]. » Elle oppose ainsi les conceptions socialistes des lassalléens – qu'elle qualifie d'inhumaines – aux positions défendues par les *Arbeiterbildungsvereine* et aux idées de Schulze-Delitzsch, ce qui bien sûr ne peut que conforter les sociaux-démocrates classant l'ADF comme une émanation de la bourgeoisie libérale.

L'ADF se démarque aussi rapidement de l'Association Internationale des Travailleurs, dont la section allemande publie en 1866 un texte illustrant parfaitement la diffusion de l'idéologie genrée bourgeoise parmi les ouvriers, ce texte, qui ne parle de la femme qu'en y accolant le mot « mère », stipule en effet que « la femme et mère » doit renoncer à tout ce qui peut l'éloigner de ses devoirs familiaux, car elle représente « le confort et la poésie de la vie domestique, et doit introduire grâce et beauté dans les rapports sociaux et ennoblir les jouissances de la vie[275] ». Après le congrès de Genève en septembre 1866, où les sections françaises et allemandes s'accordent complètement sur le sujet, une rédactrice anonyme de *Neue Bahnen* – peut-être Louise Otto – déplore que « la majorité a[it] rejeté le travail des femmes dans les fabriques parce qu'on a considéré les femmes uniquement en tant que mères. [...] On aurait mieux fait de se prononcer plus énergiquement contre le travail des enfants, ce qui n'a été fait que sous conditions[276] ». C'est donc vers les associations ouvrières adeptes de la *Selbsthilfe* que l'ADF se tourne. La lettre transmise à leur assemblée générale, qui se tient à Gera du 6 octobre 1867, rappelle beaucoup les adresses envoyées en 1848-1849 par Louise Otto à diverses organisations de travailleurs ; elle adopte cependant en 1867 un ton plus ferme, des mots plus directs :

> « Vous savez mieux que quiconque combien il est difficile de s'élever contre les préjugés et les usages, alors tenez-vous à nos côtés avec votre force, et n'utilisez pas celle-ci pour priver autrui des biens et des droits que vous-mêmes avez conquis avec effort et difficulté, pour mépriser et tenter d'opprimer les efforts et les difficultés identiques d'un sexe plus faible. Conservez-vous à vous-même la conscience pure en luttant contre toute oppression, y compris celle des femmes, et offrez-nous ce triomphe d'avoir cherché et trouvé nos meilleurs camarades non dans les soi-disant hautes sphères de la société, mais au milieu du peuple, parmi les pauvres travailleurs[277]. »

On lit dans ce texte à la fois le désir d'une réelle solidarité avec des travailleurs – qui permettrait de rompre avec l'image d'une ADF « bourgeoise » – et une certaine appréhension face à l'indifférence ou à l'hostilité supposée d'une telle assemblée. Effectivement, malgré le soutien actif de Moritz Müller, qui lit cette adresse et propose de nouvelles déclarations sur le droit des femmes au travail, les résolutions finales sur le sujet ne font que répéter celles de 1865, ou sont même

274. Rosalie SCHÖNWASSER, correspondance de Düsseldorf, *Neue Bahnen*, n° 4, [février] 1868.
275. Déclaration publiée par *Der Vorbote*, Jg. 1866, p. 44, citée par Werner THÖNNESSEN, *Frauenemanzipation...*, *op. cit.*, p. 19.
276. « Blicke in die Runde », *Neue Bahnen*, n° 21 [octobre] 1866.
277. [Louise Otto?], « Vereinsnachrichten », *Neue Bahnen*, n° 23, [novembre] 1867.

en retrait[278]. Même avec ces partenaires plutôt bien disposés, le dialogue arrive donc très vite à ses limites.

Enfin, la situation s'assombrit encore avec la fondation du Parti social-démocrate des travailleurs lors du congrès d'Eisenach en août 1869. Si les lassalléens sont en minorité, tous les courants sont unanimes concernant le statut des femmes[279]. Les supposés partisans des travailleuses, tels que Bebel, Liebknecht ou les représentants des ouvrières de Crimmitschau et de l'Association syndicale des deux sexes, semblent être restés silencieux. La résolution finale demande la restriction du travail des femmes dans les établissements industriels. Une rédactrice de *Neue Bahnen* commente avec amertume ce programme du nouveau parti, conçu et écrit uniquement au masculin :

> « Selon le paragraphe 2, "Le combat pour la libération des classes laborieuses n'est pas un combat pour des privilèges de classe et des prérogatives, mais pour des droits et des devoirs égaux, et pour l'abrogation de toute domination de classe." (Mais la domination fondée sur le sexe demeure ? Où sont ici les droits et les devoirs égaux des femmes ?). Selon le paragraphe 3, "La dépendance économique du travailleur vis-à-vis du capitaliste est au fondement de la servitude sous toutes ses formes, et c'est pourquoi le parti social-démocrate s'efforce d'obtenir pour chaque travailleur la totalité du produit de son labeur, en abrogeant la forme actuelle de production, grâce au travail en association." (Mais la dépendance économique de la femme vis-à-vis de l'homme persiste ? Si les travailleurs peuvent maintenant fonder leur nouvel État sur l'esclavage des femmes, ils commettent la même injustice envers l'humanité que celle qui régnait dans les États esclavagistes des temps anciens et modernes[280]). »

L'ADF se retrouve ainsi coupée des milieux démocrates et socialistes, avec lesquels sa fondatrice Louise Otto-Peters et certaines de ses membres également anciennes quarante-huitardes partagent bien des idées. L'association est dans l'impossibilité d'atteindre les femmes des classes populaires, et se voit rejetée du côté des organisations politiquement plus modérées, pour la plupart encadrée par les élites bourgeoises libérales. Même si ces dernières sont plus ouvertes sur la question du travail des femmes, leur tolérance résulte surtout de rapports de forces internes, et de l'influence ponctuelle de quelques personnalités. En définitive, leur soutien plus ou moins affiché ne change absolument rien à la condition des travailleuses allemandes.

On constate en France une même impossibilité des femmes à se faire entendre des organisations de travailleurs, malgré les espoirs qu'elles ont pu entretenir à

278. « Vereinsnachrichten », *Neue Bahnen*, n° 24, 1867.

279. Parmi les très rares voix discordantes, signalons un délégué de Zürich, appuyé par le représentant des relieurs de Leipzig, qui propose d'élever le salaire des femmes au niveau de celui des hommes (*Protokoll über die Verhandlungen des Allgemeinen Deutschen Arbeiterongresses zu Eisenach vom 7. bis 9. 8. 1869*, Bearbeitet von der Redaktions-Kommission des Kongresses, 1869, Berlin, Dietz Verlag, 1969, p. 37.

280. « Blicke », *Neue Bahnen*, n° 20, 1869. Voir également Luise BÜCHNER, « Der Arbeitercongress zu Eisenach und die Frauenfrage », *Neue Bahnen*, n° 21, 1869.

certaines occasions et durant un court laps de temps. Deux exemples illustrent bien cela, en 1867 et en 1868. Contrairement aux congrès successifs des associations ouvrières allemandes, qui ne réunissent que des hommes, la Commission ouvrière parisienne constituée en 1867 comporte quelques déléguées – certes minoritaires mais admises aux mêmes conditions que leurs collègues masculins. Ces femmes ont dû être au nombre de cinq si l'on se fie à la liste de la délégation ouvrière du département de la Seine, trois d'entre elles représentent la branche « fleurs, plumes et modes », et deux autres ont été élues avec neuf hommes pour représenter les passementiers[281]. En réalité, d'après les divers procès verbaux, seule Mme Bacquet, une fleuriste, semble s'être rendue régulièrement aux réunions, sans jamais y prendre la parole toutefois – à moins que ses propos n'aient pas été jugés dignes d'intérêt par les sténographes. Elle est également la seule femme de la délégation qui se rend en janvier 1868 chez le ministre Forcade et, galanterie oblige, s'avance même la première pour lui exposer les griefs et demandes de sa profession[282]. Les rares femmes qui ont participé à ces débuts d'organisation ouvrière n'ont donc apparemment pas profité de cette opportunité pour défendre leur propre cause. Le deuxième exemple est fourni par les réunions publiques du Vauxhall. Alors que les idées les plus progressistes ont pu être exprimées lors des premières séances, les dix résolutions finales, votées lors le 31 août 1868, montrent le triomphe du courant majoritaire de l'AIT. Avant que J. E. Horn soumette au « vote » les dix points censés synthétiser les débats, Tolain déclare d'ailleurs que « l'assemblée, considérant que le travail de la femme dans l'atelier, l'usine ou la manufacture est, en même temps, une cause de démoralisation et de dégénérescence de la race, émet le vœu que les mesures prises aient pour but d'établir surtout le travail dans la famille[283] ». Si la première résolution est extrêmement égalitaire et proclame la liberté de chaque être humain à s'autodéterminer[284], les neuf suivantes ne sont qu'une énumération de restrictions à l'encontre des femmes, en contradiction totale avec les principes posés au départ. Ceci confirme bien que les débats sur la « question des femmes » servent à formuler et expérimenter une conception de la démocratie assumant un écart flagrant entre principes et réalisation. Si cet écart, non dissimulé concernant les femmes, ne provoque pas de scandale, il peut donc exister pour toute autre catégorie, à tout autre sujet. La « société véritablement saine », la « société mieux organisée », en bref, la « société démocratique » annoncée par l'orateur pour un futur proche, repose ainsi sur le mariage et sur « la bonne division du travail » entre l'épouse et l'époux[285]. Cette issue des débats montre clairement quelles limites sont posées

281. Il s'agit de Mme Labrunie, Mlle Legendre, Mme Bacquet, Mme Chabert et Mlle Noblet (*Les Révolutions du XIXe siècle, op. cit.*, tome 3).

282. *Idem*, tome 4. Les propos de Mme Bacquet ne sont pas rapportés.

283. *Le Français*, 3 septembre 1868.

284. « Les différences naturelles qui séparent les deux sexes ne sauraient d'aucune façon motiver une différence entre hommes et femmes au point de vue des droits [...] Tout être humain, quels que soient son origine, sa couleur, son sexe, possède le droit imprescriptible d'exercer librement toutes ses facultés dans les limites de la morale et de la justice, d'aborder toutes les carrières et d'aspirer à toutes les positions que la société offre à l'activité de ses membres » (« Le Travail des Femmes », *L'Opinion Nationale*, 2 septembre 1868).

285. *Ibidem*.

d'emblée au projet démocratique élaboré en cette fin d'années 1860, il s'agit de celles-là mêmes qui ont déjà signifié l'échec de la Deuxième République. Malgré toutes les prises de paroles, les ouvrages et les discussions des précédentes années sur la « question des femmes », celle-ci est destinée à demeurer un impensé de la réflexion démocratique, un objet inintégrable à la vision dominante du progrès politique, tant que ceux qui se présentent comme l'avant-garde restent attachés aux principes d'autorité et de hiérarchie.

Après quelques vaines protestations[286], il ne reste aux femmes démocrates qu'à accepter de rentrer dans ce cadre. Certaines semblent ignorer ce mur dressé devant leurs aspirations : ainsi Paule Mink et Maxime Breuil poursuivent les réunions sur le même sujet, salle de la Redoute, avec le but concret de fonder une association d'ouvrières. Peut-être espèrent-elles qu'en se montrant efficaces, elles pourront, de l'intérieur, faire évoluer les positions des meneurs socialistes ? D'autres se retirent du jeu sans ménager leurs critiques. Dans sa lettre au *Français, Adèle Desmars* attaque ces « socialistes de la nouvelle école », qui « font de la réaction contre l'idée du droit social commun[287] ». André Léo écrit *La Femme et les Mœurs. Monarchie ou Liberté*, en réaction à la réédition du livre de Proudhon *De la Justice dans la Révolution et dans l'Église*, dont les idées l'ont emporté lors des réunions publiques. Analysant les enjeux contemporains, André Léo constate que « la plupart des démocrates sont les derniers à comprendre que tous les droits sont solidaires et ont un berceau, un principe commun » :

> « Les socialistes eux-mêmes, quoique plus profonds et plus conséquents avec les principes révolutionnaires, se divisent sur la question de la femme. Elle est si instante, cette question, si arrivée à son heure, qu'elle s'imposa la première aux débats des réunions publiques [...]. C'est là que se produisit une étrange théorie, en opposition du droit individuel, invoqué par les partisans du droit complet de la femme – comme de tout être humain – à la liberté, à l'égalité. On dit – Non, l'unité sociale, ce n'est pas l'individu, c'est la famille, ainsi hiérarchisée, père, mère, enfant. – Et les raisons de cet étrange dogme d'une trinité nouvelle, non moins dogmatique et mystique que l'ancienne, on les trouva comme toujours, dans la nature particulière de la femme, et dans la nécessité de l'ordre au sein de la famille. Et comme toujours, chaque orateur présenta son Ève, pétrie de sa propre main mais toujours tirée de la côte d'Adam [...] ! Et couverte de fleurs, on la jeta, non seulement hors de la République, mais hors du travail[288]... »

Si lucides soient-elles, toutes ces critiques demeurent cependant tout à fait inaudibles et sans effet auprès du plus grand nombre, la « nécessité de l'ordre » n'étant jamais remise en question. Malgré ces blocages, quelques femmes tentent

---

286. Deux femmes de l'auditoire du Vauxhall, Mme Désiré et Mme Michon, contestent certains points, notamment l'opposition entre émancipation et vie familiale, qui sert de prétexte à limiter les droits des femmes. Mme Michon appelle hommes et femmes à marcher ensemble vers le progrès, mais son intervention a beau être entrecoupée de bravos, les résolutions ne sont aucunement modifiées (*Le Français*, 3 septembre 1868).

287. « Correspondance de Paris », *Le Français*, 4 septembre 1868.

288. André LÉO, *La Femme et les Mœurs...*, *op. cit.*, édition de 1990, p. 103-105.

pourtant de poursuivre leur but, en utilisant les rares moyens d'action qui sont à leur portée.

Associations de bourgeoises et grèves d'ouvrières

Pour les travailleurs comme pour les travailleuses, les deux principaux moyens d'action sont d'une part l'association, d'autre part la grève. On constate cependant une différence importante entre ouvriers et ouvrières, alors que les premiers se regroupent en associations corporatistes, mutualistes, coopératives et autres, il n'existe dans les années 1860 que très peu d'associations d'ouvrières et elles n'ont laissé quasiment aucune trace. Les associations ouvrières mixtes sont rares et n'offrent à leurs adhérentes qu'un statut inférieur. Les associations féminines s'intéressant à la question du travail peuvent, dans certains cas, accueillir des ouvrières – travaillant en chambre ou en atelier, plus rarement voire jamais en manufacture – mais elles sont surtout composées d'enseignantes et d'employées, ainsi que de femmes qui n'ont jamais été salariées. Elles diffusent surtout un discours conforme aux valeurs bourgeoises, qui peut être favorable au principe du travail salarié – surtout pour les célibataires ou les veuves désargentées – mais passe le plus souvent sous silence le cas spécifique de « l'ouvrière », celle-ci est définitivement devenue une figure « impie », dont l'existence est niée autant que possible.

Il est difficile d'évaluer les résultats auxquels sont parvenues ces organisations que l'on peut qualifier de bourgeoises[289]. La plupart ont cherché à se substituer aux pouvoirs publics en matière d'instruction et de formation professionnelle. Certaines d'entre elles ont rencontré un relatif succès, c'est le cas des écoles supérieures et industrielles établies en Hesse par l'Association pour la formation et l'emploi des femmes (*Alice-Verein für Frauenbildung und Erwerb*), créée en 1867 par Luise Büchner, sous le patronage de la princesse Alice ; c'est le cas également des structures dirigées à Paris par la Société des écoles professionnelles pour les filles. Ces deux exemples sont représentatifs d'un mouvement né au début des années 1860, visant les filles des classes moyennes[290]. Ces écoles d'un nouveau type contribuent certainement à modifier – dans certaines sphères – la figure idéale de la jeune fille, au modèle de la demoiselle élevée uniquement dans la perspective du mariage se substitue progressivement le modèle de la jeune personne « complète », capable de se prendre elle-même en charge, de participer aux progrès économiques et sociaux, sans renoncer pour autant à sa féminité et à ses devoirs « naturels ». Concrètement, ce sont seulement quelques milliers de jeunes Françaises et Allemandes qui bénéficient d'une telle formation durant ces années 1860, sans que l'on sache quelle proportion d'entre elles a effectivement eu une vie professionnelle et dans quelles conditions.

289. Bourgeoises du fait de l'origine sociale de leurs membres, comme par leur conviction que c'est à la bourgeoisie de se faire l'instrument du Progrès.
290. Parmi ces écoles on peut mentionner une école de gravure pour jeunes filles à Mulhouse, un cours de comptabilité commerciale à Lyon, le Clementsche Handels-und Gewerbe Institut für Töchter à Berlin (en lien avec le Lette-Verein), l'école supérieure pour filles de Thorn (Prusse Orientale), etc.

Parmi les autres initiatives prises pour promouvoir le travail des femmes, citons aussi les pétitions envoyées par les diverses associations féminines allemandes, et notamment l'ADF. Toutefois, à la fin de l'année 1868, l'assemblée générale de l'ADF doit avouer l'échec complet de toutes les démarches pour faire évoluer le statut professionnel des femmes. Il en va de même l'année suivante. Ce n'est qu'en 1870 que l'association peut se targuer de quelques résultats, au niveau de l'État saxon. Ainsi l'interdiction pour les femmes de rédiger un journal en Saxe a été levée[291] ; puis le gouvernement saxon accède à la requête d'ouvrir des cours d'anatomie et physiologie pour les futures sages-femmes ou soignantes[292]. Le résultat de plus de quatre années d'efforts est donc extrêmement maigre. On remarque par ailleurs que, contrairement au groupe qui animait le *Frauen-Zeitung* dans les années 1849-1852, il n'est quasiment plus question des ouvrières et de leurs difficultés particulières.

Si les sources des années 1860 sont quasiment muettes sur les associations d'ouvrières ou les ouvrières dans les associations de femmes, elles livrent également très peu d'informations sur la participation des femmes aux grèves. Je n'ai pas retrouvé de traces de grèves d'ouvrières pour l'Allemagne. Quant à la France, seuls deux exemples émergent, documentés de façon très inégale, il s'agit de la grève des ovalistes de Lyon à l'été 1869, et de celles des ouvrières du Creusot en avril 1870. Le premier de ces mouvements a été remarquablement étudié par Claire Auzias et Annick Houel[293]. Il est déclenché par le refus des patrons mouliniers – propriétaires des machines préparant la soie au tissage – d'augmenter le salaire dérisoire de leurs ouvrières, et de diminuer de deux heures une journée de travail qui va de douze à quatorze heures. Après plusieurs pétitions aux autorités, les ovalistes organisent le 25 juin 1869 un grand rassemblement, auquel entre mille et deux mille d'entre elles se seraient rendues – ainsi qu'une centaine d'ouvriers. Sous l'égide de leur porte-parole, un écrivain public, les ovalistes – en majorité des jeunes filles, analphabètes et non qualifiées – décident la grève. Celle-ci dure presque un mois, malgré les pressions, les arrestations, et bien sûr les difficultés matérielles. L'enquête menée par Claire Auzias et Annick Houel montre de quelle manière ce mouvement passe peu à peu sous la tutelle des hommes, d'abord celle des ouvriers mouliniers, puis celle des militants de l'Internationale. La section lyonnaise de l'AIT réussit à infiltrer la commission de grève, à l'origine composée seulement d'ovalistes hommes et femmes. Cette commission fait voter, le 11 juillet 1869, l'adhésion de la corporation à l'AIT, au nom des huit mille ovalistes de Lyon mais sans les consulter. Après quoi, le rapporteur indique que les revendications ont été modifiées, à l'avantage des ouvriers et en abandonnant les exigences des ouvrières qui avaient pourtant lancé et porté le mouvement[294]. Claire Auzias et Annick Houel mettent en avant l'indifférence des militants pour le salaire féminin, considéré comme un salaire d'appoint. On peut ajouter qu'on retrouve là, mise en pratique, l'idéologie

291. *Neue Bahnen*, n° 3, janvier 1870.
292. *Neue Bahnen*, n° 4, janvier 1870.
293. Claire Auzias, Annick Houel, *La Grève des ovalistes. Lyon, juin-juillet 1869*, Paris, Payot, 1982.
294. Compte-rendu de l'assemblée générale du 11 juillet 1869, *L'Égalité*, n° 28, 31 juillet 1869.

officielle de l'AIT, selon laquelle le salaire féminin n'a tout simplement pas lieu d'être et ne saurait donc constituer un cheval de bataille. Il me semble que l'enjeu, pour la section lyonnaise, est de gagner du prestige auprès des corporations ouvrières masculines – les seules considérées comme représentant réellement le potentiel révolutionnaire dont l'AIT a besoin. Pour pouvoir s'arroger la réussite de la grève, il faut d'une part l'achever rapidement avant qu'elle ne dégénère[295], d'autre part montrer que l'AIT défend avant tout le salaire et donc l'honneur de l'ouvrier nourricier de sa famille. De fait, la section lyonnaise ne se prive pas de présenter l'issue de manière triomphale, et profite de l'adhésion collective arrachée aux ovalistes pour gagner un poids nouveau au sein de l'AIT. Durant ces semaines d'agitation, un silence étonne, celui des femmes de la section lyonnaise, qui n'hésitent pourtant pas à s'exprimer à d'autres occasions. La seule réaction publique due à une femme est la lettre déjà évoquée plus haut, signée C. Sorgel, qui paraît le 10 juillet 1869 dans *Le Droit des Femmes*[296]. Cette Mme Sorgel, qui semble être proche d'un réseau de la libre-pensée lyonnaise[297], rend un vibrant hommage aux ovalistes qu'elle donne en exemple aux femmes de toutes conditions pour les inciter à s'unir pour « conquérir leur égalité sociale et leur indépendance [...]. C'est par l'entente que les femmes, comme tous les opprimés, arriveront à la liberté[298] ». Comme le soulignent Claire Auzias et Annick Houel, c'est la seule tentative pour établir un rapport entre la lutte des ovalistes contre l'exploitation capitaliste et la lutte générale des femmes pour leur émancipation dans tous les domaines.

Quant à la grève du Creusot, qui débute en janvier 1870 et se poursuit par intermittence sur plusieurs mois, elle est connue comme l'une des grèves les plus importantes et les plus brutales qui ébranlent les dernières années de l'Empire. Les mineurs et ouvriers, employés par le tout-puissant Schneider, affrontent en effet la troupe à plusieurs reprises. Les événements sont très suivis par la presse, en raison de l'ampleur des violences mais aussi parce que les socialistes s'appuient dessus pour continuer la campagne antigouvernementale qu'ils avaient entreprise avec l'assassinat de Victor Noir. Quelques journaux parlent des femmes des grévistes, relatant qu'elles empêchent les hésitants de reprendre le travail et n'hésitent pas à provoquer les soldats et les gendarmes[299]. Elles sont donc essentiellement représentées en tant qu'épouses et mères, jouant le rôle habituel des femmes dans les émeutes populaires. C'est d'ailleurs en reprenant cette image convenue qu'un groupe de « citoyennes » de la section lyonnaise de l'AIT s'adresse à elles. Tout en félicitant les femmes du Creusot, au nom des travailleurs de tous les pays, pour leur attitude ferme et énergique, et en leur expliquant que cette lutte « n'est

295. Claire Auzias et Annick Houel ont montré la détresse des ovalistes, privées de logement et de ressources, ainsi que l'inquiétude générale suscitée par le « vagabondage » de ces bandes de femmes ; par ailleurs, la section lyonnaise est incapable d'assurer plus longtemps la solidarité matérielle qu'elle a promise aux grévistes.
296. C. SORGEL, lettre citée.
297. Elle signe aussi dans *Le Progrès de Lyon* des articles parlant de la société d'enseignement libre et laïque lyonnaise, et de la nécessité d'aider les émigrés polonais pour qu'ils accèdent aux Lumières et à la démocratie (Voir *Le Progrès de Lyon*, 16 juillet et 2 août 1869).
298. C. SORGEL, lettre citée.
299. Voir par exemple *La Marseillaise*, 3 avril 1870.

que la première phase d'une révolution économique et sociale gigantesque », les Internationales les conseillent, « n'oubliez pas que vous êtes filles du peuple, mères de famille. Parlez le langage de la vérité aux soldats qui vous entourent, victimes du malheur, courbés comme vous sous le joug du despotisme. [...] De telles paroles, soyez-en certaines, les impressionneront, les feront réfléchir sur le triste rôle qu'on leur impose vis-à-vis de vous, et si vous parvenez à gagner à la cause des opprimés, qui est la leur, les cinq mille soldats campés au Creusot, vous aurez bien mérité du prolétariat[300] ». Ainsi, même ces citoyennes très politisées et très radicales dans leurs idées comme dans leurs propos[301], entendent instrumentaliser les femmes en tant que mères, c'est-à-dire agents « naturels » de paix et de réconciliation. Toutefois, leur lettre est suivie d'un post-scriptum indiquant que « les ouvrières du Creusot viennent à leur tour de se mettre en grève » et appelant à les soutenir. On apprend donc incidemment qu'il y a là-bas aussi des travailleuses, et pas seulement des mères et des ménagères, et qu'elles sont aussi capables de se mobiliser. Par la suite, plus aucune information n'est donnée sur ces ouvrières. Après les arrestations d'ouvriers, et les lourdes condamnations qui suivent leur procès, il n'est plus question que des malheurs frappant les « familles du Creusot », privées de leurs hommes, et pour lesquelles des souscriptions sont ouvertes. Un autre groupe de Lyonnaises se manifeste d'ailleurs à cette occasion pour venir en aide aux femmes et aux enfants des mineurs condamnés, et en même temps dénoncer le régime à mots à peine couverts, en invitant par les dons à « combattre selon ses forces pour la justice contre l'oppression[302] ».

Si différents soient-ils, ces deux exemples montrent bien les limites auxquelles se heurte toute lutte d'ouvrières. Privées de reconnaissance, ou bien instrumentalisées, les ouvrières en grève ne peuvent prendre ou garder le contrôle de leur action, doivent vite céder et retourner à l'anonymat – dans la mesure où certaines d'entre elles l'avaient exceptionnellement quitté. Elles n'obtiennent de réelle solidarité ni de la part des organisations de travailleurs, ni de la part des femmes qui prônent l'émancipation. Pour les travailleurs, « l'Ouvrière » reste une figure repoussoir, qu'il faut abolir, ou du moins une catégorie dont le potentiel militant et révolutionnaire est nié. Les « émancipatrices » ne peuvent pas non plus se reposer sur ce personnage honni de l'ouvrière pour défendre les droits des femmes auprès de l'opinion publique. Le cas des femmes de la section lyonnaise de l'AIT est intéressant à observer, que ce soit dans leur silence sur les ovalistes ou dans leur lettre aux grévistes du Creusot. La fidélité à l'Internationale, à ses stratégies, aux modes de penser les rapports de sexe qui y dominent, prime pour elles sur toute solidarité de genre. Il est probable que Virginie Barbet se soit

300. « Adresse des citoyennes lyonnaises aux femmes du Creusot », *La Marseillaise*, n° du 13 avril 1870 et *La Solidarité* du 4 avril 1870, signée par Virginie Barbet, Anaïs Aury, Marie Guillot, Louise Tailland.

301. Leur adresse provoque d'ailleurs des poursuites contre *La Marseillaise* (voir A. DE FONVIELLE, « Silence aux femmes », *La Marseillaise*, 16 avril 1870).

302. Lettre au « Citoyen rédacteur », *Le Progrès*, 16 avril 1870, signée par Virginie Barriez, Anne Bonard, Marie Billon, Marie Michalon, Mariette Gay, Jeanne Terret, Antoinette Berne. On retrouve aussi parmi les souscripteurs quelques noms connus dans les milieux de la libre-pensée, tels ceux de la « citoyenne Denis Brack ».

malgré tout exprimée au sujet des ovalistes, dans un article anonyme paru vers la fin de la grève[303]. Elle y déplore l'échec des modestes revendications salariales des ouvrières, en en rejetant la responsabilité entière sur la rapacité des capitalistes; pas un mot n'est dit sur le recul des négociateurs. Tout en se pliant à la discipline de son organisation, elle trahit peut-être ici sa déception, dans la mesure où elle insiste sur l'échec, alors qu'elle pourrait facilement légitimer l'abandon de la lutte sur le salaire en expliquant – comme elle l'a déjà fait auparavant – qu'une légère amélioration matérielle n'a aucune portée révolutionnaire[304]. On voit donc ici la domination masculine s'exercer à tous les niveaux, à l'encontre des ouvrières comme des militantes, par le biais de manipulations matérielles tout autant qu'idéologiques.

Comment entrer dans l'Histoire?

Les femmes dont il a été question jusqu'ici clament toutes leur volonté et leur capacité d'agir dans « le sens de l'Histoire », c'est-à-dire selon la conception dominante que les contemporains se font du Progrès. Il me semble que l'on peut éclairer leurs agissements en leur attribuant *a posteriori* cette interrogation, « comment entrer dans l'Histoire? ». Ceci ne veut pas dire qu'elles se préoccupent de laisser un nom connu aux futurs historiens, mais qu'elles cherchent à contribuer à la société future qui est en gestation, à faire reconnaître leur participation au déroulement historique du Progrès. Ceci pose le problème de la stratégie la plus adéquate : doivent-elles s'avancer dans l'espace public en tant qu'individues ou bien en tant que femmes, agir de façon solitaire ou bien de façon collective? Ces questions pèsent sur toutes celles qui tentent de se joindre aux divers mouvements de contestation des années 1860, en effet, qu'elles adhèrent aux organisations de la libre-pensée, à l'Association internationale des travailleurs, ou à d'autres fractions de la mouvance démocrate, elles sont avant tout assignées à « l'identité féminine ».

Le « féminin » est-il soluble dans la libre-pensée?

> « La *foi* proscrit la pensée, anéantit la réflexion, et fait poursuivre comme un crime de lèse-divinité la libre recherche, [...] ce sentiment de curiosité qui est la base de la science, le point de départ de tout progrès, la force distinctive de l'homme et l'essence même de son être. [...] L'*humilité* chrétienne est cause que les hommes, au lieu de comprendre leur dignité et d'agir noblement et simplement comme des êtres pensants et intelligents, ont incliné leurs fronts dans la poussière [...] laissant les ambitieux, les intrigants, les roués et les hypocrites les pressurer et les dominer à leur guise. Quant à la *résignation*, la plus belle et la dernière vertu catholique, nous la

303. « Grève des ouvrières ovalistes. Lyon », *L'Égalité*, n° 26 du 17 juillet 1869. On peut vraisemblablement lui attribuer cet article, dont le style et le contenu rappellent d'autres articles d'elle.
304. Voir sa « Correspondance de Lyon », *L'Égalité*, n° 12 du 10 avril 1869.

connaissons assez, hélas, pour l'avoir vue très longtemps pratiquée. Cette vertu a été inventée par ceux qui voulaient étouffer les intelligences, c'était une prime d'assurance contre les tentatives d'affranchissement. [...] Tel est le bilan des vertus apostoliques, tels sont les résultats qu'elles ont amenés pour l'humanité. L'idéal catholique est l'état de mouton moutonnant, brouter l'herbe des champs, la tête inclinée bien bas[305]. »

Cette diatribe de Paule Mink, devenue collaboratrice occasionnelle de *La Libre-Pensée*, peut être également lue comme une révolte contre les normes de la féminité, même s'il n'y est pas question des femmes. En effet, la résignation, l'humilité et la pieuse obéissance aux dogmes sont des caractéristiques fondamentales de « l'identité féminine » inculquée dès le plus jeune âge. Ainsi, pour une femme, se proclamer libre penseuse représente une transgression bien plus forte que pour un homme, et il n'est pas étonnant que les femmes soient restées minoritaires dans le mouvement[306]. La plupart des témoignages que l'on a sur la présence des femmes dans la libre pensée renvoient d'ailleurs à des activités familiales[307].

On pourrait donc penser que les rares libres penseuses réfutent l'assujettissement aux normes genrées de manière particulièrement forte. Certaines libres penseuses ont d'ailleurs à cœur de contrer l'argumentation des républicains qui dénoncent la soumission des femmes au clergé. Ainsi, Jenny d'Héricourt se manifeste en 1869 depuis les États-Unis à propos du concile organisé au Vatican, et auxquels divers libres-penseurs veulent réagir par un contre-concile. Elle propose de rédiger « à l'usage des masses » un petit catéchisme réfutant les doctrines du concile[308], et cherche à valoriser l'engagement des femmes du côté de la libre-pensée :

> « Ce sont les femmes imbécilifiées qui font vivre le vieux dogme et durer le vieux monde, n'appartient-il pas aux femmes qui, de toute leur intelligence et de tout leur cœur, ont embrassé la foi en la raison, d'entreprendre l'œuvre contraire et de suggérer des mesures qui constitueraient le parti rationaliste[309] ? »

Jenny d'Héricourt reprend là le lieu commun de ses contemporains, qui rejettent la faute du cléricalisme sur les femmes, mais explique qu'il s'agit d'un phénomène social et culturel, et qu'une évolution est donc possible. Son projet d'une initiative féminine, qui serait capable d'unifier tous les courants de la libre-pensée en un parti rationaliste, n'est pas sans rappeler certaines conceptions

305. Paule MINK, « Les Vertus catholiques », *La Libre Pensée*, n° 25, 9 juillet 1870.
306. Il sera ici uniquement question de la libre pensée française, dans la mesure où il n'y a pas d'organisations comparables en Allemagne.
307. Par exemple dans le cadre de la Société Civile de Secours mutuel des familles affranchies de toute pratique religieuse, fondée en juin 1869 par Charles-Louis Chassin, rédacteur en chef de *La Démocratie*. On dénombre seulement 36 femmes signant seules parmi les 495 personnes ayant envoyé une lettre d'adhésion (Jacqueline LALOUETTE, *La Libre-pensée e...*, *op. cit.*, p. 35).
308. Jenny P. D'HÉRICOURT, « Correspondance de Chicago », art. cit. Il ne semble pas qu'elle ait mis son projet à exécution, mais ses textes inédits ont disparu.
309. Jenny P. D'HÉRICOURT, « Correspondance », *La Solidarité*, tome 3, n° 14, 1er juillet 1869.

attribuant à la Femme une mission prophétique. Cependant, elle insiste aussi sur la nécessité de faire collaborer hommes et femmes, expliquant que ce « manifeste rationaliste » issu de la réflexion des libres-penseuses « serait proposé à l'adhésion des rationalistes des deux sexes de tous pays [...]. Nous voudrions, nous femmes, agir de concert avec vous et serions fâchées d'être obligées de protester à part [...] [310] ». Un autre exemple est fourni par la militante lyonnaise Virginie Barbet, auteure d'une brochure intitulée *Déisme et athéisme. Profession de foi d'une Libre-penseuse* [311]. Ne cachant nullement son sexe, elle ne se réfère pas pour autant à un quelconque point de vue féminin, ni n'introduit de distinction entre hommes et femmes face à la religion. Plus radicale que Jenny d'Héricourt, elle défend explicitement l'athéisme, et se contente de plaisanter par avance sur les réactions qu'elle va susciter, sans relier cela à son statut de femme [312].

D'autres témoignages montrent en revanche toute la difficulté qu'il peut y avoir pour une libre-penseuse d'assumer ses convictions en s'affranchissant des contraintes de genre. Certaines dissimulent leur sexe et reprennent à leur compte un discours au masculin, adressé aux hommes. C'est le cas d'Octavie Frache, une femme résidant à Troyes, dont on connaît l'identité grâce à une pétition qu'elle envoie au Sénat en mars 1870 [313]. Se présentant comme la fille d'un capitaine du Premier Empire, femme de lettres et « collaborateur d'un journal politique », elle se plaint de l'arbitraire régissant l'attribution des emplois réservés aux femmes pauvres, et prie les sénateurs « de vouloir bien faire admettre dans les écoles le *Catéchisme du Libre-Penseur*, [...] dans l'espoir qu'il servira à former une génération plus honnête [...] [314] ». Ce *Catéchisme*, une brochure de quatorze pages, est publié sous le nom d'Octave Axia, et en appelle à « toutes les âmes justes et viriles » ; il s'achève sur les sept commandements du libre-penseur déiste, représenté comme un homme, qui est appelé à « devenir le régénérateur du monde [315] ». Sans aller jusqu'à adopter un nom masculin, d'autres libres-penseuses ont tendance à se penser comme des exceptions parmi les femmes, ce qui leur permet de reproduire dans leur propos tous les stéréotypes des libres-penseurs concernant les femmes. Ainsi, la virulence anticléricale de Paule Mink, précédemment évoquée, peut être interprétée comme un moyen de faire oublier son sexe à ses lecteurs et auditeurs.

De telles stratégies révèlent la puissance des normes genrées qui régissent les milieux de la libre-pensée, à l'instar du reste de la société. Lors des manifestations de libres penseurs, les femmes demeurent silencieuses ou bien se cantonnent à des prises de parole « féminines », comme Mme Poujade lisant une poésie lors

310. *Ibidem.*
311. Mme V. Barbet, *Déisme et athéisme. Profession de foi d'une Libre-penseuse*, Lyon, chez tous les libraires, 1869, 15 p.
312. « ... tenir un semblable langage, c'est s'exposer de gaîté de cœur à recevoir cette grêle de diatribes passées depuis longtemps à l'usage de la partie adverse ; heureusement que les projectiles de cette nature tombent sur la tête d'une libre-penseuse, aussi légers et inoffensifs que les foudres du Vatican » (Mme V. Barbet, *Déisme...*, *op. cit.*, p. 14).
313. Pétition d'Octavie Frache, enregistrée le 5 mars 1870, Arch. nat., CC/486/9, n° 592.
314. *Ibidem.*
315. Octave Axia, *Catéchisme du Libre Penseur*, Troyes, imp. E. Caffé, 1869.

du troisième banquet de la Libre Conscience[316]. Elles peuvent également jouer un rôle ornemental comme on le voit le 24 février 1870 à Lyon, la soirée est ouverte par deux femmes vêtues de noir et de rouge, qui, « au nom des femmes de la démocratie lyonnaise », offrent une couronne civique au député Raspail[317]. Enfin, des femmes se rassemblent ou sont renvoyées entre elles, à l'intérieur des associations de libres penseurs. Ainsi à Lyon, la « bibliothèque des travailleurs libres penseurs » s'organise en quatre groupes, dont un groupe de dames – donc défini uniquement en fonction du sexe alors que les trois autres sont réunis en fonction d'idées et de projets[318]. La première requête du groupe des dames a été l'acquisition d'un livre intitulé *Catéchisme de morale universelle, par une mère*, soit un ouvrage que son auteur et son contenu destinent *a priori* plutôt à un lectorat féminin. En définitive, il semble bien que les catégories du masculin et du féminin soient globalement préservées dans les milieux de la libre-pensée, aussi bien par les libres-penseuses qui se conçoivent comme des exceptions, que par celles qui privilégient un engagement conforme à leur « féminité ». L'importance de la transgression effectuée par les femmes ne conduit que rarement au dépassement des catégories de genre ; au contraire, elle rend sans doute d'autant plus nécessaire de se référer à ces catégories, même si elles sont quelque peu redéfinies, du moins concernant le rapport au religieux.

L'AIT, une impasse pour l'émancipation

La participation des femmes à la Première Internationale, notamment avant 1871, est encore très mal connue. Seule la thèse d'Antje Schrupp examine réellement la question – en privilégiant le parcours de quatre protagonistes[319]. Elle insiste sur les paradoxes, les divisions et les nuances internes à l'AIT, qui ouvrent quelques espaces de liberté aux femmes désirant y agir. Certes, l'Association fondée à Londres en septembre 1864 se conçoit comme une organisation masculine, même si les statuts n'excluent pas explicitement les femmes, et les débats sur le travail des femmes a conduit à des résolutions hostiles à l'émancipation. Il ne faut pourtant pas négliger la présence d'une minorité d'hommes favorables aux droits des femmes. Par ailleurs, des femmes adhérent individuellement ou collectivement à l'AIT, dans des sections mixtes ou dans des sections féminines. Ces dernières correspondent à des corporations, qui se rallient à l'AIT suite à une grève ou à la mise en place d'un syndicat, outre les ovalistes de Lyon, citons

---

316. Il s'agit sans doute d'Eugénie Poujade. Voir *L'Opinion Nationale*, 29 mai 1869.
317. *La Libre-Pensée*, 5 mars 1870.
318. *Le Progrès de Lyon*, 19 septembre 1868.
319. Antje Schrupp, *Nicht Marxistin ...*, *op. cit.* Son livre retrace et analyse la participation de Virginie Barbet, Elisabeth Dmitrieff, André Léo et Virginia Woodhull à l'AIT. Il est à ma connaissance le seul ouvrage à examiner les rapports entre les sexes dans la Première Internationale, ainsi que le rôle théorique et pragmatique du « féminisme » dans les divers courants de l'organisation ; il est également le seul à mettre en lumière les écrits de Virginie Barbet, largement oubliée dans l'historiographie française. Malheureusement, cette étude fait l'impasse sur les Allemandes qui ont pu être liées à l'AIT durant la même période.

les ouvrières du textile de Crimmitschau (Saxe[320]). Il existe de plus une « section des dames », fondée début 1868 à Genève[321], sans doute encouragée par l'un des leaders locaux de l'AIT, l'Allemand Johan Philipp Becker. Elle rassemble des femmes de plusieurs nationalités, issues de différents métiers et milieux, et représentant diverses tendances du socialisme[322], qui se regroupent pour défendre des intérêts communs aux femmes[323]. Dirigée par Désirée Gay jusqu'au début de l'année 1870, la « section des dames » participe aux activités de l'AIT en Suisse, mais s'intéresse aussi à des catégories délaissées par les autres sections, telles que les chômeuses ou les ménagères non salariées. On a là un exemple unique de militantes qui, tout en étant liées à l'AIT, ont conservé une indépendance suffisante pour poursuivre des objectifs à la fois socialistes et « féministes ».

La plupart des autres femmes engagées dans la Première Internationale doivent en revanche souvent faire primer leur allégeance aux objectifs de l'organisation, au détriment de toute « solidarité de genre ». On le constate même au sein de l'Alliance de la démocratie socialiste, fondé autour de Bakounine[324], qui prône un socialisme collectiviste conciliant égalité et liberté individuelle et inscrit dans ses objectifs « l'égalisation politique, économique et sociale des classes et des individus des deux sexes[325] ». Ces principes ont attiré des personnalités telles que Désirée Gay et Virginie Barbet, qui doivent toutefois composer avec une discrimination persistante, Bakounine refuse d'admettre les femmes dans le Bureau central de la section[326]. Une fois de plus, des considérations stratégiques suffisent à justifier un écart entre les principes et les faits lorsqu'il s'agit des femmes. Si Désirée Gay quitte finalement l'Alliance, Virginie Barbet préfère la

320. Voir l'appel aux « camarades » signé par cinq de ces femmes (Auguste Thilo, Friederike Peuschel, Wilhelmine Weber, Emilie Voigt, Caroline Schander) dans le journal de Wilhelm Liebknecht. Elles y incitent les femmes à entrer dans les syndicats et à lutter pour leur émancipation – aussi bien vis-à-vis de la domination masculine que vis-à-vis de l'exploitation capitaliste (« Aufruf an alle Gesinnungsgenossinnen von Nah und Fern! », daté de Crimmitschau, le 6 juin 1869, *Demokratisches Wochenblatt*, n° 24, juin 1869, p. 262).

321. Voir *L'Égalité*, 2 mars 1872, qui parle des festivités marquant le quatrième anniversaire de la section.

322. Parmi les membres de cette section, citons la Française Désirée Gay, encore très imprégnée des idées saint-simoniennes et fouriéristes; la Polonaise Antonia Kwiatowska, promotrice des idées anarchistes qu'elle partage avec son mari, Michel Bakounine; la Russe Elisabeth Dmitrieff, d'obédience plutôt marxiste.

323. Certains sont par ailleurs membres de groupes mixtes : Désirée Gay appartient un temps à l'Alliance de la démocratie socialiste, Elisabeth Dmitrieff est membre de la section russe.

324. Groupe dans lequel on relève les noms de Élie et Élisée Reclus, Aristide Rey, Victor Jaclard, Benoît Malon, Paul Robin, Johann Philipp Becker, Charles Perron, Gaspar Sentinon... Voir Jacques FREYMOND (dir.), *Études et documents...*, *op. cit.*, p. 206 et p. 248-253.

325. « L'Alliance Internationale de la Démocratie Socialiste », *Les États-Unis de l'Europe*, n° 45, octobre 1868. Marx et Engels, inquiets des ambitions de Bakounine, ironisent sur la formulation du programme, tout en passant soigneusement sous silence ce qui concerne l'égalité des sexes (voir l'analyse d'Antje SCHRUPP, *Nicht Marxistin...*, *op. cit.*, p. 57-60). L'Alliance est cependant acceptée comme section genevoise de l'AIT en juin 1869.

326. Il prétexte qu'elles pourraient soutenir son adversaire, Outine, et que, de plus, il n'y a pas lieu de porter la question des femmes dans les discussion du Bureau. Voir Michael BAKUNIN, *Gesammelte Werke*, Bd II, Berlin, 1921-1924, p. 185, cité par Antje SCHRUPP, *Nicht Marxistin...*, *op. cit.*, p. 95-96. Bakounine révèle ainsi qu'il se conforme aux stéréotypes sur les femmes, en les considérant comme des intrigantes et/ou objets de manipulations – et en tant que porte-paroles obligées de « la question des femmes ».

fidélité à Bakounine plutôt que la solidarité avec le mouvement des femmes, comme on le voit dans la lettre qu'elle envoie à *L'Égalité* en mars 1869[327]. Elle y répond à la profession de foi d'André Léo qui, recrutée comme collaboratrice par le journal, critique le dogmatisme et l'autoritarisme des milieux socialistes[328]. Elle marque ainsi ses distances face aux proches de Bakounine, majoritaires à *L'Égalité*, et se retrouve aussitôt évincée de la rédaction en tant que complice de la bourgeoisie[329]. Virginie Barbet se livre alors à une attaque en règle contre « les initiateurs et les initiatrices d'une ligue pour l'émancipation des femmes[330] ». S'appuyant sur le texte de la Revendication des droits civils, elle reproche aux auteures de ne pas demander l'abolition du salariat et de ne se référer ni à la lutte des classes ni à l'égalité. Il s'agit pour elle d'appuyer Bakounine dans sa dénonciation du « socialisme bourgeois[331] », quitte à nuire à la seule organisation défendant l'émancipation des femmes en France – organisation dont elle avait soutenu les positions sans réticence moins d'un an auparavant.

Enfin, nous avons vu plus haut comment Virginie Barbet et ses camarades lyonnaises entérinent en juillet 1869 la récupération de la lutte des ovalistes par l'AIT. Quelques semaines plus tard, elles paraissent accepter les calculs des dirigeants de la section concernant leur représentation au congrès de Bâle de septembre 1869. Grâce à l'adhésion des ovalistes, la section a droit à trois délégués, et il est question d'envoyer la principale meneuse de la grève, Philomène Rozan, sans doute pour des raisons stratégiques[332]. Finalement ce sont trois hommes, Palix, Richard et Bakounine, qui représentent Lyon. Si la volonté d'envoyer une femme avait été réelle, il aurait été possible de désigner Virginie Barbet, dont les positions théoriques sont similaires à celles du chef de l'Alliance[333], qui a l'expérience et la radicalité voulue, et qui a l'avantage d'être Lyonnaise. Il faut supposer que l'Alliance de la démocratie socialiste, peut-être sous l'influence de la section lyonnaise de l'AIT, a préféré passer sur ses principes égalitaires plutôt que de nuire à son image[334]. Bien qu'elle témoigne à plusieurs reprises qu'elle se conçoit comme une individue et non comme représentante de la catégorie « Femme », bien que ses déclarations émancipatrices soient claires et décidées, Virginie Barbet doit consentir de fait à un statut « de femme » qui lui est imposé de l'extérieur, par ses

327. Virginie Barbet, « Correspondance… », art. cit.
328. André Léo, lettre de Paris datée du 2 mars 1869, *L'Égalité*, n° 8, 13 mars 1869.
329. *L'Égalité*, n°10, 27 mars 1869.
330. Virginie Barbet, « Correspondance… », art. cit. Comme dans la lettre d'André Léo, personne n'est nommé, mais la Lyonnaise vise la Ligue en faveur des droits des femmes. La Revendication des droits civils n'est pas encore publiée, mais il est probable qu'André Léo l'ait adressée à Virginie Barbet pour quêter des adhésions auprès du groupe de Lyonnaises qui avait signé le manifeste de juillet 1868. Les deux femmes se connaissent aussi par le biais de relations communes telles que les frères Reclus et Benoît Malon.
331. *L'Égalité*, n° 10, 27 mars 1869.
332. Marx espère peut-être affaiblir les Lyonnais – trop liés à l'Alliance de Bakounine – en introduisant dans leur délégation une femme peu formée, tandis que Malon compte provoquer le courant proudhonien en reposant la question du statut des femmes (Claire Auzias et Annick Houel, *La Grève des ovalistes…*, *op. cit.*, p. 122-123).
333. Voir notamment ses positions sur l'héritage, exprimées entre autres dans *L'Égalité*, 12 juin 1869.
334. Les membres de l'Alliance évitent toute allusion aux femmes, toute référence à l'égalité des sexes, lors de ce congrès de Bâle (Antje Schrupp, *Nicht Marxistin…*, *op. cit.*, p. 79).

camarades masculins. Peut-être est-ce la raison pour laquelle, tout en cherchant à agir de la même façon que les hommes[335] – elle éprouve à plusieurs reprises la nécessité de se regrouper avec d'autres femmes pour s'exprimer sur divers sujets d'actualité[336]. On peut émettre l'hypothèse qu'il lui était plus facile de mobiliser des femmes autour de ses initiatives, les hommes de la section n'acceptant sans doute pas de la laisser impulser des projets. Apparaissent ainsi en creux quelques indices de la domination masculine présente dans les organisations socialistes, quelles que soient leurs positions officielles concernant l'égalité des sexes.

De la critique démocratique à la critique des démocrates

Les cas de la libre pensée et de l'AIT incitent à se demander plus largement quel rôle peut jouer l'expérience sociale du « féminin » dans l'engagement démocratique des femmes. Dans la mesure où elles sont privées de la citoyenneté, et où la plupart d'entre elles n'envisagent pas de la revendiquer dans un futur proche, quelles motivations sont les leurs ? Comment surmontent-elles l'obstacle constitué par leur statut social et politique de femme ? En quoi ce dernier, ainsi que l'identité genrée, à laquelle la plupart d'entre elles se rattachent, peuvent-il contribuer à leur conscience politique ?

Il faut tout d'abord rappeler que la revendication directe de l'égalité politique est quasiment inexistante à la fin des années 1860. Très peu d'organisations osent inclure l'obtention de la citoyenneté dans leurs objectifs, seule l'Association internationale des femmes assume ouvertement cette exigence, au terme d'une prudente évolution. Les quelques femmes qui abordent la question dans leurs textes s'entourent de précautions, comme nous l'avons vu par exemple avec Julie Daubié, Olympe Audouard, Fanny Lewald. La traduction par Jenny Hirsch de *The Subjection of Woman*[337] semble aussi une tentative pour introduire dans le débat allemand l'argumentation égalitaire de John Stuart Mill, tout en évitant de prendre personnellement position sur la citoyenneté[338]. Mis à part le cas, très

335. Notamment par les articles théoriques qu'elle publie sur l'héritage, sur le collectivisme, où n'intervient aucune notion genrée, « De l'hérédité », *L'Égalité*, n° 21, 12 juin 1869 et « Pourquoi je suis collectiviste », *La Solidarité*, 18 juin 1870. Elle ne signe pas le premier article, mais il vient de Lyon et c'est probablement celui lu par Bakounine à une réunion de l'Alliance, le 5 juin 1869 (Jacques Fréymond [dir.], *Études…*, *op. cit.*, p. 160). Par ailleurs, Virginie Barbet est la seule femme parmi les onze signataires d'une « Adresse des ouvriers de Lyon au sujet des événements du Seraing », reproduite par Oscar Testut, *Association Internationale des travailleurs*, Lyon, imprimerie Vingtrinier, 1870, p. 263-264.

336. Outre l'adhésion collective au Manifeste du Vauxhall, signalons les adresses suivantes, sans doute toutes rédigées par Virginie Barbet, « Des citoyennes de Lyon au général Giuseppe Garibaldi » (*Les États-Unis de l'Europe*, 1er mars 1868), « Manifeste des femmes lyonnaises adhérentes à l'Internationale, pour engager les jeunes gens de 1870 à refuser le service militaire » (daté du 16 janvier 1870, reproduit par Oscar Testut, *L'Internationale et le Jacobinisme au ban de l'Europe*, Paris, Lachaud, 1872, p. 277-279) ; « Au citoyen Ulrich de Fonvielle » (*La Marseillaise*, 5 avril 1870) ; « Adresse des citoyennes lyonnaises aux femmes du Creuzot » (*La Marseillaise*, 13 avril 1870).

337. *Die Hörigkeit der Frau, von J. S. Mill*, übersetzt von Jenny Hirsch, Berlin, 1869.

338. Jenny Hirsch livre le texte de Mill sans commentaire, contrairement à la réédition de 1872, qu'elle fait précéder d'une préface assez modérée, elle éprouve manifestement le besoin de se distancier des idées les plus radicales de Mill. En 1869, elle parvient à susciter un certain débat, si l'on considère

mal documenté, d'une pétition qui aurait été faite par trois Allemandes pour voter aux élections municipales[339], aucune action, ni en France ni en Allemagne, n'est comparable à celles qui avaient été entreprises en 1848 pour arracher la citoyenneté légale, ou du moins poser publiquement la question aux autorités et aux partis politiques. L'égalité politique est redevenue et demeure un tabou majeur, y compris chez la nouvelle génération de démocrates, dont l'écrasante majorité conçoit toujours le suffrage « universel » comme une prérogative masculine qu'il est fondamental de préserver.

Pourtant, de nombreuses femmes éprouvent le besoin de faire connaître leurs convictions démocratiques, et de se faire reconnaître comme parties prenantes de la vie politique. Les Allemandes s'affichent surtout en tant que patriotes, prêtes à participer à la construction d'un État-nation garant des libertés fondamentales et de l'égalité de ses citoyens. En France, on retrouve ainsi des femmes dans de nombreux épisodes contestataires des années 1869-1870, par exemple dans les diverses émeutes suivant les résultats des scrutins de mai-juin 1869[340]. Certaines sont condamnées pour outrage à agent, cris séditieux, provocations, offenses envers l'empereur[341]. Il faut également mentionner le grand rassemblement de l'opposition qui se produit le 12 janvier 1870, pour l'enterrement du journaliste Victor Noir, tué par le cousin de l'empereur. Des femmes de tous milieux sont présentes dans l'immense foule – on parle de 100 000 personnes – qui suit le cortège pour dénoncer silencieusement le despotisme impérial, le musellement de la presse, l'impunité des puissants[342].

En France comme en Allemagne – mais selon des modalités différentes dans les deux pays – reparaît de plus belle cet enjeu problématique de la citoyenneté que nous avons examiné au moment des révolutions de 1848, et qui s'avère toujours aussi délicat à interpréter, s'agit-il pour les femmes qui se disent alors « citoyennes » de protester implicitement contre leur exclusion en s'immisçant dans tous les interstices politiques qui leur sont accessibles, en attendant l'obtention de la citoyenneté légale dans un proche avenir démocratique? ou bien estiment-elles, comme paraissent le faire les journaux démocratiques qui les nomment régulièrement « citoyennes », qu'il existe une citoyenneté « au féminin », incarnant dans l'espace politique la moitié complémentaire du citoyen masculin? Dans les années 1848-1850, les deux hypothèses pouvaient se révéler justes, selon les cas, avec sans doute une prédominance de la deuxième interpré-

la réception très contrastée qui est faite de cette traduction dans la presse allemande. Le critique (anonyme) du journal *Grenzboten*, par exemple, récuse toute l'argumentation de Mill, pour affirmer la nécessité d'une société hiérarchique (*Grenzboten*, Jg. 1869, 4. Bd, n° 47), tandis qu'un autre journaliste anonyme fait l'éloge de l'ouvrage dans *Vierteljahresschrift für Höhere Töchterschule*, Jg. 1870, p. 71. Cependant, rien ne laisse penser que les réactions ont dépassé ces colonnes réservées aux recensions littéraires.

339. Il s'agirait de trois femmes de Orsoy (près de Essen) ; leur requête aurait été refusée par la commission des pétitions du Parlement. Cette démarche est uniquement citée dans un journal dédié à l'instruction des filles, *Vierteljahresschrift für höhere Töchterschule*, Jg. 1870, p. 73.

340. Arch. nat., BB/18/1785, dos 9735 A4, Élections législatives de 1869, ressorts de Lyon, Amiens, Angers.

341. Arch. nat., BB/18/1785, dos 9735 A4, Élections législatives de 1869, ressorts de Cannes, Bordeaux, Cambrai.

342. Voir *Le Siècle*, 19 janvier 1870, et *La Marseillaise*, 21 janvier 1870.

tation. La situation semble plus tranchée dans les années 1869-1870, tandis que les Allemandes étudiées ici continuent majoritairement de jouer sur une identité citoyenne « féminine », comme on le voit dans *Neue Bahnen*, les femmes actives dans les milieux démocrates français paraissent davantage se référer à l'universalité des droits et anticiper sur une citoyenneté légale. Cette dernière position est illustrée par une lettre ouverte adressée à un collaborateur de *La Marseillaise*, Ulrich de Fonvielle, par un groupe de Lyonnaises – dont une partie au moins appartient à la section locale de l'AIT :

> « Citoyen, [...] Le scrutin est interdit à la femme, citoyen, et pourtant, nous éprouvons le besoin de manifester notre opinion sur votre candidature. Recevez donc, par la voie de la Marseillaise, notre vote d'adhésion morale. S'il est faux, et d'après votrc attcstation, nous n'en n'avons jamais douté – s'il est faux que le héros d'Auteuil ait reçu un soufflet de notre pauvre Victor Noir, il est un soufflet qui ne sera point dénié, celui que les électeurs de Lyon se préparent à appliquer, non sur la joue de Pierre Bonaparte, mais sur celle de l'empire même. La main est levée, puisse-t-elle tomber de tout son poids, et le lendemain de votre élection, il sera vrai de dire, "l'empire a la joue grosse comme ça". Recevez, citoyen Ulrich, avec l'assurance de notre haute estime, l'expression de notre vive sympathie. Signé, Virginie Barbet, Marie Macon, P. Macon, Marguerite Robergeau, Amélie Lapierre, Marie Millet, Joséphine Vial, Eléonore Berlioz, Marie Picoup, Anne Jacquier, etc. [la liste est coupée par la rédaction]. PS, Si nous avions appelé toutes nos concitoyennes à se prononcer sur votre candidature, ce n'est pas dix-neuf signatures que vous auriez sous les yeux, mais des milliers[343]. »

Les auteures de cette lettre sont réunies par des idées politiques communes et non pour exprimer un point de vue « féminin ». Elles ne se réfèrent ni à une identité sexuée, ni à une quelconque mission sociale de la Femme, mais dénoncent leur exclusion du scrutin, présentée comme un interdit parfaitement arbitraire. S'il leur paraît légitime et important de faire connaître leur adhésion morale, c'est qu'il s'agit du seul moyen dont elles disposent de participer à la campagne électorale et de rappeler leur existence aux démocrates de Lyon et de toute la France. Toutefois, elles ne se saisissent pas de l'occasion pour demander à Fonvielle de prendre position en faveur des droits des femmes s'il est élu. Beaucoup de militantes démocrates adhèrent en effet, au moins partiellement, aux positions majoritaires des hommes de ces milieux concernant les femmes.

Quelques unes cependant poursuivent dans la voie initiée par les « femmes de 1848 » en mettant les démocrates face à leurs contradictions. S'indignant que les soit disant progressistes se fondent sur la Nature et la Tradition pour perpétuer l'oppression des femmes, elles estiment urgent de leur signaler qu'ils se fourvoient à contresens du Progrès. C'est ainsi que Luise Büchner, révoltée par le programme d'Eisenach qui prône la liberté et l'égalité tout en perpétuant

343. *La Marseillaise*, n° 106, 5 avril 1870.

la dépendance féminine, accuse les sociaux-démocrates de renier leur principes et de méconnaître complètement l'esprit du temps et la loi historique :

> « Élever aussi les salaires des femmes, évaluer plus justement aussi leur travail, c'est l'une des principales tâches de notre temps ; et au lieu d'inscrire, vous, soi-disant sociaux-démocrates, comme premier article de votre programme d'avenir, les droits des femmes au travail et au travail rémunérateur sont solidaires des nôtres, vous essayez de repousser de nouveau une moitié de l'humanité jusqu'au degré le plus bas de la culture. [...] Faites ce que vous voulez ! Avec une bêtise aussi cruelle, vous n'entravez pas le déroulement du développement historique, mais, pour l'amour de Dieu, ne vous nommez plus démocrates, car chaque cœur vraiment démocrate se détourne avec dépit de tels agissements, et récuse votre État souverain qui dépasse encore en tyrannie l'ancienne Sparte. [...] Nous aussi, nous espérons dans le libre État souverain de l'avenir, nous aussi sommes convaincues qu'il ne peut s'épanouir et s'étendre que sur le sol du travail honorable, mais alors, dans cet État souverain, la citoyenne libre se tiendra à côté du citoyen libre[344] ! »

Bien sûr, cette critique est complètement inaudible dans des milieux où la quasi totalité des hommes est persuadée que l'identité masculine repose sur le monopole du travail salarié, et sur le statut de chef de famille. Elle ne provoque pas même un semblant de polémique, aucun démocrate – pas plus Ludwig Eckardt que August Bebel – ne vient appuyer ces propos dans les colonnes de *Neue Bahnen* ; aucun autre n'estime non plus nécessaire de justifier d'une quelconque manière le contenu du programme d'Eisenach. Les détracteurs de l'autonomie des femmes continuent de se dire « démocrates » et d'être publiquement reconnus comme tels par les contemporains et les historiens. En revanche, si Luise Büchner est aujourd'hui souvent présentée comme « la sœur des démocrates Ludwig et Georg Büchner », elle-même n'est pas qualifiée de démocrate, pour les historiens comme pour les contemporains, elle est, au mieux, connue comme femme de lettres, mais son opinion politique n'a pas d'intérêt – puisqu'elle n'est pas citoyenne – et sa critique n'est pas recevable, puisqu'elle concerne les femmes – une catégorie extérieure aux jeux de la démocratie.

En France, on retrouve des propos similaires à ceux de Luise Büchner sous la plume de quelques auteures, dont André Léo. Elle condamne entre autres le comportement de « la famille démocratique et lettrée », repliée « dans de petits cercles lumineux, hors de la foule », et dont les procédés n'ont pas « varié d'un iota » depuis 1848, « c'est toujours la discussion entre gens convaincus d'avance, la polémique du grand journal quotidien, rien de populaire[345] ». Sa critique repose notamment sur l'examen de la situation d'une catégorie sociale qui lui tient à cœur, celle des paysans. Constatant que la bourgeoisie républicaine n'a rien fait pour leur instruction, ni pour l'amélioration de leurs conditions de vie,

344. Luise BÜCHNER, « Der Arbeitercongress zu Eisenach und die Frauenfrage », *Neue Bahnen*, n° 21, octobre 1869, *ibidem*.
345. André LÉO, « Un malentendu », *Les États-Unis de l'Europe*, n° 38, 20 septembre 1868.

et que les démocrates se désintéressent tout autant d'eux, elle tire les mêmes conclusions que celles qui sont habituellement appliquées aux femmes, tant que la démocratie n'a rien à leur proposer, les paysans continueront de représenter un frein absolu au progrès politique et social. André Léo cherche elle-même à montrer la voie, en témoignent par exemple ses *Légendes corréziennes*, des contes moraux adressés à un public populaire, où l'auteure a glissé quelques éloges de la Révolution[346], ou bien son projet de fonder un journal démocratique spécialement destiné aux agriculteurs – suite au référendum du 8 mai 1870 qui a encore confirmé le décalage entre villes et campagnes[347].

Cependant, l'essentiel des analyses d'André Léo se fondent sur la façon dont la majorité des démocrates traitent « la question des femmes ». Elle tente de les convaincre à maintes reprises du caractère éminemment politique des rapports entre les sexes, y compris au sein de la famille, et leur reproche inlassablement de réserver le monopole de l'individualité au sexe masculin :

> « Le droit, qui désormais découle de l'individu, confère à la femme, comme à tout être humain, l'égalité. Faute de comprendre ce principe, qui pourtant est la base de leurs réclamations, la seule assise inébranlable de la démocratie, certains démocrates ne veulent voir dans la femme qu'une mère, c'est-à-dire un agent social ; ils écartent pour la femme l'autonomie individuelle qu'ils réclament pour eux-mêmes ; et supprimant d'un trait, en même temps que sa liberté, la plus grande part de sa vie, la première jeunesse, l'âge mûr, la vieillesse, – ils font des années que dure la tâche maternelle, le point unique de la destinée de cet être humain et le seul but de toute son activité [...] C'est la vieille conception autoritaire qui fait de l'être humain le rouage d'un ordre préconçu, au lieu de faire dériver cet ordre de la propre nature humaine. [...] L'ordre – ceci est la religion nouvelle – l'ordre c'est la justice. Qu'aucun démocrate, digne de ce titre, n'essaye de combiner ensemble le vieil ordre et l'ordre nouveau. Il ne saurait forger une chaîne qui ne le blessât, tôt ou tard. – Quel rôle jouent les femmes en ce temps-ci ? Elles réduisent à néant de nobles efforts, elles retardent l'avenir. Cela est juste. Les novateurs ont manqué de foi ; ils ont gardé le despotisme dans la famille ; ils le récoltent dans l'État. Naïfs qui visez à ces habiletés politiques, par lesquelles on prétend amalgamer les contraires et faire de l'utile en dehors du vrai, ne voyez-vous pas que ce sont là choses monarchiques[348] ? »

Cet avertissement, que l'on retrouve sous la plume d'André Léo au moins depuis 1867, est développé dans l'essai qu'elle publie en 1869 sous le titre éloquent de *La Femme et les Mœurs*, déjà évoqué question plus haut. Enfin

346. André Léo, *Légendes corréziennes*, Paris, Hachette, 1870

347. Seul est connu le prospectus annonçant ce projet, sans doute publié en juin ou juillet 1870, « À tous les démocrates. *L'Agriculteur. Journal du dimanche* », signé par Paul Lacombe, J.[ulie ?] Toussaint, Élysée Reclus, André Léo. Le texte est probablement rédigé par André Léo, qui reprend plusieurs leitmotivs développés dans ses articles et donne pour finir son adresse aux démocrates intéressés par cette œuvre.

348. André Léo, « Le Droit des Femmes », *Almanach de la Coopération pour 1869*, p. 131-140.

André Léo joint le geste à la parole, en œuvrant pour la réforme des droits civils, en imaginant une école qui formerait des citoyennes, elle cherche à introduire la démocratie dans l'espace le plus privé, au sein de la famille.

Tous ces efforts permettent à André Léo de faire entendre sa critique dans quelques milieux, mais ceux qui partagent ses idées ne représentent qu'une infime minorité. Il est difficile d'affirmer qu'en tant que femme, André Léo est encore plus marginalisée qu'un Elisée Reclus ou qu'un Gaspar Sentinon[349], ce sont sans doute avant tout leurs idées libertaires qui les isolent, les uns comme les autres, à l'intérieur des organisations socialistes et démocrates qui se consolident vers la fin des années 1860. Malgré tout, ces hommes ont devant eux des possibilités d'action et de carrière dont ne disposent pas les femmes, fussent-elles particulièrement introduites dans les milieux politiques. Par ailleurs, en s'obstinant à tout analyser du point de vue des femmes, à introduire la question de l'égalité des sexes dans tous les domaines, André Léo se condamne à être inaudible durablement. Elle est en effet en complet décalage avec le mouvement dominant du temps, l'édifice démocratique qui jette ses bases au cours de ces années 1860 conserve intact le traditionnel pilier de la famille – dans une logique de hiérarchie et de complémentarité qui préserve entièrement les catégories de genre.

S'engager pour ou contre la guerre

Dès 1866, la montée en puissance de la monarchie prussienne ébranle la paix européenne et alimente d'innombrables débats sur la guerre, l'armée, le pacifisme et l'internationalisme. Un temps écartée, la menace de guerre resurgit assez brusquement en juillet 1870, au terme d'une année d'intrigues diplomatiques européennes au sujet du nouveau roi qu'il faut donner à l'Espagne. Les tentatives de conciliation échouent face aux manœuvres des partisans de la guerre, Bismarck – auteur de la fameuse « dépêche d'Ems » destinée à provoquer le gouvernement français – mais aussi quelques hommes de la droite bonapartiste autoritaire, particulièrement influents auprès de Napoléon III. Le 15 juillet, le Conseil des ministres français décide à l'unanimité la mobilisation et la demande des crédits militaires, votés dans la nuit même. Lorsque la guerre est officiellement déclarée le 19 juillet 1870, tous les États allemands placent leur armée sous commandement prussien, conformément aux conditions de la Confédération d'Allemagne du Nord et aux traités conclus en 1867 avec les États du Sud. Cette mobilisation de grande envergure est accompagnée d'un regain de l'ancien sentiment anti-français, hérité de la période napoléonienne. En France, la rumeur puis la nouvelle de la guerre suscitent de grandes manifestations de patriotisme, qui l'emportent sur les quelques appels pacifistes encore

349. S'indignant de la recension assez « proudhonienne » faite d'*Aline-Ali* d'André Léo, par un collaborateur de *La Démocratie*, Gaspar Sentinon réplique, « … Je crois que le seul fait d'être un individu du genre *homo* (*sapiens, insipiens*, c'est égal) suffit pour donner à cet individu tous les droits dont peut jouir tel autre individu du même genre, sans distinction de race, ni de nation, ni de sexe, ni de classe, ni d'opinions soit politiques soit religieuses » (*La Démocratie*, 20 juin 1869).

lancés. Conscrits et réservistes partent avec la conviction d'une proche victoire, soutenus par les acclamations.

Analysant les réactions des opinions publiques face aux menaces de conflits puis face au conflit lui-même, les historiens français et allemands se sont essentiellement appuyés sur des témoignages d'hommes publics et sur des sources policières, judiciaires et militaires qui ne prennent en compte que les hommes ou ne permettent pas d'établir des distinction entre hommes et femmes. Les écrits des femmes engagées permettent d'aborder cette thématique de la guerre et de la paix dans une perspective genrée. Comme toujours, la situation de crise intensifie l'expression des rapports de pouvoir et fait jouer plusieurs contraintes, parfois concurrentes, l'identité de genre, l'identité nationale, la volonté d'intégration citoyenne, les convictions politiques. Les Allemandes et les Françaises qui prennent publiquement la parole durant ces années 1866-1870 doivent-elles se conformer à un idéal « féminin » de douceur et de conciliation qui les amènerait à toujours condamner la violence sous toutes ses formes ? Se contentent-elles de manifester leur soutien aux hommes qui font la guerre ou bien se considèrent-elles elles-mêmes en guerre contre l'ensemble du peuple ennemi, y compris les femmes ?

Y a-t-il un point de vue « féminin » sur la violence ?

Avant d'étudier le cas particulier du conflit de 1870, il faut d'abord revenir sur la façon dont les femmes engagées s'expriment sur la question de la violence et de la guerre en général. Prennent-elles position en fonction de leur identité de genre ou bien conformément à leurs idées politiques ? Les discours pacifistes tenus en temps de paix peuvent prendre des tournures très diverses, comme on le voit dans le journal *Les États-Unis de l'Europe*, rien de commun en effet entre la lettre de Clémence Royer déjà citée plus haut, qui fait des femmes des anges de paix par essence[350], et les articles d'André Léo, qui dénonce la guerre au nom de ses convictions démocratiques et internationalistes[351]. La situation est différente dès lors qu'entre en jeu la question de la Nation à défendre, en Allemagne bien sûr, mais aussi en France.

La courte guerre austro-prussienne de 1866 place les Allemandes devant un dilemme particulier, dans la mesure où elles interviennent dans l'espace public avant tout « en tant que femmes », doivent-elles approuver le conflit, conformément à leur rôle de gardiennes de l'honneur patriotique, ou bien le réprouver au nom d'une « essence féminine » pacifiste ? Dans divers articles qu'elle publie durant cette période, Louise Otto propose une alternative en restant fidèle aux idées de l'ADF. Condamnant ce qu'elle nomme un « combat fratricide » entre les « enfants de Germania », elle en profite pour souligner l'utilité de son association, qui doit contribuer à concrétiser l'idée d'une grande Allemagne démo-

350. Clémence Royer, « La Ligue… », art. cit.

351. Par exemple « La question de la paix dans les campagnes de France », *Les États-Unis d'Europe* n° 1, 5 janvier 1868, « L'empire de l'habitude », *Les États-Unis d'Europe*, n° 8, 23 février 1868.

cratique unifiée – qui engloberait l'Autriche, voire d'autres territoires de culture germanique. Elle ne prend pas position sur le principe même de la guerre ni sur le sujet de la violence, mais s'exprime uniquement au nom de la Nation et en fonction du rôle que, selon elle, les femmes ont à jouer pour réaliser la nation allemande. Dans un article publié dans *Deutsches Wochenblatt*, elle laisse apparaître ses convictions politiques, déplorant que les soldats obéissent à des gouvernements peu légitimes, et appelant même à la désertion ! En revanche, elle laisse entendre qu'elle serait prête à soutenir une guerre menée pour le bien de la nation ou au nom d'un idéal supérieur. Elle opère donc un choix parmi les marques distinctives de la « féminité », elle ne refuse pas la guerre, mais condamne ce conflit particulier en tant que Femme Allemande, dont la mission est de soutenir l'unité nationale. Son pacifisme est étroitement lié à son patriotisme, et c'est dans cette perspective qu'elle sollicite l'identité de genre des femmes auxquelles elle s'adresse. Elle oppose en effet la faiblesse patriotique des hommes – qui, en décidant de la guerre ou en acceptant de combattre, renient leurs engagements précédents – et la supériorité morale des femmes, qui s'avèrent finalement les véritables agents de la civilisation :

> « Toute la conscience nationale, en l'honneur de laquelle on a célébré tant de grandes fêtes, on a chanté et porté des toasts, s'est dispersée aux quatre vents ! À présent, dans ce temps de malheur et de besoin, les femmes sont à leur place, elles qui ne prenaient part que de très loin à ces manifestations publiques de joie. À présent elles peuvent se réjouir que, déjà avant que ne surviennent ces funestes événements, se soit créée une Association Allemande Générale des Femmes, à laquelle appartiennent des femmes issues de toutes les souches allemandes, rassemblées dans une œuvre d'amour commune, dans l'intérêt de leur sexe et, par là, dans l'intérêt de la patrie. Les femmes allemandes n'oublieront pas que l'Autrichienne, comme la Prussienne, est leur sœur allemande, même si les hommes oublient qu'ils sont les fils d'un seul pays ! [...]. Et c'est aussi pour cela que les femmes doivent sortir de leur isolement et prendre part à l'œuvre du siècle ! [...] Dans ce combat contre-nature, les femmes ont le droit de se tenir au-dessus des partis et, sans se laisser troubler par les cris sauvages du moment, de continuer tranquillement leur sainte œuvre pour l'amour de l'humanité[352]. »

Louise Otto présente la guerre austro-prussienne comme une opportunité pour les femmes de faire reconnaître leur place dans l'espace public, tout en respectant bien sûr leur « spécificité féminine ». On retrouve ici l'idée d'une politique « au féminin », selon laquelle les femmes dépasseraient spontanément les querelles partisanes et la politique à court terme des hommes, et se voueraient uniquement aux idées supérieures, à l'intérêt général, sans entrer dans les luttes pour le pouvoir. Louise Otto n'abandonne donc nullement son identité de genre, mais celle-ci ne la conduit pas à condamner la violence en tant que telle, l'essentiel demeure l'intégration des femmes à la nation allemande en construction.

352. Louise Otto, « Die Kriegsbereitschaft und der Allgemeine deutsche Frauenverein », *Deutsches Wochenblatt*, n° 23, 3 juin 1866, p. 179-180.

On retrouve une démarche comparable dans une adresse envoyée en janvier 1870 par des Lyonnaises aux députés Raspail et Rochefort, publiée par *Le Progrès de Lyon*. Treize femmes – dont quelques-unes sont les épouses de figures de la démocratie radicale – prient ces représentants de l'extrême gauche « de bien vouloir soumettre à la chambre les sentiments et les protestations maternelles des citoyennes de la ville de Lyon » contre la conscription :

> « Attendu que la loi sur l'armée permanente est une atteinte flagrante portée à la liberté individuelle, et usurpe arbitrairement sur nos attributions de mères ; Attendu que nous avons horreur de toutes ces guerres fratricides, et que nos vœux les plus chers sont la paix et la fraternité entre tous les peuples, seules bases du progrès et de la civilisation ; Attendu qu'au scrutin de mai, juin et novembre, nos fils, frères et amis ont déclaré par leur vote l'abolition radicale de l'armée permanente ; Attendu que si la France était menacée nous serions les premières à encourager nos fils, frères et amis à suivre l'exemple de leurs glorieux pères ; Déclarons par ces motifs protester avec la plus grande énergie contre les enrôlements de nos fils dans les armées qui ne servent qu'à consolider les pouvoirs despotiques, incompatibles avec la civilisation[353]. »

Comme Louise Otto dans l'article ci-dessus, les pétitionnaires lyonnaises entremêlent ici deux types de légitimation, s'appuyant à la fois sur leur identité politique de démocrates et sur leur identité de genre. Elles se présentent en effet avant tout, et à deux reprises, comme des « mères », mais font suivre immédiatement cette identité de celle de « citoyennes ». C'est à ces deux titres qu'elles refusent l'armée et se déclarent pacifistes. Elles prennent toutefois soin de préciser les limites de leur pacifisme, la nécessité de la défense nationale prendrait le pas sur leurs sentiments maternels. Là encore, c'est finalement l'intégration à la communauté nationale qui l'emporte.

Au même moment, d'autres voix de femmes s'élèvent au sujet de l'armée, sur un ton beaucoup plus radical. Les femmes de la section lyonnaise de l'Internationale arborent leur seule identité politique pour répondre aux pétitionnaires précédentes et condamner à leur tour la conscription, « C'est par un acte révolutionnaire, celui du refus de la conscription, qu'il faut protester et non par d'inutiles réclamations[354]. » Les auteures de ce texte parlent au nom du prolétariat opprimé, et expriment le point de vue de l'AIT. Ce n'est qu'à la fin du manifeste qu'elles s'adressent aux futurs conscrits en tant que « mères », « sœurs », « amies », pour exposer la manière concrète dont elles pourraient soutenir la rébellion, en organisant des manifestations de femmes auprès des autorités. Se nommant « citoyennes », elles insistent sur la connotation historique de ce terme qui,

353. « Adresse aux citoyens Raspail et Rochefort », *Le Progrès de Lyon*, 19 janvier 1870.

354. « Manifeste des femmes lyonnaises adhérentes à l'Internationale, pour engager les jeunes gens de 1870 à refuser le service militaire, adopté par une réunion privée tenue salle Valentino, à la Croix Rousse, le 16 janvier 1870, et communiqué à toutes les sections et comités de l'Internationale », signé Virginie Barbet, reproduit dans Oscar Testut, *L'Internationale...*, *op. cit.*, p. 277-279.

pour elles, renvoie clairement à la première République[355]. Leur position n'est pas pacifiste mais révolutionnaire, et elles ne craignent pas d'envisager la guerre civile, comme le montre leur référence à Spartacus.

Virginie Barbet, qui est apparemment l'auteure principale de ce texte, est l'une des rares femmes de la période à assumer publiquement la violence inhérente au principe de la lutte révolutionnaire. En 1868, dans une lettre ouverte au général Garibaldi, elle doute ainsi que les « grandes réformes politiques et sociales que les travailleurs surtout attendent avec tant d'impatience » puissent s'accomplir sans affrontement[356]. Un an après, lorsqu'elle polémique dans *L'Égalité* avec les adversaires de Bakounine, elle se fait encore plus explicite :

> « ... Eh bien, l'épithète de révolutionnaires nous nous en glorifions ; car grâce aux vainqueurs de la Bastille, aux martyrs de juin et à tant d'autres, elle comporte l'idée de la justice et le sentiment de l'abnégation poussée jusqu'à ces hauteurs sublimes, la prison, l'exil et la mort. [...] Quant à la guerre civile, ni nous ne la voulons, ni nous ne la provoquons ; toutefois nous n'hésitons pas à déclarer avec notre franchise habituelle que, pour l'éviter, nous ne voulons plus faire de ces lâches transactions qui compliquent les situations au lieu de les débrouiller ; estimant que mieux vaut une lutte avec toutes ses conséquences, lutte d'où sortira, nous l'espérons, le triomphe du principe d'égalité, qu'un ordre social inique, oppressif, abrutissant [...][357]. »

La plupart des autres auteures qui évoquent l'oppression du prolétariat et la lutte des classes préfèrent soit éluder la question du conflit et de la violence, soit refuser toute solution violente. Parmi ces dernières, André Léo est la seule qui n'invoque pas un idéal de pacification sociale par l'élément « féminin » mais argumente à partir de ses profondes convictions politiques. Bien qu'elle revendique avec fermeté ses idées socialistes, elle n'en appelle jamais à l'insurrection, mais toujours à l'éducation, à la persuasion. Dans un article où elle dénonce le fétichisme des démocrates pour la Convention et leur recours irréfléchi à l'expression de « salut public », elle n'hésite pas à se démarquer des lieux communs de la pensée de gauche, en revenant de façon critique sur la Révolution française[358]. Selon elle, la liberté, l'égalité et la fraternité n'ont rien à voir avec la violence et l'autorité :

355. « Mettez-nous à l'épreuve, jeunes citoyens, et l'on verra que les citoyennes françaises n'ont pas dégénéré, qu'elles sont susceptibles d'autant d'énergie et de civisme que leurs aïeules de 1793 » (*Ibid.*).

356. Au nom des citoyennes de Lyon, Virginie Barbet, Aspasie Duchêne, Éléonore Berlioz, Noémie Domien, Marie Millet, Alexandrine Nesme, « Des citoyennes de Lyon au général Giuseppe Garibaldi », *Les États-Unis de l'Europe*, n° 9 du 1er mars 1868, p. 35-36.

357. Virginie Barbet, « Correspondance... », art. cit.

358. « La jeune Révolution, à son berceau, n'avait eu les yeux frappés que de pendaisons, d'écartèlement, de roues [...]. Son tort fut de croire, après avoir vu tant tuer pour des intérêts, qu'on pouvait tuer pour des idées. Elle se trompa ; elle ne pouvait guère ne pas se tromper. Est-ce à dire qu'il faille joindre ses erreurs aux nôtres ? et à force de déifier les conventionnels, inspirer à beaucoup de gens la conviction qu'on ne peut mieux faire que les imiter ? » (André Léo, « Les principes et les moyens », *La Démocratie*, n° du 31 octobre 1869).

« … et c'est pourquoi elles ne seront ni comprises ni établies tant qu'on emploiera pour les soutenir des moyens contraires à leur esprit et qui ne se distinguent point de ceux de la monarchie ; tant qu'on pourra si aisément perpétuer ce malentendu entre la démocratie et le peuple, en montrant au peuple la démocratie armée en guerre, violente, et menaçant de baisse la Bourse du pain ; […] tant que sur ce point la morale démocratique se confondra avec la morale monarchique et que l'on empruntera aux jésuites, aux empereurs et aux dictateurs l'immoral principe, la fin justifie les moyens. Non ; les principes contiennent en eux-mêmes leurs propres moyens, et c'est les trahir que de se servir pour eux d'armes qu'ils réprouvent[359]. »

André Léo et Virginie Barbet sont quasiment les seules femmes à se prononcer sur la violence sans se justifier par l'identité de genre. Leurs fortes convictions politiques leur suffisent pour assumer leurs paroles mais elles sont bien minoritaires et restent isolées dans les débats.

1870, Allemandes et Françaises en guerre

L'entrée en guerre introduit une ambiguité dans la norme du « féminin », réagir en tant que « Femme » signifie-t-il prôner un pacifisme absolu ou bien défendre belliqueusement l'honneur national ? À distance des champs de bataille, de nombreuses femmes, en France comme en Allemagne, s'expriment publiquement sur la situation. N'étant ni citoyennes ni combattantes, leur est-il possible de développer un pacifisme spécifique, une solidarité transfrontalière entre femmes ? Dans quelle mesure et dans quelles conditions reprennent-elle au contraire à leur compte le discours belliciste contemporain ? Les circonstances facilitent-elles ou compliquent-elles leur intervention politique publique ?

Au moment même de la déclaration de guerre, quelques Françaises participent aux appels pacifistes des organisations socialistes et mêlent leurs signatures à celles des hommes, il s'agit là d'un pacifisme politique, fondé sur le refus du despotisme[360]. Depuis la Suisse, Marie Goegg tente de mobiliser ensemble Françaises et Allemandes. Le 24 juillet 1870, dans son allocution au Congrès extraordinaire de la Ligue pour la Paix et la Liberté, elle joue à la fois sur leur identité de mère et sur l'argumentaire démocrate. Elle compatit avec toutes celles dont les fils sont jetés dans « cette boucherie humaine froidement décidée pour des intrigues de cour », mais elle leur reproche en même temps d'avoir éduqué leurs enfants dans l'admiration des uniformes et dans l'obéissance aux gradés au lieu d'avoir développé leur indépendance morale[361]. Ce discours, reproduit dans divers journaux français, suisses et allemands, est parfois accompagné d'une « Adresse des

359. *Ibid.*

360. Voir les signatures féminines du « Manifeste des Internationaux parisiens », publié dans *Le Réveil*, 12 juillet 1870, reproduit dans Oscar TESTUT, *Association Internationale…*, *op. cit.*, p. 315-323. Les démocrates de la Nièvre adressent un manifeste aux peuples allemand et espagnol, signé par 70 personnes « parmi lesquelles on remarque 8 noms de femmes » (*Le Mirabeau*, n° 54 du 31 juillet 1870).

361. « Discours prononcé par Mme Marie Goegg », *Le Droit des Femmes*, n° 67, 7 août 1870.

femmes de toutes les nations aux deux peuples et aux deux gouvernements en guerre ». Dans ce texte, Marie Goegg proteste au nom des femmes « de tous les pays, de toutes les conditions, de tous les âges », contre une guerre qui, dit-elle, résulte de la mise à l'écart des femmes de la politique[362]. Là encore se mêlent pacifisme politique et identité genrée, dans la mesure où Goegg suggère que la Femme ne peut que refuser la guerre.

Les Allemandes qui lui répondent se chargent de la détromper, revendiquant clairement leur choix pour le patriotisme :

> « Le peuple allemand combat pour son foyer, pour la langue allemande et l'essence allemande, il combat pour la civilisation contre la barbarie, et sa pleine victoire fera bien davantage pour la paix de l'Europe que toutes les adresses pour la paix, que toutes les protestations contre la guerre. Une femme allemande qui pourrait signer cette adresse se rendrait indigne du nom d'Allemande[363]. »

La répercussion de l'entrée en guerre sur l'engagement des Allemandes apparaît très clairement dans l'évolution du journal *Neue Bahnen*. Suite à la guerre de 1866, lors de laquelle les rédactrices exaltaient l'esprit conciliateur des femmes, le journal s'était montré très intéressé par la Ligue internationale pour la paix et la liberté et l'Association internationale des femmes[364]. En avril 1870 encore, une correspondance donne en exemple les Lyonnaises qui pétitionnent pour l'abolition de la conscription[365]. Cependant, dès la déclaration de guerre, un long article de Louise Otto opère la transition du pacifisme au nationalisme belliciste[366]. L'auteure commence par se désoler de la guerre, en tant que femme, chrétienne et humaniste, puis souligne que la situation impose une réaction nouvelle, ce conflit est en effet provoqué par « un despote vacillant » qui, « par chance pour nous Allemands », se trouve être « un ennemi étranger[367] ». Louise Otto se défend pourtant de tout ressentiment envers les Français, distinguant le peuple de son dirigeant, et conclut :

> « Si nous nous ne portons dans le cœur aucune haine contre la France et les Français, nous en avons contre la conjoncture créée en France par le despotisme – mais plus grand que notre haine est notre amour, notre amour pour l'Allemagne. Certes, l'humanité est plus élevée que la nation, mais on ne peut l'atteindre sans passer par la nation. Sans l'amour de la patrie, tout amour de l'humanité flotte dans l'air, privé de racines ! C'est

362. Marie GOEGG, « Adresse der Frauen aller Nationen an die beiden kriegsführenden Völker und Regierungen », publié entre autres dans *Der Frauen-Anwalt*, septembre 1870, p. 221-222.
363. Jenny HIRSCH, *Der Frauen-Anwalt*, septembre 1870, p. 223. Quelques semaines après, Henriette Goldschmidt abonde dans le même sens, dans une lettre ouverte à Marie Goegg (« Offener Brief an Frau Marie Goegg in Genf », *Der Frauen-Anwalt*, octobre 1870, p. 229).
364. Grâce à Rosalie Schönwasser, de nombreux articles font l'éloge des congrès pacifistes et diffusent les revendications de l'AIF (voir par exemple *Neue Bahnen*, n° 22 de 1867 ; n° 11, 16, 17 23, 24 de 1868 ; n° 17 et 20 de 1869).
365. Luise RÖDER-WIEDERHOLT, correspondance de Meiningen, « Briefe », *Neue Bahnen*, n° 9, [avril] 1870, p. 68-69.
366. L.[ouise] O.[tto], « Krieg! », *Neue Bahnen*, n° 16, juillet 1870, p. 121-122.
367. *Idem*, p. 122.

pourquoi – même si nous souhaitions que cette guerre soit évitée, même si nous souhaitons et prions pour qu'elle s'achève bientôt – nous ne pouvons et voulons souhaiter rien d'autre qu'elle se déroule pour l'honneur et le salut du nom allemand, du peuple allemand, de la patrie allemande ! Malheur à nous si nous n'étions pas prêts à sacrifier pour la liberté allemande ce que nous avons de plus cher[368] ! »

Au prix de quelques contorsions, Louise Otto parvient donc à abandonner la ligne pacifiste auparavant défendue par le journal, et à légitimer un conflit dont elle attribue l'entière responsabilité à l'empereur français. Son argumentation repose uniquement sur la mobilisation du sentiment patriotique. Toutefois, elle n'abandonne pas la cause des femmes et laisse entendre qu'une guerre si contraire aux progrès de la civilisation est le résultat de la domination masculine dans les affaires politiques[369]. L'identité « féminine », faite de douceur et d'amour, permet ici à Louise Otto de rappeler son idéal tout en déclinant toute responsabilité pour l'échec de sa mise en œuvre. Elle peut ainsi essayer de concilier deux positions paradoxales, la mise entre parenthèse de ses principes dans l'immédiat, et l'espoir qu'ils triompheront dans l'avenir, si les efforts entrepris par l'ADF triomphent.

Les articles de Louise Otto demeurent malgré tout mesurés, voire parfois critiques[370], en regard des autres contributions parues durant l'été et l'automne 1870. Plusieurs rédactrices exacerbent l'hostilité envers la France, exhortant les lectrices à se détourner de la mode française[371], déplorant que les infirmières allemandes traitent trop bien les blessés français[372]. Comme toutes les Allemandes qui s'expriment publiquement durant la période, elles présentent le devoir patriotique comme indissociable de l'identité « féminine ». Ni dans *Der Frauen-Anwalt* ni dans *Neue Bahnen,* il n'est question de solidarité ou de compréhension envers les Françaises, qui pourraient pourtant être aussi considérées comme des victimes impuissantes. Au contraire, la Femme Française redevient la figure repoussoir, qui doit susciter le mépris de la Femme Allemande, en témoignent plusieurs appels à rejeter la « coquetterie française » pour se parer « des vertus qui font la renommée des femmes allemandes ». Ces termes sont employés dans un « Appel aux femmes allemandes » que publie le comité directeur du Lette-Verein, en tant

368. *Ibid.*

369. « Nous avons déjà souvent dit que c'était une trahison, non seulement envers les femmes mais aussi envers l'humanité toute entière, d'avoir opprimé, écarté l'élément féminin [...]. Aujourd'hui nous ajoutons que, s'il n'en avait pas été ainsi, nous jouirions de conditions plus humaines et la barbarie guerrière serait dépassée » (*Idem*, p. 121-122).

370. Après la victoire, Louise Otto esquisse une critique du militarisme allemand, et nuance le triomphalisme ambiant, c'est « une Allemagne se développant librement et joyeusement à l'intérieur » qui permettra de se réjouir durablement (L.[ouise] O.[tto], « Sieg », *Neue Bahnen*, n° 18, 1870, p. 137-139). Elle s'inquiète de la « dictature du sabre » qui pourrait l'emporter (L.[ouise] O.[tto], « Die neue Zeit », *Neue Bahnen*, n° 22, 1870, p. 169-170). En dehors d'un texte antimilitariste de Joseph Heinrichs (« Gedanken über den Krieg », *Neue Bahnen*, n° 21, 1870, p. 162), une telle position reste très isolée dans le journal.

371. Auguste Schmidt, « Zur Erkenntnis der Zeit », *Neue Banhen*, n° 20, 1870, p. 153-155.

372. Marie Calm, correspondance de Kassel, « Briefe », *Neue Bahnen*, n° 20, p. 156.

qu'association dirigeant la Fédération des Associations Féminines Allemandes[373]. Ce texte rappelle leur devoir aux Allemandes, bien loin des protestations et des plaintes évoquées par Marie Goegg :

> « Femmes et jeunes filles allemandes ! Vous toutes qui êtes pleinement convaincues d'avoir à exiger de la société actuelle des droits qui vous sont refusés en toute méconnaissance de votre mission, pensez en ce moment à votre devoir envers la patrie. Il ne vous sied pas de vous plaindre, de vous lamenter, mais de manifester cet enthousiasme qui donne tout et sacrifie tout, qui enflamme ceux qui étaient restés en arrière, et qui, dans une courageuse abnégation, amène les hésitants à la certitude de la victoire ! Vous devez fortifier les combattants, réconforter les affaiblis, soigner les blessés, couronner les vainqueurs[374] ! »

De même qu'en 1848, il s'agit de mériter les droits que l'on réclame, en accomplissant d'abord les devoirs prescrits par la société. Pour les Allemandes qui revendiquent un statut de citoyennes dans la future nation allemande, voici venue l'heure cruciale où il leur faut prouver leur soutien indéfectible à cette nation, même si celle-ci se crée dans et par la violence. L'exemple de Fanny Lewald est significatif. Alors qu'en 1867, elle avait rédigé un Code de « dix articles contre la guerre[375] », en 1870 elle laisse libre cours à ses sentiments nationalistes et xénophobes. Dans un texte emplit d'une violente francophobie[376], elle accuse les Allemandes de trop bien soigner les prisonniers français et les appelle à refouler les exigences ordinaires de la « féminité », la tendresse, la sollicitude et le pardon doivent être exclusivement réservés aux compatriotes. La Femme Allemande ne doit être que gardienne de l'honneur national et doit oublier la figure de Mère universelle qui lui servait auparavant de référence. Comme l'écrit Henriette Goldschmidt après la victoire allemande, en réponse tardive à l'appel de Marie Goegg, « même la femme la plus tendre, surtout elle, comprend ce que signifie l'honneur, elle préfèrera supporter le plus grand malheur plutôt que le déshonneur. Et le peuple allemand aurait perdu l'honneur s'il n'avait pas relevé l'insolente provocation à la guerre[377] ». Accusant la France d'avoir agressé son peuple, elle refuse les arguments de la Ligue, pour qui la proclamation de la République française doit faire cesser les hostilités. Henriette Goldschmidt reproche aux républicains français de ne pas se soumettre au vainqueur. Enfin, elle critique avec virulence les positions pacifistes et internationalistes, « Malheur à celui qui a rêvé de solidarité, ou même de fraternisation entre les peuples. Les événements récents lui ont fait reconnaître l'inanité de ces rêves. [...][378]. »

373. « An die deutschen Frauen ! », daté de Berlin, le 22 juillet 1870, *Der Frauen-Anwalt*, août 1870, p. 161-162.
374. *Ibid.*
375. Fanny Lewald, « Zehn Artikel wider den Krieg », texte lu au Congrès de la Paix de Genève le 11 septembre 1867, traduit et reproduit dans *Annales du Congrès de Genève...*, *op. cit.*, p. 215-216.
376. Fanny Lewald, « Deutsche Frauen und gefangene Franzosen », *Die National-Zeitung*, 29 août 1870.
377. Henriette Goldschmidt, « Offener Brief an Frau Marie Goegg », *Neue Bahnen*, n° 20, 1870, p. 157 (cette lettre est également publiée dans *Der Frauen-Anwalt*, n° 7, octobre 1870, p. 229).
378. *Ibid.*, p. 158-159.

Cette explosion nationaliste n'a pas d'équivalent dans les écrits des Françaises engagées qui continuent de s'exprimer à l'été 1870. Contrairement aux rédactrices de *Neue Bahnen*, celles du *Droit des Femmes* paraissent étrangement démobilisées. Dans les derniers numéros du journal, Léon Richer est le seul à commenter l'entrée en guerre et le déroulement du conflit, et rédige la majeure partie des articles. On peut émettre l'hypothèse que certaines rédactrices ont quitté Paris, ou bien qu'elles sont trop occupées par les conséquences du conflit, ou trop engagées dans des actions concrètes[379]. Peut-être aussi ont-elles adressé des articles jugés trop radicaux en cette période où la censure se renforce[380]. Le seul écho d'une réaction féminine nous parvient à travers le filtre de Léon Richer, qui laisse libre cours à ses positions les plus conservatrices en terme de normes genrées. Il reproduit ainsi une lettre adressée par une certaine Maria Vilbort au rédacteur du *Siècle*, demandant le concours des femmes pour la Société internationale de secours aux blessés[381]. Richer renchérit en faisant l'éloge des Sœurs de charité, et en incitant les Françaises à devenir « la providence du soldat » :

> « Debout donc, femmes! Debout, volontaires de la charité!! [...] Le moment est venu, mesdames, de prouver que vous ne désertez aucune charge publique – si lourde qu'elle soit. Vous revendiquez des droits, vous avez raison. Sachez du moins les conquérir. Tout droit légitime naît d'un devoir accompli[382]. »

Contrairement à *Neue Bahnen*, où ce sont les femmes elles-mêmes qui tentent de prouver leur mérite, c'est ici un homme qui fait la leçon aux lectrices, leur expliquant qu'elles doivent d'abord remplir les fonctions de leur sexe avant de prétendre en réclamer d'autres. Comme dans les débuts du journal, Léon Richer semble vouloir donner des gages de respectabilité, peut-être dans la perspective d'un changement de régime prochain[383].

Seules quelques toutes dernières pacifistes, en complet décalage avec la situation du moment, reprennent le leitmotiv d'une féminité faite d'amour et de dévouement[384]. Les autres Françaises s'exprimant au sujet de la guerre se placent,

379. On sait par exemple qu'Angélique Arnaud a participé – avec André Léo, Marie Ferrand, Irène Bardillon, Joséphine Roussel – à la fondation d'une société de femmes pour le secours aux victimes de la guerre (voir *Le Siècle*, n° du 27 août 1870), dont le siège se trouve à proximité de l'adresse du *Droit des Femmes*, rue Paradis-Poissonnière.

380. Léon Richer ne peut publier intégralement le discours de Maria Goegg à Bâle le 24 juillet 1870, car, dit-il, « nous ne sommes pas en Suisse » (*Le Droit des Femmes*, n° 67, 7 août 1870). Par ailleurs, il annonce la suspension de journaux de l'opposition, *le Réveil, le Rappel, la Cloche* (*Le Droit des Femmes*, n° 68, 11 août 1870).

381. Lettre de Maria Vilbort, datée du 17 juillet, publiée dans *Le Droit des Femmes*, n° 65, 24 juillet 1870.

382. Léon Richer, « Les volontaires de la charité », *Le Droit des Femmes*, n° 65, 24 juillet 1870.

383. Se félicitant de l'afflux de dames volontaires, Léon Richer s'exclame, « Voilà le grand rôle de la femme, le dévouement au malheur; rôle supérieur à celui de l'homme quand on le considère à son point de vue exact, car par ce rôle modeste, elle répare ce qu'il détruit, elle calme, elle console, quand il sème la guerre et la haine; elle civilise quand il agit en barbare, en un mot, elle réussit à produire le bien quand il fait le mal » (*Le Droit des Femmes*, n° 66, 31 juillet 1870).

384. La comtesse de Gasparin, proche du Réveil protestant, s'adresse en tant que femme et chrétienne aux « mères, épouses et fiancées » de France et d'Allemagne (*L'Opinion Nationale*, 29 août 1870). Depuis Alger, Virginie Griess-Traut, ancienne fouriériste et libre penseuse, se réfère aussi à la mission

elles, dans la perspective de la levée en masse, à laquelle les femmes doivent se joindre aussi bien que les hommes. André Léo oublie ainsi son horreur de la violence pour se projeter dans une ambiance révolutionnaire, et exhorte les « femmes de France » à participer au sursaut collectif qui doit protéger Paris :

> « À l'heure où nous sommes, quand ceux qui se sont arrogé le droit de nous guider nous perdent, il faut que chacun trouve son inspiration en soi-même. [...] Pas de vaines timidités. Soyez fortes, soyez éloquentes, sachez vouloir et Paris devient imprenable, et nos malheureux soldats reprennent là-bas une nouvelle ardeur. Joignez vos cris à ceux des hommes qui réclament des armes. Marchez avec eux. [...] Du cœur! femmes de Paris, femmes de toute la France, et la patrie est sauvée[385]. »

Plus originale est la requête personnelle adressée au Corps législatif par une demoiselle de vingt ans, titulaire d'un brevet de capacité, et qui désire intégrer un régiment de cavalerie, elle déclare se passionner pour la guerre et vouloir combattre elle-même pour la patrie, sans d'ailleurs éprouver le besoin de se justifier d'une demande si extraordinaire de la part d'une femme[386]. Enfin la guerre fournit à un groupe de Lyonnaises une justification patriotique pour réclamer la libération de tous les détenus politiques, afin qu'ils participent à la défense de « notre mère Patrie[387] ».

La dimension révolutionnaire de la référence à la levée en masse se renforce bien sûr après le 4 septembre 1870 et la chute de l'Empire. Lors des tous premiers moments de la République, se repose la question de la citoyenneté des femmes, en témoigne la démarche de Julie Daubié, qui, le 20 septembre 1870, demande son inscription sur les listes électorales du huitième arrondissement de Paris. En Allemagne, la victoire militaire et la fondation nationale suscitent aussi un grand espoir chez les femmes publiquement engagées, qui espèrent être récompensées de leur enthousiasme patriotique. Pour la première fois, la rédaction de *Neue Bahnen* ose ainsi publier des textes favorables à l'égalité politique, même si les revendications sont situées dans un avenir assez flou et restent conditionnées au respect des qualités de « la femme allemande[388] ». L'assurance nouvelle des rédactrices, et l'optimisme dont elles font preuve, témoignent de l'atmopshère particulière qui règne alors en Allemagne, pendant

---

civilisatrice de la Femme dans son « Appel aux femmes » du 23 août 1870 (*Les États-Unis de l'Europe*, n° 9, octobre 1870, p. 79).

385. André Léo, « Aux femmes françaises », *Le Siècle*, 9 août 1870. Voir aussi sa série d'articles sur « L'invasion en 1814 », où elle fait l'apologie du peuple en armes (*Le Siècle*, n° des 15, 16, 18, 22 août 1870).

386. Pétition de la D^lle Clara Couesme, à St Mards-en-Orthe (Aube), arrivée le 18 août 1870 au Corps législatif. Arch. nat, C/4201/5, n° 848.

387. Pétition des citoyennes lyonnaises, déposée le 31 août 1870 par M. Raspail, comprenant environ 620 signatures réparties sur six feuillets. Arch. nat., C/4202/6, n° 1085. Beaucoup de signatures émanent visiblement de femmes analphabètes, mais parmi les 562 qu'il est possible de déchiffrer, on retrouve quelques noms de la démocratie lyonnaise, tels ceux de Marie Bonnevial, Stéphanie Duchesne, Virginie Berjon, Marie Chovelon.

388. Voir Minna K., « Die politische Stellung der Frau », *Neue Bahnen*, n° 18, 1870, p. 139-142; Auguste Schmidt, « Zur Erkenntnis der Zeit », *Neue Banhen*, n° 20, 1870, p. 153-155; Louise St., lettre de Gotha, « Briefe », *Neue Bahnen*, n° 21, 1870, p. 167.

les premières semaines suivant la victoire, tout paraît possible, dans le sillage de l'unification nationale. Françaises et Allemandes sont cependant très rapidement confrontées à une même réalité, rien de fondamental ne doit changer dans les rapports sociaux.

Conclusion

L'un des enjeux majeurs de la période 1848-1870, aussi bien en Allemagne qu'en France, pourrait donc se résumer ainsi, comment accomplir les inévitables et nécessaires transformations afin que rien de fondamental ne se modifie, comment évoluer sans que rien ne change ? Si les révolutions de 1848-1849 ne bouleversent pas les conditions d'existence, de profondes mutations sociales se produisent dans les deux décennies qui suivent. Par la façon dont les femmes politiquement engagées discutent ces évolutions, à travers les réactions que leurs propos suscitent, on mesure toute l'ambivalence d'une période partagée entre l'attirance pour le changement et la crainte de celui-ci. Obsédés par l'idée de Progrès, les contemporains sont décidés à se montrer « modernes », tout en souhaitant, pour la plupart, ne rien remettre en cause du fonctionnement traditionnel de la société. C'est particulièrement le cas des élites bourgeoises et des travailleurs, qui rivalisent entre eux pour incarner le Progrès et prétendre guider la société. Si tous revendiquent les idées des Lumières et certains emprunts aux théories libérales, ils ne se préparent pas à en assumer réellement toutes les conséquences, comme le révèle leur refus d'en faire bénéficier les femmes.

Qu'elles multiplient les gages de conformité aux valeurs dominantes ou bien qu'elles contestent ouvertement les normes, les femmes échouent à faire entendre leur vision d'un Progrès auquel elles participeraient en tant qu'individues, libres de choisir leur voie. Leurs paroles ne comptent pour rien face aux innombrables discours sur la Femme, qui tentent de concilier l'inconciliable, déclarer la liberté universelle sans garantir la liberté individuelle, proclamer l'égalité sans défaire les hiérarchies.

Héritages et évolutions

L'étude des femmes engagées entre 1848 et 1870 permet de mesurer l'empreinte laissée par les « utopies » des années 1830-1840, principalement le saint-simonisme en France et la dissidence religieuse en Allemagne. L'idéal émancipateur du saint-simonisme est certes reformulé et édulcoré, en fonction des contraintes propres à chaque époque, mais demeure très vivace chez les femmes qui ont fréquenté elles-mêmes la Famille au début des années 1830 ou bien connu de près d'anciens saint-simoniens. C'est le cas notamment des femmes dont l'engagement est le plus constant et souvent le plus radical, telles que Pauline Roland, Jeanne Deroin, Angélique Arnaud, Jenny d'Héricourt, Eugénie Niboyet et André Léo. Conscientes des limites, voire des pièges du saint-simonisme à l'égard des femmes, elles abandonnent la notion de liberté amoureuse et, passé 1848, se distancient de la religiosité initiale du mouvement. Elles cherchent en revanche à concilier la vision émancipatrice du saint-simonisme avec les principes républicains. Chacune à leur manière, elles s'efforcent ainsi d'indiquer à leurs contemporains une voie permettant une refondation sociale et politique où la liberté individuelle et collective serait effective, y compris pour les femmes. Par ailleurs, le saint-simonisme continue de jouer un rôle à travers des réseaux de solidarité qui perdurent au moins jusque dans les années 1860, transmettant une mémoire du mouvement d'une génération à l'autre. Majoritairement masculins, ces réseaux soutiennent dans une certaine mesure quelques-unes des femmes étudiées ici, en les aidant à trouver des lieux et des moyens pour s'exprimer publiquement. Enfin, l'impact le plus large et sans doute le plus profond du saint-simonisme touche les représentations collectives, et ce aussi bien en Allemagne qu'en France. Pour le plus grand nombre, le saint-simonisme s'incarne dans la figure de la « femme libre », synonyme de licence sexuelle. Il est donc indispensable aux femmes engagées de bien définir la liberté à laquelle elles aspirent, afin de se prémunir contre toute calomnie liée au souvenir – déformé – du saint-simonisme. En Allemagne, le saint-simonisme est de plus considéré comme une extravagance typiquement française, ce qui donne aux Allemandes une raison supplémentaire de s'en démarquer, indirectement, l'héritage saint-simonien contribue donc à la construction de l'idéal féminin allemand, censé être aux antipodes de l'immorale « femme libre » française.

Le principal héritage « subversif » dont se réclament certaines des Allemandes engagées entre 1848 et 1870 est celui des paroisses dissidentes des années 1840. Ce mouvement réformateur chrétien, lié à des projets libéraux et démocrates, a donné à l'intervention publique des femmes une forme de légitimité sur laquelle plusieurs des Allemandes étudiées ici – notamment Louise Otto et Malwida von Meysenbug – se sont appuyées par la suite. Ce rôle des mouvements religieux dans la formation intellectuelle et politique de nombreuses Allemandes engagées explique peut-être en partie qu'elles continuent, au cours des années 1860, de se référer au christianisme davantage que les Françaises. À quelques exceptions près, telles Rosalie Schönwasser ou Luise Büchner, l'impact de la libre-pensée est beaucoup plus faible dans leurs discours que dans celui des Françaises. Certaines de ces dernières s'autorisent à se proclamer agnostiques rationalistes, comme Jenny d'Héricourt, voire athées, comme Paule Mink, montrant par là qu'elles partagent les mêmes convictions que celles des hommes démocrates et socialistes de leur temps. Si ce rejet de la religion demeure toutefois assez rare pour les Françaises, il paraît encore plus difficile, voire impossible, pour les Allemandes, en raison des contraintes que la construction nationale fait peser sur l'identité « féminine ».

La sécularisation générale de la société se reflète néanmoins autant en Allemagne qu'en France, même lorsque l'expression publique des femmes conserve des références religieuses. Dans les deux pays, la tonalité quasi mystique qui imprégnait nombre des interventions féminines de 1848 a en effet disparu. S'il est encore fait allusion à Dieu, c'est de manière assez abstraite, et les femmes ne s'appuient plus sur une lecture subversive des Évangiles pour justifier leurs désirs de réforme. Le discours qui s'impose à partir des années 1850, en France comme en Allemagne, ne donne plus à la Femme la mission de régénérer le monde en révélant le véritable message christique. Il n'est plus question, comme en 1830 ou encore en 1848, d'une émancipation conjointe de la Femme et du Prolétaire, qui impliquait une conception quasi messianique de ces deux figures de parias, c'est dorénavant aux femmes de la bourgeoisie qu'il revient d'incarner le Progrès. La force rédemptrice qui sauvera la société n'est plus celle de « l'éternel féminin », à laquelle pouvaient prétendre les femmes de tous milieux, mais puise dans un mélange de morale chrétienne et d'idéologie libérale, dont les femmes bourgeoises seraient les porte-paroles privilégiées en tant qu'épouses et mères modèles. Ainsi, alors que les « femmes de 1848 », dont certaines étaient issues du prolétariat, s'adressaient à tous et à toutes, les auteures engagées des années 1850-1860 – quasiment toutes issues des classes dominantes – demeurent pour la plupart dans l'entre-soi social. Si elles confient toujours une fonction rénovatrice à la Femme, l'expression a pris un sens restrictif, c'est avant tout des femmes privilégiées – du moins éduquées et cultivées – qu'il s'agit. À travers ce phénomène se lit le triomphe de la bourgeoisie qui se dit libérale et progressiste ; la majorité des femmes engagées lui donne des gages d'allégeance, non seulement par affinité sociale mais aussi pour tenter d'être reconnues parmi les agents du Progrès.

Des porte-paroles du Progrès

Les femmes engagées reprennent certes à leur compte un discours des plus répandus lorsqu'elles répètent qu'elles appartiennent à leur siècle, qu'elles veulent se montrer dignes de leur temps et servir leur époque. Mais leur originalité consiste d'une part à affirmer qu'elles peuvent et doivent contribuer au Progrès tout autant que les hommes, d'autre part à aborder des sujets d'intérêt général avec un point de vue particulier. Beaucoup partent en effet du constat de l'oppression ou de l'exclusion des femmes pour élaborer une critique des institutions sociales et pointer les impasses de divers projets politiques.

Même lorsqu'elles traitent de « la question des femmes », elles ne se situent pas dans une logique de particularisme, mais se joignent au contraire à des débats qui paraissent déterminants pour l'avenir de leur société. Devenue un important sujet dans les années 1860, en Allemagne comme en France, la « question des femmes » est en effet présentée comme un pivot dont dépendent à la fois le « progrès » de la société et la préservation de l'ordre social. C'est ainsi que les « progressistes » contemporains veulent façonner une Femme moderne, complémentaire du type de citoyen qu'ils cherchent à promouvoir, mais toujours subordonnée à l'autorité masculine et aux intérêts supérieurs de la nation. Face à eux, les femmes qui entendent définir par elles-mêmes leur propre intégration à la communauté nationale, pensent soit en termes de complémentarité égalitaire (« l'égalité dans la différence » chère à Louise Otto, à Eugénie Niboyet et à bien d'autres), soit – plus rarement, tant cette pensée est audacieuse – en termes d'égalité pure et simple de tous et toutes. Ces différences révèlent les tensions et contradictions plus ou moins implicites des divers projets libéraux et démocratiques qui se forment dans les années 1850-1860. Tout oppose en effet ceux pour qui une refondation sociale harmonieuse ne peut se concevoir sans hiérarchie et autorité, et ceux pour qui la réalisation du Progrès implique l'égalité entière et concrète de tous les individus. Le triomphe de la première conception a conduit à effacer la seconde, classée au rang des « utopies », ou simplement écartée du récit historique. Toutefois, les discussions autour de la « question des femmes » montrent l'enjeu crucial qu'a représenté cet affrontement entre deux visions de la démocratie.

Les Allemandes à l'épreuve de la nation

L'approche comparatiste permet de pointer certaines spécificités des Allemandes et de les expliquer par la pression particulière qu'exerce sur elles l'enjeu de l'intégration nationale. Pour elles, le Progrès passe par la réalisation d'une Allemagne unifiée, seul cadre possible d'un avenir démocratique où hommes et femmes pourraient jouir de réelles libertés individuelles et collectives. Afin de légitimer leur participation à ce projet, dans la perspective de leur « citoyenneté » dans le futur État-nation, elles doivent multiplier les gages de patriotisme. Leur identité de genre est donc fortement conditionnée par l'identité nationale qui s'impose à cette période, les Allemandes doivent non seulement respecter les normes du « féminin », mais doivent plus précisément incarner « la féminité germanique » pour trouver une place dans l'espace public. Les Allemandes ne peuvent donc avoir le même rapport que les Françaises à la modernité, dans la mesure où elles doivent s'auto-représenter comme des piliers d'une « tradition » germanique. Cette auto-représentation est largement construite en miroir par rapport au stéréotype de la Femme française. Formé à partir du XVIIIe siècle autour de l'image de la courtisane frivole et dissolue, puis de la révolutionnaire sanguinaire, celui-ci est complété au XIXe siècle par la figure de la travailleuse oublieuse de ses devoirs familiaux. Ceci permet aux auteures allemandes de mieux vanter les inaltérables vertus maternelles et domestiques des « filles de Germania », et le modèle de la bonne mère au foyer allemande – promis à un avenir durable – se construit donc déjà à ce moment là. Toutefois, un certain aménagement des normes genrées reste possible pour les Allemandes, à la condition de proclamer leur fidélité envers la nation. La guerre de 1870 leur donne ainsi l'occasion d'exhiber un nationalisme exacerbé, et d'en profiter pour oser des revendications plus directes que d'ordinaire, en matière de droit au travail et même de droits politiques. Leurs espoirs de changer de condition grâce à la création de l'Empire allemand sont toutefois très vite balayés, en même temps que se dissipe l'illusion d'une possible construction démocratique.

Des individues sans statut dans l'Histoire

C'est ainsi que les auteures étudiées ici sont partagées entre deux impératifs inconciliables, d'une part se distancier des normes genrées qui s'opposent en principe à leur intervention publique ; d'autre part parler « en tant que femmes » et au nom de la Femme, seule catégorie dans laquelle leurs contemporains acceptent de les reconnaître. Toutes sont confrontées à un interdit majeur, celui de la confusion des sexes. Pour la majorité d'entre elles, il s'agit donc d'aménager les catégories de genre et non de les refuser, afin de montrer qu'elles n'aspirent pas à ressembler aux hommes, tout en élargissant leur propre capacité d'action. Même si elles cherchent à « moderniser » l'idéal de la femme bourgeoise – dont elles-mêmes s'éloignent par leur mode de vie – c'est bien à ce modèle qu'elles renvoient lorsqu'elles évoquent et invoquent une « nature féminine ». Cette référence obligée à la « féminité », dont bien peu cherchent à se dispenser, rend impossible l'avènement de ces femmes comme sujets politiques et sujets de l'histoire. On le voit bien lorsque certaines d'entre elles interviennent dans l'espace public sous la dénomination de « citoyennes ». Si ce terme traduit l'idée d'une citoyenneté « de droit », sur le point d'être conquise dans les faits, celle-ci ne reste qu'une fiction ; s'il suggère la possibilité d'une version « féminine » de la citoyenneté des hommes, sans les droits qui caractérisent cette dernière, cette tentative pour inscrire le « féminin » dans le politique est d'avance vouée à l'échec puisque ce « féminin » est pensé et représenté comme une catégorie apolitique et anhistorique.

Si les femmes étudiées ici ne renoncent pas à être, à leur échelle, actrices de l'Histoire et agents du Progrès, le sens de l'Histoire se construit sans elles. Assujetties à leur identité de genre, qu'elles la revendiquent ou non, elles ne sauraient être des sujets libres, « en capacité de signifier ce qui est fait [1] ». Leur point de vue ne peut être entendu, leur parole étant toujours recouverte et déformée par l'écran du « féminin ». Leur révolte contre leur exclusion, leurs efforts pour « appartenir au siècle », ne font pas sens pour les contemporains et ne sont donc pas retenus dans l'écriture de l'Histoire, ne comptent que les agissements de ceux qui ont effectivement réussi à accéder au pouvoir, à une existence politique. Seule perdure la vision dominante qui oscille entre « la poétisation exagérée [2] » de la Femme et l'idée qu'elle constitue le pire des ennemis de l'intérieur du fait de son soutien à la réaction, à l'Église. Pour les nouvelles forces politiques de l'époque, qu'il s'agisse des libéraux, des démocrates ou des divers courants socialistes, l'enjeu consiste à trouver le bon équilibre entre la mise à l'écart politique des femmes et leur utilisation pour la rénovation sociale qu'ils prônent. Les identités sexuées

1. « … le sujet en possession des règles du langage public est seul en capacité de signifier ce qui est fait. Sujet de l'histoire, il inscrit le devenir des hommes dans le sens de la philosophie du progrès, en évacuant toute autre signification susceptible de dénaturer cette vision linéaire du devenir historique » (Riot-Sarcey M., « L'impossible sujet de l'histoire ou l'utopie du paria », *Tumulte,* n° 21-22, novembre 2003, p. 57-68).
2. Selon l'expression de Flaubert, extraite d'une lettre à Mlle Leroyer de Chantepie, 18 décembre 1858 (Flaubert G., *Correspondance. Nouvelle édition augmentée,* Paris, Imprimerie Nationale, 1927, nouvelle série 1854-1861, p. 356).

sont considérées comme un socle qui doit demeurer intangible pour refonder un ordre social pérenne et fonctionnel, malgré l'annonce de changements politiques prétendument profonds. À l'exception de rares socialistes libertaires, aucun « démocrate » ne conçoit de système politique qui soit réellement fondé sur le respect de l'individu.

En définitive, les auteures engagées étudiées ici peuvent bien aspirer à être « filles de leur siècle », elles ne sauraient l'être qu'à leurs propres yeux, demeurant invisibles pour leurs contemporains. Elles sont irrémédiablement en décalage, à l'écart, à contresens de l'Histoire qui s'impose, et du Progrès tel qu'il est défini par les dominants. Elles ne peuvent donc faire comprendre l'impossibilité du progrès vers la vraie démocratie tant que subsistent leur assujettissement et leur exclusion, ceux-ci continuent d'être pensés comme des données « normales », et l'Histoire retrace, malgré tout, un processus de « démocratisation » effective... Les quelques individues intransigeantes qui – telles Louise Aston, Jeanne Deroin, André Léo... – proposent de véritables alternatives à ce qui est présenté comme le mouvement inéluctable de l'Histoire, sont non seulement incomprises mais finissent complètement marginalisées. D'autres cèdent progressivement et renoncent à assumer leurs convictions dans leurs ultimes conséquences. On voit ainsi Louise Otto perdre peu à peu sa radicalité première, non seulement entre 1848 et 1870, mais encore par la suite, afin que son association puisse continuer d'exister sous l'Empire. Il en va de même pour Maria Deraismes, malgré la virulente critique de la démocratie exclusive qu'elle émettait à la fin des années 1860, elle se rallie finalement à la Troisième République et participe à la mise en place d'un régime fondé sur l'ordre patriarcal. Le Deuxième Empire allemand, comme la Troisième République française, mettent durablement fin à toute perspective d'une société où les individus vaudraient par et pour eux-mêmes, et non en fonction d'une utilité sociale qui leur est imposée.

Bibliographie

Histoire des femmes, femmes dans l'histoire

Histoire des femmes, ouvrages généraux

BECHER U., RÜSEN J. (Hg.), *Weiblichkeit in geschichtlicher Perspektive. Fallstudien und Reflexionen zu Grundproblemen der historischen Frauenforschung*, Frankfurt a. M., Suhrkamp, 1988.

BECHTEL B. (Hg.), *Die ungeschriebene Geschichte, historische Frauenforschung*, Wien, Wiener Frauenverlag, 1984.

DUBY G., PERROT M. (dir.), *Histoire des Femmes en Occident*, Paris, Plon, 1991-1992, Perrin, collection Tempus, 2002, 5 volumes.

DUBY G., PERROT M. (dir.), *Femmes et Histoire. Actes du Colloque de la Sorbonne 13-14 novembre 1992*, Paris, Plon, 1993.

DUFRANCATEL C., FARGE A., FAURÉ C. *et alii*, *L'Histoire sans qualités*, Paris, Éditions Galilée, 1979.

FIESELER B., SCHULZE B. (Hg.), *Frauengeschichte, gesucht – gefunden ? Auskünfte zum Stand der historischen Frauenforschung*, Köln/Wien, Böhlau Verlag.

FRAISSE G., *Les Femmes et leur histoire*, Paris, Gallimard, 1998.

FREVERT U., *Frauen-Geschichte. Zwischen Bürgerlicher Verbesserung und neuer Weiblichkeit*, Frankfurt a. M., Suhrkamp, 1986.

HAUSEN K. (Hg.), *Frauen suchen ihre Geschichte. Historische Studien zum 19. und 20. Jahrhundert*, München, Beck, 1983.

OFFEN K., PIERSON R., RENDALL J. (éd.), *Writing Women's History, International Perspectives*, Bloomington, Indiana University Press, 1991.

PERROT M. (dir.), *Une Histoire des femmes est-elle possible ? Actes du colloque de Saint-Maximin 1984*, Marseille, Rivages, 1984.

PERROT M. (dir.), *Les Femmes ou les silences de l'histoire*, Paris, Flammarion, 1998.

SMITH B. G., *Changing Lives, Women in European History since 1700*, Lexington, D.C. Heath & Co, 1989.

SOHN A., THÉLAMON F. (dir.), *L'Histoire sans les femmes est-elle possible ?*, Actes du colloque international de Rouen 1997, Paris, Perrin, 1998.

THÉBAUD F., *Écrire l'histoire des femmes*, Fontenay-aux-Roses, ENS éditions, 2 édition 2007.

Pour l'usage du genre en histoire

BRAUN C. von, STEPHAN I. (Hg.), *Gender-Studien, eine Einführung*, Stuttgart, Metzler, 2000.

BUTLER J., *Trouble dans le genre, pour un féminisme de la subversion*, Paris, La Découverte, 2005.

BUTLER J., SCOTT J. W. (eds), *Feminists Theorize the Political*, New York, Routledge, 1992.

Cahiers du GRIF, n° 37-38, « Le Genre de l'histoire », Paris, Éditions Tierce, 1988.

BUTLER J., FASSIN E., SCOTT J. W., « Pour ne pas en finir avec le genre », *Société et Représentations*, n° 24, novembre 2007, p. 285-306.

CAPDEVILA L., CASSAGNES S., COCAUD M. *et alii* (dir.), *Le Genre face aux mutations. Masculin et féminin du Moyen Âge à nos jours*, Rennes, Presses universitaires de Rennes, 2003.

DELPHY C., *L'Ennemi principal*, Paris, Syllepse, 2001, 2 volumes.

EDELMAN N., « Hommes/femmes dans l'histoire, l'enjeu des catégories construites », *Revue d'Histoire du XIXe siècle*, n° 13, 1996.

EIFERT C. (Hg.), *Was sind Frauen ? Was sind Männer ? Geschlechterkonstruktionen im historischen Wandel*, Frankfurt a. M., Suhrkamp, 1996.

FOUGEYROLLAS D., PLANTÉ C., RIOT-SARCEY M., ZAIDMAN Claude, *Le Genre comme catégorie d'analyse. Sociologie, Histoire, Littérature*, Paris, L'Harmattan, 2003.

FRADER L. L., ROSE S. O. (eds), *Gender and Class in Modern Europe*, Londres, Cornell University Press, 1996.

FREVERT U., « *Mann und Weib und Weib und Mann* ». *Geschlechter-Differenzen in der Moderne*, München, C. H. Beck, 1995.

Genèses, n° 6, « *Femmes, Genre, Histoire* », Paris, décembre 1991.

GERHARD U. (Hg.), *Differenz und Gleichheit. Menschenrechte haben (k)ein Geschlecht*, Frankfurt a. M., Helmer, 1990.

HAUSEN K., « Die Polarisierung der "Geschlechtscharaktere". Eine Spiegelung der Dissoziation von Erwerbs-und Familienleben », WERNER Conze (Hg.), *Sozialgeschichte der Familie in der Neuzeit Europas*, Stuttgart, Ernst Klett Verlag, 1976.

HAUSEN K., WUNDER Heide, *Frauengeschichte-Geschlechtergeschichte*, Frankfurt a. M., Campus Verlag, 1992.

HONEGGER C., ARNI C. (Hg.), « *Gender* ». *Die Tücken einer Kategorie. Joan W. Scott, Geschichte und Politik*, Zürich, Chronos-Verlag, 2001.

HURTIG M., KAIL M., ROUCH H. (dir.), *Sexe et genre. De la hiérarchie entre les sexes*, Paris, CNRS, 1991.

KELLY J., *Women, History and Theory, the Essays of Joan Kelly*, Chicago, University of Chicago Press, 1984.

KÜHNE T. (Hg.), *Männergeschichte – Geschlechtergeschichte. Männlichkeit im Wandel der Moderne*, Frankfurt a. M., Campus Verlag, 1996.

LASLETT B., JOERES R. B., MAYNES Mary Jo (eds), *History and Theory. Feminist Research, Debates, Contestations*, Chicago, University of Chicago Press, 1997.
MEDICK H., TREPP A. (Hg.), *Geschlechtergeschichte und allgemeine Geschichte, Herausforderungen und Perspektiven*, Göttingen, Vandenhoeck & Ruprecht, 1998.
RILEY D., « *Am I that Name?* » *Feminism and the Category of* « *Women* » *in History*, Londres/Basingstocke, MacMillan, 1988.
RIOT-SARCEY M., « La place des femmes dans l'histoire ou les enjeux d'une écriture », *Revue de Synthèse*, n° 1, janvier-mars 1997.
RIOT-SARCEY M., « L'historiographie française et le genre », *Revue d'Histoire Moderne et Contemporaine*, n° 47, n° 4, octobre-décembre 2000.
SCHISSLER H. (Hg.), *Geschlechterverhältnisse im historischen Wandel*, Frankfurt/New York, Campus Verlag, 1993.
SCOTT J. W., « Genre, une catégorie utile d'analyse historique », *Cahiers du Grif* n° 37/38, *Le Genre de l'histoire*, Paris, éditions Tierce, printemps 1988.
SCOTT J. W., *Gender and the Politics of History*, New-York, Columbia University Press, 1988, édition révisée 1999.
SCOTT J. W., « L'universalisme et l'histoire du féminisme », COHEN Y., THÉBAUD F. (dir.), *Féminismes et identités nationales*, Lyon, Programme Rhône-Alpes Recherches en Sciences Humaines, 1998.
SCOTT J. W., « L'énigme de l'égalité », *Cahiers du Genre*, n° 33, *L'égalité une utopie?*, 2002.
VARIKAS E., *Penser le sexe et le genre*, Paris, PUF, 2006.

Femmes en France et en Allemagne entre 1848 et 1870

Ouvrages généraux sur l'histoire de la période

France

AGULHON M., *1848 ou l'apprentissage de la République. 1848-1852*, Paris, Le Seuil, réédition 2002.
APRILE S., *La Deuxième République et le Second Empire. 1848-1870*, Paris, Pygmalion, 2000.
APRILE S., HUARD R., LÉVÊQUE P., MOLLIER J.-Y., *La Révolution de 1848 en France et en Europe*, Paris, Éditions sociales, 1998.
BECKER J.-J. CANDAR G. (dir.), *Histoire des gauches en France*, volume 1, *L'Héritage du XIXe siècle*, Paris, La Découverte, 2004.
DALOTEL A., FAURE A., FREIERMUTH J.-C., *Aux Origines de la Commune, le mouvement des réunions publiques à Paris 1868-1870*, Paris, Maspero, 1980.
DARRIULAT P., *Les Patriotes, La Gauche républicaine et la nation, 1830-1870*, Paris, Le Seuil, 2001.
DUVEAU G., *La Pensée ouvrière sur l'éducation pendant la seconde République et le second Empire*, Domat, 1948.

Gribaudi M., Riot-Sarcey M., *1848, la révolution oubliée*, Paris, La Découverte, 2009.

Hazareesingh S., *From Subject to Citizen, the Second Empire and the Emergence of Modern French Democracy*, Princeton, Princeton University Press, 1998.

Mayaud J.-L. (dir.), *1848. Actes du colloque international du cent cinquantenaire tenu les 23-25 février 1998*, Paris, Créaphis, 2002.

Nord P., *The Republican Moment. Struggles for Democracy in Nineteenth-Century France,* Cambridge, Harvard University Press, 1995.

Pilbeam P., *French Socialists before Marx, Workers, Women, and the Social Question in France*, Montreal, McGill-Queen's University Press, 2000.

Plessis A., *De la fête impériale au mur des fédérés 1852-1871*, Paris, Le Seuil, première édition 1979.

Price R., *The French Second Empire, An Anatomy of Political Power*, Cambridge and New York, Cambridge University Press, 2001.

Allemagne

Blackbourn D., Eley G., *The Peculiarities of German History, Bourgeois Society and Politics in Nineteenth-Century Germany*, Oxford, Oxford University Press, 1984.

Bialas W. (Hg.), *Die nationale Identität der Deutschen. Philosophische Imaginationen und historische Mentalitäten*, Frankfurt a. M., Peter Lang, 2002.

Droz J., *La Formation de l'unité allemande 1789-1871*, Paris, Hatier, 1974.

Haupt H-G., Langewiesche D. (Hg.), *Nation und Religion in der deutschen Geschichte*, Frankfurt a. M., Campus Verlag, 2001.

Hein D., Schulz A. (Hg.), *Bürgerkultur im 19. Jahrhundert. Bildung, Kunst und Lebenswelt*, München, Beck, 1996.

Hettling M., Nolte P. (Hg.), *Nation und Gesellschaft in Deutschland. Historische Essays*, München, C. H. Beck, 1996.

Kocka J. (Hg.), *Bürgertum im 19. Jahrhundert. Deutschland im europäischen Vergleich*, München, DTV, 1988, 3 volumes.

Mommsen W. J., *1848. Die ungewollte Revolution. Die revolutionären Bewegungen in Europa 1830-1849*, Fischer TaschenbuchVerlag, 2000.

Nipperdey T., *Deutsche Geschichte. 1800-1866. Bürgerwelt und starker Staat*, München, C. H. Beck, réédition 1998.

Nipperdey T., *Deutsche Geschichte. 1866-1918*, München, C. H. Beck, 1998, 2 volumes.

Stangl C., *Sozialismus zwischen Partizipation und Führung. Herrschaftsverständnis und Herrscherbild der sozialistischen deutschen Arbeiterbewegung von den Anfängen bis 1875*, Berlin, Duncker & Humblot, 2002.

Wehler H., *Deutsche Gesellschaftgeschichte*, volume 3, *Von der « Deutschen Doppelrevolution » bis zum Beginn des 1. Weltkrieges (1849-1914)*, München, Beck, 1995.

WELSKOPP T., *Das Banner der Brüderlichkeit, Die deutsche Sozialdemokratie vom Vormärz bis zum Sozialgesetz*, Bonn, Verlag J. H. W. Dietz, 2000.

Pour une histoire « genrée » du XIXe siècle

BLOM I., HAGEMANN K., HALL C. (éd.), *Gendered Nations. Nationalism and Gender Order in the Long Nineteenth Century. Europe and Beyond*, Oxford, Berg, 2000.

BLUNDEN K., *Le Travail et la vertu. Femmes au foyer, une mystification de la révolution industrielle*, Paris, Payot, 1982.

FRAISSE G., *Muse de la Raison. La démocratie exclusive et la différence des sexes*, Paris, Gallimard, 1989.

FRAISSE G., *Les Deux Gouvernements, la Famille et la Cité*, Paris, Gallimard, 2000.

FREVERT U. (Hg.), *Bürgerinnen und Bürger. Geschlechterverhältnisse im 19. Jahrhundert*, Göttingen, Vandenhoeck & Ruprecht, 1988.

GALLAGHER C., LAQUEUR T. (éd.), *The Making of the Modern Body, Sexuality and Society in the Nineteenth Century*, Berkeley, University of California Press, 1987.

HAGEMANN K., PRÖVE R. (Hg.), *Landsknechte, Soldatenfrauen und Nationalkrieger, Militär, Krieg und Geschlechterordnung im historischen Wandel*, Frankfurt a. M., Campus Verlag, 1998.

JOST H., PAVILLON M., VALLOTON F., *La Politique des droits. Citoyenneté et construction des genres aux XIXe et XXe siècles*, Paris, Kimé, 1994.

KESSEL M., « The "Whole Man", The Longing for a Masculine World in Nineteenth-Century Germany », *Gender & History*, volume 15, n° 1, avril 2003.

PALETSCHEK S., « Das Dilemma von Gleichheit und Differenz. Eine Auswahl neuerer Forschungen zur Frauengeschichte zwischen Aufklärung und Weimarer Republik », *Archiv für Sozialgeschichte* 33, 1993.

RIOT-SARCEY M. (dir.), *Femmes et pouvoirs. Actes du colloque d'Albi des 19 et 20 mars 1992*, Paris, Kimé, 1993.

THOMPSON V. E., *The Virtuous Marketplace. Women and Men, Money and Politics in Paris 1830-1870*, Baltimore et Londres, The John Hopkins University Press, 2000.

STRUMINGHER L. S., *Women and the Making of the Working Class, Lyon 1830-1870*, Vermon, Eden Press, 1979.

TREPP A.-C., *Sanfte Männlichkeit und selbständige Weiblichkeit, Frauen und Männer im Hamburger Bürgertum zwischen 1770 und 1840*, Göttingen, Vandenhoeck & Ruprecht, 1996.

VARIKAS E., *La Révolte des Dames. Genèse d'une conscience féministe dans la Grèce du XIXe siècle*, Thèse d'histoire sous la direction de Michelle Perrot, université Paris 7, 1986.

Vies et images de femmes au XIXe siècle

Études sur la vie quotidienne

BELL S., OFFEN K. (éd.), *Women, the Family and Freedom, the Debate in Documents*, volume 1, *1750-1880*, Stanford, Stanford University Press, 1983.

DIENST H., SAURER E. (Hg.), *« Das Weib existiert nicht für sich », Geschlechterbeziehungen in der bürgerlichen Gesellschaft*, Wien, Verlag für Gesellschaftskritik, 1990.

FRAISSE G., PERROT M. (dir.), *Histoire des femmes en Occident*, volume 4, *Le XIXe siècle*, Paris, Perrin, réédition 2002.

GERHARD U., *Gleichheit ohne Angleichung. Frauen im Recht*, München, Beck, 1990.

GERHARD U. (Hg.), *Frauen in der Geschichte des Rechts, von der frühen Neuzeit bis zur Gegenwart*, München, Beck, 1997.

HABERMAS R., *Frauen und Männer des Bürgertums 1750-1850*, Göttingen, Vandenhoeck & Ruprecht, 2000.

HÄNTZSCHEL G. (Hg.), *Bildung und Kultur bürgerlicher Frauen 1850-1918. Quellendokumentation aus Anstandsbüchern und Lebenshilfen für Mädchen und Frauen*, Tübingen, Niemeyer, 1986.

HECQUET M. (dir.), *L'Éducation des filles au temps de George Sand*, Artois Presse université, 1998.

JOERES R.-E. B., MAYNES Mary Jo, *German Women in the Eighteenth and Nineteenth Centuries. A Social and Literary History*, Bloomington, Indiana University Press, 1986.

KLEINAU E., OPITZ C. (Hg.), *Geschichte der Mädchen-und Frauenbildung*, volume 2, *Vom Vormärz bis zur Gegenwart*, Frankfurt a. M., Campus Verlag, 1996.

LÉVY M.-F., *De Mères en filles, l'éducation des Françaises 1850-1880*, Paris, Calmann-Lévy, 1984.

MAZOHL-WALLNIG B. (Hg.), *Bürgerliche Frauenkultur im 19. Jahrhundert*, L'Homme Schriften 2, Reihe zur Feministischen Geschichtswissenschaft, Wien, Köln, Böhlau Verlag, 1995.

SCHÖTZ S. (Hg.), *Frauenalltag in Leipzig. Weibliche Lebenszusammenhänge im 19. und 20. Jahrhundert*, Köln/Weimar, Böhlau, 1997.

SMITH B. G., *Les Bourgeoises du Nord, 1850-1914*, Paris, Perrin, 1989

TILLY L. A., SCOTT Joan W., *Les Femmes, le travail et la famille*, New York, 1978, Paris, Payot, 2002.

WILHELMY P., *Der Berliner Salon im 19. Jahrhundert (1780-1914)*, Berlin, Walter de Gruyter, 1989.

Femme, féminin, féminité, la part des représentations

ABRAMS L., *The Making of Modern Woman, Europe, 1789-1918*, Pearson Education, 2002.

Bard C. (dir.), *Un Siècle d'antiféminisme*, Paris, Fayard, 1999.

Bovenschen S., *Die imaginierte Weiblichkeit. Exemplarische Untersuchungen zu kulturgeschichtlichen und literarischen Präsentationsformen des Weiblichen*, Frankfurt a. M., Suhrkamp, 1979.

Burkhard M. (Hg.), *Gestaltet und gestaltend. Frauen in der deutschen Literatur*, Amsterdam, Rodopi, 1980.

Dottin-Orsini M., *Cette femme qu'ils disent fatale. Textes et images de la misogynie fin-de-siècle*, Paris, Grasset, 1993.

Gustav F., Kopp D., *Emancipation des Fleisches, Erotik und Sexualität im Vormärz*, Bielefeld, Aisthesis-Verlag, 1999.

Knibiehler Y., « Les médecins et la nature féminine au temps du Code civil », *Annales ESC*, vol. 31, n° 4, 1976, p. 824-845.

Margadant J. (ed.), *The New Biography, Performing Femininity in Nineteenth-Century France*, Berkeley et Londres, University of California Press, 2000.

Michaud S., *Muse et madone. Visages de la femme de la Révolution française aux apparitions de Lourdes*, Paris, Le Seuil, 1985.

Moreau T., *Le Sang de l'histoire. Michelet, l'histoire et l'idée de la femme au XIXe siècle*, Paris, Flammarion, 1982.

Morgan C., *Women Workers and Gender Identities 1835-1913*, Londres et New York, Routledge, 2001.

Planert U., *Antifeminismus im Kaiserreich. Diskurs, soziale Formation und politische Mentalität*, Göttingen, Vandenhoeck & Ruprecht, 1998.

Romantisme. Revue du XIXe siècle, n° 13-14, « *Mythes et représentations de la femme* », 1976.

Schmersahl K., *Medizin und Geschlecht. Zur Konstruktion der Kategorie Geschlecht im medizinischen Diskurs des 19. Jahrhunderts*, Opladen, Leske & Budrich, 1998.

Taylor Allen A., *Feminism and Motherhood in Germany 1800-1914*, New Brunswick, Rutgers University Press, 1991.

Wischermann U., *Frauenfrage und Presse, Frauenarbeit und Frauenbewegung in der illustrierten Presse des 19. Jahrhunderts*, München, Saur, 1983.

Représentations et identités, au croisement du genre et de la nation

Brunn G., « Germania und die Entstehung des deutschen Nationalstaates », Voigt R. (Hg.), *Symbole der Politik, Politik der Symbole*, Opladen, 1989, p. 101-122.

Gall L., *Die Germania als Symbol nationaler Identität*, Göttingen, Vandenhoeck & Ruprecht, 1993.

Gender & History, volume 5, n° 2, « *Gender, Nationalism and National Identities* », 1993.

Hagemann K., « *Männlicher Muth und teutsche Ehre* », *Nation, Krieg und Geschlecht in der Zeit der antinapoleonischen Kriege Preussens*, Paderborn/Zürich, Schöningh, 2002.

Herminghouse P., Mueller M. (éd.), *Gender and Germanness. Cultural Productions of Nation*, Providence/Oxford, Berghahn Books, 1997.
Ivekovic R., *Dame Nation. Nation et différence des sexes*, Ravenne, Longo Editore, 2003.
Ivekovic R., *Le Sexe de la Nation*, Paris, Léo Scheer, 2003.
Grau U. (Hg.), *Frauen und Nation*, Frauen und Geschichte Baden-Württemberg, Frauen-Studien Baden-Württemberg 10, Tübingen, Silberburg-Verlag, 1996.
Frevert U., « Nation, Krieg und Geschlecht im 19. Jahrhundert », Hettling M., Nolte P. (Hg.), *Nation und Gesellschaft in Deutschland. Historische Essays*, München, Beck, 1996.
Hoock-Demarle M.-C. (dir.), *Femmes, Nations, Europe*, Paris, Publications de l'université Paris VII, 1995.
Nagel J., « Masculinity and Nationalism, Gender and Sexuality in the Making of Nations », *Ethnic and Racial Studies*, volume 21, n° 2, mars 1998.
Pisano L., Veauvy C., *Paroles oubliées. Les femmes et la construction de l'État-nation en France et en Italie, 1789-1860*, Paris, Armand Colin, 1997.
Planert U. (Hg.), *Nation, Politik und Geschlecht. Frauenbewegungen und Nationalismus in der Moderne*, Frankfurt a. M., Campus Verlag, 2000.
Primi A., « Construction nationale et construction des identités de genre en Allemagne (1848-1870) », *Tr@jectoires. Travaux des jeunes chercheurs du CIERA*, n° 1, 2007, p. 35-47.
Sandkühler T., Schmidt H.-G., « Geistige Mütterlichkeit als nationaler Mythos », Link J., Wülfing W., *Nationale Mythen und Symbole in der zweiten Hälfte des 19. Jahrhunderts*, Stuttgart, 1991.
Yuval-Davis N., *Gender and Nation*, Londres/New Dehli, Sage Publications, 1997.

Françaises et Allemandes, une histoire comparative

Réception et transfert culturel, comparaison et comparatisme

Atsma H., Burguière A. (dir.), *Marc Bloch aujourd'hui. Histoire comparée et sciences sociales*, Paris, Éditions de l'EHESS, 1990.
Conrad C., Conrad S. (Hg.), *Die Nation schreiben, Geschichtswissenschaft im internationalen Vergleich*, Göttingen, Vandenhoeck & Ruprecht, 2002.
Espagne M., *Les transferts culturels franco-allemands*, Paris, PUF, 1999.
Genèses. Sciences sociales et histoire, n° 17, « France-Allemagne. Transferts, voyages, transactions », janvier 1994.
Haupt H.-G., Kocka J. (Hg.), *Geschichte und Vergleich. Ansätze und Ergebnisse internationaler vergleichender Geschichtsschreibung*, Frankfurt a. M., Campus Verlag, 1996.

KOTT S., NADAU T., « Pour une pratique de l'histoire sociale comparative. La France et l'Allemagne contemporaines », *Genèses. Sciences sociales et histoire*, septembre 1994, n° 17, p. 103-112.

MATTHES J. (Hg.), « Zwischen den Kulturen ? Die Sozialwissenschaften vor dem Problem des Kulturvergleichs », *Soziale Welt*, Sonderband 8, 1992.

WERNER M., « Comparaison et raison. Sur quelques précautions méthodologiques dans l'étude des transferts », *Cahiers d'études germaniques* n° 41, 2001/2, p. 9-18.

Études franco-allemandes (XIXe siècle)

ENFALT M., JURT J., MOLLENHAUER D. (Hg.), *Konstrukte nationaler Identität, Deutschland, Frankreich, Grossbritanien (19. und 20. Jh.)*, Ergon, 2002.

ESPAGNE M., WERNER M. (dir.), *Transferts. Les relations interculturelles dans l'espace franco-allemand, XVIIIe et XIXe siècles*, Paris, Éditions Recherches sur les civilisations, 1988.

FRANÇOIS E. (dir.), *Sociabilité et sociabilité bourgeoise en France, en Allemagne et en Suisse 1750-1850*, Paris, Éditions Recherches sur les civilisations, 1986.

FRANÇOIS E., SIEGRIST H., VOGEL J. (Hg.), *Nation und Emotion. Deutschland und Frankreich im Vergleich 19.-20. Jahrhundert*, Göttingen, Vandenhoeck & Ruprecht, 1995.

FRANÇOIS E., HOOCK-DEMARLE M.-C., MEYER-KALKUS R., WERNER M. (Hg.), *Marianne – Germania. Deutsch-französische Kulturtransfer im europäischer Kontext. 1789-1914*, 2 vol., Leipziger Universitätsverlag, 1998.

HAUPT H.-G., « 1848 en Allemagne : une perspective comparative », MAYAUD J.-L. (dir.), *1848. Actes du colloque international du cent cinquantenaire*, Paris, Créaphis, 2002, p. 463-475.

HÖHN G. (Hg.), *Deutsch-französischer Ideentransfer im Vormärz*, Forum Vormärz Forschung, Bielefeld, Aisthesis-Verlag, Jahrbuch, 2002.

JEISMANN M., *Das Vaterland der Feinde. Studien zum nationalen Feindbegriff und Selbstverständnis in Deutschland und Frankreich 1792-1918*, Stuttgart, Klett-Cotta, 1992.

KOCKA J. (Hg.), *Europäische Arbeiterbewegungen im 19. Jahrhundert, Deutschland, Österreich, England und Frankreich im Vergleich*, Göttingen, Vandenhoeck & Ruprecht, 1983.

KOCKA J. (Hg.), *Bürgertum im 19. Jahrhundert. Deutschland im europäischen Vergleich*, 3 volumes, Göttingen, Vandenhoeck & Ruprecht, 1995.

KOSELLECK R., « Drei bürgerliche Welten ? Zur vergleichenden Semantik der bürgerlichen Gesellschaft in Deutschland, England und Frankreich », PUHLE H.-J. (Hg.), *Bürger in der Gesellschaft der Neuzeit*, Göttingen, Vandenhoeck & Ruprecht, 1991.

LANGEWIESCHE D. (Hg.), *Liberalismus im 19. Jahrhundert, Deutschland im europäischen Vergleich*, Frankfurt a. M., Suhrkamp, 1988.

MIDDELL K., MIDDELL M., « La Saxe et la France, pour une histoire régionale interculturelle », *Revue germanique internationale*, n° 4, PUF, 1995.

Mieck I. (Hg.), *Paris und Berlin in der Revolution 1848*, Sigmaringen, Thorbecke, 1995.

Régnier P., « Les saint-simoniens et la philosophie allemande ou la première alliance intellectuelle franco-allemande », *Revue de Synthèse, « Transferts culturels franco-allemands »*, 4e série, n° 2, avril-juin 1988.

Romantisme. Revue du XIXe siècle, n° 73, *« France-Allemagne. Passages/Partages »*, 1991.

Ruttmann U., *Wunschbild-Schreckbild-Trugbild. Rezeption und Instrumentalisierung Frankreichs in der deutschen Revolution von 1848/49*, Stuttgart, Steiner, 2001.

Tacke C., *Denkmal im sozialen Raum. Nationale Symbole in Deutschland und Frankreich im 19. Jahrhundert*, Göttingen, Vandenhoeck & Ruprecht, 1995.

Werner M., « Rupture et continuité. À propos de la réception de la Révolution française en Allemagne pendant le xixe siècle », *La Réception de la Révolution française dans les pays de langue allemande. Actes du XIXe congrès de l'AGES, 26-28 avril 1986*, Besançon, Presses universitaires de Besançon, 1988, p. 125-137.

Werner M., « La nation revisitée en 1870-1871 », *Revue germanique internationale*, n° 4, 1995/2, p. 181-200.

Wiedemann K., *Zwischen Irritation und Faszination. George Sand und ihre deutsche Leserschaft im 19. Jahrhundert.* Mannheimer Beiträge zur Sprach-und Literaturwissenschaft 53, Narr Verlag, Tübingen, 2003.

Études comparatives concernant les femmes au xixe siècle

Anderson B., *Joyous Greetings. The First International Women's Movement 1830-1860*, Oxford, Oxford University Press, 2000.

Anderson B. S., « Influences internationales sur les mouvements de femmes en 1848 », Mayaud J.-L. (dir.), *1848. Actes du colloque international du cent cinquantenaire*, Paris, Créaphis, 2002, p. 499-519.

Blom I., « Das Zusammenwirken von Nationalismus und Feminismus um die Jahrhundertwende, ein Versuch zur vergleichenden Geschlechtergeschichte », Haupt H.-G., Kocka J. (Hg.), *Geschichte und Vergleich. Ansätze und Ergebnisse internationaler vergleichender Geschichtsschreibung*, Frankfurt, Campus Verlag, 1996.

Dickmann E. (Hg.), *Arbeiterinnengeschichte im 19. Jahrhundert. Studien zum sozio-kulturellen Wandel und zum politischen Diskurs in den Frauenbewegungen in Deutschland, England, Italien und Österreich*, Hamburg, Lit, 1993.

Gubin E., « Les féminismes belges et français de 1830 à 1914, une approche comparée », *Le Mouvement Social*, n° 178, 1997.

Huber-Sperl R. (Hg.), *Organisiert und engagiert. Vereinskultur bürgerlicher Frauen im 19. Jahrhundert im Westeuropa und den USA*, Königstein/Taunus, Ulrike Helmer Verlag, 2002.

OFFEN K., *European Feminism(s) 1700-1950, a Political History*, Stanford, Stanford University Press, 2000.

PRIMI Alice, « *Être fille de son siècle ». L'engagement politique des femmes dans l'espace public en France et en Allemagne de 1848 à 1870*, thèse d'histoire sous la direction de Michèle Riot-Sarcey, Paris 8, 2006.

SPREE U., « Die verhinderte Bürgerin ? Ein begriffsgeschichtlicher Vergleich zwischen Deutschland, Frankreich und Grossbritanien », KOSELLECK R., SCHREINER K. (Hg.), *Bürgerschaft. Rezeption und Innovation der Begrifflichkeit vom hohen Mittelalter bis ins 19. Jahrhundert*, Stuttgart, 1994, p. 274-306.

Engagements politiques des femmes dans l'espace public au XIXe siècle

Problématiques générales

COHEN Y., THÉBAUD F. (dir.), *Féminismes et identités nationales. Les processus d'intégration des femmes au politique*, Programme Rhône-Alpes Recherches en Sciences humaines, 1998.

CORBIN A., LALOUETTE J., RIOT-SARCEY M. (dir.), *Femmes dans la Cité. 1815-1871*, Paris, Créaphis, 1997.

ELEY G., « Wie denken wir über Politik ? Alltagsgeschichte und die Kategorie des Politischen », *Alltagskultur, Subjektivität und Geschichte. Zur Theorie und Praxis von Alltagsgeschichte*, hg. von der Berliner Geschichswerkstatt, Münster, 1994, p. 17-36.

FAURÉ C. (dir.), *Encyclopédie politique et historique des femmes*, Paris, PUF, 1997.

HABERMAS J., *L'Espace public. Archéologie de la publicité comme dimension constitutive de la société bourgeoise*, Paris, Payot, 1978.

HAUSEN K., « Öffentlichkeit und Privatheit. Gesellschaftliche Konstruktionen und die Geschichte der Geschlechterbeziehungen », HAUSEN K., WUNDER H. (Hg.), *Frauengeschichte – Geschlechtergeschichte*, Frankfurt a. M., 1992, p. 81-88.

PAVILLON M., VALLOTTON F. (dir.), *Lieux de femmes dans l'espace public 1800-1930. Actes du Colloque à l'université de Lausanne 11-12 novembre 1991*, Lausanne, Éditions de l'université de Lausanne, 1992.

LANDES J. B., *Women and the Public Sphere in the Age of the French Revolution*, Ithaca et Londres, Cornell University Press, 1988.

LANG S., « Öffentlichkeit und Geschlechterverhältnis. Überlegungen zu einer Politologie der öffentlichen Sphäre », KREISKY E., SAUER B. (Hg.), *Feministische Standpunkte in der Politikwissenschaft. Eine Einführung*, Frankfurt am Main, 1995.

LIPP C., « Politische Kultur oder das Politische und Gesellschaftliche in der Kultur », HARDTWIG W., WEHLER H.-U. (Hg.), *Kulturgeschichte heute*, Göttingen, Vandenhoeck & Ruprecht, 1996.

PLANERT U., « Vater Staat und Mutter Germania, Zur Politisierung des weiblichen Geschlechts im 19. und 20. Jahrhundert », PLANERT U. (Hg.), *Nation,*

Politik und Geschlecht. Frauenbewegungen und Nationalismus in der Moderne, Frankfurt a. M., Campus Verlag, 2000, p. 15-66.

VERJUS A., « *Le Cens de la Famille* ». *Les femmes et le vote 1789-1848*, Paris, Belin, 2002.

L'engagement des femmes en 1848

Les femmes de 1848 en France

ANTES C., SCHUNDER E. (Hg.), *Frauenrechtsbewegung und Publizistik 1848 in Frankreich*, Frankfurt a. M., Peter Lang, 1992.

BOUYSSY M., FAURÉ C., « En 1848, à Paris », FAURÉ C. (dir.), *Encyclopédie politique et historique des femmes*, Paris, PUF, 1997, p. 341-360.

FRAISSE G., « Les femmes libres de 1848. Moralisme et féminisme », *Révoltes logiques*, n° 1, hiver 1975.

GRUBITZSCH H., LAGPACAN L., « *Freiheit für die Frauen, Freiheit für das Volk!* » *Sozialistische Frauen in Frankreich 1830-1848*, Frankfurt a. M., Syndicat.

LALOUETTE J., « Les femmes dans les banquets politiques en France vers 1848 », *Clio. Histoire, Femmes et Sociétés*, n° 14, 2001.

RIOT-SARCEY M., *La Démocratie à l'épreuve des femmes. Trois figures critiques du pouvoir 1830-1848*, Paris, Albin Michel, 1994.

RIOT-SARCEY M., « 1848, notes sur les révolutions en Europe. La place des femmes contestée », *Revue d'Histoire du XIXe siècle*, n° 15, 1997.

SCHOR L. S., « *La Voix des Femmes* : Women and the Revolution of 1848 in France », *Österreichische Zeitschrift für Geschichtswissenschaften*, n° 4, « *1848. Revolution & Geschlecht* », volume 9, 1998, p. 558-567.

THOMAS E., *Les Femmes de 1848*, Paris, PUF, 1948.

VERJUS A., « Le suffrage universel, le chef de famille et la question de l'exclusion des femmes en 1848 », CORBIN A., LALOUETTE J., RIOT-SARCEY M. (dir.), *Femmes dans la Cité. 1815-1871*, Paris, Créaphis, 1997.

WALTON W., « Writing the 1848 Revolution, Politics, Gender, and Feminism in the Works of French Women of Letters », *French Historical Studies*, 18, 1994, p. 1001-1024.

Les femmes de 1848 en Allemagne

ANDERSON B. S., « Les femmes de 1848 dans les États allemands », FAURÉ C. (dir.), *Encyclopédie politique et historique des femmes*, Paris, PUF, 1997, p. 361-382.

Ariadne, Zeitschrift des Archivs der deutschen Frauenbewegung, Heft 33, *Eine « ächt weibliche Emancipation ». Die Diskussion der Geschlechterbeziehungen um 1848*, mars 1998.

BLEIBER H., SCHMIDT W., SCHÖTZ S. (Hg.), *Akteure eines Umbruchs. Männer und Frauen der Revolution von 1848/49*, Berlin, Fides, 2003.

FREITAG S. (Hg.), *Die Achtundvierzieger. Lebensbilder aus der deutschen Revolution 1848/1849*, München, Beck, 1998.

GRAU U., GUTTMANN B. (Hg.), *Fahnensticken, patriotisches Einkaufen und der « weibliche Terrorismus », Frauen in der Revolution von 1848/49 in Baden*, Eggingen, Edition Isele, 2002.

GRUBITZSCH H., CYRUS H., HAARBUSCH E. (Hg.), *Grenzgängerinnen. Revolutionäre Frauen im 18.-19. Jahrhundert. Weibliche Wirklichkeit und männliche Phantasien*, Düsseldorf, Schwann, 1985.

HAUCH Gabriella, « Das "Geschlecht der Revolution" im "tollen" Jahr 1848/49 », FRÖHLICH H.(Hg.), *1848 im europäischen Kontext*, 1999, p. 74-96.

HUMMEL-HAASIS G. (Hg.), *Schwestern, zerreißt eure Ketten! Zeugnisse zur Geschichte der Frauen in der Revolution von 1848-49*, München, dtv Dokumente, 1982.

LIPP C., « Frauen und Revolution, zu weiblichen Formen politischen Verhaltens in der Revolution 1848 und den Schwierigkeiten im Umgang mit einem komplexen Thema », BECHTEL B. (Hg.), *Die ungeschriebene Geschichte : historische Frauenforschung*, Wien, Wiener Frauenverlag, p. 375-391.

LIPP C. (Hg.), *Schimpfende Weiber und patriotische Jungfrauen. Frauen im Vormärz und in der Revolution 1848/49*, Bühl-Moos, Elster-Verlag, 1986

LIPP C., « Das Private im Öffentlichen : Geschlechterbeziehung im symbolischen Diskurs der Revolution 1848/49 », HAUSEN K., WUNDER H. (Hg.), *Frauengeschichte-Geschlechtergeschichte*, Frankfurt a. M., 1992, p. 99-116.

LOSTER-SCHNEIDER G., « Zur Interdependenz von Gender und Genre bei Autorinnen der 48er Revolution », LOSTER-SCHNEIDER G. (Hg.), *Revolution 1848/49. Ereignis, Rekonstruktion, Diskurs*, St Ingbert, Röhrig, 1999.

LUDWIG J., NAGELSCHMIDT I., SCHÖTZ S. (Hg.), *Frauen in der bürgerlichen Revolution von 1848/49*, Tagung der Universität Leipzig 20-21 April 1998, Bundesministerium für Familie, 1999.

NAGEL C., « Die Erfahrungen von Frauen mit den Radikal-Demokraten 1848/49 », *Ariadne : Zeitschrift des Archivs der deutschen Frauenbewegung*, Heft 40, 2001, p. 14-19.

PALETSCHEK S., « Frauen im Umbruch, Untersuchungen zu Frauen im Umfeld der deutschen Revolution von 1848/49 », FIESELER B., SCHULZE B. (Hg.), *Frauengeschichte, gesucht-gefunden ? Auskünfte zum Stand der historischen Frauenforschung*, Köln/Wien, 1991, p. 47-64.

PALETSCHEK S., « Religiöser Dissens um 1848. Das Zusammenspiel von Klasse, Geschlecht und anderen Differenzierungslinien », *Geschichte und Gesellschaft*, 18, 1992, p. 161-178.

STEPHAN I., WEIGEL S. (Hg), *Die Marseillaise der Weiber. Frauen, die französische Revolution und ihre Rezeption*, Hamburg, Argument-Verlag, 1989.

WITTIG G., *« Nicht nur im stillen Kreis des Hauses ». Frauenbewegung in Revolution und nach revolutionäre Zeit 1848-1876*, Hamburg, Ergebnisse Verlag, 1986.

Écritures militantes

La presse au XIXe siècle

BELLANGER C. *et alii* (dir.), *Histoire générale de la presse française*, tome II, *De 1815 à 1871*, Paris, PUF, 1969.

BELLET R., *Presse et journalisme sous le second Empire*, Paris, Armand Colin, 1967.

CHARLE C., *Le Siècle de la presse (1830-1939)*, Paris, Le Seuil, L'univers historique, 2004.

GEIGER R., *Zeitschriften 1848 in Berlin, die Zeitschrift als Medium bürgerlicher Öffentlichkeit* , Berlin, K. Guhl, 1980.

KOSZYK K., *Deutsche Presse im 19. Jahrhundert*, Berlin, Colloquium-Verlag, 1966.

LÜCKEMEIER K., *Information als Verblendung, Geschichte der Presse und der öffentlichen Meinung im 19. Jahrhundert*, Stuttgart, Ibidem Verlag, 2001.

REQUATE J., *Journalismus als Beruf. Entstehung und Entwicklung des Journalistenberufs im 19. Jahrhundert. Deutschland im internationalen Vergleich*, Göttingen, Vandenhoeck & Ruprecht, 1995.

VALLAS P., *La Presse politique parisienne après la loi du 11 mai 1868. Les Grandes tendances. Le personnel des journaux révolutionnaires,* Thèse de l'École nationale des Chartes, 1985.

Femmes journalistes du XIXe siècle

ADLER L., *À l'aube du féminisme, les premières journalistes (1830-1850)*, Paris, Payot, 1979.

GEIGER R., WEIGEL S., *Sind das noch Damen ? Vom gelehrten Frauenzimmer-Journal zum feministischen Journalismus*, München, Frauenbuchverlag, 1981.

GERHARD U., HANNOVER-DRÜCK E., SCHMITTER R. (Hg.), « *Dem Reich der Freiheit werb'ich Bürgerinnen* ». *Die Frauen-Zeitung von Louise Otto (1849-1850)*, Frankfurt, Syndikat, 1979.

LASSÈRE M., *Delphine de Girardin, journaliste et femme de lettres au temps du romantisme*, Paris, Perrin, 2003.

PRIMI A., « *Die Frauen-Zeitung* et l'*Almanach des Femmes*, dernières tribunes des femmes de 1848 », *Revue d'Histoire Moderne et Contemporaine*, tome 52, n° 1, janvier-mars 2005, p. 129-146.

PRIMI A., « La "porte entrebaîllée du journalisme" : une brèche vers la Cité ? Femmes, presse et citoyenneté en France 1830-1870 », *Le Temps des médias*, n° 12, 2009, p. 28-40.

SULLEROT E., *Histoire de la presse féminine en France, des origines à 1848*, Paris, Armand Colin, 1966.

THÉRENTY M.-E., « "Songez que je n'ai aucune des conditions du journalisme..." Poétique journalistique de George Sand », *George Sand, écritures et représentations*, textes réunis par Éric BORDAS, Eurédit, 2004.

THÉRENTY Marie-Ève, « Femme, pensée et journalisme sous la Monarchie de Juillet », *Lieux littéraires*, n° 7-8, *Féminin/masculin. Écritures et représentations*, juin 2005, p. 93-112.

THÉRENTY M.-E., « Le journalisme intime de George Sand, une entrée personnelle dans l'ère médiatique », MASSON C. (dir.), *George Sand, une poétique expérimentale*, Nouvelle-Orléans, Presses universitaires du Nouveau Monde, 2006.

TWELLMANN M., *Die deutsche Frauenbewegung im Spiegel repräsentativer Frauenzeitschriften (1843- 1889)*, Meisenheim, Anton Hain, 1972, 2 volumes.

WISCHERMANN U., « Die Presse der deutschen Frauenbewegung 1848-1919. Anregungen zur Erforschung einer fast vergessenen Öffentlichkeit », BLÜHM E., GEBHARDT H., *Presse und Geschichte II*, München, 1987.

WISCHERMANN U., *Frauenpublizistik und Journalismus. Von Vormärz bis zur Revolution 1848*, Weinheim, Deutscher Studien Verlag, 1998.

Être écrivaine au XIXe siècle

BOETCHER-JOERES R.-E., BURKHARD M. (éd.), *Out of Line, the Paradox of Marginality in the Writings of Nineteenth-Century German Women*, Amsterdam, Rodopi, 1989.

BOETCHER-JOERES R.-E., *Respectability and Deviance. Nineteenth-Century German Women Writer and the Ambiguity of Representation*, Chicago, University of Chicago Press, 1998.

BRANDES H. (Hg.), *Autorinnen des Vormärz*, Bielefeld, Aisthesis-Verlag, 1997

BRINKER-GABLER G. (Hg.), *Lexikon deutschsprachiger Schriftstellerinnen. 1800-1945*, München, Deutscher Taschenbuch Verlag, 1986.

BRINKER-GABLER G. (Hg.), *Deutsche Literatur von Frauen*, Bd 2, *19. und 20. Jahrhundert*, München, C. H. Beck, 1988.

CZYBA L., PLANTÉ C., « Écrire au féminin sous le Second Empire », *Bulletin du Centre Pierre Léon d'histoire économique et sociale*, n° 2-3, éd. CNRS, 1993.

DIETHE C., *Towards Emancipation. German Women Writers of the Nineteenth Century*, New-York, Bergham Books, 1998.

FREDERIKSEN E., *Women Writers of Germany, Austria, Switzerland. An annotated bio-bibliographical Guide*, New York, Greenwood Press, 1989.

FREDERIKSEN E. P. (éd.), *Women Writers in German-Speaking Countries. A Bio-Bibliographical Critical Sourcebook,* Westport/Londres, Greenwood Press, 1998.

FRIEDRICH C., *Aus dem Schaffen früher sozialistischer Schriftstellerinnen*, Berlin, Akademischer Verlag, 1966.

FRIEDRICHS E. (Hg.), *Die deutschsprachigen Schriftstellerinnen des 18. und 19. Jahrhunderts. Ein Lexikon*, Stuttgart, Metzlersche Verlagsbuchhandlung, 1981.

HERMINGHOUSE P., « The Ladies' Auxiliary of German Literature : 19th Century Women Writers & the Quest for a National Literary History », HERMINGHOUSE P.,

MUELLER M. (éd.), *Gender and Germaness. Cultural Productions of Nation*, Providence/Oxford, Berghahn Books, 1997, p. 145-161.

KORD S., *Sich einen Namen machen. Anonymität und weibliche Autorschaft 1700-1900*, Stuttgart, Metzler, 1996.

LAMBERTZ S., *Die « Femme de lettres » im Second Empire*, St-Ingbert, Röhrig, Universitätsverlag, 1994.

MÖHRMANN R., *Die andere Frau. Emanzipationsansätze deutscher Schriftstellerinnen im Vorfeld der Achtundvierziger-Revolution*, Stuttgart, Metzler Studienausgabe, 1977.

PATAKY S. (Hg.), *Lexikon deutscher Frauen der Feder*, Berlin, 1898, réédition Pforzheim, Peter Kiefer, 1987.

PLANTÉ C., *La petite sœur de Balzac. Essai sur la femme auteur*, Paris, Le Seuil, 1989.

RACINE N., TREBITSCH M. (dir.), *Intellectuelles. Du genre en histoire des intellectuels*, Bruxelles, éditions Complexe, 2004.

REID M., RIOT-SARCEY M. (dir.), *George Sand. Littérature et Politique*, Nantes, Éditions Pleins Feux, 2007.

Romantisme. Revue du dix-neuvième siècle, n° 77, *« Les femmes et le bonheur d'écrire »*, 1992.

TEBBEN K. (Hg.), *Beruf, Schriftstellerin. Schreibende Frauen im 18. und 19. Jahrhundert*, Göttingen, Vandenhoeck & Ruprecht, 1998.

WALTON W., *Eve's Proud Descendants, Four Women Writers and Republican Politics in 19th Century France*, Stanford, Stanford University Press, 2000.

WEIGEL S., *Topographien der Geschlechter. Kulturgeschichtliche Studien zur Literatur*, Hamburg, Rowohlt, 1990.

Voies de l'émancipation

Associations religieuses, patriotiques et philanthropiques

BAUMANN U., *Protestantismus und Frauenemanzipation in Deutschland 1850-1920*, Frankfurt a. M., Campus Verlag, 1992.

HERZOG D., *Intimacy and Exclusion. Religious Politics in Pre-Revolutionary Baden*, Princeton, Princeton University Press, 1996.

FAYET-SCRIBE S., *Associations féminines et catholicisme. De la charité à l'action sociale (XIXe-XXe siècle)*, Paris, Éditions Ouvrières, 1990.

LEJEUNE-RESNICK E., *Femmes et associations 1830-1880, vraies démocrates ou dames patronnesses ?*, Paris, Publisud, 1991.

PALETSCHEK S., *Frauen und Dissens. Frauen im Deutschkatholizismus und in den Freien Gemeinden 1841-1852*, Göttingen, Vandenhoeck & Ruprecht, 1990.

REDER Dirk A., *Frauenbewegung und Nation. Patriotische Frauenvereine in Deutschland im frühen 19. Jahrhundert (1813-1830)*, Köln, SHVerlag, 1998.

Mouvements pour la revendication des droits

ALBISTUR M., ARMOGATHE D., *Histoire du féminisme français du Moyen Âge à nos jours*, 2 tomes, Paris, Éd. des Femmes, 1978.

BIDELMAN P. K., *Pariahs stand up! The Founding of the Liberal Feminist Movement in France, 1858-1889*, Westport/Londres, Greenwood Press, 1982.

BOSSU J., « Les républicaines du second Empire », *1848 et les Révolutions du XIXe siècle*, tome XXXVIII, n° 178, automne 1947, p. 38-55.

BUSSEMER H.-U., *Frauenemanzipation und Bildungsbürgertum. Sozialgeschichte der Frauenbewegung in der Reichsgründungszeit*, Weinheim, Beltz Verlag, 1985.

CLEMENS B., *« Menschenrechte haben kein Geschlecht ». Zum Politikverständnis der bürgerlichen Frauenbewegung*, Pfaffenweiler, Centaurus-Verlag, 1988.

Dokumente der revolutionären deutschen Arbeiterbewegung zur Frauenfrage 1848-1974, Leipzig, Verlag für die Frau, 1975.

FASSMANN I., *Jüdinnen in der deutschen Frauenbewegung 1865-1919*, Hildesheim, Olms, 1996.

FREDERIKSEN E. (Hg.), *Die Frauenfrage in Deutschland 1865-1915. Texte und Dokumente*, Stuttgart, Reclam, 1981.

GERHARD U., *Unerhört, die Geschichte der Frauenbewegung*, Hamburg, Rowohlt, 1990.

GOLDBERG MOSES C., WAHL L., *Feminism, Socialism, and French Romanticism*, Bloomington, Indiana University Press, 1993.

KLEINAU E., *Die freie Frau. Soziale Utopien des frühen 19. Jahrhunderts*, Düsseldorf, Schwann, 1987.

KLEJMAN L., ROCHEFORT F., *L'Égalité en marche. Le Féminisme sous la Troisième République*, Paris, Presses FNSP, Éditions des Femmes, 1989.

PALETSCHEK S., PIETROW-ENNKER B. (éd.), *Women's Emancipation Movements in the Nineteenth Century , a European Perspective*, Stanford University Press, 2004.

RIOT-SARCEY M., *Histoire du féminisme*, Paris, La Découverte, 2002.

SCOTT J.W., *La Citoyenne paradoxale. Les féministes françaises et les droits de l'homme*, Paris, Albin Michel, 1998.

TAYLOR B., *Eve and the New Jerusalem. Socialism and Feminism in the 19th Century*, London, Virago Press, 1991.

THÖNNESSEN W., *Frauenemanzipation. Politik und Literatur der deutschen Sozialdemokratie zur Frauenbewegung 1863-1933*, Frankfurt a. M., Europäische Verlagsanstalt, 1976.

TWELLMANN M., *Die deutsche Frauenbewegung. Ihre Anfänge und erste Entwicklung. Quellen 1843-1889*, Meisenheim am Glan, Verlag Anton Hain, 1972.

TWELLMANN M., (Hg), *Erlebtes – Erschautes. Deutsche Frauen kämpfen für Freiheit, Recht und Frieden, 1850-1940*, Meisenheim, Anton Hain, 1972.

Biographies et Monographies

Femmes allemandes

Ballin-Lewis H. (éd.), *A Year of Revolutions, Fanny Lewalds' Recollections of 1848*, Providence/Oxford, Berghahn Books, 1997.

Boetcher-Joeres R. (Hg.), *Die Anfänge der deutschen Frauenbewegung, Louise Otto-Peters*, Frankfurt a. M., Fischer Taschenbuch Verlag, 1983.

Diethe C., *The Life and Work of Germany's Founding Feminist, Louise Otto-Peters 1819-1895*, Lampeter UK, The Edwin Mellen Press, 2002.

Gebhardt M., *Mathilde Franziska Anneke. Madame, Soldat und Suffragette*, Berlin, Neues Leben, 1988.

Goetzinger G., *Für die Selbstverwirklichung der Frau, Louise Aston. In Selbstzeugnissen und Dokumenten*, Frankfurt a. M., Fischer Taschenbuch, 1983.

Grolle I., *Die freisinnigen Frauen, Charlotte Paulsen, Johanna Goldschmidt, Emilie Wüstenfeld*, Bremen, Éd. Temmen, 2000.

Hundt I. (Hg.), *Vom Salon zur Barrikade. Frauen der Heinezeit*, Stuttgart, Metzler, 2002.

Leisner B., *Malwida von Meysenbug. « Unhabhängig sein ist mein heissester Wunsch »*, München, Taschenbuch-Verlag, 1998.

Le Rider J., *Malwida von Meysenbug. Une Européenne du* XIX*e* *siècle*, Paris, Bartillat, 2005.

Leuschner V., Stummann-Bowert R. (Hg.), *Malwida von Meysenbug zum 100. Todestag 2003*, Kassel, Winfried Jenior, 2003.

Ludwig J., Nagelschmidt I., Schötz S., *Leben ist Streben. Das erste Auguste-Schmidt-Buch*, Leipzig, Leipziger Universitätsverlag, 2003.

Marci-Boehncke G., *Fanny Lewald, Jüdin, Preußin, Schriftstellerin. Studien zu autobiographisches Werk und Kontext*, Stuttgart, Heinz, 1998.

Mecocci M., *Kathinka Zitz, Erinnerungen aus dem Leben der Mainzer Schriftstellerin und Patriotin*, Mainz, Édition Erasmus, 1998.

Nagelschmidt I., Ludwig J. (Hg.) *Louise Otto-Peters. Politische Denkerin und Wegbereiterin der deutschen Frauenbewegung*, Dresden, Sächsische Landezentrale für politische Bildung, 1996.

Planert U., « Die Nation als "Reich der Freiheit" für Staatsbürgerinnen, Louise Otto zwischen Vormärz und Reichsgründung », Planert U. (Hg.), *Nation, Politik und Geschlecht. Frauenbewegungen und Nationalismus in der Moderne*, Frankfurt a. M., Campus Verlag, 2000, p. 113-131.

Reuter M., *1848, Malwida von Meysenbug und die europäische Demokratiegeschichte. Die Politik einer aristokratischen Demokratin im 19. Jahrhundert*, Kassel, Winfried Jenior, 1998.

Rheinberg B. van, *Fanny Lewald, Geschichte einer Emanzipation*, Frankfurt a. M., Campus Verlag, 1990.

Schneider G., *Fanny Lewald*, Hamburg, Rowohlt, 1996.

SCHMIDT A., BAHNSCHULTE-FRIEBE I. (Hg.), *Luise Büchner und die frühe Frauenbewegung in Darmstadt*, Luise-Büchner-Bibliothek des Deutschen Frauenrings e. V., Darmstadt, 2002.
SCHMIDT K., *Gerechtigkeit-das Brot des Volkes. Johanna und Gottfried Kinkel, eine Biographie*, Stuttgart, Radius, 1996.
VAN ORNAM V., *Fanny Lewald and 19th Century Constructions of Feminity*, New York, P. Lang, 2001.
WAGNER M., *Mathilde Franziska Anneke in Selbstzeugnissen und Dokumenten*, Frankfurt a. M., Fischer Taschenbuch Verlag, 1980.
WIMMER B., *Die Vormärzschriftstellerin Louise Aston. Selbst-und Zeiterfahrung*, Frankfurt a. M., Lang, 1993.
ZUCKER S., *Kathinka Zitz-Halein and Female Civic Activism in Mid-Nineteenth Century Germany*, Carbondale, Southern Illinois University Press, 1991.

Femmes françaises

ANTEGHINI A., « A Comparison of American and French Feminism, The United States Correspondence of Jenny d'Héricourt », PEREZ CASTILLO S. P. (ed.), *Engendering Identities*, Porto, Universidade Fernando Pessoa, 1996, p. 107-120.
ANTEGHINI A., *Parità, Pace, Libertà. Marie Goegg e André Léo nell'associazionismo femminile del secondo ottocento*, Genova, Name, 1998.
ARNI C., *Femme sociologue – Femme diable. Jenny P. d'Héricourt – eine frühsoziologische Denkerin im Frankreich des 19. Jahrhunderts*, Bern, Schriftenreihe Kultursoziologie des Instituts für Soziologie, 1998.
ARNI C., « Erstrittene Öffentlichkeit. Jenny P. d'Héricourts Auseinandersetzung mit den Theorien von Geschlecht und Gesellschaft », STUDER B. *et alii* (dir.), *Frauen und Staat/Les femmes et l'État*, Basel, Itinera 20, 1998.
ARNI C., « La toute-puissance de la barbe. Jenny d'Héricourt et les novateurs modernes », *Clio*, n° 13, 2001, p. 145-154.
BELLET R., « André Léo, écrivain idéologue », *Romantisme* n° 77, 1992.
BULGER R., « Julie-Victoire Daubié. Ses modes particuliers d'occupation de l'espace public et d'action sur lui, une controverse ? », CORBIN A. *et alii* (dir.), *Femmes dans la Cité. 1815-1871*, Paris, Créaphis, 1997, p. 287-293.
COSNIER C., *Marie Pape-Carpantier, fondatrice de l'école maternelle*, Paris, Fayard, 2003.
DALOTEL A., *André Léo (1824-1900), la Junon de la Commune*, Cahiers du Pays Chauvinois, n° 29, Association des Publications Chauvinoises, Chauvigny, 2004.
FRAISSE G., *Clémence Royer, philosophe et femme de sciences*, Paris, La Découverte, 1985.
HARVEY J. D., *« Almost a Man of Genius », Clémence Royer, Feminism and Nineteenth-Century Science*, New Brunswick/Londres, Rutgers University Press, 1997.

Hoyenhuis-Seliverstoff A., *Juliette Adam (1836-1936), l'instigatrice*, Paris, L'Harmattan, 2002.

Latta C., « Une socialiste au dix-neuvième siècle, Léodile Champseix, dite André Léo », *Histoire et sociétés* n° 68, 1997.

Michaud S. (dir.), *Flora Tristan, George Sand, Pauline Roland. Les femmes et l'invention d'une nouvelle morale 1830-1848*, Paris, Créaphis, 2002.

Monicat B., « Écritures du voyage et féminisme, Olympe Audouard ou le féminin en question », *The French Review*, vol. 69, n° 1, 1995.

Offen K., « Qui est Jenny P. d'Héricourt ? », *Bulletin de la Société d'Histoire de la Révolution de 1848 et des Révolutions du XIXe siècle*, n° 3, 1987.

Powell D. A. (dir.), *Le Siècle de George Sand*, Amsterdam, Rodopi, 1998.

Primi A., « Le coup d'État selon Hermance Lesguillon, femme de lettres, un espoir de progrès social et de régénération chrétienne », Aprile S. *et alii* (dir.), *Comment meurt une République ? Autour du Deux-Décembre*, Grâne, Éditions Créaphis, 2004, p. 127-133.

Primi A., « André Léo, une voix critique de la démocratie française à la fin du Second Empire », *Histoire et Sociétés. Revue européenne d'histoire sociale*, n° 12, octobre 2004, p. 104-120.

Primi A., « Women's History According to Jenny P. d'Héricourt (1809-1875), "Daughter of Her Century" », *Gender & History*, vol. 18, n° 1, avril 2006, p. 150-159.

Riot-Sarcey M., « Histoire et autobiographie. *Le vrai livre des femmes* d'Eugénie Niboyet », *Romantisme*, n° 56, 1987.

Riot-Sarcey M., « Une vie publique privée d'histoire, Jeanne Deroin ou l'oubli de soi », *Cahiers du CEDREF, « Silence, émancipation des femmes entre privé et public »*, n° 1, université Paris 7, 1989.

Schrupp A., *Nicht Marxistin und auch nicht Anarchistin. Frauen in der Ersten Internationale*, Königstein, Ulrike Helmer Verlag, 1999.

Stock-Morton P., *The Life of Marie d'Agoult, alias Daniel Stern*, Baltimore, Johns Hopkins University Press, 2000.

Thomas E., *Pauline Roland, Socialisme et féminisme au XIXe siècle*, Paris, Librairie Marcel Rivière et Cie, 1956.

Vier J., *La Comtesse d'Agoult et son temps*, 5 volumes, Paris, Armand Colin, 1955-1962.

Walton W., « Literary Production & the Rearticulation of Home Space in the Works of George Sand, Marie d'Agoult, Hortense Allart », *Women's History Review*, volume 6, n° 1, 1997.

Wartelle J., *Une famille d'intellectuels de gauche au XIXe siècle, les Gagneur*, mémoire conservé à la bibliothèque Marguerite Durand, 1981.

Sources

Sources manuscrites

Archives nationales

Série AP (Archives Privées),

45 AP 6, fonds Rouher (procès-verbaux relatifs à des réunions publiques).
113 AP 1-4, fonds Nefftzer (correspondances adressées à *La Presse* et au *Temps*).
454 AP (dossiers des auteurs membres de la Société des Gens de Lettres).
681 mi (correspondance fouriériste microfilmée).

Série BB (Justice),

BB/18/1483 à 1795/2 (affaires criminelles et grâces, dossiers sur les ouvrages censurés, les auteurs poursuivis).
BB/18/1785, dos 9735 A4 (troubles liés aux élections législatives de 1869).
BB/22/131 à 189 (grâces accordées aux condamnés des insurrections de décembre 1851).
BB/30/462-479 (demandes de grâces des condamnés de décembre 1851).

Série C (Pétitions),

C*II/285 (registre manuscrit des pétitions déposées entre juillet et septembre 1870).
C 2306, C 2309 et C 2312 (pétitions contre la loi Baroche de 1850).
C /2389, n°2874 (pétition de Jeanne Deroin, juin 1851).
C/2780 et C/2791 (brochures et mémoires adressés aux Chambres entre 1851 et 1870).
C/4201/5, C/4202/6 (pétitions reçues en août-septembre 1870 par le Corps Législatif).
CC/418/1, 2 (pétitions adressées au Sénat).
CC/478 à 486 (pétitions adressées au Sénat entre 1852 et 1870).

Série F (Administration générale)

F/I/A/604, 605, 606 (pétitions transférées au ministère de l'Intérieur entre 1852 et 1869).
F/17/3110-3239 (dossiers individuels d'indemnités littéraires).
F/18/261-311 (délits de presse et dossiers personnels du Bureau de la Presse).
F/18/312-430 (presse parisienne, dossiers des journaux).
F/70/57 à 68 (ministère d'État, pétitions et affaires diverses).

Bibliothèque Historique de la Ville de Paris

Fonds Marie-Louise Bouglé (relatifs aux mouvements de femmes).
Ms 1580 (papiers Dumesnil).
Ms 1070, fol 45 à fol 65 (lettres de détenues politiques de Saint-Lazare, 1851-1852).
Ms Na 155 (*Réunions publiques à Paris, 1868-1870*).
Na 111, fol 182 (lettre de Pauline Roland de 1850), fol 162 (lettre de Jeanne Deroin du 25 février 1849), fol 164 (lettre de Jeanne Deroin s. d. [juin 1852]), fol 165-179 (« Notes pour la défense de Jeanne Deroin », 1850).

Bibliothèque nationale de France

Fonds maçonniques

FM2, 628-629, archives de la Loge Mars et les Arts.
Fonds Baylot FM2/217 et FM2 641, archives du Temple des Familles.
FM 642, archives de la Loge Le Travail.

Autres

Naf 1303, fol 93-95, 124-125, 126-127 (lettres de Jeanne Deroin).
Naf 18165, fol 21-24 (lettre de Jeanne Deroin).

Bibliothèque Marguerite Durand

Dossiers par auteur contenant des sources manuscrites et/ou des documents imprimés

DOS ADA (Juliette Lamber), DOS ARN (Angélique Arnaud), DOS AUD (Olympe Audouard), DOS 396 Fem (Amélie Bosquet), DOS DAU (Julie Daubié), DOS DER et 300 DER (Maria Deraismes), 091 GAG (Marie-Louise Gagneur), DOS HER (Jenny P. d'Héricourt), DOS AND (André Léo), DOS MIN et 091 MIN (Paule Mink), DOS NIB et 091 NIB (Eugénie Niboyet), DOS ROY et 091 ROY (Clémence Royer).

Autres

Fonds Laure Reuchsel (correspondance de Julie Daubié).
Ms 168 (manuscrit d'Eliska Vincent sur 1848 et 1871).

Sources imprimées

Périodiques

Périodiques allemands

Der Arbeiterfreund. Zeitschrift des Central Vereins in Preussen für das Wohl der arbeitenden Klassen, hg. von K. Brämer, Berlin.
Der Arbeitgeber. Archiv für die gesammte Volkswirtschaft, hg. von Franz und Max Wirth, Frankfurt am Main.
Demokratisches Wochenblatt. Organ der deutschen Volkspartei und des Verbandes Deutscher Arbeitervereine, hg. von Wilhelm Liebknecht, Leipzig.
Deutsches Wochenblatt, hg. von Ludwig Eckardt, Mannheim.
Der Frauen-Anwalt. Organ des Verbandes deutscher Frauenbildungs-und Erwerbvereine, hg. von Jenny Hirsch, Berlin.
Die Frauen-Zeitung, hg. von Louise Otto, Meissen/Gera.
Der Freischärler für Kunst und sociales Leben, hg. von Louise Aston, Berlin.
Die Grenzboten. Zeitschrift für Politik und Literatur, hg. von Gustav Freytag, Leipzig.
Magazin für die Literatur des Auslandes, red. von Josef Lehmann, Berlin.
Neue Bahnen. Organ des allgemeinen deutschen Frauenvereins, hg. von Louise Otto und Auguste Schmidt, Leipzig.
Die Soziale Reform. Eine Zeitschrift für Männer und Frauen, hg. von Louise Dittmar, Leipzig.
Vierteljahresschrift für höhere Töchterschule, hg. von Dr. A. Prowe und Dr. M. Schultze, Thorn.

Périodiques français

Almanach de La Coopération, Abel Davaud éditeur, Paris.
L'Almanach des Femmes, Jeanne Deroin rédactrice en chef, Paris puis Londres.
La Cause du Peuple, rédigé par George Sand, Paris.
La Démocratie, Charles Chassin rédacteur en chef-gérant, Paris.
Le Droit des femmes. Journal politique paraissant tous les samedis, Léon Richer rédacteur en chef, Paris.
L'Économiste français. Journal de la science sociale. Organe des intérêts métropolitains et coloniaux, Jules Duval directeur, Paris.
L'Égalité. Journal de l'Association internationale des Travailleurs de la Suisse romande, Genève.

Les États-Unis d'Europe, Organe de la Ligue Internationale de la Paix et de la Liberté, Gustave Vogt rédacteur, Berne.
Le Journal des Femmes, A. Bouyon rédacteur en chef, Paris.
Le Journal pour Toutes, Eugénie Niboyet directrice, Paris.
La Marseillaise, Henri Rochefort directeur, Paris.
Les Mouches et les araignées, Paule Mink rédactrice, Paris.
L'Opinion des Femmes, Jeanne Deroin rédactrice en chef, Paris.
L'Opinion Nationale, Adolphe Guéroult rédacteur en chef, Paris.
Le Papillon. Arts-lettres-industrie, Olympe Audouard directrice, Paris.
La Parisienne, Eugénie Poujade rédactrice en chef, Paris.
Le Progrès. Journal de Lyon, Charles Noëllat rédacteur en chef, Lyon.
La Raison. Journal de littérature, de critique et d'éducation, Adèle Caldelar directrice, Paris.
La République, Eugène Bareste rédacteur en chef, Paris.
Revue cosmopolite, Olympe Audouard rédacteur en chef, Paris.
Revue philosophique et religieuse, Paris.
Le Siècle. Journal politique, littéraire et d'économie sociale, Paris.
La Solidarité, Charles Fauvety rédacteur en chef, Paris.
Le Temps, Auguste Nefftzer rédacteur en chef, Paris.
La Voix des Femmes. Journal socialiste et politique, organe des intérêts de toutes, Eugénie Niboyet directrice, Paris.

Ouvrages

Récits autobiographiques, correspondances, témoignages

Adam Mme (Juliette Lamber), *Le Roman de mon enfance et de ma jeunesse*, Paris, A. Lemerre, 1902.
Adam Mme (Juliette Lamber), *Mes Premières armes littéraires et politiques*, Paris, A. Lemerre, 1904.
Annales du Congrès de Genève (9-12 septembre 1867), Genève, chez Vérésoff & Garrigues, 1868.
Aston L., *Meine Emancipation. Verweisung und Rechtfertigung*, Bruxelles, Vogler, 1846.
Audouard O., *Voyage à travers mes souvenirs. Ceux que j'ai connus, ce que j'ai vu*, Paris, E. Dentu, 1884.
Barthel K., *Die deutsche Nationalliteratur der Neuzeit*, Braunschweig, Leibrock, 1853.
Bréton G., *Journal (1867-1871)*, présenté par Daphné Doublet-Vaudoyer, Paris, Ramsay, 1985.
Büchner L., *« Gebildet, ohne gelehrt zu sein ». Essays, Berichte und Briefe von Luise Büchner zur Geschichte ihrer Zeit*, ausgewählt und vorgestellt von Margarete Dierks, Darmstadt, Justus von Liebig Verlag, 1991.
Burow J., *Versuch einer Selbstbiographie*, Prag/Leipzig, Verlag Kober, 1857.

Congrès des associations ouvrières de production de France adhérentes à la chambre consultative, Paris, Imprimerie nouvelle, 1900.

DESCHANEL E., *Les Conférences à Paris et en France*, Paris, Librairie Pagnerre, 1870.

FREYMOND J. (dir.), *Études et documents sur la Première Internationale en Suisse*, Genève, librairie Droz, 1964.

HARDOUIN C., *La Détenue de Versailles en 1871*, Paris, 1879, réédition par les Amis de la Commune, 2005.

KÜNTZEL G. (Hg.), *Tagebuch von Frau Clothilde Koch-Gontard über die Konstituierende Deutsche Nationalversammlung zu Frankfurt*, Frankfurt a. M., Englert & Schlosser, 1924.

LEFRANÇAIS G., *Souvenirs d'un révolutionnaire*, Paris, Editions de la Tête de Feuilles, 1972.

LE VERRIER L., *Journal d'une jeune fille Second Empire (1866-1878)*, présenté par Lionel MIRISCH, Paris, Zulma, 1994.

LEWALD F., *Erinnerungen aus dem Jahre 1848*, 2 tomes, Braunschweig, Vieweg, 1850, Frankfurt a. M., Insel, 1969.

LEWALD F., *England und Schottland. Reisetagebuch*, 2 tomes, Braunschweig, Vieweg, 1851-1852.

LEWALD F., *Meine Lebensgeschichte*, 3 tomes, Berlin, 1861-1862, réédité par Ulrike Helmer, Frankfurt a. M., 1988.

MEINKEN M., *Ein Bremer Frauenzimmer im Kampf um Wahrheit und Glauben. Dem Andenken Marie Mindermann gewidmet*, Bremen, Melchers, s. d., 1908.

MEYSENBUG M. von, *Mémoires d'une idéaliste. 1830-1848*, Genève et Bâle, H. Georg libraire éditeur, 1869.

MICHELET J., *Correspondance générale*, tome VII-VIII-IX, textes réunis par Louis Le Guillou, Librairie Honoré Champion, Paris, 1998.

NIBOYET E., *Le Vrai livre des femmes*, Paris, Dentu, 1863.

OTTO-PETERS L., *Frauenleben im Deutschen Reich. Erinnerungen aus der Vergangenheit, mit Hinweis auf Gegenwart und Zukunft*, Leipzig, Schäfer, 1876.

PERROT M., RIBEILL G. (éd.), *Le Journal intime de Caroline B.*, Paris, Arthaud-Montalba, 1985.

RIBEYROLLES Charles, *Les Bagnes d'Afrique. Histoire de la transportation de décembre*, Londres, Jeffs, 1853.

ROSSI S. (éd.), *Malwida von Meysenbug, Briefe an Gottfried und Johanna Kinkel (1849-1885)*, Bonn, Röhrscheid, 1982.

SAND G., *Histoire de ma vie*, Paris, Gallimard, collection « Quarto », 2004.

SAND G., *Correspondance*, tome 14, édition Georges Lubin, Paris, Classiques Garnier, 1979.

SCHNEIDER G., *Freundschaftsbriefe an einen Gefangenen. Unbekannte Briefe der Schriftellerin Fanny Lewald an den liberlaen jüdischen Politiker Johann Jacoby aus den Jahren 1865-1866*, Frankfurt am Main, Peter Lang, 1996.

Silberner E. (Hg.), *Johann Jacoby Briefwechsel*, tome II, 1850-1857, Bonn, Verlag Neue Gesellschaft, 1978.
Tegtmeier-Breit A., *Die Korrespondenzen der Malwida von Meysenbug. Briefregesten 1827-1873*, Detmold, Selbstverlag des Nordrhein-Westfälischen Staatsarchivs Detmold, 2000, 3 volumes.
Testut O., *Association Internationale des travailleurs*, Lyon, imprimerie Vingtrinier, 1870.
Vier J., *Daniel Stern. Lettres républicaines du second Empire*, Paris, Éditions du cèdre, 1951.
Voilquin S., *Souvenirs d'une fille du peuple*, 1870, Paris, Maspero, 1978.

**De la « question des femmes »
à l'organisation des femmes**

Association d'amour pur, Londres, Librairie et Agence de l'imprimerie universelle, 1853.
L'Association Internationale des Femmes. Compte-rendu de la première assemblée générale annuelle, le 27 mars 1870, Genève, Pfeiffer et Puky, 1870.
Audouard O., *Lettre aux députés*, en vente au Bureau de la Revue Cosmopolite et chez E. Dentu libraire-éditeur, 1867.
Die Berliner Frauen-Vereins-Conferenz am 5. und 6. November 1869, Berlin, Lüderitz'sche Verlagsbuchhandlung, Berlin, 1869.
Breuil M., *Deux Discours sur le Travail des Femmes prononcés aux réunions de la salle du Vauxhall et suivis de quelques réflexions sur le même sujet*, Paris, Armand Le Chevalier éditeur, 1868.
[Büchner L.], *Die Frauen und ihr Beruf*, Frankfurt a. M., Meidinger Sohn, 1855, rééd. Berlin Technische Universität, 1981.
Büchner L., *Praktische Versuche zur Lösung der Frauenfrage*, Berlin, Janke, 1870.
[Büchner L.], *Die Frau. Hinterlassene Aufsätze, Abhandlungen und Berichte zur Frauenfrage von Luise Büchner*, Halle, Hermann Gesenius, 1878.
Burow J., *Über die Erziehung des weiblichen Geschlechts*, 2. Aufl., Bromberg, Levit, 1858.
Calm M., *Die Stellung der deutschen Leherinnen*, Lüderitz'sche Verlagsbuchhandlung, Berlin, Lüderitzsche Buchhandlung, 1870.
Dash Comtesse, *Le Livre des Femmes*, Paris, A. Bourdilliat et Cie éditeurs, 1860.
Daubié J.-V., *La Femme pauvre au XIXe siècle*, Paris, Librairie de Guillaumin et Cie, première édition 1866.
Deroin Jeanne, *Cours de droit social pour les femmes*, première livraison, rue de Miroménil 4, 1848, 8 p.
Deroin J., *Lettre d'une femme à M. Athanase Coquerel*, Paris, Imprimerie Lacour, s. d., 1848.
Deroin J., *Du Célibat*, Paris, chez tous les marchands de nouveautés, 1851, 14 p.

Dittmar L., *Das Wesen der Ehe nebst einigen Aufsätzen über die soziale Reform der Frauen,* Leipzig, O. Wigand, 1849.

Droit politique des femmes. À M. Michelet, Professeur au Collège de France, une femme de votre auditoire, Paris, Imprimerie Lacour, mai 1850.

Les Femmes électeurs et éligibles, Paris, Imprimerie Dupont, (juin ?) 1848.

Gutbier L., *Die Bewegung der Frauenwelt, ein wichtiges Moment der neuanhebenden Culturepoche. Vortrag gehalten in Kassel bei der 4. Generalversammlung des ADF*, Coburg, Riemann, 1870.

Henschke U., *Zur Frauen-Unterrichts-Frage in Preussen*, Berlin, Lüderitzsche Verlagsbuchhandlung, 1870.

Héricourt J. P., *La Femme affranchie. Réponse à MM. Michelet, Proudhon, E. de Girardin, A. Comte et aux autres novateurs modernes*, Bruxelles, Paris, Lacroix, 1860, 2 volumes.

Hirsch J., *Geschichte der 25jährigen Wirksamkeit des Lette-Vereins*, Berlin, Berliner Buchdruckerei, 1891.

Hohenhausen E., *Die Jungfrau und ihre Zukunft in unserer Zeit*, Weimar, Voigt, 1854.

Krafft-Bucaille I., *Le Vrai Droit des Femmes,* Paris, E. Dentu, 1870.

Korn P. A., *Die erste deutsche Frauen-Conferenz in Leipzig. Erste Versammlung den 15. October 1865*, Leipzig, Julius Werner, 1865.

Lamber J., *Idées antiproudhonniennes sur l'amour, la femme et le mariage*, seconde édition augmentée d'un examen critique du livre *La guerre et la paix*, Paris, E. Dentu, 1861.

Legouvé E., *Histoire morale des femmes*, Paris, Gustave Sandré, 1849.

Léo A., *La Femme et les mœurs. Monarchie ou Liberté*, Paris, au journal *Le Droit des Femmes,* 1869.

Lette A., *Denkschrift über die Eröffnung neuer und die Verbesserung der bisherigen Erwerbsquellen für das weibliche Geschlecht*, Berlin, 1865.

Lewald F., *Osterbriefe für die Frauen*, Berlin, Janke, 1863.

Lewald F., *Für und wider die Frauen. Vierzehn Briefe*, Berlin, Janke, 1870.

Marchef-Girard Mlle J. de, *Les Femmes, leur passé, leur présent, leur avenir*, Paris, Louis Chappe, 1860.

[Marchef-Girard J. de], *Discours d'ouverture prononcé par Mlle J. de Marchef-Girard le deux décembre 1860, École Centrale Pédagogique,* librairie Guillaumin, 1861.

Marchef-Girard J. de, *Des Facultés humaines et de leur développement par l'éducation*, Paris, Guillaumin, 1865.

Michelet J., *Les Femmes de la Révolution*, Paris, Delahays, 1854.

Michelet J., *L'Amour*, Paris, Hachette, 1858.

Michelet J., *La Femme*, Paris, Hachette, 1859.

[Mink P.], *Le Travail des Femmes. Discours prononcé par Mme Paul Mink à la réunion publique du Vauxhall le 13 juillet 1868*, Paris, imprimerie A. Lévy, 1868.

Otto L., *Das Recht der Frauen auf Erwerb. Blicke auf das Frauenleben der Gegenwart*, Hamburg, Hoffmann und Kampe, 1866.

Otto L., *Der Genius des Hauses. Eine Gabe für Mädchen und Frauen*, Leipzig, A. Hartleben, 1869.

Otto L., *Der Genius der Menschheit. Frauenwirken im Dienste der Humanität*, Leipzig, A. Hartleben 1870.

Otto L., *Der Genius der Natur. Harmonien der Natur zu dem Frauenleben der Gegenwart*, Leipzig, A. Hartleben, 1870.

[Otto L.], *Das erste Vierteljahrhundert des ADF. Aufgrund der Protokolle mitgeteilt von Louise Otto-Peters*, Leipzig, M. Schäfer, 1890.

Pinoff M., *Zur Frauenfrage*, Breslau, Maruschke & Berendt, 1866.

Pinoff M., *Reform der weiblichen Erziehung als Grundbedingung zur Lösung der sozialen Frage der Frauen*, Breslau, Maruschke & Berendt, 1867.

Plothow A., *Die Begründerinnen der deutschen Frauenbewegung*, Leipzig, Verlag von Friedrich Rothbarth, 1910.

Proudhon P.-J., *De la Justice dans la Révolution et dans l'Église. Études de philosophie pratique adressées à son éminence Mgr le cardinal Matthieu, archevêque de Besançon*, Bruxelles, 1860, Arthème Fayard, Paris, 1990.

Rocourt O. de, *Lettre d'une femme aux ouvriers typographes*, Paris, E. Dentu, 1862.

Romieu Mme, *La Femme au XIXe siècle*, Paris, Amyot, 1858.

Simon J., *L'Ouvrière*, Paris, Hachette, 1861, réédition G. Monfort, Brionne, 1977.

Statuts de la Société de la Revendication des Droits de la Femme, 30 septembre 1869.

Schmidt A. *Zwei Vorträge gehalten bei der Generalversammlung des ADF zu Braunschweig am 19. und 20. Sept 1868*, Leipzig, 1869.

Schönwasser R., *Vortrag gehalten in der 3. Generalversammlung des ADF zu Cassel am 5. Oktober 1869,* Düsseldorf, 1871 (2. Auflage).

Société d'Amour pur. Sur la question d'amour au point de vue socialiste et chrétien, Londres, imprimerie universelle, 1854.

Thouzery P., *La Femme au XIXe siècle. Ce qu'elle est – ce qu'elle doit être*, Paris, Achille Faure, 1866.

Brochures et essais politiques de femmes portant sur d'autres thèmes que la question des femmes

A.[ndré] L.[éo], *Communisme et propriété*, Paris, imprimerie D. Jouaust, 1868.

Association fraternelle des démocrates socialistes des deux sexes, Paris, 1849.

Axia O. [Octavie Frache], *Catéchisme du Libre-Penseur*, Troyes, imp. E. Caffé, 1869.

Barbet Mme V.[irginie], *Déisme et athéisme, profession de foi d'une libre penseuse*, Lyon, chez tous les libraires, 1869.

Chenu M., *Le droit des minorités. Leur avènement politique*, avec un avant-propos de M. Louis Jourdan, Paris, bibliothèque Libérale, A. Degorce-Cadot éditeur, 1868.

[Daubié J.-V.], *Du Progrès dans l'instruction primaire. Justice et liberté !*, Paris, imprimerie de Mme Claye, 1862.
Deraismes M., *Nos principes et nos mœurs*, Paris, Michel Lévy frères, 1868.
[Deroin J. ?], *Réponse à Satan au sujet de M. Proudhon, par l'archange Gabriel*, Société d'éducation mutuelle des femmes, imprimerie A. Lacour, 1848.
Deroin J., *Lettre aux associations sur l'organisation du crédit*, Paris, G. Sandré libraire, mai 1851.
La Messine J., *La Papauté*, Amsterdam, R. C. Meijer libraire éditeur, 1860.
Lefrançais G., Roland P., Perot, *Aux Instituteurs. L'Association des instituteurs, institutrices et professeurs socialistes*, Paris, imprimerie Schneider, s. d.
[Mindermann M.], *An die 23 Streiter des Herrn. Worte der Anerkennung und Bewunderung. Von einem Gläubigen*, Bremen, 1851.
[Mindermann M.], *Die Politik auf der Kanzel. Ein Wort zur Berichtigung. An die Gebildeten aller Stande*, Bremen, 1851.
Mindermann M., *Eigenthümlichkeiten der Bremer Neuzeit*, Bremen, Geisler, 1852.
Poujade E., *Essai sur les mœurs et le Progrès au XIXe siècle. À propos du Maudit de l'abbé****, Paris, E. Dentu, 1864.
Procès intenté aux associations ouvrières, Paris, Imp. Desoye, novembre 1850.
Solidarité. Société populaire pour la propagation et la réalisation de la science sociale, Paris, Imp. Lacombe, 15 octobre 1848.
Royer C., *Théorie de l'impôt ou la dîme sociale*, Paris, Guillaumin, 1862, 2 volumes.
Statuts de l'Union fraternelle des travailleurs, Paris, juin 1848.
Stern D., *Esquisses morales et politiques*, Paris, Pagnerre, 1849.

Romans de femmes engagées

Aston L., *Revolution und Contrerevolution. Roman*, Mannheim, Grohe, 1849.
Bosquet E. [Amélie], *Le Roman des ouvrières*, Paris, Achille Faure, 1868.
Büchner L., *Aus dem Leben. Erzählungen aus der Heimat und Fremde*, Leipzig, Thomas, 1861.
Gagneur L.-M. [Marie-Louise], *Une Femme hors ligne*, Paris, E. Dentu Éditeur, Librairie de la société des gens de lettres, 1862.
Gagneur J.M. [Marie-Louise], *Un Drame électoral*, Paris, E. Dentu, 1863.
Gagneur M.-L., *La Croisade Noire. Roman contemporain*. Paris, A. Faure, 1865.
Gagneur M.-L., *Le Calvaire des femmes*, Paris, A. Faure, 1867.
Gagneur M.-L., *Les Forçats du mariage*, Paris, bureaux de l'administration du Figaro, 1869.
Glümer C. von, *Fata Morgana ein Roman aus dem Jahre 1848*, Leipzig, Wigand, 1851.
Léo A., *Aline-Ali*, Paris, Librairie internationale, 1869.
Léo A., *Légendes corréziennes*, Paris, Hachette, 1870.
Lesguillon H., *Les Femmes dans cent ans*, Paris, Arnauld de Vresse, 1859.

LEWALD F., *Auf rother Erde*, Leipzig, J. Weber, 1850, 172 p.
LEWALD F., *Adele*, Braunschweig, Vieweg, 1855, 282 p.
LEWALD F., *Deutsche Lebensbilder*, 4 tomes, Braunschweig, Vieweg, 1856.
LEWALD F., *Von Geschlecht zu Geschlecht*, 8 volumes, Berlin, O. Janke, 1864-1866.
NORDEN M. (F. Wolfhagen), *Dresdens Maitage. Ein Zeitbild*, Leipzig, Wienbrack, 1850.
OTTO L., *Nürnberg. Kulturhistorischer Roman*, Prag/Wien, Kober & Markgraf, 1859.
OTTO L., *Neue Bahnen*, Prag/Wien, H. Markgraf, 1864.
OTTO L., *Drei verhängnisvolle Jahre*, Altona, 1867.
ZITZ K., *Letzte Rheinsankörner. Ein Novellen-Cyklus*, Mainz, Faber, 1854.
ZITZ K., *Magdalena Horix oder vor und während der Klubistenzeit*, Mainz, Faber, 1858.

Index

M

N

O

P

R

Table des matières

Achevé d'imprimer
sur les presses de la reprographie
de l'université Rennes 2
en avril 2010

Imprimé en France